Vechtaer Beiträge zur Gerontologie

Reihe herausgegeben von
Frerich Frerichs, Vechta, Deutschland
Andrea Teti, Vechta, Deutschland
Harald Künemund, Vechta, Deutschland
Maria K. Pavlova, Vechta, Deutschland
Gabriele Nellissen, Vechta, Deutschland
Uwe Fachinger, Vechta, Deutschland

Die Gerontologie ist eine noch junge Wissenschaft, die sich mit Themen des individuellen und gesellschaftlichen Alterns befasst. Die Beiträge in dieser Reihe dokumentieren den Stand und Perspektiven aus verschiedenen wissenschaftlichen Blickwinkeln. Zielgruppe sind nicht nur Forschende und Lehrende in der Gerontologie, sondern auch in den Bezugswissenschaften – insbesondere aus der Soziologie, Psychologie, Ökonomik, Demographie und den Politikwissenschaften – sowie Entscheidungsträger in Politik und Verwaltung.

Weitere Bände in der Reihe http://www.springer.com/series/13099

Laura Naegele

Betriebliches Kompetenzmanagement älterer Arbeitnehmer*innen

Eine betriebssoziologische Analyse im Handwerk

Laura Naegele
Vechta, Deutschland

Dissertation Universität Vechta, 2019

u.d.T.: Laura Naegele: „Betriebliches Kompetenzmanagement älterer Arbeitnehmer*innen im Handwerk: Eine betriebssoziologische Analyse".

ISSN 2570-4346   ISSN 2570-4354 (electronic)
Vechtaer Beiträge zur Gerontologie
ISBN 978-3-658-29252-2   ISBN 978-3-658-29253-9 (eBook)
https://doi.org/10.1007/978-3-658-29253-9

Die Deutsche Nationalbibliothek verzeichnet diese Publikation in der Deutschen Nationalbibliografie; detaillierte bibliografische Daten sind im Internet über http://dnb.d-nb.de abrufbar.

© Springer Fachmedien Wiesbaden GmbH, ein Teil von Springer Nature 2020
Das Werk einschließlich aller seiner Teile ist urheberrechtlich geschützt. Jede Verwertung, die nicht ausdrücklich vom Urheberrechtsgesetz zugelassen ist, bedarf der vorherigen Zustimmung des Verlags. Das gilt insbesondere für Vervielfältigungen, Bearbeitungen, Übersetzungen, Mikroverfilmungen und die Einspeicherung und Verarbeitung in elektronischen Systemen.
Die Wiedergabe von allgemein beschreibenden Bezeichnungen, Marken, Unternehmensnamen etc. in diesem Werk bedeutet nicht, dass diese frei durch jedermann benutzt werden dürfen. Die Berechtigung zur Benutzung unterliegt, auch ohne gesonderten Hinweis hierzu, den Regeln des Markenrechts. Die Rechte des jeweiligen Zeicheninhabers sind zu beachten.
Der Verlag, die Autoren und die Herausgeber gehen davon aus, dass die Angaben und Informationen in diesem Werk zum Zeitpunkt der Veröffentlichung vollständig und korrekt sind. Weder der Verlag, noch die Autoren oder die Herausgeber übernehmen, ausdrücklich oder implizit, Gewähr für den Inhalt des Werkes, etwaige Fehler oder Äußerungen. Der Verlag bleibt im Hinblick auf geografische Zuordnungen und Gebietsbezeichnungen in veröffentlichten Karten und Institutionsadressen neutral.

Springer VS ist ein Imprint der eingetragenen Gesellschaft Springer Fachmedien Wiesbaden GmbH und ist ein Teil von Springer Nature.
Die Anschrift der Gesellschaft ist: Abraham-Lincoln-Str. 46, 65189 Wiesbaden, Germany

Geleitwort des Doktorvaters

Vor dem Hintergrund des demografischen Wandels in der Erwerbsarbeit ist bereits vor rund zwei Dekaden ein Paradigmenwechsel in der Beschäftigungspolitik für ältere Arbeitnehmer*innen eingeleitet worden. Dieser Paradigmenwechsel ist von einer tendenziellen Abkehr von der bis dato vorherrschenden Frühverrentungspolitik hin zu einer verstärkten Förderung der Arbeits- und Beschäftigungsfähigkeit dieser Personengruppe gekennzeichnet. In der Folge ist u.a. in den arbeits- und sozialgerontologischen Fachwissenschaften eine umfängliche Diskussion von möglichen arbeits- und personalpolitischen Ansätzen angeregt worden. Diese Diskussion ist allerdings weitestgehend auf die Herausarbeitung personalwirtschaftlicher Handlungskonzepte und deren organisatorischen Umsetzungsbedingungen ausgerichtet. Von wenigen Ausnahmen abgesehen hat bisher keine theoriegeleitete, auf die Analyse der tatsächlichen Umsetzung oder eben Nicht-Umsetzung von betrieblichen Alter(n)smanagementprozessen ausgerichtete Forschung stattgefunden.

Die vorliegende Untersuchung stellt sich vor diesem Hintergrund einer doppelten Herausforderung. Zum einen nimmt sie die Stellung älterer Beschäftigter in klein- und mittelbetrieblichen Strukturen und bezogen auf das Handwerk in den Blick und zum anderen verknüpft sie dies mit Fragen nach dem derzeitigen Entwicklungsstand von Kompetenzmanagement angesichts des rasanten technologischen Wandel – beides ausgesprochene Forschungsdesiderata, die in der betrieblich ausgerichteten gerontologischen Forschung bisher kaum Beachtung gefunden haben. Angesichts der Komplexität des zu erklärenden Phänomens wird ein multiperspektivischer, heuristisch-analytischer Theorierahmen entwickelt der humankapitaltheoretische Erklärungsansätze, Theorie der segmentierten Arbeitsmärkte und Promotorenmodelle miteinander verknüpft.

Im Rahmen der qualitativ ausgerichteten empirischen Arbeiten werden dezidiert die Ausprägungen des Kompetenzmanagements, ihr jeweils darauf gerichtetes altersbezogenes Handelns und die Relevanz bzw. der Einfluss der theoretisch bestimmten Einflussfaktoren herausgearbeitet. Im Ergebnis liegt eine Typisierung des alternsbezogenen Kompetenzmanagements im Handwerk vor, die von sog. „Vorreitern" bis hin zu „Resignierten" reicht. Aus gerontologischer Sicht besonders interessant ist die Reflexion des Stellenwertes älterer Mitarbeiter*innen in den identifizierten Typen. Hier zeigt sich, das oberflächliche Zuschreibungsmuster wie „erfahren" die tatsächlichen Risiken und Potentiale überdecken und diese je nach Typus unterschiedlich ausgeprägt sind. Zudem zeigen sich spezifische Wirkkombinationen - u.a. mit den psycho-physischen Arbeitsbedingungen -, die das Kompetenzmanagement für ältere Beschäftigte verstärken oder abschwächen können.

Die Studie – so kann abschließend festgehalten werden – erweitert nicht nur den aktuellen Stand der Forschung zum Kompetenzmanagement älterer Beschäftigter wesentlich, sondern vertieft diesen durch eine innovative, theoriegeleitete Fragestellung und deren empirische Exploration auch deutlich. Es bleibt zu hoffen, dass dieses Herangehen befruchtend auf die bisher stark deskriptiv ausgerichtete Kompetenz- und Altersmanagementforschung auswirkt. Ebenso ist zu wünschen, dass aus den aufgezeigten Handlungsorientierungen heraus zahlreiche Ansätze zur Förderung des Kompetenzmanagements für ältere Arbeitnehmer*innen von inner- und außerbetrieblichen Akteure – nicht nur im Handwerk - entwickelt werden.

Vechta, im November 2019   Prof. Dr. Frerich Frerichs

Danksagung

Dieses Buch stellt eine überarbeitete Version meiner Doktorarbeit dar, für deren Entstehung ich einer Vielzahl von Personen danken möchte.

An erster Stelle gilt mein Dank meinem Doktorvater Frerich Frerichs. Ohne Ihn wäre diese Arbeit nie möglich gewesen. So eröffnete er mir nicht nur überhaupt den Blick für das „Handwerk" als Forschungsfeld, sondern hat mich während der ganzen Entstehungsphase fachlich, beruflich und persönlich immer gefördert. Ich bedanke mich insbesondere für die entgegengebrachte Unvoreingenommenheit, den großen Vertrauensvorschuss und die gewährte Freiheit von ganzen Herzen.

Mein besonderer Dank gilt auch meiner Zweitbetreuerin Simone Kauffeld, die nicht nur als Projektleiterin des „In-K-Ha"-Projektes immer unterstützend und motivierend an meiner Seite stand. Ihre Begeisterung für die Thematik und die konsequente Förderung des wissenschaftlichen Nachwuchses innerhalb des Projektes hat das Entstehen dieser Arbeit maßgeblich mitbestimmt. Des Weiteren möchte ich Dirk Hofäcker, Hildegard Theobald sowie Andrea Teti für Ihre Bereitschaft danken sich als Mitglieder der Promotionskommission zur Verfügung zu stellen.

Danken möchte ich auch meinen Interviewpartner*innen aus den Handwerksbetrieben, ohne deren unermüdliches Bestreben, mir ihre Lebenswelt „Handwerk" näher zu bringen, diese Arbeit nicht möglich gewesen wäre. In diesem Kontext gilt mein Dank auch den Kollegen*innen aus dem „In-K-Ha"-Projekt: Gabriele Brümmer, Hilko Paulsen, Timo Kortsch, und Andreas Ennen, die durch ausdauerndes Datensammeln, praktische und kritische Anregungen und kollegialen Beistand die hier vorliegende Arbeit nachhaltig beeinflusst haben.

Großer Dank gilt auch meinen Mitstreiter*innen im Promotionskolloquium an der Universität Vechta, allen voran Christina Plath und Sophie Weingraber. Ohne euer stetiges Anfeuern und eure fachliche Beratung wäre die Arbeit nie zu Stande gekommen.

Weiterhin danken möchte ich meinen aktuellen und ehemaligen Kollegen*innen rund um das Institut für Gerontologie an der Universität Vechta, insbesondere Theresa Gruner, Marvin Blum, Julia Hahmann, Katja Rackow, Sehar Ezdi, Bea Müller-Kannankulam, Tamarah Spruth, Magdalena Gelhaus, Kirsten

Tuschick und Gabriele Ziese die die Entstehung dieser Arbeit maßgeblich begleitet haben. Auch danken möchte ich Jasmin Döhling-Wölm und Christine Behrens, die mich insbesondere auf den letzten Metern der Arbeit sehr unterstützt haben.

Mein Dank gilt auch meinen Besten aus Köln, Berlin, Bremen, Bielefeld und Mainz. Eva, Anne, Svenja, Eva, Sina, Jessica, Lea, Wouter, Söre, Tico und Martin um hier nur einige wenige zu nennen.

Zum Schluss möchte ich meiner Familie danken. Meiner Mutter Dagmar Naegele für ihre unermüdliche Unterstützung und den festen Glauben daran, dass es „bald ein Ende haben wird". Meinem Vater Gerhard Naegele, dass er mir stets mit Rat und Tat zur Seite gestanden hat und zu guter Letzt meiner Oma Erna Müller, ohne deren steten Zuspruch diese Arbeit nicht möglich gewesen wäre.

Moritz, danke, dass du immer mehr an mich glaubst als ich selbst. You're the best.

Inhaltsverzeichnis

1 Das Handwerk – Eine alternde Arbeitswelt im Wandel 1

2 Aufbau, Struktur und zentrale Forschungsfragen 5

3 Das Handwerk – Eine Einführung 9
   3.1 Das Handwerk als Teil der Familie der KMU 11
      3.1.1 KMU und Handwerk – Eine Annäherung auf Basis von Strukturdaten 14
      3.1.2 Die Entwicklung der Betriebsgrößen im Handwerk – Ein zeitlicher Rückblick 17
   3.2 Handwerk und Handwerksbetrieb auf Basis der HwO 18
   3.3 Der Handwerksbetrieb – Charakteristische Merkmale 22
      3.3.1 Marktanteil und Ressourcen 24
      3.3.2 Flexibilität und Innovationsfähigkeit 25
      3.3.3 Entrepreneurship und Wachstumsorientierung 27
      3.3.4 Zur besonderen Rolle des/r Betriebsinhabers*in 28
      3.3.5 Management- und Personalentwicklungsverhalten 31
   3.4 Zwischenfazit 33
   3.5 Zukünftige Trends im Handwerk 34
      3.5.1 Trends im Handwerk – Ein Blick in die Literatur 34
      3.5.2 Demografischer Wandel im Handwerk 36
      3.5.3 Der technologische Wandel und seine Auswirkungen auf das Handwerk 39

4 Kompetenz und Kompetenzmanagement 43
   4.1 Der Kompetenzbegriff – Eine definitorische Annäherung 43
   4.2 Historisch-etymologische Entstehung des Kompetenzbegriffes 45
   4.3 Zur Evolution des Kompetenzbegriffs 46
      4.3.1 David C. McClelland – „Testing for Competence Rather Than for Intelligence" 47

	4.3.2 Richard E. Boyatzis – „The competent manager"	47
	4.3.3 Dieter Mertens – Schlüsselqualifikationen vs. Kompetenzen	49
	4.3.4 John Erpenbeck und Volker Heyse – Selbstorganisationsdispositionen	51
	4.3.5 Zusammenfassende Betrachtung der vorgestellten Ansätze	52
4.4	Vom Kompetenzkonstrukt zum Kompetenzmodell	54
	4.4.1 Fachkompetenz	57
	4.4.2 Methodenkompetenz	57
	4.4.3 Sozialkompetenz	58
	4.4.4 Selbstkompetenz	59
4.5	Kompetenzen älterer Arbeitnehmer*innen	60
4.6	Gestaltung alter(n)sgerechten Kompetenzentwicklungsmaßnahmen	65
4.7	Allgemeines Verständnis von BKM für die vorliegende Arbeit	67
4.8	Kompetenzen im Handwerk entwickeln oder wie lernt das Handwerk?	69
	4.8.1 Die Anfänge: Learning by „stealing with the eye" – Das" Imitatio-Modell"	70
	4.8.2 „Lernen im dualen System" – ein kurzer Blick in die Geschichte	73
	4.8.3 Von komplexeren Arbeitswelten, sich wandelnden Zielgruppen und einer zunehmenden Kompetenzorientierung im Handwerk	77
4.9	Zur Notwendigkeit BKM differenziert zu betrachten	83
	4.9.1 Zum Wandel der beruflichen Weiterbildung	83
	4.9.2 Berufliche Weiterbildung im Handwerk	85
4.10	Modell zur Erfassung des BKM in Handwerksbetrieben	90
4.11	Diskussion des präsentierten Modells	93

5 Eine explorative Untersuchung zum betrieblichen Kompetenzmanagement 95

Inhaltsverzeichnis

- 5.1 Hintergrund, Ziel und Fragestellungen der explorativen Untersuchung ... 95
- 5.2 Datengrundlage ... 96
- 5.3 Clusteranalyse als methodisches Vorgehen ... 97
- 5.4 Studiendurchführung ... 100
  - 5.4.1 Variablenauswahl und Vorarbeiten zur durchgeführten Clusteranalyse ... 100
  - 5.4.2 Durchführung der Clusteranalyse ... 102
- 5.5 Ergebnisse ... 103
  - 5.5.1 Soziodemografische Beschreibung der Cluster ... 103
  - 5.5.2 Beschreibung der Cluster hinsichtlich ihres betrieblichen Kompetenzmanagements (BKMs) ... 106
- 5.6 Ergebnisse und Beschreibung der drei identifizierten Cluster ... 110
- 5.7 Diskussion und Einschränkung der Analyse ... 115
- 5.8 Ausblick auf den zweiten thematischen Teil der vorliegenden Arbeit 118

6 Theoretische Bezugspunkte ... 119

- 6.1 Betriebliches Kompetenzentwicklungs- und Weiterbildungsverhalten ... 119
- 6.2 Zum Vorteil eines theorieintegrativen Ansatzes ... 120
- 6.3 Zur Notwendigkeit eines heuristisch-analytischen Theorierahmens ... 122
- 6.4 Humankapitalansatz in Anlehnung an Gary S. Becker ... 124
  - 6.4.1 (Handwerks-)Betriebe als Investoren aus humankapitaltheoretischer Perspektive ... 127
  - 6.4.2 Der Humankapitalansatz im Kontext alternder Belegschaften ... 134
- 6.5 Theorie der segmentierten Arbeitsmärkte nach Werner Sengenberger ... 138
  - 6.5.1 Theorie der segmentierten Arbeitsmärkte aus (handwerks-)betrieblicher Perspektive ... 144

          6.5.2 Theorie der segmentierten Arbeitsmärkte im
                Kontext alternder Belegschaften 147
    6.6   Promotorenmodell nach Eberhard Witte 149
          6.6.1 Das Promotorenmodell im Kontext
                von betrieblichem Kompetenzmanagement,
                Handwerksbetrieben und älteren Beschäftigten 153
    6.7   Stärken und Schwächen der ausgewählten
          theoretischen Ansätze 157
    6.8   Erarbeitung eines heuristisch-analytischen Theorierahmens 160

7   **Hintergrund, Ziel und Fragestellung der qualitativen Studie** 163
    7.1   Datengrundlage und Datenerhebung 164
    7.2   (Betriebs-)Fallstudien als Forschungszugang 165
    7.3   Zur Typenbildung in den Sozialwissenschaften 185
    7.4   Empirische Typenbildung nach Kelle und Kluge 188
    7.5   Kritische Reflexion und Erweiterung des Modells
          von Kelle und Kluge 200
          7.5.1 Zur Verzerrung der eigenen Datengrundlage 201

8   **Ergebnisdarstellung der qualitativen Typenbildung** 205
    8.1   Stufe 1: Erarbeitung und Festlegung relevanter
          Vergleichsdimensionen 205
          8.1.1 Darstellung Merkmale der Vergleichsdimensionen 207
          8.1.2 Darstellung des gemeinsamen Merkmalsraums 214
    8.2   Stufe 2: Gruppierung und Analyse empirischer
          Regelmäßigkeiten 215
    8.3   Stufe 3: Analyse inhaltlicher Sinnzusammenhänge
          und Typenbildung 219
          8.3.1 Beschreibung Merkmalskombination 1:
                (HK+ | SA+ | PM+) 220
          8.3.2 Beschreibung Merkmalskombination 2:
                (HK+ | SA+/- | PM+) 236

Inhaltsverzeichnis

- 8.3.3 Beschreibung Merkmalskombination 3: (HK+ | SA+ | PM-) 253
- 8.3.4 Beschreibung Merkmalskombination 4: (HK- | SA+/- | PM-) 266
- 8.3.5 Beschreibung Merkmalskombination 5: (HK- | SA- | PM-) 274
- 8.4 Stufe 4: Charakterisierung und Benennung der gebildeten Typen 282
  - 8.4.1 Typ I: „Der Vorreiter" 283
  - 8.4.2 Typ II: „Der Gewissenhafte" 285
  - 8.4.3 Typ III: „Der Spezialist" 287
  - 8.4.4 Typ IV: „Der Fremdbestimmte" 288
  - 8.4.5 Typ V: „Der Resignierte" 289
- 8.5 Stufe 5: Reflexion empirisch leerer Merkmalskombinationen 290
- 8.6 Ergebnisdiskussion 296
  - 8.6.1 Zu den Kompetenzanforderungen und der Ausgestaltung des BKMs im Feld 297
  - 8.6.2 Zum Stellenwert älterer Mitarbeiter*innen bei den identifizierten Typen 305
- 8.7 Zur Tragfähigkeit des heuristisch-analytischen Theorierahmens 309
  - 8.7.1 Zur Tragfähigkeit der gewählten theoretischen Zugänge 310
  - 8.7.2 Zu den Unterschieden der (Begründungs-)Parameter bzw. Determinanten des BKMs 325

9 Zusammenfassung und Reflexion der Arbeit 329

- 9.1 Kurzzusammenfassung der Arbeit 329
- 9.2 Reflexion der Arbeit 336
  - 9.2.1 Beiträge empirisch-methodologischer Art 336
  - 9.2.2 Beiträge konzeptionell-theoretischer Art 338
  - 9.2.3 Beiträge zum gerontologischen Forschungsfeld 340
- 9.3 Limitationen und Einschränkungen der vorliegenden Arbeit 343
- 9.4 Grundlegende Handlungsorientierungen für das Feld 346

Literaturverzeichnis 351

Abbildung- und Tabellenverzeichnis

Abbildung 1: Das act4teams-Kompetenzmodell 56
Abbildung 2: Abschlüsse und Zertifikate in der beruflichen
            Weiterbildung im Handwerk 87
Abbildung 3: Modell zur Erfassung des betrieblichen
            Kompetenzmanagements (BKMs) im Handwerk 92
Abbildung 4: Dendrogramm Betriebliches Kompetenz_
            management (BKM) 102
Abbildung 5: Idealtypisches Stufen-Modell Betriebliches
            Kompetenzmanagement 111
Abbildung 6: Idealtypische Darstellung des heuristischen
            Theorierahmens 162
Abbildung 7: Stufenmodell empirisch begründeter Typenbildung
            nach Kelle und Kluge 190
Abbildung 8: Abgewandelter Prozess der Typenbildung in
            Anlehnung an Kelle und Kluge 204

Tabelle 1: Anteile kleiner und mittlerer Unternehmen an ausgewählten
          Merkmalen in 2016 (in %) 13
Tabelle 2: Betriebsgrößen im Handwerk auf Basis der Daten der
          Handwerkszählung (Erhebungsjahre 2012 und 2016) 16
Tabelle 3: Überblick über die gängigen formal-qualifizierenden
          Berufsabschlüsse in den vier Fokusgewerken 21
Tabelle 4: Übersicht der in die Analyse eingeflossenen Variablen 101
Tabelle 5: Übersicht Zuordnung der Fälle zu verschiedenen
          Clusterlösungen 103
Tabelle 6: Übersicht soziodemografische Beschreibung der
          Cluster (in%) 104
Tabelle 8: Übersicht charakterisierende Merkmale der Cluster 113
Tabelle 9: Ergebnisse t-Test mit Cluster 2 ("Limited") als
          Referenzcluster 115

Tabelle 10: Exemplarisches Beispiel für Betriebsfallstudie (I)
"typischer Handwerksbetrieb" 167
Tabelle 11: Exemplarisches Beispiel für Betriebsfallstudie (II)
"spezialisierter Handwerksbetrieb" 170
Tabelle 12: Überblick Merkmale der in die Analyse
eingeflossenen Betriebsfälle 178
Tabelle 13: Darstellung des Merkmals "Kosten-Nutzen-Abwägung" 208
Tabelle 14: Darstellung des Merkmals "Segmentierte Teilarbeitsmärkte" 210
Tabelle 15: Darstellung des Merkmals "Promotor*in" 213
Tabelle 16: Darstellung des gemeinsamen Merkmalsraums 214
Tabelle 17: Zuordnung der Fälle zum Merkmalsraum 217

Abkürzungsverzeichnis

Abb.	-	Abbildung
[A. d. A.]	-	Anmerkung der Autorin
Azubi	-	Auszubildende/r
Bachelor	-	Bachelor of Arts (B.A.) oder Bachelor of Science (B.Sc.)
BKM	-	Betriebliches Kompetenzmanagement
BF	-	Betriebsfall
BFD	-	Betriebsfalldarstellung
BMBF	-	Bundesministerium für Bildung und Forschung
BOM	-	Bauleitende/r Obermonteur*in
bzw.	-	beziehungsweise
ca.	-	circa
d. h.	-	das heißt
Elektro	-	Elektrohandwerk
et al.	-	et alii (und andere)
etc.	-	et cetera
f.	-	folgende Seite
ff.	-	folgende Seiten
GF	-	Geschäftsführer*in
ggf.	-	gegebenenfalls
HK	-	Humankapitaltheorie/Merkmal „Kosten-Nutzen-Abwägung"
HWO	-	Handwerksordnung
In-K-Ha	-	Integrierte Kompetenzentwicklung im Handwerk
Kfz	-	Kraftfahrzeughandwerk
KMU	-	Klein- und mittelständische Unternehmen
MA	-	Mitarbeiter*innen
Master	-	Master of Arts (M. A.) oder Master of Science (M. Sc.)
Metall	-	Metallhandwerk
Mio.	-	Millionen
MK	-	Merkmalskombination
n. e. A.	-	nach eigener Angabe
o. A.	-	ohne Angaben
o. Ä.	-	oder Ähnliches

o. S.	-	ohne Seitenangaben
OM	-	Owner-Manager*in / Inhabergeschäftsführer*in
PM	-	Promotorenmodell / Merkmal „Promotor*in"
S.	-	Seite
SA	-	Segmentierte Arbeitsmärkte/Merkmal „Ausprägung des betrieblichen Kompetenzmanagements"
SHK	-	Sanitär-Heizung-Klima-Handwerk
s. o.	-	siehe oben
sog.	-	sogenannte
s. u.	-	siehe unten
Tab.	-	Tabelle
u. a.	-	unter anderem
u. U.	-	unter Umständen
Vertriebler	-	Vertriebsdienstleister
vgl.	-	vergleiche
z. B.	-	zum Beispiel
ZDH	-	Zentralverband des Deutschen Handwerks
zit.	-	zitiert nach

1 Das Handwerk – Eine alternde Arbeitswelt im Wandel

Bereits 1995 bemerkte Heinz-Werner Schult, damaliger Hauptgeschäftsführer des Zentralverbandes der deutschen Elektrohandwerke:

> *„Neue Technologien hat es in der langen Geschichte des Handwerks immer gegeben und die waren auch immer mit gleichen oder ähnlichen Konsequenzen wie heute verbunden. Berufe verändern sich, Berufe verlieren ihre Existenz und verschwinden gänzlich, Berufe leben neu auf. Was heute jedoch anders geworden ist, sind a) die Schnelligkeit und b) die Breite und Tiefe der Auswirkung von Technologien, die heute die Arbeitswelt massiv mit neuen Anforderungen konfrontieren. Was heute in der Arbeitswelt passiert, ist ja viel mehr als der übliche Anpassungsprozess an eine veränderte Konjunktur, [...] wir stehen vor einem tiefgreifenden Umbruch, der unsere bisherigen Vorstellungen über Art und Weise, wie Güter und Dienstleistungen produziert werden, nachhaltig verändert."* (Schult 1995 zit. nach Knutzen 2002, S. 21)

Bezog sich die Anmerkung Schults (noch) lediglich auf den rasanten technologischen Fortschritt und dessen Konsequenzen mit Blick auf die Kompetenzanforderungen an Mitarbeiter*innen, lassen sich für das Handwerk eine Reihe weiterer Wandlungs- und Trendprozesse beschreiben, welche die Arbeitswelten im Handwerk bereits heute aber auch zukünftig nachhaltig verändern werden. Dazu zählt insbesondere die demografisch bedingte Alterung von Belegschaften und eine in der Konsequenz sich stark verändernde Altersstruktur in den Betrieben. Diese resultiert auch in einem in einzelnen Gewerken schon heute stark zu Tage tretenden Fachkräftemangel, der nach Angaben des Zentralverbands des Deutschen Handwerks (ZDH) inzwischen sogar merklich das wirtschaftliche Leistungsvermögen von Betrieben im Handwerkssektor einschränkt.

Vor diesem Hintergrund müssen sich Handwerksbetriebe in Zukunft einer Reihe von Herausforderungen stellen. So stehen ihnen nicht nur immer weniger Mitarbeiter*innen zur Verfügung, sondern diese werden im Durchschnitt auch noch älter sein (vgl. Naegele und Frerichs 2018, S. 210). Darüber hinaus führen immer schnellere Innovationszyklen dazu, dass die Kompetenzanforderungen an Mitarbeiter*innen im Handwerk nachhaltig steigen, was für Handwerksbetriebe das Anstoßen einer stetigen und „lebenslangen" Entwicklung der Kompetenzen der eigenen Mitarbeiter*innen nach sich zieht. Ein auf die Arbeitsweisen im Handwerk angepasstes und mit Blick auf die zunehmend alternden Belegschaften alter(n)ssensibles Kompetenzmanagement in den Betrieben anzustoßen bzw. zu

---

© Springer Fachmedien Wiesbaden GmbH, ein Teil von Springer Nature 2020
L. Naegele, *Betriebliches Kompetenzmanagement älterer Arbeitnehmer*innen*,
Vechtaer Beiträge zur Gerontologie, https://doi.org/10.1007/978-3-658-29253-9_1

etablieren, stellt daher eine der zentralen Zukunftsaufgaben für Betriebe des Handwerks dar (vgl. Goedicke 2006, 503f.). Die Frage, ob und wie Handwerksbetriebe die Kompetenzen ihrer Mitarbeiter*innen entwickeln, welche Motive sich hinter der Ausgestaltung des betrieblichen Kompetenzmanagements in der Praxis finden lassen und ob die Beschäftigtengruppe der älteren Mitarbeiter*innen, mit ihren besonderen Lern- und Kompetenzentwicklungsbedürfnissen, von Handwerksbetrieben überhaupt schon als Zielgruppe etwaiger Kompetenzentwicklungsbemühungen „gesehen" werden, stellen daher im Folgenden leitende Fragestellungen dieser Arbeit dar.

Angemerkt werden muss jedoch auch, dass sowohl der Anstoß als auch die nachhaltige Etablierung eines betrieblichen Kompetenzmanagements Handwerksbetriebe oftmals vor große strukturelle Probleme stellt. Zukünftige Kompetenzanforderungen abzusehen, adäquate und auf die Betriebsbedürfnisse angepasste Maßnahmen der Kompetenzentwicklung einzuleiten – und dies parallel mit alternden Belegschaften zu bewerkstelligen – verlangt ein hohes Maß an zukunftsgewandter und strategischer Personal-, Organisations- und Kompetenzentwicklung. Jedoch verfügt der in der Regel kleinbetrieblich strukturierte Handwerkssektor, konträr zu Großunternehmen in der Industrie, häufig nicht über die strukturellen, finanziellen und personellen Ressourcen, um auf die bereits genannten Herausforderungen angemessen zu reagieren. (vgl. Dürig et al. 2012, S. 375). So zeigen Studien, dass ein Gros der Handwerksbetriebe in Bezug auf betriebswirtschaftliche und personalpolitische Unternehmensentscheidungen lediglich einen Planungshorizont von 12-24 Monaten aufweist (vgl. Zukunftswerkstatt Handwerk NRW 2007, S. 31). Dieser kurzfristige Planungshorizont kann sich, vor dem Hintergrund der bereits angesprochenen Geschwindigkeit, mit der sich Innovations- und Wandlungsprozesse heute in der Arbeitswelt des Handwerks vollziehen, als problematisch erweisen, insofern als sie die Handlungsfähigkeit bzw. –möglichkeiten von Betrieben restriktiveren. Weiterhin treffen diese rasanten Entwicklungen in der handwerklichen Praxis auf tradierte Aus- und Weiterbildungsweisen und ein z. T. geringes Bewusstsein über die besonderen Lern- und Kompetenzentwicklungsbedürfnisse älterer Arbeitnehmer*innen. Es lässt sich also sagen, dass, während sich das Handwerk in der Vergangenheit oftmals durch seine kurzfristige Flexibilität in der Lage sah, schnell auf veränderte Rahmenbedingungen zu reagieren, Beispiele aus der jüngeren Vergangenheit zeigen jedoch, dass dieses allein

„reaktive Konzept" oftmals nicht mehr aufgeht und „[...] wesentliche Entwicklungen am Handwerk vorbeigegangen sind" (Zukunftswerkstatt Handwerk NRW 2007, S. 31).

„Früher erfolgreiche Handlungsmuster, die auch heute noch tief in den Köpfen verankert sind – im Sinne von: `Handwerk nimmt Bedrohung wahr, Handwerk reagiert, Anpassung gelingt` [Hervorhebung im Original] –, werden künftig nicht mehr funktionieren." (Zukunftswerkstatt Handwerk NRW 2007, S. 31)

Anstoß für diese Arbeit gab dabei das Forschungs- und Entwicklungsprojekt „In-K-Ha" (Integrierte Kompetenzentwicklung im Handwerk: regional, gewerkspezifisch, betrieblich, individuell), welches vom Bundesministerium für Bildung und Forschung (BMBF) im Rahmen des Programms "*Arbeiten – Lernen – Kompetenzen entwickeln. Innovationsfähigkeit in einer modernen Arbeitswelt*" als Teil der Bekanntmachung "Innovationsfähigkeit im demografischen Wandel" (Förderkennzeichen: 01FK13016) über einen Zeitraum von insgesamt drei Jahren (2014 – 2017) gefördert wurde.[1] Die Erhebung der Daten, auf die sich die hier vorliegende Arbeit im Wesentlichen stützt, wurde durch den projektbezogenen Feldzugang ermöglicht und wäre ohne die immense Unterstützung seitens der Projektpartner*innen und der handwerklichen Praxis nicht möglich gewesen.

---

[1] Für nähere Informationen zum „In-K-Ha" Projekt (Integrierte Kompetenzentwicklung im Handwerk) siehe: www.in-k-ha.de (letzter Zugriff am 10.04.2019).

2 Aufbau, Struktur und zentrale Forschungsfragen

Die folgende Arbeit gliedert sich dabei bewusst in zwei thematische Blöcke, mit insgesamt neun Kapiteln. Der erste thematische Block der Arbeit konzentriert sich auf eine ausführliche Annäherung und Beschreibung des Untersuchungsgegenstands „Handwerk" bzw. „betriebliches Kompetenzmanagement", während der zweite thematische Teil der Arbeit der zentralen qualitativen Untersuchung gewidmet ist. Im Folgenden wird der Aufbau der Arbeit und die Binnenstruktur der einzelnen Kapitel noch einmal detailliert dargelegt.

Beginnend nähert sich der erste Teil der Arbeit zunächst definitorisch dem „Handwerk" bzw. „dem Handwerksbetrieb", um ein informiertes Verständnis für die Besonder- und Eigenheiten des Untersuchungsgegenstands zu generieren (Kapitel 3). Dazu wird zuerst neben einer formal-juristischen Einordnung eine Analyse von Strukturdaten („Handwerksbetriebe als Teil der KMU-Familie") sowie, zur Erfassung der spezifischen „Betriebskultur", eine Darstellung von charakteristischen Merkmalen von Handwerksbetrieben durchgeführt. Das Kapitel diskutiert hier beispielsweise Aspekte von Flexibilität und Innovationsfähigkeit, Management- und Personalentwicklungsverhalten sowie die besondere Bedeutung der Rolle des/r Betriebsinhaber*in im Handwerk. Im Anschluss werden – in angemessener Kürze – zentrale Entwicklungstrends im Handwerkssektor diskutiert. Letztere können dabei großen Einfluss auf die Kompetenzanforderungen an (ältere) Mitarbeiter*innen im Handwerk haben, aber auch auf die Motivlagen in den Betrieben, in ihr betriebliches Kompetenzmanagement zu investieren. Ausgehend davon widmet sich Kapitel 4 noch einmal fokussiert einem der zentralen Aspekte dieser Arbeit – dem betrieblichen Kompetenzmanagement im Handwerk – und stellt die Frage: „Wie lernt das Handwerk?" Dazu erfolgt zunächst eine konzeptionelle Einbettung des Begriffes „Kompetenz", sowohl aus historisch-etymologischer Perspektive als auch aus Sicht einzelner zentraler Arbeiten/Autoren*innen im Rahmen der Entwicklungsgeschichte des Kompetenzbegriffes. Vor dem Hintergrund der besonderen Fokussierung dieser Arbeit auf die Personengruppe der „älteren Mitarbeiter*innen" geht Kapitel 4 auch auf die besonderen Kompetenzen älterer Mitarbeiter*innen und deren spezifischen Lern- und Kompetenzentwicklungsbedürfnissen ein. Das Kapitel schließt mit der Entwicklung eines für diese

Arbeit leitenden Kompetenzverständnisses sowie mit der Erarbeitung eines Modells zur Erfassung des betrieblichen Kompetenzmanagements (BKM) (für ältere Mitarbeiter*innen) in Handwerksbetrieben.

Kapitel 5 widmet sich einer deskriptiven Beschreibung des Ist-Zustands der Ausprägung von betrieblichem Kompetenzmanagement im Handwerk. Dafür wird auf eine Sekundärdatenanalyse von Befragungsdaten des Forschungs- und Entwicklungsprojektes „In-K-Ha" zurückgegriffen. Dies ist vor allem durch die angestrebte „breite Erfassung des Ausmaßes von angebotenen Kompetenzentwicklungsmaßnahmen" sowie der recht dünnen Datenlage zum Handwerk begründet. Besonders interessiert ist die Kurzstudie dabei an der Herausarbeitung von distinkten Mustern und Systematiken hinsichtlich der Ausprägung von betrieblichem Kompetenzmanagement (BKM) im Handwerk. Das Kapitel strukturiert sich dabei wie folgt: Zunächst wird die Datengrundlage beschrieben sowie ein Überblick über das Auswertungsverfahren „Clusteranalyse" gegeben. Der erste thematische Block der vorliegenden Arbeit schließt mit einer Diskussion der Ergebnisse der Clusteranalyse sowie den identifizierten Einschränkungen der Kurzstudie.

Der zweite thematische Block der Arbeit – beginnend mit Kapitel 6 – widmet sich der Herausarbeitung eines für die folgende zentrale qualitative Studie notwendigen heuristisch-analytischen Theorierahmens zum Weiterbildungs- und Kompetenzentwicklungsverhalten von (Handwerks-)Betrieben. Dazu werden zunächst die Vorteile eines theorieintegrativen Ansatzes diskutiert und im Folgenden dann die drei für diese Arbeit prioritär behandelten Theorieansätze „Humankapitaltheorie", „Theorie der segmentierten Arbeitsmärkte" sowie „Promotorenmodell" vorgestellt und auf den Gegenstandsbereich „Handwerk" bzw. „ältere Arbeitnehmer*innen" angewandt. Kapitel 7 widmet sich dann der Hauptstudie dieser Arbeit, die zum Ziel hat, Erklärungsmuster bzw. Determinanten für die unterschiedliche Ausgestaltung betrieblichen Kompetenzmanagements in Handwerksbetrieben zu identifizieren. Basierend auf 15 qualitativen Betriebsfallstudien geht das Kapitel den folgenden zentralen Fragestellungen nach:

> *F1:* *Welche (Begründungs-)Parameter bzw. Determinanten des betrieblichen Kompetenzmanagements lassen sich (mit Blick auf ältere Beschäftigte) bei Handwerksbetrieben identifizieren?*

F2: Wie unterscheiden sich diese (Begründungs-)Parameter bzw. Determinanten in ihren Wechselbeziehungen zwischen Betrieben mit unterschiedlich ausgeprägten betrieblichen Kompetenzmanagement?

Dabei wird zunächst die Datengrundlage beschrieben, sowie ein Überblick über die Erhebungsmethode „Betriebsfallstudien" gegeben. Anschließend wird die verwendete Analysemethode „Empirische Typenbildung" nach Kelle und Kluge dargelegt sowie die vorgenommene Erweiterung der Methode begründet. Das Kapitel schließt mit der idealtypischen Darstellung des Verfahrens und Anwendung der empirisch begründeten Typenbildung auf das betriebliche Kompetenzmanagement in Handwerksbetrieben. Kapitel 8 präsentiert die Ergebnisse der qualitativen Studie und diskutiert die fünf im Rahmen der Arbeit identifizierten Typen sowie die nach der Erweiterung des Modells von Kelle und Kluge angestrebte Diskussion der empirisch leer gebliebenen Merkmalsausprägungen bzw. Merkmalskombinationen. Kapitel 9 subsumiert zunächst die Ergebnisse der Arbeit als Ganzes und diskutiert im Anschluss sowohl Limitationen als auch die erarbeiteten Beiträge zum Forschungsfeld. Mit Blick auf den Handwerkssektor schließt die Arbeit mit der Herausarbeitung grundsätzlicher Handlungsorientierung für das Feld.

3 Das Handwerk – Eine Einführung

Das „Handwerk" wurde lange Zeit als historische Kategorie begriffen, sozusagen als das Abbild betrieblicher Realität in der vorindustriellen Zeit. In der Regel wurde diese Ansicht gepaart mit der impliziten Annahme, es handele sich bei Handwerksbetrieben um Betriebe, *die ihre Produkte ausschließlich in Handarbeit d. h. durch manuelle Produktion herstellen* (vgl. Glasl et al. 2008, S. 7). Vor dem Hintergrund des durch den technologischen Wandel bedingten weitverbreiteten Einsatzes von Maschinerien und innovativen Technologien – auch in Handwerksbetrieben – ist diese Auffassung vom Handwerk jedoch in der heutigen Zeit als nicht mehr zeitgemäß anzusehen. So kann das Handwerk heute nicht mehr allein über seinen *„hand-werklichen"* Bezug, d. h. über seine Fertigungsmethoden, definiert werden (vgl. Glasl et al. 2008, S. 7). Gerade mit Blick auf die besonders technologielastigen Gewerke im Handwerk verschwimmen immer mehr die Grenzen zu anderen Sektoren, z. B. der Industrie, was sich gut mit den hohen Abwanderungsraten von im Handwerk ausgebildeten Mitarbeiter*innen in die Industrie veranschaulichen lässt (vgl. Müller und Reißig 2007, S. 37). Auch wirken eine Reihe von Trends und Wandlungsprozessen auf den Handwerkssektor, welche die dort gängigen Arbeitsbedingungen und Tätigkeits- bzw. Kompetenzanforderungen nachhaltig verändern werden (vgl. Naegele et al. 2015, 13ff.). Anzumerken ist jedoch, dass der Begriff „Handwerkssektor" an dieser Stelle ein wenig irreführend ist. Strenggenommen bilden trotz der vergleichsweisen großen wirtschaftlichen Bedeutung Handwerksbetriebe für sich keinen eigenen Sektor. Sie werden vielmehr dem verarbeitenden Gewerbe, dem Baugewerbe, dem Dienstleistungsgewerbe oder dem Handel und damit in der Regel dem sekundären und tertiären Sektor zugeordnet (vgl. Glasl et al. 2008, S. 4). Mit Blick auf ein besseres Verständnis soll im Folgenden jedoch weiterhin vom „Handwerkssektor" gesprochen werden, ohne dabei seine insgesamt große Diversität zu vernachlässigen. So vereint dieser lose zusammenhängende „Wirtschaftssektors" knapp 5,3 Millionen Mitarbeiter*innen auf sich, die knapp 130 verschiedenen Handwerksberufen nachgehen und in etwa 1 Million Betrieben in Deutschland beschäftigt sind (vgl. Zentralverband des Deutschen Handwerks (ZDH) 2018a, o. S.). Nicht beachtet wird im Rahmen dieser Arbeit der europäische Kontext, wo sich das ohnehin schon

© Springer Fachmedien Wiesbaden GmbH, ein Teil von Springer Nature 2020
L. Naegele, *Betriebliches Kompetenzmanagement älterer Arbeitnehmer*innen*,
Vechtaer Beiträge zur Gerontologie, https://doi.org/10.1007/978-3-658-29253-9_3

schwer zu vereinheitlichende Bild des Handwerks noch einmal deutlich differenzierter darstellt.

„Dagegen existiert bislang keine europaweit einheitliche Definition für Handwerksbetriebe. Der Handwerkssektor innerhalb Europas ist überaus vielfältig und beinhaltet eine Vielzahl unterschiedlicher Berufe und Gewerke. Darüber hinaus existieren in den europäischen Mitgliedsstaaten sehr unterschiedliche Vorstellungen und Rechtsvorschriften darüber, was als Handwerksunternehmen bezeichnet wird." (Buschfeld et al. 2011, S. 43)

Es gibt verschiedene Möglichkeiten, sich dem Untersuchungsobjekt Handwerk und seinen Betrieben definitorisch zu nähern. Zum einen kann man versuchen, das Handwerk bzw. Handwerksbetriebe anhand seiner/ihrer Strukturmerkmale zu erfassen, klassischerweise über Mitarbeiter*innenzahl, Umsatzvolumina und/oder Betriebsstruktur. Eine weitere Möglichkeit ist es, die formal-juristische Ebene zu bemühen, mit allen Schwierigkeiten, die ein solches Vorgehen in einem so diversen Sektor wie dem Handwerk mit sich bringt. Auch ist es möglich, sich dem Untersuchungsobjekt „Handwerk" bzw. „Handwerksbetrieb" über eine Beschreibung/Analyse der charakteristischen Merkmale von Handwerksbetrieben zu nähern.

Im Folgenden sollen Handwerksbetriebe daher zunächst als Teil der Betriebsfamilie der Kleinst-, Klein- und mittelständischen Unternehmen diskutiert und eine Beschreibung der gängigen Strukturdaten angestrebt werden (Kapitel 3.1). Im Weiteren nähert sich das Kapitel dann dem Untersuchungsgegenstand auf formaljuristischer Ebene (Kapitel 3.2) und strebt eine Definition von „Handwerk" und „Handwerksbetrieb" auf Basis der Handwerksordnung (HwO) an. Abschließend sollen die für diese Arbeit wichtigen charakteristischen Merkmale von Handwerksbetrieben (Kapitel 3.3) diskutiert werden. Hier werden u. a. die Flexibilität und Innovationsfähigkeit von Handwerksbetrieben sowie die besondere Bedeutung der Rolle des/r Betriebsinhaber*in im Handwerk diskutiert. Diese Auseinandersetzung mit den charakteristischen Merkmalen von Handwerksbetrieben ist hier insbesondere von Bedeutung, um später für die empirischen Teile dieser Arbeit adäquate Analysekategorien bereitstellen zu können. Abschließend werfen Kapitel 3.5 und Folgende einen Blick auf zukünftige Trends und Wandlungsprozesse im Handwerk und beleuchten hier u. a. die Auswirkungen des demografischen und des technologischen Wandels auf den Handwerkssektor. Dieser Schritt ist deswegen von zentraler Bedeutung, weil sich diese Entwicklungen nachhaltig auf die Kompetenzanforderungen an Mitarbeiter*innen im Handwerk auswirken und damit unweigerlich auch das betriebliche Kompetenzmanagement von Handwerksbetrieben betreffen.

Vorab ist jedoch zu sagen, dass bezüglich des Handwerkssektors insgesamt nur wenig wissenschaftliche Literatur zur Verfügung steht, weswegen sich diese Arbeit im Folgenden aus der breiten Literatur der KMU-Forschung (kleine und mittelständische Unternehmen) bedient und den Versuch unternimmt, diese – wenn passend – auf das Handwerk anzuwenden.

3.1 Das Handwerk als Teil der Familie der KMU

Das Handwerk ist gekennzeichnet durch seine klein- bzw. kleinstbetriebliche Struktur. Konkret bedeutet dies, dass Handwerksbetriebe in den seltensten Fällen mit Mitarbeiter*innenzahlen agieren, welche sie über die definitorische Schwelle der Betriebsgrößengruppe der Klein- und mittelständischen Betriebe (KMU) kommen lassen würden (>250 Mitarbeiter*innen). Hier ist jedoch anzumerken, dass es auch in Bezug auf KMU einen breiten Diskurs gibt um die Frage, welche Betriebe in der Definition zu inkludieren sind und wo beispielsweise die Grenze zu Großunternehmen gezogen werden sollte. Umgangssprachlich wird meist zudem lediglich von Klein- und mittleren Unternehmen gesprochen, eine Beschreibung, die jedoch die Kleinsten unter den Betrieben, die sog. Kleinstbetriebe, relativ undifferenziert miteinschließt. Da jedoch gerade diese Kleinstbetriebe im Handwerkssektor einen nicht unerheblichen Teil der Betriebslandschaft ausmachen, lohnt sich bei der wissenschaftlichen Auseinandersetzung mit dem Handwerk hier oftmals auch eine detaillierte Abgrenzung „nach unten". Darüber hinaus lohnt sich an dieser Stelle ein Blick in die englischsprachige Literatur, wo subsumiert unter dem Begriff der „Microbusinesses" eine relativ lange KMU-Forschungstradition existiert, die fruchtbare Ansätze auch für diese Arbeit bietet.

Die Europäische Union z. B. legt die Grenze für *Kleinstunternehmen* bei „bis zu 9 Mitarbeiter*innen" sowie einer Umsatz- bzw. Bilanzsumme von 2 Millionen Euro pro Jahr an. In Relation dazu bezeichnen *Kleinunternehmen* Unternehmen, die mehr als 9 und weniger als 50 Mitarbeiter*innen beschäftigen und entweder einen Jahresumsatz von höchstens 10 Mio. Euro erzielen oder deren Jahresbilanz

10 Millionen Euro nicht überschreitet. Als *Mittlere Unternehmen* werden weiter jene Unternehmen bezeichnet, die zwischen 49 und 249 Mitarbeiter*innen beschäftigen sowie einen Jahresumsatz von bis zu 50 Mio. bzw. eine Jahresbilanz von 43 Mio. Euro nicht überschreiten. Folgt man dieser Definition, sind ca. 90 % aller Unternehmen in Europa der Kategorie „KMU insgesamt" zuzuordnen (vgl. European Commission 2016, o. S.), wobei in vielen europäischen Ländern (z. B. Irland, Portugal, aber auch Spanien und Deutschland) dieser Anteil sogar noch höher liegt. Eine etwas differenzierte Definition kommt daher vom Institut für Mittelstandsforschung (IfM) in Bonn und unterscheidet sich vor allem dadurch, dass – bei gleichbleibenden Umsatz- bzw. Bilanzzahlen – die Mitarbeiter*innenzahl der „mittleren Unternehmen" mit bis zu 500 Personen angegeben werden (vgl. Institut für Mittelstandsforschung Bonn 2016, o. S.). Begründet ist dieses Vorgehen durch eine deutsche Besonderheit in der Betriebslandschaft: Der im europäischen Vergleich relativ hohe Anteil von Unternehmen mit Mitarbeiter*innenzahlen von bis zu 500 Personen, die jedoch die Umsatzschwelle von 50 Millionen nicht überschreiten (vgl. Günterberg 2012, S. 17). Insgesamt gibt das IfM die Zahl der Betriebe in dieser „mittleren" Betriebsklasse für das Jahr 2016 mit knapp 80.000 Betrieben für Deutschland an (vgl. Institut für Mittelstandsforschung Bonn o. J., o. S.). Insgesamt ergibt sich für Deutschland auf Basis von Daten des Statistischen Bundesamts hinsichtlich der Anteile von kleinen und mittleren Unternehmen für das Jahr 2016 folgendes Bild (Tabelle 1).[2]

---

[2] Anzumerken ist, dass sich das Statistische Bundesamt an der KMU-Definition der Europäischen Union orientiert. D. h. mittlere Unternehmen bezeichnen hier Unternehmen mit einer Mitarbeiter*innenzahl von 49 – 249 sowie einem maximalen Jahresumsatz bzw. einer maximalen Bilanzsumme von 10 Millionen Euro (vgl. European Commission 2016, o. S.).

3.1 Das Handwerk als Teil der Familie der KMU

Tabelle 1: Anteile kleiner und mittlerer Unternehmen an ausgewählten Merkmalen in 2016 (in %)[3]

Betriebsgrößenklassen	Unternehmen	Tätige Personen	Umsatz
Kleine und mittlere Unternehmen (KMU) insgesamt	99,3	61,2	33,8
Kleinstunternehmen	80,4	18,6	6,8
Kleine Unternehmen	16,0	23,2	12,0
Mittlere Unternehmen	2,9	19,3	15,0
Großunternehmen	0,7	66,2	66,2

99,3 % der insgesamt über 3,6 Millionen Betriebe in Deutschland waren im Jahr 2016 demnach der Kategorie „Klein- und mittelständig" zuzuordnen, sie beschäftigten 61,2 % der sozialversicherungspflichtig in den Betrieben tätigen Personen und erwirtschafteten mit 33,8 % ein bisschen weniger als ein Drittel des Umsatzes der Gesamtwirtschaft. Mit Blick auf den Handwerkssektor ist davon auszugehen, dass ein Großteil der Handwerksbetriebe sich innerhalb dieser Gruppe der KMU wiederfinden lassen. Es sei jedoch angemerkt, dass solche einheitlichen Definitionen zwar die Möglichkeit bieten, Vergleiche anzustellen, über Sektoren- und/oder Ländergrenzen hinweg beispielsweise, jedoch auch kritisch betrachtet werden sollten. So ist es beispielsweise fraglich, ob eine Definition die 9 von 10 aller bestehenden Betriebe in Europa einschließt, die nötige analytische Schärfe aufweist (vgl. Fillis 2010, S. 62). Daher wird im Folgenden noch einmal eine detailliertere Strukturbeschreibung der Handwerksbetriebe in Deutschland angestrebt.

---

[3] Quelle: Statistisches Bundesamt 2018a, o. S. (Zahlen basieren auf den jährlichen Unternehmensstrukturstatistiken, eigene Darstellung).

3.1.1 KMU und Handwerk – Eine Annäherung auf Basis von Strukturdaten

Fokussiert man auf Handwerksbetriebe in Deutschland alleine, wird die Datenlage deutlich uneinheitlicher, als dies noch für die Klein- und mittelständischen Unternehmen der Fall ist. Laut der letzten vom Statistischen Bundesamt im Jahr 2016 durchgeführten Handwerkszählung[4] waren ca. 554.000 Betriebe in Deutschland im Handwerk tätig. Diese Unternehmen erwirtschafteten ca. 551 Milliarden Euro Umsatz und beschäftigten im Jahresdurchschnitt 2016 rund 5,1 Millionen Beschäftigte. Darunter finden sich ca. 3,8 Millionen sozialversicherungspflichtig und knapp 722.000 geringfügig entlohnte Beschäftigte (vgl. Statistisches Bundesamt 2018c, o. S.). Einschränkend ist hier jedoch anzumerken, dass – basierend auf Daten des Unternehmensregisters – die Handwerkszählung des Statistischen Bundesamtes nur Betriebe der zulassungspflichtigen und zulassungsfreien Gewerke im Handwerk (Anlage A und B1 der HWO)[5] berücksichtigt, die im Weiteren entweder a) umsatzsteuerpflichtige Umsätze und/oder b) sozialversicherungspflichtige Beschäftigte im Berichtsjahr vorweisen konnten.

Abweichende Zahlen kommen vom Zentralverband des deutschen Handwerks (ZDH), der die Anzahl der Handwerksbetriebe z. B. für das Jahr 2017 mit knapp über 1 Million angibt (vgl. Zentralverband des Deutschen Handwerks (ZDH) 2018a, o. S.). Diese hohe Diskrepanz (von etwas über 400.000 Betrieben) zu den Daten des Statistischen Bundesamtes hat – wie bereits angedeutet – vor allem erhebungstechnische Gründe: So werden vom ZDH *a)* auch die Betriebe der handwerksähnlichen Gewerke (Anlage B2 der HwO), *b)* einzelne Filialen von Handwerksfilialisten (z. B. im Frisör- oder Optikerhandwerk), *c)* sog. handwerkliche Nebenbetriebe (z. B. wenn ein Autohandel als Hauptbetrieb im Weiteren eine angeschlossene Kfz-Werkstatt betreibt), *d)* Betriebe, die in ihren Umsätzen unter der umsatzsteuerlichen Grenze von 17.500 Euro/Jahr bleiben, sowie *e)* Betriebe, die über keine eigenen Mitarbeiter*innen verfügen (wo aber z. B. Familienmitglieder unentgeltlich mitarbeiten) erfasst. Es ist davon auszugehen, dass insbeson-

---

[4] Im Rahmen des Handwerkstatistikgesetzes (HwStG) ist es geregelt, dass neben den vierteljährlichen Konjunkturerhebungen auch regelmäßig Zählungen des Handwerks durchzuführen sind. Wurden früher die Betriebsinhaber*innen direkt angeschrieben, werden die Handwerksstatistiken heute aus der Zusammenführung von Verwaltungsdaten ermittelt (vgl. Pfarr 2016, S. 1).
[5] Für eine differenziertere Auseinandersetzung mit den verschiedenen im Handwerk tätigen Gewerken siehe Kapitel 3 dieser Arbeit.

3.1 Das Handwerk als Teil der Familie der KMU

dere Kleinstbetriebe im Handwerk, die auf Grund ihrer geringen Mitarbeiter*innenzahlen und niedrigen Umsätzen in der Zählung seitens des Statistischen Bundesamtes nicht erfasst werden, in den Angaben des ZDH stärkere Berücksichtigung finden (vgl. Pfarr 2016, 1ff.). Eine Umfrage des ZDH aus dem Jahr 2013, an dem sich 10.500 Betrieben beteiligten, weist an dieser Stelle eine ähnliche Tendenz auf: So fokussiert die Studie explizit auch auf Betriebe, welche die Umsatzsteuergrenze von 17.500 Euro/Jahr nicht überschreiten, und legt des Weiteren eigene Mitarbeiter*innen nicht als notwendiges Kriterium für das Vorhandensein eines Handwerksbetriebes fest. Auf Basis dieser Annahme kommen die Autoren der Studie zu dem Ergebnis, dass rund 15,2 % der Handwerksbetriebe in Deutschland[6] im Jahr 2012 weniger als 17.500 Euro Umsatz erzielten und damit unterhalb der Umsatzsteuergrenze liegen. Dazu gehörten eine Vielzahl der sog. „1-Mann-Betriebe" sowie „Kleinstbetriebe mit wenig Personal" und „Betriebe aus den personennahen Dienstleistungsgewerken" (z. B. Maßschneiderhandwerk) (vgl. Zentralverband des Deutschen Handwerks (ZDH) 2014a, S. 15). Es lässt sich vermuten, dass eine Vielzahl dieser Betriebe im Rahmen der Kriterien des Statistischen Bundesamtes „durchs Raster fallen" – und wenn man an dieser Stelle weiterdenkt – ggf. auch aus dem Fokus von Politik und Sozialpartner*innen.

Trotz einer möglichen statistischen Unterrepräsentanz zeigt ein Blick in die Daten der Handwerkszählung seitens des Statistischen Bundesamtes (Tab. 2), dass Kleinstbetriebe immer noch einen Gros der in der Erhebung erfassten Handwerksbetriebe ausmachen. So beschäftigten im Jahr 2012 ca. 60 % der knapp über 580.000 Handwerksbetriebe in Deutschland weniger als 5 und lediglich 2,1 % der Unternehmen mehr als 50 Mitarbeiter*innen (vgl. Statistisches Bundesamt 2018c, o. S.).

---

[6] Da sich überdurchschnittlich häufiger große Unternehmen an der Studie beteiligt haben, wurden die Gesamtergebnisse anhand aktueller Beschäftigtengrößenzahlen durch die Autoren der Studie gewichtet und hochgerechnet (vgl. Zentralverband des Deutschen Handwerks (ZDH) 2014a, S. 2).

Tabelle 2: Betriebsgrößen im Handwerk auf Basis der Daten der Handwerkszählung (Erhebungsjahre 2012 und 2016)[7]

Mitarbeiter*innen	Zulassungspflichtiges Handwerk		Zulassungsfreies Handwerk		Anteil an allen Unternehmen (in %)	
	2012	2016	2012	2016	2012	2016
Gesamt:	475.875	462.136	107.793	17.128	100	100
unter 5	274.525	253.348	82.308	88.146	61,2	58,9
5 – 9	106.013	109.216	13.241	15.631	20,4	21,6
10 – 19	57.698	60.411	6.191	7.010	10,9	11,6
20 – 49	27.911	9.154	3.496	3.754	5,4	5,7
50 und mehr	9.728	10.007	2.557	2.587	2,1	2,2

Subsumierend lässt sich festhalten, dass Klein- und mittelständige Betriebe einen nicht unerheblichen Teil der Betriebslandschaft in Europa, aber insbesondere auch in Deutschland ausmachen. Sie bieten einer Vielzahl von Personen einen Arbeitsplatz und erwirtschaften ca. 1/3 des gesamtgesellschaftlichen Umsatzes. Insbesondere der Handwerkssektor ist stark von dieser Betriebsgrößenstruktur geprägt, wobei hier insbesondere die Rolle der Kleinstbetriebe, d. h. Betriebe, die bis 5 bzw. 9 Mitarbeiter*innen beschäftigen, betont werden sollte. Im zeitlichen Rückblick erwiesen sich diese Betriebsstrukturen in den letzten 60 Jahren meist als sehr robust, d. h. das Handwerk war jahrzehntelang durch stabile Betriebszahlen geprägt. Jedoch fällt auf, dass es in der näheren Vergangenheit zu einer leichte Verschiebung in Richtung der mittelgroßen bis großen Betriebe gibt, eine Entwicklung die im Folgenden noch einmal näher diskutiert werden soll.

---

[7] Quelle: Statistisches Bundesamt 2015, S. 10 sowie Statistisches Bundesamt 2018b, S. 10), eigene Berechnungen.

3.1.2 Die Entwicklung der Betriebsgrößen im Handwerk – Ein zeitlicher Rückblick

Während der Handwerkssektor lange Zeit von stabilen Betriebszahlen geprägt war haben sich seit der Novellierung der Handwerksnovelle im Jahr 2004 die Rahmenbedingungen im und für das Handwerk verändert und damit auch die Struktur der Betriebsgrößen. An dieser Stelle ist vor allem auf die „Lockerung der Meisterpflicht" hinzuweisen, die es seit dem 01.01.2004 erlaubt, auch ohne Meisterbrief in 52 ausgewählten Handwerksberufen (der zulassungsfreien Gewerke) eine Selbstständigkeit anzumelden. Im Zuge dieser Novellierung sind auch in 41 weiteren zulassungspflichtigen Gewerken die Existenzgründungen erleichtert worden (vgl. Müller 2013, S. 636). Vor diesem Hintergrund ist das Erscheinungsbild des Handwerks – wie wir es heute kennen (und wie wir es heute beziffern) – ein anderes, als es noch vor zwanzig Jahren war (vgl. Müller 2013, S. 636).

„Die Entwicklung des Handwerks in den letzten 60 Jahren folgte bis zu der [Handwerks-]Zählung 1995 einem eindeutigen Trend: eine Abnahme der Unternehmenszahlen bei gleichzeitiger Steigerung der Unternehmensgröße." (Müller 2013, S. 638)

Vergleicht man die Daten der bereits erwähnten Handwerkszählung (1995 bzw. 2012), fällt in Bezug auf die Unternehmensgrößenstruktur heute vor allem eine zunehmende Polarisierung auf. Dies wird deutlich bei einem Blick auf die Umsatzzahlen der in Deutschland agierenden Handwerksbetriebe: So hat der Umsatz seit 1995 vor allem bei den handwerklichen Großbetrieben und den Kleinstunternehmen zugenommen, weniger bei den mittelgroßen Handwerksbetrieben (vgl. Müller 2015, 3f.). Beflügelt u. a. durch die Novellierung der Handwerksordnung[8] ist zudem der Anteil der „Neugründungen" sowie der „Ein-Mann-Betriebe" im Handwerk in den letzten zwanzig Jahren massiv gestiegen, wenn auch mit berufsgruppenspezifischen Wachstumsraten. So haben sich 28 % der heute am Markt agierenden Betriebe erst nach dem 1. Januar 2004 gegründet. Die sog. „Ein-Mann-Betriebe" bzw. „Soloselbständigen" haben sich nach Schätzungen des Volkswirt-

---

[8] An dieser Stelle ist darauf hinzuweisen, dass neben der Novellierung des Handwerksgesetztes auch noch weitere Anreizsysteme eine Rolle gespielt haben könnten. Hier zu nennen sind z. B. staatliche Transferleistungen wie z. B. der Existenzgründungszuschuss (2003 – 2006) bzw. der Gründungszuschuss (seit 2006) (vgl. Rostam-Afschar 2014, S. 1076).

schaftlichen Instituts für Mittelstand und Handwerk (ifh) vor allen in den zulassungsfreien B1-Handwerken etabliert (im Jahr 2015 handelte es sich bei 46 % aller Betriebe in dieser Gruppe um sog. Soloselbständige), während in den A1-Handwerken eine leichte Konzentration zu beobachten ist. D. h. Unternehmen dort sind im Schnitt etwas größer geworden (vgl. Müller 2015, S. 22). Bei der Frage, ob es sich bei den vielen „Ein-Mann-Betrieben" um nachhaltige Betriebskonzepte handelt, d. h. ob diese Soloselbständigen auch langfristig am Markt überleben, oder lediglich um kurzfristige Betriebsgründungen, die, z. T. auch durch staatliche Transferleistungen subventioniert, ebenso schnell wieder verschwinden, wie sie gegründet wurden, divergieren die Prognosen. seitens des ifh wird diesen Betrieben nur eine relativ kleine Überlebenschance zugesprochen (vgl. Müller 2015, S. 12). Nichtsdestotrotz konnte Rostam-Afschar (2014) auf Basis von Daten des Mikrozensus zeigen, dass für den von ihm betrachteten Zeitraum (2002-2009) zunächst keine proportionale Zunahme an Betriebsaufgaben zu verzeichnen war, d. h. auch über den Zeitraum von potentiellen staatlichen Anschubfinanzierungen hinaus. Tatsächlich konnte er in absoluten Zahlen vielmehr einen langfristigen Zuwachs beziffern, der darauf hinweist, dass diese „neuen Betriebe" – mit Einschränkungen der Aussagekraft durch den kurzen Erhebungszeitraum der Studie – zumindest zunächst von Bestand sind (vgl. Rostam-Afschar 2014, 1094f.).

Neben einer Annäherung an das Handwerk auf Basis struktureller Merkmale (und deren Entwicklung) ist auch der Versuch einer formal-juristischen Einordnung möglich. Dieser Versuch soll im folgenden Kapitel angestellt werden.

3.2 Handwerk und Handwerksbetrieb auf Basis der HwO

Grundsätzlich ist der Begriff „Handwerk" als solcher in Deutschland, wie auch in vielen anderen europäischen Ländern, gesetzlich nicht konkret definiert (vgl. Buschfeld et al. 2011, S. 43). Jedoch existieren eine Reihe gesetzlicher Regelungen darüber, welche Betriebe dem Handwerkssektor zuzuordnen sind: So regelt in Deutschland das *Gesetz zur Ordnung des Handwerks* (kurz: Handwerksordnung (HwO)) auf formal-juristischem Wege eindeutig, welche Betriebe dem Handwerkssektor zuzuordnen sind und welche nicht, ohne jedoch zu definieren, was „Handwerk" eigentlich ist. Die HwO stellt damit sozusagen eine *Positivliste von Gewerken* dar, die im übertragenen Sinne dann in ihrer Summe das „Handwerk"

3.2 Handwerk und Handwerksbetrieb auf Basis der HwO

ausmachen (vgl. Hirn 2009, S. 3). Die HwO unterscheidet dabei zunächst zwischen *zulassungspflichtigen* (Anlage A), *zulassungsfreien* (Anlage B, Abschnitt 1) und *handwerksähnlichen* Gewerken (Anlage B, Abschnitt 2). Stand 2016 sind 41 Gewebe unter der Anlage A sowie 52 Handwerke in der Anlage B, Abschnitt 1 bzw. 57 Gewerke in der Anlage B, Abschnitt 2 zusammengefasst (vgl. Zentralverband des Deutschen Handwerks (ZDH) 2014b, o. S.).

Als Faustregel lässt sich sagen, dass sich in *zulassungspflichtigen* Gewerken die am „engsten gefassten" Bestimmungen hinsichtlich handwerksmäßiger Arbeiten, Zugangsqualifikationen bzw. Bedingungen bei Betriebsgründung etc. finden lassen und diese bei Gewerken der Anlage B1 und B2 zunehmend – vereinfacht gesagt – „aufgeweicht" werden. Wer beispielsweise ein zulassungspflichtiges Handwerk (Anlage A der HwO) als stehendes Gewerbe betreiben möchte, benötigt dazu einen Befähigungsnachweis (z. B. Meisterprüfung) und unterliegt dem Registrierzwang (Eintragung in die Handwerksrolle nach § 1 Abs. 1 Satz 1 der HwO)[9] (vgl. Weller 2010, S. 13 sowie Bierich 2009, S. 23). In *zulassungsfreien Gewerken* kann im Gegensatz zu den *zulassungspflichtigen Gewerken* beispielsweise der Meister optional erworben werden und eine Eintragung in die Handwerksrolle ist – gleiches gilt für die *handwerksähnlichen Gewerke* – nicht notwendig.

> *„Ein Gewerbebetrieb ist ein Betrieb eines zulassungspflichtigen Handwerks, wenn er handwerksmäßig betrieben wird und ein Gewerbe vollständig umfasst, das in der Anlage A aufgeführt ist, oder Tätigkeiten ausgeübt werden, die für dieses Gewerbe wesentlich sind (wesentliche Tätigkeiten)."* (Glasl et al. 2008, S. 11)

Zentral in den Ausführungen der HwO ist immer auch die Frage, ob ein Gewerk *„handwerksmäßig betrieben wird und ein Gewerbe vollständig umfasst"*. Hinter dieser sperrigen Formulierung steckt der Versuch, den Kernbereich dessen zu fassen, was das entsprechende Gewerk ausmacht bzw. was ihm sein „Gepräge" gibt (vgl. Industrie- und Handelskammer Hannover o. J., S. 1). Dabei geht es grundsätzlich um die Frage, welche Tätigkeiten in einem Betrieb ausgeübt werden. Sind

---

[9] Die Handwerksrolle (definiert in § 6 Abs.1 der HwO) stellt dabei ein Verzeichnis dar, in dem sich Inhaber*innen von Betrieben zulassungspflichtiger Gewerke mit ihren Betrieben einzutragen haben. Sie werden in der Regel von den zuständigen Kammerbezirken geführt und eine Handwerksrolleneintragung kann im übertragenen Sinne als Gewerbeerlaubnis angesehen werden (vgl. Bierich 2009, S. 21).

diese mehrheitlich den typischen Aufgabenbereichen eines speziellen Gewerks zuzuordnen oder übt eine in dem Betrieb arbeitende Person schwerpunktmäßig Tätigkeiten aus, die nicht dem Handwerk zuzuordnen sind? Zur Verdeutlichung lässt sich das Beispiel eines Bäckergesellen anführen. Arbeitet ein Bäckergeselle in einem Bäckereibetrieb und backt dort u. a. vorgefertigte Teigrohlinge zu Brötchen auf, betreibt er diesen Beruf handwerksmäßig und der Betrieb gehört somit dem zulassungspflichtigen Gewerk „Bäcker" an. Wenn der Bäckergeselle die gleiche Tätigkeit (aufbacken von Teigrohlingen) beispielsweise an einer Tankstelle ausüben würde, wo eine Mehrheit der anderen anfallenden Tätigkeiten jedoch nicht dem Bäckerhandwerk zuzuordnen sind, gehört der Betrieb damit nicht automatisch zum Handwerk. Vielmehr wäre hier über eine Eintragung in der Industrie- und Handelskammer nachzudenken (vgl. Industrie- und Handelskammer Hannover o. J., 1f.). Anzumerken an dieser Stelle ist, dass eine solche Unterscheidung an vielen Stellen nicht ganz unproblematisch ist: So weisen viele, insbesondere der technologielastigen Gewerke, eine große Nähe bzw. Überschneidung von Tätigkeiten mit anderen Berufen beispielsweise aus der Industrie auf, was an dieser Stelle zu Abgrenzungsproblematiken führen kann (vgl. Hirn 2009, 4f.). Im Folgenden soll noch einmal detailliert auf die vier Fokusgewerke dieser Arbeit eingegangen werden. Diese spezifische Gewerkauswahl ergibt sich primär auf Grund des Gewerkzuschnitts des „In-K-Ha" Projektes.

Im Rahmen dieser Arbeit werden insbesondere die vier Gewerke (1) Sanitär-Heizung-Klima (SHK), (2) Elektro-, (3) Metall- und (4) Kfz-Handwerk in den Blick genommen. Diese gehören alle zu den *zulassungspflichtigen Gewerken*. D. h. sie unterliegen der Meisterpflicht bei Betriebsgründung und es muss eine Eintragung in die Handwerksrolle erfolgt sein. Innerhalb der einzelnen Gewerke gibt es unterschiedliche Berufsprofile, in denen Personen eine berufliche Erstausbildung sowie diverse (formale) Weiterbildungen mit unterschiedlichen Fachrichtungen durchlaufen können. Da in Kapitel 4 noch detaillierter auf die im Handwerk gängigen Qualifizierungswege eingegangen wird, gibt Tabelle 3 an dieser Stelle lediglich einen Überblick über die typischen formal qualifizierenden Berufsabschlüsse in den vier Fokusgewerken. Nicht beachtet werden hier formal-qualifizierende Weiterbildungen, z. B. Techniker oder Meister oder die verschiedenen Fachrichtungen bzw. Schwerpunkte.

3.2 Handwerk und Handwerksbetrieb auf Basis der HwO

Tabelle 3: Überblick über die gängigen formal-qualifizierenden Berufsabschlüsse in den vier Fokusgewerken[10]

Gewerke	Elektrohandwerk (Elektro)	Sanitär-Heizung-Klima Handwerk (SHK)	Metallbau Handwerk (Metall)	Kraftfahrzeug Handwerk (Kfz)
Formal- qualifizierende Berufsabschlüsse	• Elektroniker*in • Informationselektroniker*in • Systemelektroniker*in	• Installateur*in und Heizungsbauer*in • Klempner*in/Spengler*in/Flaschner*in • Ofen- und Luftheizungsbauer*in • Behälter- und Apparatebauer*in	• Metallbauer*in • Feinmechaniker*in • Glockengießer*in	• Kfz-Mechatroniker*in

Insgesamt gehören alle vier der hier genannten Gewerke zu der Gruppe der zehn am stärksten besetzten Handwerkszweige in Deutschland, d. h. diejenigen Gewerke mit den meisten Unternehmen bzw. mit den höchsten Mitarbeiter*innenzahlen. Mit Blick auf die Unternehmenszahlen belegt auch im Jahr 2018 (bei den zulassungspflichtigen Gewerken) traditionell das Friseurhandwerk den ersten Platz (80.793 Betriebe), gefolgt von Kfz-Handwerk auf Platz 2 (61.945 Betriebe), Elektrotechnik auf Platz 3 (60.137 Betriebe), SHK auf Platz 4 (50.124 Betriebe) und dem Metallhandwerk (Platz 7 bzw. 10) mit zusammen 42.687 Betrieben (vgl. Zentralverband des Deutschen Handwerks (ZDH) 2018b, o. S.). Die aktuellsten Beschäftigtenzahlen stammen von der Handwerkszählung aus dem Jahr 2015. Von

---

[10] Quellen: vgl. Bertram 2016, S. 6ff.; Bundesverband Metall - Vereinigung Deutscher Metallhandwerke 2016, o. S. (Online verfügbar unter https://www.metallhandwerk.de/bildung-karriere/ausbildung/, zuletzt geprüft am 25.02.2019); Arbeitsgemeinschaft Medienwerbung im Zentralverband der Deutschen Elektro- und Informationstechnischen Handwerke GbR 2017, o. S. (Online verfügbar unter https://www.e-zubis.de/ausbildungsberufe/, zuletzt geprüft am 25.02.2019) sowie Zentralverband Sanitär Heizung Klima, ohne Angabe von Jahr oder Seitenzahl (Online verfügbar unter https://www.zvshk.de/fachbereiche/berufliche-bildung/ausbildung/, zuletzt geprüft am 25.02.2019).

den vier Fokusgewerken beschäftigte das Kraftfahrzeuggewerbe[11] die meisten sozialversicherungspflichtigen Mitarbeiter*innen (ca. 447.000 Beschäftigte), gefolgt vom Metallhandwerk[12] mit ca. 395.000 Beschäftigten, dem Elektrohandwerk (ca. 353.000 Beschäftigte) und dem SHK-Handwerk[13] (ca. 295.000 Beschäftigte) (vgl. Statistisches Bundesamt 2018b, S. 10).

3.3 Der Handwerksbetrieb – Charakteristische Merkmale

Eine weitere Möglichkeit, sich Handwerksbetrieben zu nähern, ist es, sich ihre „betrieblichen Handlungsweisen" bzw. „charakteristischen Merkmale" zu veranschaulichen. Dabei ist darauf hinzuweisen, dass es „den Handwerksbetrieb als solches" nicht gibt. Betriebe werden mit unterschiedlichsten Zielen gegründet, sie agieren mit unterschiedlicher Betriebsgröße und werden durch Inhaber*innen mit unterschiedlichsten Qualifizierungen geführt. Sie existieren in einer Reihe von Ländern, Sektoren und Wirtschaftsbereichen und agieren mit divergierendem wirtschaftlichen Erfolg (vgl. Blackburn et al. 2013, S. 8). In der englischsprachigen Literatur wird in Bezug hierauf häufig auf den *„Report of the Committe on Small Firms"* verwiesen, der im Jahr 1972 unter der Leitung von John Bolton das erste Mal auf die prekäre Lage der Klein- und mittleren Unternehmen in Großbritannien hinwies (und auch Handwerksbetriebe beinhaltete) und nicht weniger als 60 Verbesserungsvorschläge in Richtung Politik adressierte (vgl. Snobel 1976, S. 17). Der sog. „Bolton Report" definierte dabei Klein- und mittelständige Betriebe als Unternehmen, die (1) über einen begrenzten Marktanteil verfügen und (2) deren Leitung in besonderer und personifizierter Weise vom Betriebseigner geprägt ist (vgl. Fillis 2010, 61f.), und weist damit bereits auf zwei zentrale Merkmale bzw. Charakteristiken hin, die Handwerksbetriebe mit anderen Kleinst- bzw. Kleinbetrieben teilen. Auch Buschfeld (2011) greift diesen Faden auf und weist in

---

[11] Hierzu werden im Rahmen der Handwerkszählung des Statistischen Bundesamtes die Gewerbegruppen Karosserie- und Fahrzeugbauer*in, Zweiradmechaniker*in, Kraftfahrzeugtechniker*in sowie Mechaniker*in für Reifentechnik zusammengefasst.

[12] Hierzu werden im Rahmen der Handwerkszählung des Statistischen Bundesamtes die Gewerbegruppen Metallbauer*in, Chirugiemechaniker*in und Feinwerkmechaniker*in zusammengefasst (vgl. Statistisches Bundesamt 2018b, S. 10).

[13] Hierzu werden im Rahmen der Handwerkszählung des Statistischen Bundesamtes die Gewerbegruppen Klempner*in, Installateur*in und Heizungsbauer*in sowie Kälteanlagenbauer*in zusammengefasst (vgl. Statistisches Bundesamt 2018b, S. 10).

3.3 Der Handwerksbetrieb – Charakteristische Merkmale

diesem Zusammenhang auf eine bestehende Ähnlichkeit zwischen Handwerksbetrieben auf der einen Seite und KMU bzw. Kleinstunternehmen auf der anderen Seite hin, was sich diese Arbeit im Folgenden zu nutzen machen will.

> *„Dennoch zeigen die meisten Handwerksunternehmen bzw. handwerksähnliche Unternehmen Charakteristika, die denen von Kleinstunternehmen recht ähnlich sind."*
> *(Buschfeld et al. 2011, S. 43)*

Wie bereits mehrfach angedeutet ist die Literaturlage in Bezug auf „charakteristische Merkmale von Handwerksbetrieben" deutlich ausbaufähig. So existieren nur vereinzelte Studien, die zudem meist wenig strukturiert verschiedene Merkmale bzw. Charakteristika von Handwerksbetrieben aufzählen oder diese in Abgrenzung zu Betrieben aus anderen Sektoren, beispielsweise der Industrie, diskutieren (vgl. Glasl et al. 2008). Im Resultat finden sich stark differenzierende Perspektiven, Bedeutungszuschreibungen und Charakteristika bezüglich dessen, was einen Betrieb ausmacht, der zum Handwerkssektor zählt (vgl. Buschfeld et al. 2011, S. 43).

Es gilt also im Folgenden, die existierende handwerksunspezifische KMU-Literatur auf das Handwerk anzuwenden und Gemeinsamkeiten bzw. Unterschiede zu diskutieren. Idee hinter diesem Vorgehen ist es, eine genauere Vorstellung von den Arbeits-, Handlungs- und Betriebsführungsweisen von Handwerksbetrieben zu bekommen. Dies dient schlussendlich im Rahmen dieser Arbeit dazu, das von Handwerksbetrieben betriebene betriebliche Kompetenzmanagement besser einordnen zu können. Im Folgenden sollen dazu konkret Charakteristika hinsichtlich (1) des *Marktanteils und der zur Verfügung stehenden Ressourcen*, (2) der *Flexibilität und der Innovationsfähigkeit*, (3) dem *Entrepreneurship und der Wachstumsorientierung*, (4) der *besonderen Rolle des/r Betriebsinhabers*in*, sowie (5) dem *Management- und Personalentwicklungsverhalten* diskutiert werden. Dabei stellen die hier diskutierten Charakteristika keinen Anspruch auf Vollständigkeit, sondern sollen lediglich einen groben Überblick über den aktuellen Diskurs bieten. Darüber hinaus muss davon ausgegangen werden, dass zwischen den einzelnen Teilbereichen große Überschneidungen existieren.

3.3.1 Marktanteil und Ressourcen

Schon der Bolton Report von 1972 nennt beschränkte Ressourcen sowie einen geringen Marktanteil als ein Charakteristikum von KMU, wobei hier – insbesondere mit Blick auf den Marktanteil – Rücksicht auf die Relationen gelegt werden sollte: So ist der Marktanteil eines Betriebes vielleicht als klein anzusehen, wenn er auf einem großen Markt mit vielen Anbietern agiert, in einem anderen Sektor – mit wenigen Anbietern – könnte der gleiche Betrieb jedoch über einen deutlich höheren Marktanteil verfügen. Letzteres ist beispielsweise der Fall für einzelne hochspezialisierte Handwerksbetriebe in Deutschland, die sich als sog. „hidden champions" in einem spezifischen Markt etablieren konnten und dort – global und nahezu konkurrenzlos – ihre Produkte und Dienstleistungen vermarkten (vgl. Snobel 1976, S. 17; Bader und Wember 2011, 283ff. sowie Lee-Ross und Lashley 2009, S. 9).

Storey (2006) ergänzt den relativ geringen Marktanteil noch um den Hinweis, dass ein Gros von KMU zudem über einen relativ kleinen (und in den meisten Fällen sehr regional geprägten) Kund*innenstamm und eine oftmals limitierte Produkt- bzw. Dienstleistungspalette verfügen. Ersteres gilt insbesondere für Handwerksbetriebe. So bedienen etwa 80 % der Handwerksbetriebe in Deutschland überwiegend den regionalen Markt, während nur 15 % den überregionalen und lediglich 6 % den internationalen Markt bedienen. Darüber hinaus ist es nicht selten, dass diese Kund*innenbeziehungen über Jahrzehnte hinweg bestehen (vgl. Bizer und Müller 2010, S. 55). Selbst in den Grenzregionen, so zeigen empirische Studien, unterhalten nur wenige Handwerksbetriebe Geschäftsbeziehungen über die Landesgrenzen hinweg oder planen dies für die Zukunft (vgl. Trettin 2010 sowie Glasl 2002). Eine Struktur- und Potentialanalyse des Handwerks in der Metropolregion Hannover-Braunschweig-Göttingen aus dem Jahre 2006 belegt beispielsweise, dass lediglich 0,7 % der 900 befragten Handwerksbetriebe über einen eigenen Betriebsstandort im Ausland verfügten (vgl. Müller und Reißig 2007, 13ff.). An dieser Stelle ist jedoch auch darauf hinzuweisen, dass vor dem Hintergrund der zunehmenden Globalisierung, aber auch der zunehmenden Durchdringung der Arbeitswelt mit Informations- und Kommunikationstechnologien diese „Grenzen" langsam aufgeweicht werden. So ist es inzwischen auch für kleinere Handwerksbetriebe möglich, über ihre Internetpräsenzen Kund*innen weltweit zu erreichen (vgl. Fillis 2010, 61f. sowie Hilzenbecher 2006, S. 90).

3.3 Der Handwerksbetrieb – Charakteristische Merkmale

Klein- und mittelständige Unternehmen verfügen des Weiteren in Relation häufiger über weniger Kapital bzw. finanzielle Ressourcen. Gekoppelt mit einer oftmals insgesamt gering ausgestatteten Personaldecke kann eine solche geringe materielle Ressourcenausstattung dazu führen, dass die Ergreifung von Marktchancen sowie das Treffen von strategischen Unternehmensentscheidungen für Handwerksbetriebe oftmals nur in einem engen Korridor möglich sind. Dies gilt beispielsweise auch für die Frage, ob Handwerksbetriebe die finanziellen und personellen Ressourcen aufbringen können, um in die Kompetenzentwicklung ihrer Mitarbeiter*innen zu investieren. Eine Situation, die sich deutlich von größeren Unternehmen unterscheidet, wo in der Regel feststehende Etats für das betriebliche Kompetenzmanagement bereitstehen (vgl. Lee 1995, S. 160). Problematisch wird die beschriebene knappe Ressourcenausstattung auf Seite der Handwerksbetriebe auch, wenn Umsatzschwankungen zu Tage treten. So können große Investitionen oder aber – z. B. im Fall von Handwerksbetrieben – das Nichtbezahlen von größeren Rechnungen seitens der Kund*innen schnell zu problematischen Finanzlagen führen (vgl. May-Strobl und Welter 2015, S. 7 sowie Hilzenbecher 2006, S. 90).

3.3.2 Flexibilität und Innovationsfähigkeit

Eine weitere in der Literatur häufig hervorgehobene Eigenschaft von KMU ist die vermeintliche Flexibilität, mit Hilfe derer KMU sich an etwaige Marktveränderungen anpassen können, um – im Idealfall – beispielsweise Kund*innenwünschen und -bedürfnissen zeitnah und flexibel nachkommen zu können. Gerade dem Handwerk wird dabei nachgesagt, aus den sich vervielfältigten Kund*innenwünschen, Profit schlagen zu können. So bringen beispielsweise veränderte Lebensweisen und -modelle neben einem neuen Konsumbewusstsein (ökologisch, nachhaltig o.ä.) den Wunsch nach einem immer individualisierteren Lebensstil hervor, welcher sich in der Konsequenz u. U. in der eigenen Wohnraumgestaltung niederschlagen kann. „Lösungen von der Stange" sind daher in Zukunft nicht mehr gefragt, so analysiert der Trendforscher Thomas Huber, sondern „personalisierte und individualisierte" Produkte, die Handwerksbetriebe in der Lage zu liefern sind (vgl. Huber 2004, S. 63).

Ein weiteres Argument für eine höhere Flexibilität basiert auf den oftmals in KMU und in Handwerksbetrieben vorzufindenden „flachen Hierarchien", die sich aus den in der Regel geringen Mitarbeiter*innenzahlen in KMU und im Handwerk bedingen. So fehlen im Falle von Klein- und Kleinstunternehmen häufig Aufsichtsrat- und Mitbestimmungsgremien, insbesondere auf der mittleren Ebene. Kurze Wege zur Geschäftsleitung und damit auch schnelle Entscheidungsfindungen sind hier die Folgen, was – so die These – eine erhöhte Flexibilität bei der Umsetzung von individualisierten Kund*innenwünschen ermöglicht. Ein solch flexibles betriebliches Handeln bildet zudem den Nährboden zur Innovationsfähigkeit von (Handwerks-)Betrieben. So ist es, nach Ansicht einer Reihe von Autor*innen, diesen agilen auf flachen Hierarchien basierenden Betrieben möglich, innovative Produkte und Dienstleistungen in ihren respektiven Nischenmärken bzw. Gewerken zu platzieren und damit neue Wachstumspotentiale zu generieren (vgl. Fillis 2010, S. 62).

"Small firms tend to introduce new innovations and are less committed to existing practices and products. They are more likely to evolve and change than the large firms, due to the existence of a more flexible culture within the firm." (Fillis 2010, S. 62)

Hilzenbecher (2006) merkt an dieser Stelle jedoch an, dass dieses Vorgehen – kurze Wege, schnelle Entscheidungen – für KMU (und damit im übertragenen Sinne auch für Handwerksbetriebe) jedoch auch ein zweiseitiges Schwert darstellen kann: So können auf der einen Seite zwar eine erhöhte Effizienz sowie eine Reduktion von Komplexitätskosten erreicht werden, auf der anderen Seite kann dies jedoch auch zu Lasten der Qualität von Unternehmensentscheidungen gehen (vgl. Hilzenbecher 2006, 88f.). D. h. die oftmals kurzfristigen Handlungsentscheidungen, die in Handwerksbetrieben getroffen werden, könnten sich, im ungünstigsten Falle, mittel- oder langfristig negativ auf den Betrieb auswirken. Darüber hinaus ist es fraglich, inwieweit Innovation ohne Führung auf der mittleren Ebene passieren kann. So weist Lee-Ross beispielsweise darauf hin, dass Mitarbeiter*innen – als Treiber von Innovation – zwar entsprechende Freiräume benötigen, Innovationen aber vom Betrieb als Ganzes getragen werden müssen. Letzteres ist unmittelbar mit der Betriebsführung bzw. im Handwerk mit der besonderen Rolle des/r Betriebsinhabers*in verknüpft (vgl. Lee-Ross und Lashley 2009, S. 124).

3.3.3 Entrepreneurship und Wachstumsorientierung

Eine weitere Besonderheit von KMU wird seitens der Literatur im Kontext von „Wachstumsorientierung" diskutiert, die auch interessante Anknüpfungspunkte für das Handwerk bietet. Wachstum wird in Bezug auf KMU dabei häufig synonym verwendet mit steigenden Mitarbeiter*innen- oder Umsatzahlen (vgl. Blackburn et al. 2013, S. 9). Während einige Autor*innen in früheren Studien soweit gingen, Wachstum als den zentralen Bestandteil bzw. das zentrale Ziel von Unternehmertum und damit auch von allem unternehmerischem Handeln zu bezeichnen, gehen andere Forscher*innen davon aus, dass Wachstum als abhängige Variable zu verstehen ist, hinter der sich komplexe und multidimensionale Erklärungsmuster verbergen (vgl. Steffens et al. 2009, S. 126). Einen ersten Erklärungsrahmen bietet Storey (2004), der Wachstum in KMU als Resultat des Zusammenspiels dreier Handlungssphären sieht: Dabei benennt er neben (1) strategischem Management, (2) den Unternehmenscharakteristiken als solches, auch (3) den/die Unternehmensinhaber*in als zentrale Stellschraube zu „erfolgreichem" Wachstum (vgl. Blackburn et al. 2013, S. 10).

Bezogen auf die letzten beiden Aspekte könnte beispielsweise angeführt werden, dass die oftmals tradierten Organisations- und Handlungsweisen im Handwerk sowie die individuellen Wünsche des/r Betriebsinhaber*in hier einem ungehemmten Wachstum gegenüberstehen könnten. Gerade für junge, kleinere oder stark in ihren Arbeitsweisen „tradierte" Handwerksbetriebe sind die mit Wachstum verbundenen notwendigen organisationalen Anpassungen (z. B. stärker delegierender Managementstil oder das Einwerben von externem Kapital für notwendige Investitionen) oftmals mit großen Unsicherheiten verbunden. Auch ist an dieser Stelle die oftmals fehlende Infrastruktur (organisationaler oder personeller Art) hinsichtlich des Personalmanagements anzuführen. So macht eine Vergrößerung der Belegschaft auf der einen Seite auch den Ausbau einer organisational verankerten Personalentwicklung notwendig, die jedoch häufig in der handwerklichen Praxis nicht existiert und u. U. zudem mit den oftmals praktizierten – und häufig von den Betrieben auch so gewollten – flachen Hierarchien konfligieren könnte.

"Growth, whether measured as sales or employee growth, is not always good news for a firm. As originally proposed by Penrose (1959), growth is not just a change in size, but also a process that may lead to challenges during managerial transitions." (Steffens et al. 2009, S. 126)

Auch zentral ist hier die Rolle des Managementstils des/r Betriebsinhaber*in oder in anderen Worten gesagt dessen/deren Aufgeschlossenheit bzw. Unwillen dazu, organisationale Strukturen zu ändern. So konnte Davidsson in einer seiner frühen Studien (1989) zeigen, dass 40 % der befragten KMU-Inhaber*innen in seinem Sample[14] nicht der Ansicht waren, dass eine Verdoppelung der Betriebsgröße (in der Studie anhand von Mitarbeiter*innenzahlen gerechnet) den eigenen Profit deutlich erhöhen würde (vgl. Davidsson 1989, S. 218). Dieses Verharren im „Status-Quo", so haben vorhergegangene Studien gezeigt, begründet sich häufig mit den Befürchtungen seitens des/r Betriebsinhaber*in vor einem möglichen Kontrollverlust über die Belange aber auch über die Interna des eigenen Betriebes (vgl. Steffens et al. 2013, S. 226). Dies kann in der Konsequenz dazu führen, dass sich u. a. Handwerksbetriebe im Resultat gegen Wachstumsstrategien entscheiden (vgl. Garengo und Bernardi 2007, S. 521). Trau (1999) bezeichnet dies – im Kontext der KMU-Literatur – als „Unwillen zum Wachstum".

"[...] there are endogenous factors able to reduce the companies' tendency to enlarge their business dimension, even if it is an efficient choice [...] the reasons are subjective and they should be summarized in the principle of unwillingness to grow. One of the main internal barriers to growth is the limited managerial capacity that keeps the entrepreneurs' activities into dimensions lower than a certain threshold of organizational complexity." (Trau (1999) zit. nach Garengo und Bernardi 2007, S. 521)

"For example, the growth related motives and behavior of entrepreneurs are central to SME typologies, although many micro-firm owner-managers have no desire for growth." (Jaouen und Lasch 2015, S. 387)

3.3.4 Zur besonderen Rolle des/r Betriebsinhabers*in

In einer Vielzahl von Publikationen wird die – bereits mehrfach angesprochene – besondere Rolle des/r Betriebsinhaber*in in Klein- und mittelständischen Unternehmen hervorgehoben. Bereits der schon angeführte Bolton Report (1972) hält fest, dass KMU als jene Unternehmen zu charakterisieren seien, die durch einen sog. „*Owner-Manager*" oder auch „*Inhabergeschäftsführer*in*" (im Folgenden

---

[14] Die Studie befragte dabei 439 Betriebsinhaber*innen aus schwedischen KMU, die zwischen 2 und 20 Mitarbeiter*innen hatten und in den Sektoren HighTech, Repair Services, Manufacturing bzw. Retailing agierten. Für mehr Informationen siehe: Davidsson 1989.

3.3 Der Handwerksbetrieb – Charakteristische Merkmale

als *Betriebsinhaber*in* bezeichnet) geführt werden und deren betriebliches Handeln stark durch die Persönlichkeit und den Charakter des/r Inhaber*in geprägt ist (vgl. Fillis 2010, 61f.). Die Bezeichnung „Owner-Manager" macht dabei auf die oftmals duale Rolle, die Betriebseigner*innen innehaben, aufmerksam, die sich so auch im Handwerk wiederfinden lässt: So sind sie auf der einen Seite Eigentümer*in des von ihnen geführten Betriebes und leiten gleichzeitig aus einer Managementfunktion bzw. Geschäftsführungsbefugnis heraus die betriebswirtschaftlichen Geschicke des Betriebs oftmals in absoluter Eigenregie (vgl. Lee-Ross und Lashley 2009, S. 11 sowie Glasl et al. 2008, S. 23). In der Konsequenz finden sie sich in einer Doppelrolle wieder, in der sie als Eigentümer*innen oftmals einen Großteil des finanziellen Risikos persönlich tragen (vgl. Ergenzinger und Krulis-Randa 2006, S. 67), während sie gleichzeitig eine Vielzahl (wenn nicht sogar alle) unternehmerischer (Management-)Entscheidungen alleine treffen und damit unmittelbar die Arbeitswelt und -bedingungen des Unternehmens und ihrer Mitarbeiter*innen beeinflussen (vgl. Lee-Ross und Lashley 2009, S. 11). Handwerksbetriebe sind – wie bereits angesprochen – zudem meist durch eine flache Hierarchie geprägt und es kommt zu einer zunehmenden Funktionshäufung, sowie einer Konzentration von Weisungs- und Entscheidungsbefugnissen auf der Person des/r Betriebsinhaber*in. Interessanterweise scheint sich diese Führungslogik auch nicht aufzuheben, wenn Handwerksbetriebe wachsen und in Folge dessen die Position des/r Geschäftsführer*in etablieren. So weisen selbst große Handwerksbetriebe in ihrer betrieblichen Praxis eine relativ flache Hierarchie und eine Fokussierung auf eine Führungsperson auf (vgl. Naegele et al. 2018a, 145ff. sowie Wiemers 2018, S. 167ff.).

Eine Besonderheit für das Handwerk ergibt sich in diesem Kontext auch noch einmal durch die enge Verknüpfung zwischen Unternehmen und Familie. Familienbetriebe oder Betriebe, in denen Familienmitglieder mitarbeiten (meist die Kinder und/oder Ehepartner*innen), sind in vielen Gewerken des Handwerks keine Seltenheit (vgl. Weller 2010, S. 14). Viele Betriebe blicken somit auf eine lange Betriebs- und Familientradition zurück, was häufig eine starke enge Bindung an und persönliche Identifikation der Personen mit dem von ihnen ausgeübten Handwerksberuf, den dort verankerten Traditionen und dem Betrieb als Ganzes zur Folge hat (vgl. Glasl et al. 2008, S. 23). In der Praxis heißt dies jedoch auch, dass unternehmerische Entscheidungen nicht nur für den/die Betriebsinhaber*in von existenzieller Bedeutung sein können, sondern dass teilweise ganze

Familieneinkommen davon abhängen (vgl. Weller 2010, S. 14). Im direkten Vergleich dazu agieren Manager*innen in Großunternehmen z. B. meist aus der Position eines/r Angestellten heraus, aus derer sie „[...] kein finanzielles Risiko tragen und nur die Verantwortung für die eigene Karriere haben" (Ergenzinger und Krulis-Randa 2006, S. 67). Vor diesem Hintergrund sind KMU und insbesondere Handwerksbetriebe häufig sehr stark auf ihre Betriebsinhaber*innen zugeschnitten, was jeglicher betrieblichen Entscheidung neben einer wirtschaftlichen Abwägung auch immer eine personelle Komponente verleiht:

> *„Indeed, the small firm can easily be understood as an extension of the entrepreneur with all of their decision-making idiosyncrasies rolled into one!" (Lee-Ross und Lashley 2009, S. 10)*

Dies bedeutet jedoch auch, dass die von den Betriebsinhaber*innen getroffenen Entscheidungen unter Umständen auch getrieben sind durch seine/ihre individuellen Charakteristika, gelebten Familienkonstellationen oder den eigenen individuellen Lebensvorstellungen (vgl. Jaouen und Lasch 2015, S. 402). Management- und wirtschaftliche Entscheidungen werden dann z. B. in Relation zu den persönlichen Lebensentwürfen, Einstellungen und Vorlieben getroffen (vgl. Marcketti et al. 2006, S. 241). Dies gilt in besonderer Weise für Familienunternehmen, in denen häufig mehrere Generationen einer Familie zusammenarbeiten und in denen die berufliche und lebensweltliche Umgebung kaum voneinander abzugrenzen ist.

> *"In order to appreciate fully the motivations behind business behavior, it is essential to understand the background characteristics of the founder of the organization and how these factors shape subsequent behavior." (Fillis 2010, S. 64)*

Den konkreten Einfluss individueller charakteristischer Einflüsse von Betriebsinhaber*innen auf das bereits diskutierte Wachstumsverhalten untersuchte Blackburn (2013) in einer Studie unter Beteiligung von 350 KMU. Ergebnis war, dass obwohl Unternehmenscharakteristiken wie Sektor, Alter oder Größe einen Einfluss auf das Unternehmenswachstum haben, gerade der „Stil", mit dem der/die Betriebseigner*in den Betrieb führt, ausschlaggebend für das Wachstumsverhalten ist. Auch Sadler-Smith et al. (2003) konnten in einer breit angelegten Studie den Einfluss des/r Betriebsinhaber*in auf Wachstum bestätigen, indem sie eine Reihe von Selbstauskünften von Betriebsinhaber*innen in Bezug auf ihren Managementstil untersuchten. Dabei zeigte sich, dass Betriebe die von Inhaber*innen geführt werden, die sich selbst als „innovator" bzw. „creator of change" bezeichneten, eine deutlich höhere Wahrscheinlichkeit zu einem stabilen Wachstum aufwiesen, als Betriebe, bei denen der/die Betriebsinhaber*in ihren Managementstil nicht als solchen beschrieben (vgl. Sadler-Smith et al. 2003, 41 ff. sowie Blackburn et al. 2013, S. 10).

Da sich das anschließende Kapitel 4 detailliert mit der Frage des betrieblichen Kompetenz- und Personalmanagements im Handwerk befasst, soll im Folgenden primär das Management- und Personalentwicklungsverhalten von KMU bzw. Handwerksbetrieben im Fokus stehen.

3.3.5 Management- und Personalentwicklungsverhalten

Obwohl mit Blick auf die Aspekte des „Management- und Personalentwicklungsverhaltens" ein breites Forschungsfeld existiert, zeigt sich hier ein deutliches Forschungsbias mit Blick auf Großunternehmen. Während im englischsprachigen Raum einige Autor*innen bereits seit längerem daran arbeiten, – mit Blick auf die Klein- und mittelständischen Unternehmen – diese Lücke zu schließen, gibt es in der deutschsprachigen Forschung vor allem seit Mitte der 2000er Jahre Forscher*innen, die sich verstärkt mit der Frage des Managements- und Personalentwicklungsverhaltens von KMU beschäftigen. Noch weniger Literatur – mit Ausnahme der bereits diskutierten Literatur um den/die Betriebsinhaber*in – lässt sich an dieser Stelle jedoch mit Blick auf das Handwerk finden.

Ein oftmals in der Literatur in diesem Kontext diskutierter Punkt ist die Frage, ob und, wenn ja, wie Betriebe ihr Management- und Personalentwicklungsverhalten strategisch d. h. zukunftsorientiert und proaktiv ausrichten. Der Begriff der „strategischen Planung" hat dabei – wie viele andere Begrifflichkeiten auch – in der Vergangenheit einem stetigen Wandel unterlegen. Hervorgegangen aus der Ökonomie und im Konkreten aus den Arbeiten zur Spieltheorie in den 1940er Jahren meint der Begriff zunächst, dass sich „[...] Akteure bewusst mit der Erlangung und optimalen Allokation von Ressourcen auseinandersetzen, um so (langfristige) Handlungsalternativen zu entwickeln." (Nötzold 1994, zit. nach Deimel und Kraus 2007, S. 157). Als wesentliche Bestandteile gelten dabei ein auf mindestens drei Jahre ausgerichteter Planungshorizont (vgl. Siegfried und Patrick 2015, S. 115), sowie in neueren Ansätzen häufig genannt auch das aktive Handeln, um entsprechende Pläne umzusetzen und zu kontrollieren. Sie bilden somit das Bindeglied zwischen den langfristig orientierten Zielen eines Unternehmens und dem Tagesgeschäft (vgl. Deimel 2008, S. 283).

Aus der Handwerksperspektive muss dies jedoch differenzierter betrachtet werden. So ist ein Planungshorizont von drei Jahren für viele KMU und insbesondere für Handwerksbetriebe oftmals wenig realistisch. Handwerksbetriebe orientieren sich in ihren betriebswirtschaftlichen Entscheidungen stark an der momentanen Auftragslage, die für das Handwerk beispielsweise im ersten Quartal von 2015 bei 6,8 Wochen lag (vgl. Zentralverband des Deutschen Handwerks (ZDH) 2015, S. 2). Die Frage, ob und wie entsprechende Pläne umgesetzt und kontrolliert werden, hängt zudem stark, wie bereits diskutiert, von dem/r Betriebsinhaber*in ab (vgl. Sadler-Smith et al. 2003, S. 48). So stellt Lee (1995) hier weiterführend fest, dass eine Vielzahl der Betriebsinhaber*innen über keinerlei formales Training im Bereich der strategischen Management- und Personalentwicklung verfügen, weshalb sie häufig anfälliger für Management- und Führungsfehler sind. Für den Fall, dass sie sich auf informellen Wegen weiterbilden (z. B. durch das Lesen von Fachliteratur), kommt Lee zudem zu dem Ergebnis, dass viele das Gelesene als für den eigenen Betrieb als nicht relevant erachten, da die zur Verfügung stehende Managementliteratur – nach Meinung vieler der KMU-Eigner*innen in der Studie – häufig lediglich größere Unternehmen als Zielgruppe hat (vgl. Lee 1995, S. 160).

Schaut man an dieser Stelle noch einmal konkreter auf die, wie bereits andiskutiert, oftmals fehlende institutionelle/strukturelle Verankerung von strategischem Management- bzw. Personalentwicklungsverhalten in KMU insgesamt scheint die Literatur unentschlossen über die Richtung (negativ/positiv) der hieraus resultierenden Konsequenzen. So kommen McKiermann und Morris (1994) auf Basis einer Literaturstudie zwar zu dem Ergebnis, dass strategische Planung in KMU nicht weitverbreitet ist (lediglich in 1 von 6 Unternehmen), einen geringen Planungshorizont aufweist, in der Mehrheit unregelmäßig und bzw. oder informell organisiert ist, sich aber auch kein eindeutiger kausaler Zusammenhang zum finanziellen Erfolg eines Unternehmens belegen lässt (vgl. McKiernan und Morris 1994, S33). Vielmehr gehen die Autor*innen davon aus, dass in manchen Fällen ein „zu" stark institutionalisiertes Managementverhalten die bereits angesprochene (und erwünschte) Flexibilität einschränkt:

> *"The formal mechanisms may restrict entrepreneurial flair and stifle innovation. More important, they may impose a psychological constraint on individual freedom and choice by creating an impediment to the broad use of intuition in decision-making. There is a source of conflict where the perceived science of planning confronts the art of intuition."* *(McKiernan und Morris 1994, 3S2)*

Konträr dazu kommt Hilzenbecher zu dem Ergebnis, dass das Zusammenspiel von geringen finanziellen Ressourcen, fehlendem Planungshorizont des Managements in den Bereichen Investition und Wachstum, ein oftmals fehlendes Controlling (mangelnde Verfügbarkeit und Verwendung von Kenn- und Führungszahlen) sowie ein unzureichendes Personalentwicklungs- und Managementkonzept dazu führen kann, dass KMU ihre Potentiale nicht voll ausschöpfen (vgl. Hilzenbecher 2006, S. 91).

3.4 Zwischenfazit

Abschließend lässt sich festhalten, dass der Handwerkssektor durch ein hohes Maß an Diversität geprägt ist. Eine konkrete Bestimmung dessen, „was das Handwerk" ausmacht, bleibt schwierig, jedoch lassen sich einige zentrale Bestimmungsfaktoren identifizieren. Insbesondere die Betriebsgrößenstruktur prägt das Handwerk und damit unweigerlich die Arbeitswelten der Beschäftigten im Handwerkssektor. Durch die große Anzahl- von Klein- und mittelständischen Betrieben unterliegt der Handwerkssektor auf der einen Seite zahlreichen Beschränkungen (z. B. Investitionsmöglichkeiten, Umsetzung von strukturierter Personal- und Kompetenzentwicklung etc.), auf der anderen Seite sehen viele Autor*innen hier auch einen komparativen Vorteil gegenüber anderen Sektoren. So ermöglicht die im Handwerk typische flache Unternehmenshierarchie ein gewisses Maß an Flexibilität und Innovationsfähigkeit. Als zentral ist die Rolle des/der Betriebsinhaber*in anzusehen. In fast allen Handlungsbereichen von KMU bzw. von Handwerksbetrieben betont die Literatur die hervorgehobene Rolle, die Betriebsinhaber*innen für fast alle betrieblichen Handlungsbereiche einnehmen. So vereinen sie in Personalunion nicht nur das finanzielle Risiko einer Betriebsführung, sondern auch alle betriebswirtschaftlichen Entscheidungen auf sich und wirken damit nachhaltig auf die Arbeits- und Lebensbedingungen ihrer (älteren) Beschäftigten ein.

Mehrfach angeklungen ist bereits, dass sich die Arbeitswelt im Handwerk starken Wandlungsprozessen gegenübersieht, die – davon kann man ausgehen – zukünftige Kompetenzanforderungen an Mitarbeiter*innen jeder Altersgruppe nachhaltig beeinflussen werden. Das folgende Kapitel 3.5 widmet sich daher – in angemessener Kürze – der Beschreibung dieser zukünftigen Trends und Wandlungsprozesse. Ergänzt wird die Literatur dabei um aktuelle Erkenntnisse aus dem inzwischen abgeschlossenen „In-K-Ha"-Forschungs- und Entwicklungsprojekt.

3.5 Zukünftige Trends im Handwerk

3.5.1 Trends im Handwerk – Ein Blick in die Literatur

Ein erster Blick in die Literatur zeigt, dass es zwar eine Vielzahl von Forschungsarbeiten zu den zukünftigen Trends am Wirtschaftsstandort Deutschland gibt, jedoch nur einige wenige, die sich konkret auf den Handwerkssektor und seine in ihm agierenden Betriebe beziehen. Zudem sind diese Arbeiten meist wenig differenziert und konzentrieren sich auf einzelne Gewerke oder ausgewählte Trends. So heben Bizer und Müller (2010) beispielsweise die zukünftige Bedeutung der Megatrends „Demografischer Wandel" und „Globalisierung" für das Handwerk hervor und betonen hier die Notwendigkeit für Handwerksbetriebe, z. B. auf geänderte Kund*innenwünsche und schnellere Innovationszyklen bei Produkten zu reagieren. Dabei bescheinigen sie der Betriebsgrößenstruktur im Handwerk (Klein- und Kleinstbetriebe) ein gewisses „Hinderungspotential" bei der Umsetzung von Anpassungsstrategien, da etwaige personalpolitische Maßnahmen (z. B. zum betrieblichen Kompetenzmanagement) oftmals organisatorisch nur schwer zu realisieren sind (vgl. Bizer und Müller 2010, S. 60). Huber (2004) hebt in seinen Ausführungen neben der Alterung der Gesellschaft auch noch den Megatrend „Individualisierung" für das Handwerk hervor, der Kund*innenwünsche und Konsumverhalten nachhaltig verändert. So sind zukünftig weniger „Lösungen von der Stange" gefragt, sondern „personalisierte und individualisierte" Handwerksprodukte, die gleichermaßen mit einem verstärkten Beratungsaufwand verbunden sind. *„Individualität [...] ist gut für das Handwerk und schlecht für die Massenproduktion, denn die meisten Handwerker sind es gewohnt, individuelle Leistungen zu erbringen"* (Huber 2004, S. 63).

3.5 Zukünftige Trends im Handwerk

Eine weitere vom Deutschen Handwerkskammertag und dem Zentralverband des Deutschen Handwerks (ZDH) bei der Prognos AG in Auftrag gegebene Studie (2013) identifiziert gesellschaftliche Zukunftstrends, zu denen das Handwerk bereits heute einen Beitrag leistet und aus denen sich zukünftig noch Geschäftspotentiale für Handwerksbetriebe ableiten lassen. Genannt werden in diesem Zusammenhang folgende Aspekte, auf die an dieser Stelle jedoch nicht im Speziellen eingegangen werden soll: (1) Nachhaltigkeit, (2) Zukunft der Energien, (3) Infrastruktur und Mobilität, (4) innovative Zukunftsbranchen, (5) Gesundheit und Medizin, (6) gesellschaftliches Engagement, (7) Ausbildung und Qualifizierung sowie (8) moderne Geschäftsprozesse. Hier zeigen die Autor*innen, dass wirtschaftliche Potentiale für das Handwerk insbesondere rund um das Thema „Ökologie und Energie" noch zu heben sind (vgl. Astor et al. 2013, 1ff.). Gelzer und Kornhardt (2012) heben an dieser Stelle zwei weitere für das Handwerk absatzmarktrelevante Trends hervor, die jedoch im weitesten Sinne zum Megatrend „Ökologie und Energie" zu zählen sind: „Erneuerbare Energien" sowie „Elektromobilität" (vgl. Gelzer und Kornhardt 2012, 27 ff.).

Einen weiteren Trend liefert Zoch (2011), der neben den beiden hier schon genannten Trends „Demografischer Wandel" und „Steigendes Umweltbewusstsein[15]" als dritten für das Handwerk relevanten Trend die „Zunehmende Verbreitung von Informations- und Kommunikationstechnologien (IuK)" identifiziert. Einschränkend an dieser Stelle ist vielleicht, dass Zoch hier vor allem die Nutzung von IuK-Technologien im Bereich Logistik (z. B. Einkauf, Lagerwirtschaft etc.), Marketing und Vertrieb, Produktion sowie Kund*innenservice und damit als Hilfsmittel für die betriebsinterne Wertschöpfung sieht (vgl. Zoch 2011, 26ff.). Durch die zunehmende Digitalisierung von Wohn- und Lebensräumen wird der Verbau und die Bereitstellung entsprechender IT-Lösungen (z. B. im Bereich der Smart-House-Technologie) jedoch immer mehr auch zu einer Dienstleistung, die vom Handwerk angeboten werden könnte. Eine weitere umfassendere Studie kommt von Dürig et al. (2012), die neben den zentralen Trends jeweils die Wirkungen dieser auf die Handwerksmärkte eruiert. Die Autor*innen rund um Dürig identifizieren – ähnlich der anderen hier bereits genannten Studien – als zentrale und für das Handwerk relevante Trends (1) demografischen Wandel, (2) Wandel

---

[15] Der von Zoch (2011) betitelte Trend zu „steigendem Umweltbewusstsein" zeigt große inhaltliche Überschneidungen mit den Ausführungen anderer Autor*innen unter der Überschrift „Ökologie und Energie" (für einen genaueren Überblick siehe: Zoch 2011, S. 32ff.).

der Lebensstile und Muster, (3) Globalisierung der Märkte und europäische Integration, (4) branchenspezifischer technischer Fortschritt, (5) informationstechnische Revolution sowie (6) ökologische Modernisierung. In einem weiteren Schritt zeigt die Studie auf, welche Strategien Handwerksunternehmen fahren, um mit diesen strukturellen Wandlungsprozessen umzugehen. Als mögliche Reaktionen auf die sechs gefundenen Trends werden in der Studie neben Entscheidungen über die Wachstumsperspektive des Unternehmens, die Spezialisierung auf die Erstellung bestimmter Produkte und Dienstleistungen, die Konzentration auf Marktnischen bzw. Segmente des Kund*innenpotenzials sowie betriebliche Organisationanpassungen im Bereich Finanzierung, Personalrekrutierung, technische Ausstattung und Ausbildung genannt (vgl. Dürig et al. 2012, 53ff.).

Gemein haben die hier vorgestellten Studien, dass sie – in „Good Practice Manier" – meist einzelne Gewerke bzw. einzelne Betriebe herausstellen, in denen die genannten Trends bereits heute deutlich zu Tage treten. Dass jedoch durch diese Wandlungsprozesse sich nicht nur neue Arbeits- und Geschäftsbereiche eröffnen, sondern sich nachhaltig auch die Arbeitsweisen und damit auch die Kompetenzanforderungen an Mitarbeiter*innen verändern, ist bisher noch nicht ausreichend untersucht worden. An dieser Stelle stellt sich daher die Frage, wie Betriebe auf diese gewandelten oder gänzlich neuen Kompetenzanforderungen reagieren und ob sich diese steigenden Anforderungen in der Ausgestaltung des betrieblichen Kompetenzmanagements widerspiegeln. Im Folgenden sollen zwei der hier andiskutierten Trends (demografischer Wandel bzw. technologischer Wandel) auf Grund ihrer zentralen Bedeutung für diese Arbeit kurz näher beleuchtet werden.

3.5.2 Demografischer Wandel im Handwerk

Der demografische Wandel verändert die Zusammensetzung und Altersstruktur der Erwerbs- und Wohnbevölkerung in Deutschland nachhaltig und unumkehrbar (vgl. Bellmann et al. 2006, Börsch-Supan und Wilke 2007 sowie Robert Bosch Stiftung 2013). Auch Handwerksbetriebe sind hiervon unmittelbar betroffen, jedoch macht es hier Sinn, zwischen betriebsinternen und betriebsexternen Aspekten zu differenzieren. Betriebsintern äußert sich die demografische Alterung vor allem in zunehmend alternden Belegschaften, während auf den betriebsexternen Handwerksmärkten sich dieser „Megatrend" vor allem in Form von geänderten

3.5 Zukünftige Trends im Handwerk

Kund*innenstrukturen und –bedürfnissen auswirkt (Stichwort: „der alternde Kunde") (vgl. Naegele et al. 2015, 13ff.).

Bezogen auf die betriebsinternen Aspekte, wird sich das Handwerk wie auch andere Wirtschaftsbereiche darauf einstellen müssen, zukünftig nicht nur immer ältere, sondern im Durchschnitt auch immer weniger Mitarbeiter*innen zur Verfügung zu haben (vgl. Dürig et al. 2012, 59ff.). Zwar kann im Handwerk (noch) nicht von einem flächendeckenden Fachkräftemangel über alle Gewerke hinweg gesprochen werden, jedoch haben inzwischen selbst die Handwerksbereiche, die im Allgemeinen unter Bewerber*innen und Mitarbeiter*innen als besonders attraktiv gelten (z. B. Metall- und Elektrogewerbe), Probleme bei der Fachkräfterekrutierung (vgl. Lehner et al. 2009, S. 1). Gleichzeitig ist der Anteil der Facharbeiter*innen mit 80 % im Handwerk so hoch wie in keinem anderen Wirtschaftsbereich in Deutschland, weswegen Betriebe des Handwerks in besonderer Weise auf qualifizierte Facharbeiter*innen angewiesen sind (vgl. Zentralverband des Deutschen Handwerks (ZDH) 2014b, o. S.). Eine Studie (2011) im Auftrag des Deutschen Zentralverband des Handwerks (ZDH), an der sich ca. 14.000 Handwerksbetriebe aus dem Bundesgebiet beteiligten, zeigt beispielsweise, dass viele Handwerksbetriebe über vakante Stellen klagen und im Durchschnitt 2,1 Stellen zu besetzen hatten. Gesucht wurden, laut den Autor*innen der Studie, vor allem gut ausgebildete und qualifizierte Gesellen*innen, jedoch auch Mitarbeiter*innen mit anderen Berufsabschlüssen wie z. B. Meister*in oder Hochschulabsolventen*innen (Bachelor und Master) (vgl. Zentralverband des Deutschen Handwerks (ZDH) 2011, S. 5).

Dazu kommt, dass der hier skizzierte Fachkräftemangel zu einer Zeit auf das Handwerk trifft, in der sich Betriebe ebenfalls mit rasant alternden Belegschaften und einer unabdingbaren Ausweitung der Erwerbstätigkeit Älterer auseinandersetzen müssen. Über die konkrete Altersstruktur in Handwerksbetrieben gibt es jedoch nur unzureichende Daten[16]. Zumal an dieser Stelle die Problematik der oftmals beschränkten Tätigkeitsdauer vieler Berufe im Handwerk zum Tragen kommt. So ist für viele Mitarbeiter*innen des Handwerks die Ausübung des er-

---

[16] Eine Anfrage der Autorin dieser Arbeit an den Zentralverband des Deutschen Handwerks (ZDH) (DZH) vom April 2015 ergab, dass es über die konkreten Altersstrukturen von Belegschaften im Handwerk keine genauen Angaben gibt. Die Anfrage wurde im Juni 2018 wiederholt und kam zum gleichen Ergebnis.

lernten Berufs bis zum gesetzlichen Rentenalter aus gesundheitlichen Belastungsgründen nur schwerlich möglich. Das Schicksal des oftmals als Paradebeispiel herangezogenen „Dachdeckers", der mit 60 Jahren nicht mehr auf dem Dach herumklettern kann, lässt sich oftmals nahtlos auch auf andere Gewerke und ihre älteren Mitarbeiter*innen übertragen (vgl. Naegele und Frerichs 2018, S. 210). Zoch konnte lediglich in einer Stichprobenuntersuchung, bei der sich im Jahr 2008 212 Handwerksbetriebe beteiligten, zeigen, dass der Anteil der Beschäftigten 50+ Jahre bei den befragten Unternehmen mit 26 % geringer ausfällt als im Bundesdurchschnitt (30 %) (vgl. Zoch 2008, S. 16). Auf Grund der problematischen Datenlage können diese Ergebnisse lediglich einen impliziten Hinweis darauf liefern, dass ein „Durchaltern" im Handwerk nach wie vor schwierig zu bewerkstelligen ist. Entgegen Erkenntnissen aus anderen Wirtschaftssektoren genießen ältere Mitarbeiter*innen im Handwerk, in einer Branche, die stark auf Erfahrungswissen angewiesen ist, jedoch oftmals einen guten Ruf (vgl. Bellmann et al. 2003, S. 143). Sie gelten laut Aussage der Expert*innen der „In-K-Ha-Studie: Zukunft im Blick" als „Problemlöser*innen" und sind gerade in herstellerungebundenen, kleinen Betrieben nach ihrem Ausscheiden aus dem Berufsleben nur schwer zu ersetzen.

„Gerade im Bereich der freien Werkstätten sind die älteren Mitarbeiter unbezahlbar, [...] insbesondere ist das immense Erfahrungswissen, was die Mitarbeiter über Jahrzehnte gesammelt haben, nicht zu unterschätzen." (Naegele et al. 2015, S. 15)

Problematisch, so weisen die Autor*innen der In-K-Ha Studie hin, ist jedoch, dass diese alternden Belegschaften in Zeiten von immensen Innovationsschüben ein hohes Dequalifizierungsrisiko aufweisen. Dies gilt insbesondere dann, wenn Betriebe über kein ausreichendes bzw. zukunftsorientiertes betriebliches Kompetenzmanagement verfügen (vgl. Naegele et al. 2015, 1ff.). Jedoch heben die in der Studie befragten Expert*innen – wie schon angesprochen – auch die Potentiale des demografischen Wandels für das Handwerk hervor. So entstehen durch eine alternde Wohnbevölkerung auch neue Geschäfts- und Aufgabenbereiche (vgl. Heinze et al. 2011, S. 13), die jedoch nicht alle Gewerke gleichermaßen für sich nutzen können. So sei das Marktfeld rund um den / die „alternde/n Kunden /in", insbesondere für jene Gewerke von Interesse, die die Bereiche Gesundheit, Wohnen sowie haushaltsnahe Dienstleistungen abdecken. Viele SHK-Betriebe bieten beispielsweise bereits heute Dienstleistungen rund um „barrierefreies Sanieren" an und auch die Aus- und Weiterbildungszentren des Handwerks haben auf den steigenden Bedarf reagiert und entsprechende Angebote ins Programm aufgenommen, z. B. im Rahmen des Weiterbildungsangebotes „Fachkraft für barrierefreies Bauen, Planen und Wohnungsanpassung" (vgl. Handwerkskammer Kassel 2015, o. S.). Für das Elektrohandwerk eröffnen sich an dieser Stelle Möglichkeiten im Bereich der „Smart-Home"-Technologie bzw. der „AAL-Systeme" (Ambient-Assistent-Living-Systeme), die älteren Personen ein längeres selbstbestimmtes Leben in den eigenen vier Wänden ermöglichen sollen. Das zukünftige Potential für diese Geschäftsbereiche genau zu beziffern, ist nach Expert*innenmeinung jedoch schwierig, da insbesondere der Bereich des „Smart-Home" und der „AAL-Systeme" momentan oftmals technisch noch zu komplex und kostspielig ist, um sich in der Breite am Markt durchzusetzen. Insbesondere diese Kostenfrage könnte vor dem Hintergrund der in der näheren Vergangenheit in Deutschland wieder stärker diskutierten Sorge vor „Altersarmut" (vgl. Goebel und Grabka 2011 sowie Geyer 2014) das Potential von zukünftigen Absatzmärkten für Handwerksbetriebe in diesem Bereich mindern.

3.5.3 Der technologische Wandel und seine Auswirkungen auf das Handwerk

Der technologische Wandel, der zweite hier diskutierte Megatrend, begleitet das Handwerk bereits seit seinen Anfängen und prägt und verändert nicht nur Berufsbilder sowie Aufgabenbereiche, sondern verändert insbesondere Kompetenzanforderungen an Mitarbeiter*innen. Der Begriff „technologischer Wandel" und die damit verbundenen „neuen Technologien" werden in der Forschung uneinheitlich gehandhabt, beziehen sich in der allgemeinen Wahrnehmung heute jedoch meist auf die fortschreitende „Digitalisierung bzw. Automatisierung von Arbeits- und Produktionsprozessen" (vgl. Willke 1999, 185ff.). Auch viele Gewerke des Handwerks sind den Expert*innenmeinungen der „In-K-Ha"-Studie nach bereits heute nachhaltig von dem Trend „Digitalisierung der Arbeitswelt" durchdrungen, jedoch mit unterschiedlicher betrieblicher Ausprägung: So gibt es nach wie vor Betriebe, die ihre Produkte größtenteils in Handarbeit herstellen, während z. B. im Metallhandwerk standardisierte und automatisierte Arbeitsschritte für eine wachsende Zahl von Betrieben bereits heute zum betrieblichen Alltag gehören und Arbeitsschritte zunehmend von der Werkbank ins Planungsbüro verlegt werden:

„Zum einen in der Verwaltung, gleichzeitig aber auch für Auftragsbearbeitung und -abarbeitung, Bestellungen, gewisse Zuschnitte etc. – alles läuft inzwischen über IT-gestützte Verfahren. Selbst der Schweißer an der Werkbank kommt inzwischen nicht mehr daran vorbei." (Naegele et al. 2015, S. 18)

Zukünftig könnte sich diese Entwicklung noch deutlich verstärken, als dass die bereits in der Industrie verbreiteten adaptiven, flexiblen und dynamischen Produktionssysteme ihren Weg ins Handwerk finden werden: „Die Zukunft gehört adaptiven, flexiblen und dynamischen Produktionssystemen, die unter dem Begriff „Industrie 4.0." zusammengefasst werden" (Scholz-Reiter 2013, S. 3). Technologisch immer komplexere und „intelligentere" Handwerkslösungen machen das „Wissen um Informations- und Vernetzungstechnologien" zunehmend zu einer notwendigen Fähigkeit für viele Sparten des Handwerks (vgl. Fülbier und Pirk Walter 2013, S. 13), was jedoch nicht bedeutet, dass andere typische Handwerkstätigkeiten nun auf einmal wegfallen, vielmehr ist zukünftig auf Seiten der Handwerker Vielseitigkeit gefragt.

Neben der Automatisierung ist aus Experten*innensicht die bereits angesprochene grundlegende Durchdringung aller Bereiche des Lebens mit Informations- und Kommunikationstechnologien (IuK-Technologien) ein weiterer technologischer Trend, der auch das Handwerk unweigerlich erreicht hat (vgl. Ester und Marek 2010, S. 65). So berichten die Expert*innen der „In-K-Ha"-Studie, dass der/die Kunde/in, z. B. durch Internetrecherchen, heute oftmals deutlich besser informiert ist und sich zudem auf relativ einfachen Weg – online – eine Vielzahl von Angeboten einholen kann, die er/sie dann zu Hause in Ruhe vergleichen kann. Derjenige Betrieb, der an dieser Stelle frühzeitig ein Angebot einreichen kann, welches sich dann auch noch (z. B. durch Visualisierungen o. Ä.) von den anderen abhebt, ist oftmals im Vorteil (vgl. Naegele et al. 2015, 1 ff.).

Auch heben die Expert*innen der „In-K-Ha" Studie die zunehmende Wichtigkeit von Marketingtools (Internetpräsenz, Newsletter etc.) für Handwerksbetriebe hervor. Zwar setzen viele Betriebe – z. T. auch durchaus erfolgreich – ausschließlich auf persönliche Weiterempfehlungen um neue Kund*innen zu generieren, doch gehen so oftmals auch Marktpotentiale verloren, wenn Kund*innen z. B. nicht über neue Angebote, Dienstleistungen oder aber auch aus Gesetzesnovellierungen entstehende Handlungsbedarfe (z. B. neue Vorschriften für Hauseigentümer*innen) informiert werden. So zeigte sich beispielsweise bei einer Befragung von 1270 Handwerksbetrieben, dass die nach Umsatz erfolgreichsten 10 %

3.5 Zukünftige Trends im Handwerk

der befragten Betriebe, im Gegenzug zu den weniger erfolgreichen Unternehmen, alle im Bereich Internetpräsenz, Kund*innenpflege bzw. -bindung und Werbung stark aufgestellt waren (vgl. Adolf Würth GmbH & CO KG 2011, S. 30). Viele Handwerksbetriebe, insbesondere Klein- und Kleinstbetriebe, verfügen oftmals jedoch noch nicht über einen entsprechenden Internetauftritt, was, den Expert*innen nach, den heutigen Such- und Auswahlgewohnheiten (insbesondere der jüngeren Kund*innen) nicht mehr entspricht. Vielen Betrieben würden so potentielle Aufträge entgehen, weil neue Kund*innen den Betrieb bei ihrer (meist digitalen) Suche schlicht und einfach nicht finden. Für die im Rahmen dieser Arbeit prioritär behandelten Gewerke (Elektro, SHK, Kfz und Metall) zeigte die bereits mehrfach angesprochene Trendstudie des „In-K-Ha"-Projektes, dass insbesondere die folgenden technologischen Innovationen in Zukunft an Relevanz gewinnen werden:[17]

- **Elektrohandwerk**: Netzwerktechnologien, Smart-House-Technologien sowie Beleuchtungsmittel;
- **SHK-Handwerk**: barrierefreies Sanieren, multivariate Heiz- und Lüftungssysteme, Trinkwasserhygiene;
- **Kfz-Handwerk**: intelligente Fahrzeugtechnik, alternative Antriebstechnologien, neue Werkstoffe;
- **Metallhandwerk**: Dokumentation, Automatisierung und Digitalisierung der Arbeitsabläufe.

Bisher dato wenig betrachtet wurde das betriebliche Kompetenzmanagement, welches sich in KMU bzw. in Handwerksbetrieben wiederfinden lässt. Das folgende Kapitel 4 widmet sich daher explizit dieser Thematik und der Frage „Wie lernt das Handwerk?". Dazu soll zunächst auf den Kompetenzbegriff und seine historische Entwicklung eingegangen werden, bevor die Kompetenzentwicklung im Handwerk in den Fokus genommen wird. Abschließend wird in dem Kapitel ein Modell zur Erfassung des betrieblichen Kompetenzmanagements erarbeitet.

---

[17] Für einen genaueren Überblick über die gewerkspezifischen (Fach-)trends siehe: Naegele et al. 2015, 22ff..

4 Kompetenz und Kompetenzmanagement

4.1 Der Kompetenzbegriff – Eine definitorische Annäherung

Der Kompetenzbegriff wurde in der Vergangenheit von verschiedensten Akteuren*innen, Schulen und Disziplinen aufgegriffen, verwendet und schlussendlich im Diskurs weiterentwickelt. So existieren Auseinandersetzungen mit dem Kompetenzbegriff aus Sichtweise von Organisationen, Arbeitnehmer*innen oder auch ganzen Volkswirtschaften. Gleiches gilt für Ansätze aus verschiedenen wissenschaftlichen Disziplinen wie z. B. den Betriebswissenschaften, der Psychologie, der Soziologie, den Rechtswissenschaften oder der (Berufs-)Pädagogik. Darüber hinaus werden parallel zum Kompetenzbegriff Begriffe wie „Schlüsselqualifikation", „soziale Kompetenz", „Soft Skills" o. Ä. oftmals synonym verwendet, sodass in der Konsequenz eine Reihe wenig präziser, interdependenter und einstweilen nicht eindeutiger Definitionen in der Literatur existieren. Auch zeichnet sich ein differenzierender Gebrauch zwischen verschiedenen Forschungsströmungen z. B. in den USA, Deutschland und in Frankreich ab.[18] Ist eine solche begriffliche Mehrdeutigkeit auf der einen Seite für eine definitorische Auseinandersetzung mit dem Begriff der „Kompetenz" problematisch, ist sie auf der anderen Seite sicherlich auch für die durchschlagende Popularität des Kompetenzkonzeptes mitverantwortlich. So machten sich viele Autoren*innen ebendiese Flexibilität zu Nutze und legten den Begriff kontextuell unterschiedlich aus, jedoch ermöglicht der Begriff durch seinen „umspannenden Charakter" aber auch, über die Grenzen althergebrachter Kategorisierungen hinwegzutreten und bekannte Inhalte in einen neuen Zusammenhang zu stellen. Dehnbostel (2012) beschreibt dies wie folgt:

---

[18] Während in den Ansätzen der US-amerikanischen Forscher*innen meist verhaltensbasierte Ansätze dominieren (s. u.), nimmt in der französischen Kompetenzdebatte der Staat eine zentrale Rolle ein, insofern als, dass dieser jedem Bürger das Recht einräumt, sich einer Kompetenzmessung zu unterziehen (vgl. Dimitrova 2009, S. 41). Im Gegensatz dazu konzentriert die deutsche Debatte oftmals darauf, durch Kompetenzentwicklung bestehende Dysfunktionalitäten im Bildungssystem zu beseitigen und auf veränderte Bedingungen in der Wirtschaft einzugehen (vgl. Werner 2005, S. 168). In der näheren Vergangenheit wurde dazu in vielen europäischen Ländern die Kompetenzdebatte oft in Zusammenhang mit der grenzüberschreitenden Verwendung von Qualifikationen auf einem immer stärker integrierten europäischen Arbeitsmarkt diskutiert (Stichwort: „Arbeitnehmerfreizügigkeit") (vgl. Barre 2012, S. 101).

© Springer Fachmedien Wiesbaden GmbH, ein Teil von Springer Nature 2020
L. Naegele, *Betriebliches Kompetenzmanagement älterer Arbeitnehmer*innen*,
Vechtaer Beiträge zur Gerontologie, https://doi.org/10.1007/978-3-658-29253-9_4

> *„Die breite Durchsetzung des Kompetenzbegriffs [...] ist sicherlich darauf zurückzuführen, dass Kompetenzen sich auf das Subjekt beziehen und dabei gleichwohl betriebliche und gesellschaftliche Anforderungen erfüllen. Sie kommen zudem den Anforderungen lebenslangen Lernens nach und umfassen allgemeine und berufliche Bildung, ohne dabei per se die herkömmliche Dichotomie von beruflicher, allgemeiner und hochschulischer Bildung beizubehalten."* (Dehnbostel 2012, 11f.)

Im Rahmen einer ersten Annäherung lässt sich festhalten, dass der Begriff „Kompetenz" vielfach mit „Handlungsfähigkeit" bzw. „der Fähigkeit, eine konkrete Anforderungssituation zu bewältigen" oder im weitesten Sinne mit „Sachverstand" übersetzt wird (vgl. Neubert 2009, S. 113). Eine weitere populäre Definition, die u. a. auch vom Bundesministerium für Bildung und Forschung (BMBF) verwandt wird, liefert Weinert (2001): Kompetenzen sind demnach:

> *„[...] die bei Individuen verfügbaren oder durch sie erlernbaren kognitiven Fähigkeiten und Fertigkeiten, um bestimmte Probleme zu lösen, sowie die damit verbundenen motivationalen, volitionalen und sozialen Bereitschaften und Fähigkeiten, um die Problemlösungen in variablen Situationen erfolgreich und verantwortungsvoll nutzen zu können."* (Weinert 2002, S. 27)

Für eine genauere konzeptionelle Einbettung des Begriffes soll im folgenden Kapitel zunächst ein Überblick über den historisch-etymologischen Hintergrund des Begriffes gegeben werden (Kapitel 4.2). Im Weiteren wird die Entwicklungsgeschichte des Kompetenzbegriffes anhand ausgewählter Arbeiten dargestellt (Kapitel 4.3 - 4.4). Folgernd wird der Kompetenzbegriff mit Fokus auf die Personengruppe der älteren Beschäftigten diskutiert (Kapitel 4.5 - 4.6), sowie die Entwicklung eines für die Arbeit leitenden Kompetenzverständnis (Kapitel 4.7) vorangetrieben. Das Kapitel geht weiterhin auf die Frage ein, wie Kompetenzen im Handwerk entwickelt werden (Kapitel 4.8), und diskutiert die Notwendigkeit, das betriebliche Kompetenzmanagement (BKM) im Handwerk differenziert zu betrachten (Kapitel 4.9). Das Kapitel schließt mit der Erarbeitung eines Modells zur Erfassung des betrieblichen Kompetenzmanagements (für ältere Mitarbeiter*innen) in Handwerksbetrieben (Kapitel 4.10) sowie einer Diskussion um dessen Bedeutung für die weitere Arbeit (Kapitel 4.11).

4.2 Historisch-etymologische Entstehung des Kompetenzbegriffes

Die Etymologie des Kompetenzbegriffes verweist auf unterschiedliche lateinische Ausgangsbegriffe, welche die Mehrdimensionalität des Begriffes unterstreichen, weist zunächst aber auf drei originäre semantische Begriffsdimensionen hin:

(1) Das Substantiv „competentia" lässt sich zunächst einfach mit „angemessenes bzw. gerechtes Verhältnis" beschreiben, meint dabei jedoch nicht allein, dass jemand ein „angemessenes bzw. gerechtes Verhältnis" zu einer Handlungssituation aufweist, sondern auch, dass er den Anforderungen dieser Situation „entspricht bzw. mit diesen übereinstimmt". Mit anderen Worten diese bewältigen kann. Neubert (2009) stärkt diese Auslegung noch weiter, indem er darauf hinweist, dass es nicht allein nur darum geht, ob jemand eine Aufgabe bewältigen kann, sondern auch, dass er zu dieser Aufgabe (rechtlich) befugt worden ist bzw. einen legitimen Anspruch auf diese innehält (vgl. Neubert 2009, 113f.). Auch heute bezeichnet „Kompetenz" in den Rechtswissenschaften eine Kategorie, die im alltäglichen juristischen Sprachgebrauch mit großer Selbstverständlichkeit verwendet und im Allgemeinen die „Zuständigkeit von Hoheitsakten" bzw. die „Kompetenz zur Gesetzgebung" beschreibt (vgl. Wittich 2012, S. 28 sowie Mayer 2001, S. 2).

(2) Das lateinische Verb „competere" lässt sich mit „zu etwas fähig bzw. ausreichend sein" oder „zusammenpassen bzw. in Einklang bringen" übersetzen (vgl. Ritter und Gründer zit. nach Neubert 2009, 113f.) und leitet sich aus dem Wortstamm „petere" ab („etwas erreichen, streben nach, begehren"). Zentral an dieser Stelle ist der Hinweis, dass das hier dargestellte Kompetenzverständnis nicht allein das Vorhandensein individueller Fähigkeiten einer Person, d. h. sein „Wissen", „Können", „Fähigkeiten", „Motivation" o. Ä. meint, sondern immer auch deren aktive Anwendung bzw. Ausübung, d. h. deren konkrete Handlungs- und Ergebnisbezogenheit (vgl. Wetzstein o. J., S. 1). „Kompetentes Verhalten" zeigt sich demnach immer nur in einer Kombination von Fähigkeiten sowie in der Bewältigung einer konkreten Anforderungssituation. Röben (2004) beschreibt diese *aktivierende Komponente* wie folgt:

„Eine kompetente Instanz ist eine, die bestimmte Maßnahmen nicht nur durchzuführen vermag, sondern sich dafür auch zuständig weiß und darum von sich aus aktiv wird." (Röben 2004 zit. nach Kauffeld 2006, S. 21)

Eine weitere Begriffsdimension eröffnet sich, wirft man einen Blick in den englischen bzw. französischen Sprachgebrauch: So weist Nigsch (1999) auf den Begriffszusammenhang des Kompetenzbegriffs zu dem englischen Begriff „competition" bzw. „compétition" im Französischen hin. So sei dem Kompetenzbegriff in diesem Verständnis sprachgeschichtlich auch eine Nähe zum „[...] Bestehen von Konkurrenz-, Wettbewerbs- und Rivalitätssituationen im Hinblick auf [...] [die] Erreichung eines bestimmten Zieles [...]" (Neubert 2009, S. 116) zuzuschreiben. Kauffeld (2006) hebt in diesem Zusammenhang jedoch hervor, dass das Wort nicht nur die Wettbewerbssituation alleine beschreibt, sondern der potentielle Erfolg eines/r Teilnehmer*in immer auch die Kompetenzen dieser Person einschließt („he/she is a competition") (vgl. Kauffeld 2006, S. 21). Abschließend lässt sich daher konstatieren, dass der Kompetenzbegriff sprachgeschichtliche Bezüge zu verschiedenen Begriffsdimensionen aufweist:

„Neben der Bedeutung als (a) juridische Kodifizierung einer offiziellen Befugnis bzw. (b) als Zuschreibung eines besonderen Vermögens bezeichnet Kompetenzen (c) immer auch Merkmale eines Aspiranten, die seinen Erfolg in einer Wettbewerbssituation erfolgreicher scheinen lassen." (Neubert 2009, S. 166)

4.3 Zur Evolution des Kompetenzbegriffs

Nach der sprachgeschichtlichen Auseinandersetzung mit dem Begriff sollen im folgenden Kapitel – entlang ausgewählter Arbeiten aus dem Kompetenzdiskurs – zentrale Argumentationslinien der Debatte dargestellt und das Kompetenzverständnis dieser Arbeit nachgezeichnet werden. Im Anschluss wird die Bedeutung des Kompetenzkonstrukts für die handwerkliche Aus- und Weiterbildung diskutiert, sowie ein Modell zur Erfassung des betrieblichen Kompetenzmanagements im Handwerk entwickelt.

4.3 Zur Evolution des Kompetenzbegriffs

4.3.1 David C. McClelland – „Testing for Competence Rather Than for Intelligence"

Als einer der ersten Meilensteine in der Kompetenzforschung gilt die Studie von McClelland „Testing for Competence Rather Than for Intelligence" (1973), die zum Ergebnis kam, dass klassische Eignungs- und Intelligenztest – in der Studie am Beispiel von Test- bzw. Durchschnittsnoten von Collegestudent*innen in den USA dargestellt – keine validen Prädiktoren für die erfolgreiche Aufgabenbewältigung in späteren Berufsjahren sind. So stellte McClelland fest, dass Student*innen, die im College vergleichsweise „schlechtere" Test- bzw. Durchschnittsnoten aufwiesen, nicht zwingend weniger Erfolg in ihren späteren Berufen hatten als Mitglieder einer Vergleichsgruppe mit durchschnittlich „besseren" Test- bzw. Durchschnittsnoten im College: „[...] neither the tests nor school grades seem to have much power to predict real competence in many life outcomes [...]" (McClelland 1973, S. 140). Basierend auf dieser Erkenntnis plädierte McClelland für einen Paradigmenwechsel weg von klassischen Eignungs- und Intelligenztests hin zu mehr tätigkeits- und verhaltensspezifischen Testverfahren, möchte man herausfinden, ob eine Person für eine bestimmte berufliche Position geeignet ist: Wer wissen wolle, ob eine Person ein/e gute/r Lehrer*in wäre, der müsse sich mit dem konkreten Tätigkeitsfeld von Lehrenden (z. B. in Form von Videoanalysen) „auseinandersetzen", vor Ort sehen, welche Fähigkeiten eine/n gute/n Lehrer*in ausmachen, generalisierbare „Konstrukte" bzw. „Kompetenzen" ableiten und potentiell zukünftige Lehrer*innen auf ebendiese testen (vgl. McClelland 1973, 134ff.). Mit dem Hinweis, dass die berufliche Eignung einer Person eben mehr sei als das in konventionellen Intelligenztests abgefragte Wissen – nämlich identifizierbare dem jeweiligen Tätigkeitsfeld entsprechende Kompetenzen, – prägte McClelland den Kompetenzbegriff nachhaltig und bot Anknüpfungspunkte für spätere theoretische Auseinandersetzungen.

4.3.2 Richard E. Boyatzis – „The competent manager"

Stark beeinflusst von McClellands Überlegungen machte Boyatzis mit seinem Buch „The competent manager" (1982) einen weiteren Entwicklungsschritt auf dem Weg zur heutigen Popularität und dem Bedeutungsverständnis des Kompetenzbegriffes. Ging es McClelland mehr darum, soziale Chancengleichheit bei den

Auswahlverfahren zu schaffen, fokussierte Boyatzis aus einer betriebswirtschaftlichen Perspektive verstärkt auf den organisationalen bzw. betrieblichen Kontext, in denen Kompetenzen zur Anwendung kommen. In einer Stichprobenuntersuchung (n=2000) suchte er nach empirischen Zusammenhängen zwischen Persönlichkeitsfaktoren bzw. Verhaltensweisen von Führungskräften auf der einen Seite, sowie Leistungsunterschieden zwischen den Personen auf der anderen Seite. Der Grundgedanke Boyatzis ist dabei, eine Person konsequent mit seinem Arbeitsumfeld in Verbindung zu setzen und durch seine Analysen jene berufsbezogenen Eigenschaften zu identifizieren, die einen positiven „Outcome" auf die Leistungsfähigkeit von Mitarbeitern*innen haben. Angetrieben von dem Wunsch, allgemeingültige Kompetenzmodelle für Führungskräfte zu erarbeiten, definierte Boyatzis Kompetenzen „[…] als eine Kombination von bestimmten Motiven, Eigenschaften, Fertigkeiten, Kenntnissen und Aspekten des Selbstbildes oder der sozialen Rolle […]" (Steinmayr 2005, S. 56), die kausal mit positiver „Jobperformance" bzw. „Leistungserfüllung" zusammenhängen (vgl. Alfes 2009, S. 79).

Basierend auf diesen Überlegungen klassifiziert Boyatzis als einer der ersten Autoren*innen verschiedene Kompetenzarten, die sich im Rahmen einer ersten Annäherung zunächst in „generelle Kompetenzen" (competencies) sowie „Schwellenkompetenzen" (threshold competencies) unterteilen lassen (vgl. Grote et al. 2012, S. 17 sowie Alfes 2009, S. 79). Den „generellen Kompetenzen" – generiert aus einer Analyse außergewöhnlicher Leistungsträger*innen im Untersuchungssample – ordnet Boyatzis 19 führungsrelevante Kompetenzen (z. B. Effizienzorientierung, Selbstvertrauen, Fähigkeit zur Steuerung von Gruppenprozessen o. Ä.) zu. „Schwellenkompetenzen" stellen im Gegensatz dazu jene Kompetenzen (z. B. Sprachkenntnisse) dar, die Boyatzis als Voraussetzung für die Ausübung einer Tätigkeit wertet, die jedoch seiner Ansicht nach keinen Garanten für eine bessere Leistung darstellen. Neben den beiden Kompetenzarten umfasst Boyatzis Konzept auch noch unterschiedliche Ebenen, auf denen sich die Kompetenzen widerspiegeln: (1) Ebene der Motive und Persönlichkeit, (2) Ebene des Selbstverständnisses und der Selbstwahrnehmung sowie (3) Ebene der Fähigkeiten (vgl. Alfes 2009, S. 81). Kritiker*innen von Boyatzis Ansatz, mahnten ebendieses Vorgehen – eine auf dispositionale bzw. auf Zuordnung basierende Definition – von Kompetenzen immer wieder an. Anzumerken ist jedoch, dass Boyatzis damit in guter Tradition einer Definitionsdebatte steht, die bis heute anhält (vgl. Steinmayr

2005, S. 56): „Competencies are Humpty Dumpty words meaning only what definers want them to mean" (Zemke 1982 zit. nach Miles 2003, S. 73).

4.3.3 Dieter Mertens – Schlüsselqualifikationen vs. Kompetenzen

In den 1970er Jahren führten die zunehmende Innovationsdynamik und immer neue Technologieentwicklungen zu permanenten Veränderungen der beruflichen Qualifikationsanforderungen an Mitarbeiter*innen. Neben dem immer noch wichtigen „Fachwissen" gewannen „fachübergreifende" und „extrafunktionale" Kenntnisse immer mehr an Bedeutung, insofern als Mitarbeiter*innen nicht mehr lediglich für eine enge Spannbreite an Spezialaufgaben qualifiziert werden sollten, sondern in die Lage versetzt werden, flexibel eine Vielzahl neuer und geänderter Aufgaben erfolgreich bewältigen zu können (vgl. Stegmaier 2000, S. 17). Vor diesem Hintergrund hob Dieter Mertens (1974) im Rahmen seines Beitrages „Schlüsselqualifikationen. Thesen zur Schulung für eine moderne Gesellschaft" die Bedeutung von „Fähig- und Fertigkeiten" hervor, die Individuen in die Lage versetzen, flexibel und selbstständig in Anforderungssituationen zu reagieren. Obwohl sie nicht zu den „klassischen" Kompetenztheorien zu zählen sind, müssen einige von Mertens in seinem Ansatz genannten Schlüsselqualifikationen (Basisqualifikationen) wie Kompetenzen behandelt werden (vgl. Kauffeld 2006, S. 32).

Ausgangslage war für Mertens die Erkenntnis, dass berufliche Bildung Jüngere nicht mehr ausreichend auf eine spätere Berufslaufbahn vorbereitet und den vermittelten Bildungsinhalten durch ihre enge Ausrichtung an der Praxis der Arbeitsverrichtung schnell das Veralten drohe. Folgernd forderte Mertens eine Neuorientierung der Berufsbildung weg vom reinen Faktenwissen (Breitenbildung), welches wegen der zunehmenden Unüberschaubarkeit von Fakten innerhalb dynamischer Gesellschaften kaum mehr zu überblicken und nachzuhalten sei, hin zu „[…] Bildungsinhalten höheren Abstraktionsgrades […]" (Mertens 1974, S. 36). Solche übergeordneten Bildungsziele und Bildungselemente seien der „Schlüssel" zur „[…] raschen und reibungslosen Erschließung von sich wechselndem Spezialwissen […]" (Mertens 1974, S. 36). Ferner definiert Mertens Schlüsselqualifikationen wie folgt:

> „Schlüsselqualifikationen sind demnach solche Kenntnisse, Fähigkeiten und Fertigkeiten, welche nicht unmittelbar und begrenzten Bezug zu bestimmten, disparaten

praktischen Tätigkeiten erbringen, sondern vielmehr (a) die Eignung für eine große Zahl von Positionen und Funktionen als alternative Optionen zum gleichen Zeitpunkt, und (b) die Eignung für die Bewältigung einer Sequenz von (meist unvorhersehbaren) Änderungen von Anforderungen im Laufe des Lebens." (Mertens 1974, S. 40)

Mertens unterscheidet des Weiteren vier Arten von „Schlüsselqualifikationen": (1) Basisqualifikationen, die den Transfer von Bildungsinhalten auf die speziellen Anforderungen im Beruf erlauben (z. B. Fähigkeit zu logischem und analytischem Denken); (2) Horizontalqualifikationen, die den Zugriff auf „Spezialwissen" ermöglichen (z. B. Wissen darüber, wie (fehlende) Informationen gewonnen werden können); (3) Breitenelemente, ubiquitäre, d. h. in einem größeren Berufssektor allgegenwärtige Bildungsinhalte (z. B. hatten in den 1970er Jahren Kenntnisse im Arbeitsschutz sowie in der Messtechnik in ca. 400 Berufen eine ähnliche Bedeutung) (vgl. Borner 2008, S. 2), sowie (4) Vintage-Faktoren, welche nach Mertens generationsabhängige Lerninhalte und Begrifflichkeiten bezeichnen (vgl. Mertens 1974, S. 36). Nach Seyfried (1995) lassen sich einige der von Mertens definierten Schlüsselqualifikationen wie „normale" Qualifikationen messen (und zertifizieren), während andere, u. a. die sog. Basisqualifikationen, eigentlich grundlegende Kompetenzen darstellen. Schlüsselqualifikationen zerfallen somit in zwei Gruppen: in „echte Qualifikationen" und Qualifikationen, die eigentlich als Kompetenzen behandelt werden müssen (vgl. Kauffeld 2006, S. 33). Anzumerken an dieser Stelle ist, dass der Begriff der „Qualifikation" seit seiner Einführung eine begriffliche Transformation durchlaufen hat und – früher oft noch synonym verwendet – heute oftmals als explizite Gegenkategorie zum „Kompetenzbegriff" angeführt wird (vgl. Neubert 2009, 129ff.). Trotz inhaltlicher Nähe bzw. Überschneidungen rückt damit das von Mertens geprägte Konzept in der heutigen Betrachtung oftmals in eine andere Kategorie als die „klassische Kompetenztheorien". Nichtsdestotrotz ebneten Mertens Arbeiten den Weg für ein „Umdenken" in der Bildungs- und Berufsforschung auf dem Weg zu einer Kompetenzorientierung und sollten deswegen an dieser Stelle Erwähnung finden. Auch betonte er explizit die Bedeutung der beruflichen Weiterbildung, und propagierte damit eine Verlängerung der Lernphasen bis in das höhere Alter.

4.3 Zur Evolution des Kompetenzbegriffs

4.3.4 John Erpenbeck und Volker Heyse – Selbstorganisationsdispositionen

Einen neueren, in der deutschen Literatur jedoch sehr einflussreichen Ansatz in der Kompetenzdebatte, stellt das von John Erpenbeck und Volker Heyse unter dem Schlagwort „Selbstorganisationsdispositionen" (1996) entwickelte Konzept dar. Ähnlich wie bei Mertens bildet bei Erpenbeck und Heyse eine immer komplexer werdende Arbeitswelt und eine daraus folgende Betonung der Bedeutung von beruflicher Weiterbildung über den Lebenslauf hinweg die Grundlage ihrer Überlegungen.

> *„Solche Impulse, die sich insbesondere aus der ökonomisch-technischen Entwicklung, den veränderten Lebensansprüchen verschiedener gesellschaftlicher Gruppen, der zunehmenden Multikulturalität und den krisenhaften Umweltbedingungen ergeben, führen zu spezifischen Zukunftstrends in der deutschen Wirtschaft, die [...] zu neuen Anforderungen an Weiterbildung- und Kompetenzentwicklungs-Konzeptionen führen."* (Erpenbeck und Heyse 1996, S. 16)

Den Autoren nach müssten sich Unternehmen, um dem dynamische Wandel in der Arbeitswelt zu begegnen, zu sog. „selbstorganisierten Systemen" weiterentwickeln, die sich durch flache Hierarchien, offene Organisation sowie eine lernende, kundenorientierte Perspektive auszeichnen. Eine solche Unternehmensausrichtung wirkt sich in diesem Verständnis direkt auf die einzelnen Mitarbeiter*innen aus, insofern als sich diese mit Forderungen nach mehr Eigeninitiative, lebenslangem Lernen sowie einer Erhöhung ihrer Flexibilität konfrontiert sehen (vgl. Alfes 2009, S. 85).

> *„[...] folgerichtig nehmen selbstgesteuerte, Selbstorganisierte Lernprozesse [Hervorhebung im Original] einen immer größeren Raum in der Weiterbildung ein. Diese erfordern aber ein hohes Maß an Sozial- und personaler Kompetenz [Hervorhebung im Original]."* (Erpenbeck und Heyse 1996, S. 16)

Als kontextuelle Rahmung ihres theoretischen Konzeptes dient Erpenbeck und Heyse das von dem Physiker Herrmann Hake entwickelte Forschungsgebiet der Synergetik: Die Synergetik befasst sich auf systemtheoretischer Basis mit Selbstorganisationsprozessen und geht davon aus, dass sich Individuen in offenen und dynamischen Systemen bewegen. Um in diesem Umfeld zielorientiert handeln zu können, ist ein hohes Maß an Selbstorganisation erforderlich, welches wiederum nur erfolgen kann, wenn (psychische) Dispositionen vorhanden sind, die sich gleichzeitig mit dem Handeln bilden und welche laut Erpenbeck und Heyse als Kompetenzen bezeichnet werden: Kompetenzen sind „[...] Dispositionen selbstorganisierten Handelns, sind Selbstorganisationsdispositionen" (Erpenbeck et. al 1996 zit. nach (Alfes 2009, S. 86). Konkret stellen diese Dispositionen alle bis dahin vom Individuum entwickelten Fähigkeiten und inneren Voraussetzungen dar, die ein Individuum befähigen, eine komplexe Situation zu organisieren, sodass ein zielorientiertes Handeln möglich ist (vgl. Alfes 2009, S. 86).

Erpenbeck und Heyse betrachten in ihrem Kompetenzmodell verschiedene Formen des selbstorganisierten Handelns und leiten deduktiv vier Kompetenzbereiche ab: (1) Fachkompetenzen, (2) Methodenkompetenzen, (3) Sozialkompetenzen sowie (4) personale Kompetenzen, welche – in integrierter Form – die „berufliche Handlungskompetenz"[19] des einzelnen Individuum begründen. Berufliche Handlungskompetenz meint in diesem Fall die Fähigkeit einer Person, seine Arbeitsaufgaben erfolgreich zu bewältigen, und schließt in Anlehnung an Sonntag & Schaeper (1999) die Integration von durch Weiterbildung bewusst erlernter kognitiver, sozialer, motivationaler Aspekte menschlichen Handelns in ein konkretes Arbeitsumfeld ein. Fach- und Methodenkompetenzen beinhalten dabei spezifische berufliche Fertigkeiten und (Fach-)Kenntnisse sowie kognitive Fähigkeiten (z. B. Fähigkeit zur Problemlösung). Sozialkompetenzen bezeichnen im Gegenzug dazu Fähigkeiten zu kooperativem und kommunikativem Verhalten. Der letzte Kompetenzbereich – personale Kompetenzen – umfasst solche persönlichkeitsbezogenen Dispositionen, die auf einer übergeordneten Ebene das Handeln beeinflussen (z. B. Motive, Werte o. Ä.) (vgl. Erpenbeck und Heyse 1996, 19f.).

4.3.5 Zusammenfassende Betrachtung der vorgestellten Ansätze

Wie bereits zu Beginn dieses Kapitels angedeutet, existiert eine Vielzahl Arbeiten zum Kompetenzbegriff und die hier vorgestellten Ansätze bilden dabei lediglich

---

[19] Eine der im dt. Raum sicherlich bekanntesten Definition von „beruflicher Handlungskompetenz" stammt von der Kultusministerkonferenz (KMK), die seit 1996 in ihren Rahmenlehrplänen als Ziel der berufsschulischen Bildung die „Entwicklung von beruflicher Handlungskompetenz" vorgibt. Demnach entfaltet sich Handlungskompetenz „[...] in den Dimensionen von Fachkompetenz, Selbstkompetenz und Sozialkompetenz [und; A. d. A.] Methodenkompetenz, kommunikative Kompetenz und Lernkompetenz sind immanenter Bestandteil von Fachkompetenz, Selbstkompetenz und Sozialkompetenz" (Sekretariat der Kultusministerkonferenz 2011, 15f.).

4.3 Zur Evolution des Kompetenzbegriffs

eine bewusst getroffene Auswahl, sollen und wollen jedoch nicht die Gesamtheit des Kompetenzdiskurses widerspiegeln. Im Rahmen eines ersten Zwischenfazits lässt sich trotz aller Unterschiede in der Herangehensweise auch ein gemeinsames Grundverständnis hinsichtlich des Kompetenzbegriffes aufzeigen: Eine wesentliche Gemeinsamkeit aller hier vorgestellten Ansätze ist, dass Kompetenzen als Handlungsvoraussetzung bzw. Potential verstanden werden, die Individuen in einem beruflichen Kontext erfolgreich und selbstorganisiert handeln lassen und sie vereinfacht ausgedrückt „fit für ihren Job" machen. Fokussieren McClelland und Boyatzis dabei primär die Wichtigkeit bestimmter Kompetenzen für „erfolgreiche Laufbahnen" bzw. „gute Jobperformance", geht Mertens', Erpenbecks und Heyses Verständnis an dieser Stelle deutlich weiter. Sie sprechen Kompetenzen eine zentrale Rolle für den generellen Erhalt der Handlungsfähigkeit von Individuen in sich rasant wandelnden Arbeitswelten zu. Damit sind sie, dieser Argumentationslinie folgend, eine grundlegende Voraussetzung dafür, dass Personen überhaupt langfristig am Arbeitsmarkt bestehen können – unabhängig davon, ob eine Karriere überdurchschnittlich „erfolgreich" ist oder nicht. Gleichzeitig sprechen sie in ihren Ansätzen implizit die Realität sich wandelnder Arbeitsanforderungen an, auf die es im Rahmen eines erwerbsverlaufsbezogenen betrieblichen Qualifikations- bzw. Kompetenzmanagements zu reagieren gilt.

Ein weiterer gemeinsamer Punkt, der sich hier unmittelbar anschließt, ist das gemeinsame Verständnis darüber, dass Kompetenzen immer direkt berufsbezogen zu interpretieren sind. Dabei gibt es nicht „eine" berufliche Kompetenz, sondern Kompetenzen konstituieren sich immer aus den konkreten berufsspezifischen Aufgabenstellungen. Fokussieren Mertens' Überlegungen zu „Schlüsselkompetenzen" (noch) primär auf kognitive Komponenten (analytisches Denken bzw. Informationsgewinnung) spielen bei späteren Ansätzen – u. a. auch von Erpenbeck und Heyde – verstärkt soziale Komponenten wie z. B. Kooperations- und Kommunikationsfähigkeiten eine Rolle (vgl. Huttner 2005, S. 9). Jene Berufsbezogenheit hat auch in direkter Weise auf die Messung bzw. Beurteilung von Kompetenzen eine Auswirkung. So betonen die Ansätze von McClelland, Boyatzis als auch Erpenbeck und Heyde, dass durch die Handlungs- und Ergebnisbezogenheit von Kompetenzen diese auch nur in ebendiesem Kontext „sichtbar" bzw. „beobachtbar" gemacht werden können. Kompetenzermittlungsverfahren, die dies nicht berücksichtigen, sind daher – wie schon in besonderer Weise von McClelland hervorgehoben – nicht zur Kompetenzfeststellung und damit zur Eruierung, ob eine

Person die ihm gestellten Aufgaben kompetent lösen kann, geeignet. Auch differenzieren die Autoren – mehr oder weniger explizit – Kompetenzen in unterschiedliche Teilkompetenzen bzw. Kompetenzfacetten. Kompetenzmodelle stellen dann auf einer analytischen Ebene die Möglichkeit dar, diese systematisch zu erfassen, deren Beziehungen untereinander zu betrachten, und dienen somit als Basis jeglicher Kompetenzermittlungsverfahren (s. u.).

Bei aller Gemeinsamkeit werden jedoch auch die Unterschiede in der Betrachtung deutlich, die sich meist darauf beziehen, wie stark die Ansätze an der einzelnen Person ausgerichtet sind: McClelland fasste in seinem Ansatz Kompetenz als ein Bestandteil der Persönlichkeit der von ihm untersuchten Personen auf, die nachhaltig Verhalten und Performanz beeinflussen und damit umgekehrt auch als Prädiktoren für zukünftiges Handeln gesehen werden können:

> *„Knowledge and skill competencies tend to be visible, and relatively surface characteristics of people. Self-concept, trait and motive competencies are more hidden, "deeper", and central to personality." (Spencer und Spencer zit. nach Kauffeld 2006, 21f.)*

Im Ansatz von Erpenbeck und Heyse steht im Gegenzug das Prinzip der Selbstorganisation im Vordergrund. Dabei werden Kompetenzen nicht im engeren Sinne als Teil der Persönlichkeit einer Person aufgefasst, sondern als die Fähigkeit dieser, selbstorganisiert zu handeln. Selbstorganisiert heißt an dieser Stelle, dass Personen in der Lage sind, selbst Ziele zu setzen, hierzu Pläne und Strategien zu entwickeln und entsprechend zu erproben und letztendlich aus möglichen Fehlern auch zu lernen. Im Vordergrund steht somit verstärkt der Prozess des Handelns, weniger die spezifischen Eigenschaften der Handelnden (vgl. Kauffeld 2006, S. 22).

4.4 Vom Kompetenzkonstrukt zum Kompetenzmodell

Schon die Autoren der hier bereits vorgestellten Theorien machten in ihren Ansätzen deutlich, dass es die umfassende alleinige „berufliche Handlungskompetenz" nicht gibt, sondern diese individuelle Handlungsfähigkeit sich situationsspezifisch aus einer Vielzahl von Kompetenzfacetten zusammensetzt. So weist bereits Boyatzis bei seiner Suche nach einem Kompetenzmodell für Führungskräfte darauf

4.4 Vom Kompetenzkonstrukt zum Kompetenzmodell 55

hin, dass Kompetenzen sich nicht nur immer erst in konkreten Aufgabenstellungen zeigen, sondern unterschiedliche Aufgabenstellungen immer unterschiedliche Teilkomponenten von Kompetenzen abrufen.

Sprach Boyatzis noch von „generellen" bzw. „Schwellenkompetenzen", ging die Kompetenzdifferenzierung in den Arbeiten von Erpenbeck und Heyde bereits deutlich weiter, insofern als die Autoren vier Kompetenzkategorien beschrieben: Fach-, Methoden-, Sozial- und personale Kompetenzen (vgl. Erpenbeck und Heyse 1996, S. 19). Diese Kompetenzkategorien haben sich – mit leichten Abwandlungen – weitestgehend in der deutschen Forschungsliteratur durchgesetzt[20] und bilden auch die Basis für das in dieser Arbeit zugrunde gelegte Kompetenzverständnis. Demnach lässt sich die „berufliche Handlungskompetenz" in Anlehnung an Erpenbeck und Heyde (1996) in vier Kompetenzbereiche unterteilen, wobei im Laufe des Diskurses der von den Autoren geprägte Ausdruck der „personalen Kompetenz" durch den heute verstärkt verwendeten Ausdruck der „Selbstkompetenz" ersetzt wurde. Während Fach- und Methodenkompetenz in der Literatur relativ eindeutig definiert werden, divergieren die definitorischen Ansätze dessen, was unter Sozial- und Selbstkompetenz verstanden wird, stark (vgl. Kauffeld 2006, S. 26). Auch ist Kompetenz so sehr an die jeweilige konkrete Situation und Arbeitsanforderung gebunden, dass z. B. Methodenkompetenz für eine in der Geschäftsleitung tätige Person etwas völlig anderes bedeutet, als für eine/n Mitarbeiter*in in der Produktion. Des Weiteren lassen sich diese Kompetenzbereiche nicht unabhängig voneinander definieren, vielmehr sind Interdependenzen und Überschneidungen die Regel (vgl. Kauffeld 2002, S. 1). Dabei bildet – und hier insbesondere aus Betriebssicht – die Fachkompetenz von Mitarbeitern*innen die zentrale Kompetenzfacette, da ohne sie die Basis zur Bewältigung von beruflichen Herausforderungen fehlt. Diese Fachkompetenz wird jedoch beeinflusst von den überfachlichen Kompetenzfacetten (Sozial-, Selbst- und Methodenkompetenzen), die entweder positiv oder negativ ausgeprägt sein können (z. B. eine Person bzw. ein Team verfügt oder verfügt nicht über Sozialkompetenz). Überwiegt an dieser

---

[20] In der Fachliteratur rund um Kompetenz und Kompetenzermittlung findet sich noch eine Reihe anderer Klassifikationen z. B. aus dem internationalen Raum. Eine Einteilung wurde im Jahr 2005 von der OECD im Rahmen der vorgenommenen Ergänzungen zu den bisher in den PISA-Studien erfassten Kompetenzen erarbeitet. So formuliert die OECD in diesem Zusammenhang drei „Kategorien von Schlüsselkompetenzen": (1) Interaktive Anwendung von Medien und Mitteln (z. B. Sprache, Technologie); (2) Interagieren in homogenen Gruppen sowie (3) Autonome Handlungsfähigkeit (vgl. OECD 2005, S. 7).

Stelle die positive Ausprägung, fördert dies die Handlungskompetenz der Person oder eines Teams, wogegen negative Ausprägungen diese wiederum einschränken (vgl. Kauffeld 2014, S. 1).

Kauffeld (2014) macht diesen Prozess am Beispiel einer Gruppenarbeit im Team sehr anschaulich (Abb.1): Beginnt eine Gruppe neu, an einer Aufgabe zu arbeiten, ist davon auszugehen, dass durch die (noch) vielen unbekannten Prozesse und Projektaspekte die Fachkompetenz innerhalb des Teams nicht so hoch ausgeprägt sein wird. Sind jedoch z. B. die Methodenkompetenzen im Team gut ausgeprägt, sind die Teammitglieder recht schnell in der Lage, sich gut in die neue Arbeit einzuarbeiten. In der Konsequenz steigt das Fachwissen der ganzen Gruppe und damit schlussendlich auch deren gemeinsame Handlungskompetenz.

Abbildung 1: Das act4teams-Kompetenzmodell[21]

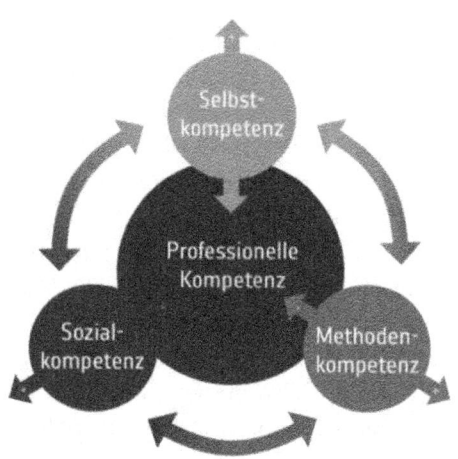

Im Folgenden sollen die einzelnen Kompetenzfacetten vorgestellt, das Kompetenzverständnis für die hier vorliegende Arbeit herausgearbeitet, sowie auf die Bedeutung von Kompetenzen aus Betriebssicht eingegangen werden.

---

[21] Quelle: Kauffeld 2014, S. 1 (eigene Farbgestaltung).

4.4 Vom Kompetenzkonstrukt zum Kompetenzmodell

4.4.1 Fachkompetenz

Unter Fachkompetenzen lassen sich zunächst aufgaben- bzw. tätigkeitsspezifische Kenntnisse, Fähigkeiten und Fertigkeiten subsumieren, die Individuen für die erfolgreiche Bewältigung von Arbeitsanforderungen benötigen (z. B. Kenntnisse über fachspezifische Verfahren, Methoden, Arbeitsmittel bzw. Materialien). Erpenbeck und Heyde fassen darunter u. a. deklaratives Wissen, sensomotorische Fähigkeiten sowie „[...] situationsspezifisch einsetzbare kognitive Fähigkeiten zur Problemstrukturierung und –lösung und zur Entscheidungsfindung" (Erpenbeck und Heyse 1996, S. 19).[22] Eine weitere Definition kommt in Anlehnung an die von der Kultusministerkonferenz verwandten Definition von Nikolaus et al. (2009) und definiert Fachkompetenzen als „[...] die Bereitschaft und Fähigkeit, auf der Grundlage fachlichen Wissens und Könnens Aufgaben und Probleme zielorientiert, sachgerecht, methodengeleitet und selbstständig zu lösen und das Ergebnis zu beurteilen" (Nickolaus et al. 2009, S. 60). In Anlehnung an diese Arbeiten bietet Kauffeld (2006) eine noch präzisere Definition. Sie subsumiert unter Fachkompetenz „[...] organisations-, prozess-, aufgaben- und arbeitsspezifische berufliche Fertigkeiten und Kenntnisse sowie die Fähigkeit, organisationales Wissen sinnorientiert einzuordnen und zu bewerten, Probleme zu identifizieren und Lösungen zu generieren" (Kauffeld 2006, S. 27).

4.4.2 Methodenkompetenz

Methodenkompetenz lässt sich zusammenfassen als „[...] die Kenntnis und Beherrschung von Techniken, Methoden und Vorgehensweisen zur Strukturierung von individuellen Tätigkeiten wie von Gruppenaktivitäten in den verschiedenen Fachgebieten [...]" (Erpenbeck und Heyse 1996, S. 43). Dazu gehört zum Beispiel im fachlichen Bereich die Fähigkeit zur Darstellung und Strukturierung von Informationen, im Managementbereich die Fähigkeit zur Planung, Steuerung und Koordinierung von Arbeitsaufträgen oder in Gruppenkontexten die Anwendung von Moderations- und Leitungstechniken. In neueren Arbeiten wird auch häufig die

---

[22] Anzumerken an dieser Stelle ist, dass Erpenbeck und Heyse in ihren theoretischen Ausführungen die Kategorien Fach- und Methodenkompetenz oftmals gekoppelt verwenden. Andere Ansätze unterscheiden an dieser Stelle deutlicher zwischen den beiden Kompetenzbereichen (vgl. Erpenbeck und Heyse 1996, S. 19).

Fähigkeit zum arbeitsorientierten Einsatz von digitalen und medialen Arbeitsmitteln (Smartphone etc.) unter Methodenkompetenz gefasst. Deutlich an dieser Stelle wird hier auch nochmal die oftmals schwierige Abgrenzung von Methodenkompetenz zu Fachkompetenzen: So ließe sich in einer engen Auslegung auch davon sprechen, dass der Umgang mit digitalen Arbeitsmitteln auch als „Fachwissen" verstanden werden kann. Vielmehr geht es in diesem Verständnis jedoch darum, dass digitale Arbeitsmittel im Rahmen von Projekt- bzw. Arbeitsabläufen als Hilfsmittel eingesetzt werden, um diese z. B. effizienter zu gestalten oder Abläufe zu optimieren. Der Definition von Kauffeld (2006) folgend, wird Methodenkompetenz daher als „[...] die Fähigkeit, Methoden, Verfahrensweisen oder Strategien zur Strukturierung von Tätigkeiten, Diskussionen, Prozessen und allgemein Sachverhalten flexibel einzusetzen[...]" verstanden (Kauffeld 2006, S. 27).

4.4.3 Sozialkompetenz

Im Gegenzug zu Fach- und Methodenkompetenzen ist das Konzept der Sozialkompetenz deutlich komplexer und weniger eindeutig zu bestimmen, zumal es über einen hohen Beliebtheits-, Verwendungs- und Auslegungsgrad verfügt. Einige Autoren*innen bezeichneten den Begriff daher als eine Art „leicht zu füllenden Worthülse", der, ohne wirkliche inhaltliche Schärfe, immer dann verwendet würde, wenn soziale Interaktion als Fähig- oder Fertigkeit eine Rolle spiele (vgl. Kauffeld 2006, S. 27). Eine erste annähernde Definition ergibt sich bei einem Blick in den Referenzierungsbericht des „Deutschen Qualifikationsrahmens für Lebenslanges Lernen (DQR)"[23]:

„Sozialkompetenz bezeichnet die Fähigkeit und Bereitschaft, zielorientiert mit anderen zusammenzuarbeiten, ihre Interessen und sozialen Situationen zu erfassen, sich mit ihnen rational und verantwortungsbewusst auseinanderzusetzen und zu verständigen sowie die Arbeits- und Lebenswelt mitzugestalten." (Bundesministerium für Bildung und Forschung (BMBF) 2013, S. 73)

---

[23] Der Deutsche Qualifikationsrahmen (DQR) fungiert als Übersetzungsinstrument des Europäischen Qualifikationsrahmens (EQR) und soll die hier in Deutschland von Beschäftigten erworbenen Qualifikationen für den europäischen Raum vergleich- und einordbar machen (vgl. Bundesministerium für Bildung und Forschung (BMBF) 2013, S. 73).

Während diese Darstellung – in der Tradition von Erpenbeck und Heyde – primär auf die Teilnahme und Mitwirkung an Gruppenprozessen und damit auf die Fähigkeit, in sozialen Kontexten situationsspezifisch adäquat zu agieren, abstellt, schlagen andere Autor*innen weitere Komponenten von Sozialkompetenz vor. Grob und Maag Merki (2001) treffen in ihren Überlegungen zur sozialen Kompetenz die Unterscheidung zwischen Komponenten, die zum einen (1) sozial kompetentes Verhalten erklären (z. B. Kommunikationsfähigkeit, Kooperations- und Koordinationsfähigkeit sowie Konflikt- und Teamfähigkeit) und zum anderen (2) Aspekte interpersonaler Flexibilität, Empathie, Sensibilität sowie Durchsetzungsfähigkeit etc. beinhalten (vgl. Grob und Merki 2001, S. 369). Sozialkompetenz generiert sich nach diesem Verständnis somit aus unterschiedlichen Wissensbestandteilen, weshalb es üblich und legitim ist, auch im Plural von „sozialen Kompetenzen" zu sprechen (vgl. Kauffeld 2006, S. 27). „Die soziale Kompetenz wird damit zu einem Sammelbegriff, der verschiedene Aspekte bündelt" (Boer 2014, S. 24). In Anlehnung an Kauffeld (2006) können Sozialkompetenzen auch schlicht als „[…] die Fähigkeit, mit anderen in sozialen Situationen erfolgreich zu interagieren […]" definiert werden (Kauffeld 2006, S. 29).

4.4.4 Selbstkompetenz

Während die Sozialkompetenz hauptsächlich auf ein Funktionieren von Personen in Gruppenkontexten ausgerichtet ist, bezieht sich der letzte der vier Bereiche beruflicher Handlungskompetenz – Selbstkompetenz – auf das „Ich" bzw. darauf, wie Individuen mit sich bei der Arbeit umgehen. Hier geht es darum, ob Individuen z. B. selbstreflektiert agieren, eine gewisse Bereitschaft zur Selbstentwicklung zeigen oder leistungsbereit bzw. belastbar sind (vgl. Kauffeld 2011, S. 116). Dabei wird deutlich, wie fließend die Grenzen zwischen Sozial- und Selbstkompetenz sind: Kompetenzen zur sozialen Interaktion müssen immer auch personell verankert sein (und ließen sich bei strenger Auslegung daher auch den personalen bzw. Selbstkompetenzen zuordnen) und im Gegenzug realisieren sich personale Kompetenzen meist in Sozial- bzw. Gruppenkontexten. Nach Erpenbeck und Heyde umfasst personelle Kompetenz – hier synonym zu Selbstkompetenz zu verwenden – auch „[…] solche persönlichkeitsbezogenen Dispositionen wie Einstellungen, Werthaltung und Motive, die das Arbeitshandeln von einer übergeordneten Ebene beeinflussen" (Erpenbeck und Heyse 1996, S. 20). Die dahinterliegende Annahme ist, dass Individuen stets vor dem Hintergrund eines bestehenden Sets von Motiven und Werteinstellungen agieren, auf dessen Basis sie z. B. ihre Handlungen reflektieren oder z. B. ihre Offenheit gegenüber Veränderungen entwickeln. Reetz (1992) bezieht in seiner Definition von Sozialkompetenz noch eine weitere wichtige Komponente ein: die Bereitschaft bzw. die Initiative des Individuums zum Lernen und zur Entwicklung der eigenen Fähigkeiten (vgl. Erpenbeck und Heyse 1996, S. 158), ein Aspekt der in der heutigen Kompetenzentwicklungsdiskussion immer stärker in den Vordergrund tritt.

„[...] einerseits die Selbstwahrnehmung, das bewusste Reflektieren der eigenen Fähigkeiten, die Bewertung der eigenen Handlungen sowie andererseits die Offenheit für Veränderungen, das Interesse aktiv, eigeninitiativ mitzuwirken und zu gestalten. Es verfügt derjenige über Selbstkompetenz, der bereit ist, seinen Arbeitsplatz und seine Arbeitsumgebung konstruktiv mitzugestalten, dispositiv zu organisieren und Verantwortung zu übernehmen." (Kauffeld 2006, S. 29)

4.5 Kompetenzen älterer Arbeitnehmer*innen

Neben den unterschiedlichen Facetten von Kompetenzen gibt es auch eine lange Tradition, – mehr oder weniger explizit – einzelne Kompetenzen bestimmten Personengruppen zuzuschreiben. Obwohl Kompetenzen nicht zwingend bildungsstatusgebunden sind, wird beispielsweise häufig ein kausaler Zusammenhang zwischen dem Kompetenzniveau und der formalen Bildungsqualifikation einer Person angenommen. So wird einer Person mit einem hohen formalen Bildungsabschluss in der Regel eine hohe fachliche Kompetenz „nachgesagt" (vgl. OECD 2014, S. 16). Während dies – ganz in der Tradition von Boyatzis – im Kontext der Debatte um Berufsprofile, formale Qualifikationen und Leistungs- bzw. Arbeitsanforderungen relativ einfach nachzuvollziehen ist, gibt es auch Beispiele wo einzelne Kompetenzen „ex ante" auch deutlich diffuseren Gruppen zugeschrieben. Diese Zuordnung kann, wie am Beispiel der Gruppe der älteren Arbeitneh-

4.5 Kompetenzen älterer Arbeitnehmer*innen

mern*innen zu sehen, von bestimmten Altersbildern und damit verbundenen Vorurteilen geprägt und daher nicht immer zutreffend sein[24] (vgl. Ng und Feldman 2012, 821ff.). Zudem fällt auf, dass sich die Debatte dabei häufig um die Schlagworte „Leistungsfähigkeit" bzw. „Produktivität" dreht und der Kompetenzbegriff häufig lediglich im Rahmen der vermeintlich „höheren Sozialkompetenzen" älterer Beschäftigter Eingang in die Debatte findet (vgl. Naegele et al. 2018b, 73 ff. sowie Ng und Feldman 2012, 821ff.).

Bis in die 1970er Jahre hinein herrschte in Gesellschaft und Wissenschaft ein auf die „Defizite des Alterns" fokussiertes Altersbild vor, welches sich jedoch auf die angenommene sinkende Leistungsfähigkeit von älteren Beschäftigten nie eindeutig empirisch belegen ließ und seitens der Forschung früh auf Kritik stieß (vgl. Wild-Wall et al. 2009, S. 299; Lehr und Kruse 2006, S. 243 sowie Frerichs 1998, S. 39). Nichtsdestotrotz hielt und hält sich z. T. noch bis heute „[i]n den Köpfen vieler betrieblicher Praktiker hartnäckig das Vorurteil, ältere Arbeitnehmer seien generell weniger innovativ, leistungsfähig, kreativ und belastbar als jüngere Beschäftigte" (Pack et al. 2000, S. 14). Zwar konnte in verschiedenen Studien die Abnahme physischer Fähigkeiten, beispielsweise der Beweglichkeit, Muskelkraft, Reaktions- und Koordinationsvermögens oder Schnelligkeit bei der Informationsaufnahme bei Älteren festgestellt werden (vgl. Schorn und Buchholz 2016, S. 105), jedoch lässt sich „[…] ein allgemeines Defizit Älterer in realen Arbeitsabläufen selten […] beobachten" (Wild-Wall et al. 2009, S. 299). Neben den physischen Folgen des Alterns schließt das „Defizitmodell des Alterns" auch die kognitive Leistungsfähigkeit mit ein, welche im Kontrast zu den altersbedingten körperlichen Veränderungen deutlich differenzierter gesehen werden müssen. So existieren aus Sicht der gerontologischen Forschung im Kontext der kognitiven Fähigkeiten einer Person vor allem die von Catell und Horn entwickelten Faktoren der *fluiden bzw. kristallinen Intelligenz*, welche jedoch nur zum Teil einer altersbedingten Veränderung unterliegen und die Leistungsfähigkeit eines älteren Beschäftigten beeinflussen (vgl. Prezewowsky 2007, S. 70 sowie Baltes und Lindenberg, Ulman, Staudinger, Ursula M. 1998, o. S.). Börsch-Supan et al. (2006) führen an, dass in verschiedenen Studien die Abnahme der sog. *fluiden Intelligenz* im

---

[24] Da im Rahmen dieser Arbeit nur verkürzt auf diesen Kontext eingegangen werden kann, soll an dieser Stelle jedoch darauf hingewiesen werden, dass sich unter dem Schlagwort von „Ageism" eine breite Forschungslandschaft etabliert hat, die sich mit der Diskriminierung älterer Erwerbstätiger auseinandersetzt. Für einen Überblick über die Diskriminierung Älterer auf Betriebsebene siehe auch: Naegele et al. 2018b, 73ff.

Alter nachgewiesen werden konnte, während der Bereich der *kristallinen Intelligenz* bis ins höhere Alter stabil bleibt (vgl. Börsch-Supan et al. 2006, S. 4). *Fluide Intelligenz* beschreibt dabei die Fähigkeit einer Person, schnell und flexibel mit Sinneseindrücken und Gedächtnisinhalten umzugehen (vgl. Wild-Wall et al. 2009, S. 299) bzw. die Fähigkeit und Geschwindigkeit der Informationsverarbeitung und des Problemlösens (vgl. Prezewowsky 2007, S. 233). Im Rahmen von Laborstudien konnte hier mit zunehmendem Alter eine nachlassende Leistung festgestellt werden, obwohl diese Ergebnisse immer stark an die konkreten Kontextbedingungen gebunden sind: So macht sich der altersbedingte Abfall der fluiden Intelligenz zwar durch die „[…] nachlassende Geschwindigkeit bei der Informationsaufnahme und –verarbeitung bei komplexen Aufgaben, zunehmende Aufmerksamkeitsstörungen sowie eine Verringerung der Kapazität des Arbeitsgedächtnis„ (Prezewowsky 2007, S. 70) bemerkbar, jedoch können Ältere unter bestimmten Bedingungen auch hier bessere Ergebnisse als jüngere Testpersonen erreichen. So begehen Ältere beispielsweise seltener Fehler durch eine voreilige Reaktion auf einen Ablenkreiz, haben aber gleichzeitig deutliche Probleme bei schnellen Aufgabenwechseln (vgl. Prezewowsky 2007, S. 300). *Kristalline Intelligenz* auf der anderen Seite betrifft in erster Linie die Repräsentation von Fakten-, Erfahrungs- bzw. Allgemeinwissen sowie den Wortschatz und das Sprachverständnis, über welches ein Mitarbeiter verfügt (vgl. Wild-Wall et al. 2009, S. 299 sowie Börsch-Supan et al. 2006, S. 4). All diese Faktoren verändern sich mit dem Alter tendenziell eher in eine positive Richtung. So wird im Sinne einer positiven Stereotypisierung häufig davon ausgegangen, dass ältere Beschäftigte ihren jüngeren Kollegen*innen im sprachlichen Bereich überlegen sind bzw. über einen größeren Wissensschatz bzw. über ausgeprägtes Erfahrungswissen verfügen (vgl. Prezewowsky 2007, S. 233). „In ihr spiegelt sich einfach gesagt insbesondere das Wissen wider, was ein Mitarbeiter über seinen Berufs- bzw. Lebensverlauf gesammelt hat" (vgl. Prezewowsky 2007, S. 70). Baltes et al. (1998) nähern sich diesem Themenfeld über den von ihnen verwandten Begriff der „pragmatischen Weisheit bzw. der kognitiven Pragmatik" und konnten beispielsweise zeigen, dass bei Älteren bei weisheits- bzw. erfahrungsbezogenen Leistungen kein wesentlicher Altersabbau festzustellen ist (vgl. Baltes et. al 1998, 156ff.). Eine andere Differenzierung der Leistungsfähigkeit von Älteren kommt von Holz (2007), welche in ihrem Konzept eine Anschlussfähigkeit zum herrschenden Kompetenzdiskurs anstrebt: Holz unterscheidet an dieser Stelle zwischen (1) *geistiger*, d. h. kognitiver;

4.5 Kompetenzen älterer Arbeitnehmer*innen

(2) *psychischer* bzw. (3) *physischer* (körperliche) Leistungsfähigkeit von älteren Beschäftigten. Übertragen auf den Kompetenzdiskurs definiert sie weiter, dass unter der (1) *geistigen, d. h. der kognitiven Leistungsfähigkeit* Älterer insbesondere jene Kompetenzen fallen, die „[...] Wissen, Einsicht und Denken erfordern, um verschiedene Aufgaben lösen und Situationen [bewältigen zu können A. d. A.]" (Holz 2007, 41f.). Unter die (2) *psychischen Leistungsfähigkeiten* älterer Beschäftigter fallen nach Holz primär emotionale bzw. soziale Kompetenzen, aber auch andere Merkmale der Persönlichkeit. Die dritte Kategorie – *physische Leistungsfähigkeit* – schließt alle körperliche Merkmale beispielsweise Motorik und Wahrnehmung eines/r Mitarbeiter*in ein und fokussiert weniger auf die Kompetenzdebatte (vgl. Holz 2007, 41f.).

Ähnlich der Debatte um die „Leistungsfähigkeit" älterer Beschäftigter kann und sollte daher davon ausgegangen werden, dass sich die *Kompetenzen* von Mitarbeitern*innen über den Erwerbsverlauf verändern, daraus entstehende Vor- bzw. Nachteile gegenüber anderen (jüngeren) Alterskohorten jedoch stark abhängig von der einzelnen Arbeitsanaforderung bzw. dem Einsatzgebiet eines/r Mitarbeiter*in sind (vgl. Holz 2007, S. 48; sowie Frerichs 1998, S. 39).

„Vielmehr treten im Zuge des Älterwerdens Veränderungen in der Struktur des Leistungsvermögens auf, die so interpretiert werden können, dass ältere Arbeitnehmer nicht weniger, sondern allenfalls anders leistungsfällig sind als ihre jüngeren Kollegen." (Naegele 2004, S. 22f.)

Letzteres Argument wird auch von Oswick & Rosenthal (2001) im Kontext des sog. „Age-typed-Jobs"-Zugangs aufgegriffen und betont in der Frage, wie die Kompetenzen von älteren Arbeitnehmer*innen bewertet werden, auch noch einmal die Rolle der Arbeitgeber*innen: So gehen Oswick und Rosenthal davon aus, dass die Fähigkeiten und Kompetenzen eines/r Arbeitnehmer*in immer in Relation zu den Arbeitsanforderungen in einem konkreten Sektor bewertet werden. Diese Arbeitsanforderungen unterscheiden sich jedoch sektorenspezifisch und so kann es dazu kommen, dass Kompetenzen die (stereotyp) eher mit älteren Beschäftigten attribuiert werden, in einzelnen Teilarbeitsmärkten „besser" bzw. „höher" bewertet werden als in anderen (vgl. Oswick und Rosenthal 2001, 156ff.). Hess (2013) findet beispielsweise für Deutschland, dass positive Stereotype wie *"ältere Arbeitnehmer*innen sind verlässlicher als Jüngere"* häufiger im Einzelhandel und in der Gesundheitsindustrie zu finden sind, währen negative Stereotype in Bezug auf ältere Beschäftigte wie „*Ältere Arbeitnehmer*innen sind weniger anpassungsfähig*" bzw. „*Ältere Arbeitnehmer*innen sind weniger produktiv*" verstärkt im Bildungssektor, im öffentlichen Dienst sowie in der Industrie zu finden sind (vgl. Hess 2013 o. S.).

Es lässt sich also festhalten, dass die Frage nach den Kompetenzen von älteren Beschäftigten immer auch eng verknüpft ist mit der Ausgestaltung des konkreten Arbeitsumfeldes bzw. der Frage der Wahrnehmung von älteren Beschäftigten bzw. deren Stellenwert innerhalb der Betriebe. Das lange gültige Defizitmodell des Alterns, so verschiedene Autoren*innen, ist mit Blick auf die aktuellen Arbeitswelten als „überholt" zu bezeichnen und wird zunehmend in der Diskussion durch eine Orientierung auf die Kompetenzen, die ältere Beschäftigte auf sich vereinen, ersetzt.

> „*Das Defizitmodell vom Alter*" *[...], ist heute nur noch von historischem Interesse, da es bereits seit den 60er Jahren als widerlegt gilt. Es basiert auf vorwiegend experimentellen Untersuchungen zur Leistungsfähigkeit im Alter und geht in der Weise von einem Kausalzusammenhang aus, dass mit dem kalendarischen Alter eine Leistungsminderung erfolgt, quasi gesetzmäßig ein umfassender Abbau der physischen und psychischen Kräfte stattfindet. [...] Die Möglichkeit, durch gezielte sozial-, betriebs- oder arbeitsmarktpolitische Maßnahmen zum Erhalt oder sogar zur Steigerung der Leistungsfähigkeit beizutragen, gerät in diesem Modell gar nicht erst in das Blickfeld, weil Alternsvorgänge als ohnehin naturgesetzlich [Hervorhebung im Original] ablaufend und infolgedessen auch nicht aufzuhaltend interpretiert werden.*" (Naegele 2004, S. 353)

Geht man nun davon aus, dass sich Arbeitswelten in einem stetigen Wandel befinden, die geänderte oder gänzlich neue Kompetenzen von (älteren) Mitarbeitern verlangen, rückt die Frage nach dem betrieblichen Kompetenzmanagement in den Fokus. Betriebliches Kompetenzmanagement sollte dabei – im Idealfall – alle Beschäftigungs- und Qualifikationsgruppen einschließen. Angefangen bei den Auszubildenden, die im Rahmen der beruflichen Erstausbildung zu kompetenten Mitarbeitern*innen werden sollen, bis hin zu den älteren Beschäftigten, die es vor dem Hintergrund der permanenten Nachfrage nach denen in der Zahl immer knapper werdenden qualifizierten und kompetenten Fachkräften bis ins höhere Alter im Betrieb zu halten gilt (vgl. Becker und Hecken 2005, S. 357). Im Kontext permanent neuer Kompetenzanforderungen, bedingt durch immer kürzer werdende Innovationszyklen und der damit verbundenen sinkenden „Halbwertszeit" von Wissen, kommt an dieser Stelle insbesondere dem betrieblichen Kompetenzmanagement eine große Bedeutung zu. An dieser Stelle ist jedoch auf die Notwendigkeit der alterssensiblen bzw. alter(n)sgerechten Gestaltung von Kompetenzentwicklungsmaßnahmen hinzuweisen. Das folgende Kapitel soll diesbezüglich einen kurzen, jedoch nicht abschließenden, Überblick über den aktuellen Diskurs geben.

4.6 Gestaltung alter(n)sgerechten Kompetenzentwicklungsmaßnahmen

Gemäß der bereits skizzierten Notwendigkeit, Weiterbildungs- bzw. Kompetenzentwicklungsprozesse „ein Berufs- bzw. Erwerbsleben lang" zu ermöglichen, befasst sich die Forschung bereits seit längeren mit der Frage nach alterssensibler und alter(n)sgerechter Kompetenzentwicklung. Insbesondere im Kontext der Frage, wie das Beschäftigungsrisiko älterer Mitarbeiter*innen zu verringern sei, haben Forscher*innen in der Vergangenheit mehrfach die Bedeutung des betrieblichen Kompetenz- und Qualifikationsentwicklungsmanagements als eine der zentralen Bedingungen für das erfolgreiche „Durchaltern" im Erwerbsleben hervorgehoben (vgl. Barkholdt et al. 1995, 429. sowie Frerichs 2009, S. 66). Zentral in diesen Kontext ist dabei nicht nur die Debatte um die Entwicklung der Lerngewohnheiten bzw. der Lernstile im Alter, sondern auch die Frage nach der Ausgestaltung alterssensibler und alternsgerechter Lernumwelten. So weisen eine Reihe berufspädagogischer Studien darauf hin, dass Lerngewohnheiten bzw. –stile sich über den Lebensverlauf verändern und dass – sollen Kompetenzentwicklungsbemühungen an dieser Stelle erfolgreich sein – Betriebe auf diese veränderten Bedürfnisse reagieren müssen. Wenke (1995, 2006) weist ist diesem Kontext beispielsweise darauf hin, dass sich für ältere Lernende im Gegensatz zu jüngeren Personen besser fall- oder aufgabenbezogene Lernformate eignen, die sich an konkreten praktischen Beispielen orientieren. Jüngere Kohorten sind im Vergleich dazu beispielsweise auch stärker zugänglich für theoretische Lernzugänge, d. h. ein konkreter „Nutzungsbezug" oder das Ansprechen des „eigenen Vorwissens" ist weniger wichtig (vgl. Bögel und Frerichs 2011, S. 69 sowie Schmidt und Bernhard 2006, S. 3). Schmidt und Tippelt (2009) sowie Tippelt et al. (2014) greifen in diesem Kontext auch die Frage zwischen der Förderlichkeit von altershomogenen versus altersgemischten bzw. intergenerativen Lerngruppen auf. Sie betonen, dass die Förderlichkeit einzelner Formate nicht unabhängig der Thematik und der inhaltlichen Ausrichtung zu entscheiden ist und hinsichtlich möglicher Bildungsbarrieren bzw. -interessen auch innerhalb einer (älteren) Altersgruppe eine große Heterogenität auftreten kann. (vgl. Schmidt und Tippelt 2009, 76ff., Tippelt et al. 2014, 11ff.). Erfolgreiche altersgruppenübergreifende Konzepte müssen die individuellen Lernvoraussetzungen der jeweiligen Teilnehmer*innen berücksichtigen und auch den zentralen Aspekt der Motivationsförderung Älterer nicht außer Acht lassen. So bildet die Herausbildung der Teilnahme- und Lernmotivation eine zentrale Voraussetzung für erfolgreiches altersgerechtes Kompetenzmanagement. Diese sei aus berufspädagogischer Sicht beispielsweise dadurch zu fördern, dass etwaige Kompetenzentwicklungsformate an bestehendes Vorwissen anknüpfen, eine partizipative Einbindung der Teilnehmer*innen in die Lernziele der Maßnahme anstreben, sowie diese auf die Bedürfnisse und Interessenslagen der älteren Beschäftigten abstimmen (vgl. Bögel und Frerichs 2011, S. 72). Roßnagel (2010) ergänzt an dieser Stelle die Notwendigkeit, betriebsseitig ein „gutes Lernklima" zu erzeugen, welches darauf ausgerichtet ist, dass Weiterbildung bzw. Kompetenzentwicklung als ein notwendiger (und damit unterstützenswerter) Bestandteil des Betriebserfolgs angesehen wird (vgl. Roßnagel 2010, S. 192). Frerichs (2007, 2010, 2014) weist in diesem Kontext auch auf die zentrale Bedeutung eines erwerbsverlaufsbezogenen Qualifikationskonzepts hin. So geht es bei altersgerechter Kompetenzentwicklung nicht darum, erst im „Alter dagegen zu steuern", sondern vielmehr darum, ein lebensbegleitendes Lernen zu etablieren. Dies gilt, nicht ausschließlich aber insbesondere, für die Personengruppe der gering qualifiziert älteren Beschäftigten (vgl. Frerichs 2007, 67ff., Frerichs 2010, 36f. sowie Frerichs 2014, S. 10).

„Die Strategie eines Lernens im Prozess der Arbeit kann daher als eine altersunabhängige und gleichzeitig aber auch als eine alters- und altersgerechte Strategie beruflichen Lernens angesehen werden, da zum einen das betriebliche arbeitsbezogene Lernarrangement dem erfahrungsbasierten und individualisierten Lernstil Älterer entgegenkommt (altersbezogen) und zum anderen eine Verstetigung von Lernprozessen über den gesamten Erwerbsverlauf hinweg befördert (alternsbezogen)." (Frerichs 2010, S. 36)

Subsumierend lässt sich also festhalten, dass in Bezug auf ältere Mitarbeiter*innen neben den klassischen Weiterbildungen insbesondere arbeitsintegrierte, d. h. in den Arbeitsprozess eingebundene Kompetenzentwicklungsmaßnahmen eine zentrale Rolle spielen. Sie weisen in der Regel einen klareren Nutzungsbezug auf und sprechen im Lernprozess gezielt das Erfahrungswissen Älterer an. Darüber hinaus geht es darum, inhalts- und personengruppenbezogen sensibel zu agieren, Mitarbeiter*innen durch partizipative Verfahren zur Kooperation zu motivieren und das erwerbsverlaufsbegleitende Lern- und Kompetenzentwicklungsarrangement anzustoßen. Es ist jedoch darauf hinzuweisen, dass eine Reihe von Autor*innen an dieser Stelle auch betonen, dass eine ausschließlich arbeitsintegrierte bzw. im Prozess der Arbeit zu verortende Kompetenzentwicklung auch kontraproduktiv für Ältere sein kann. So werden entsprechende Maßnahmen meist im Kontext der Entwicklung explizit betriebsspezifischer Kompetenzen eingesetzt, was im Umkehrschluss „[...] die Gefahr einer betriebsspezifischen Verengung von Qualifikationsprofilen birgt" (Bögel und Frerichs 2011, S. 66). Ziel muss es daher sein, eine geeignete Mischung an Kompetenzentwicklungsformaten auf betrieblicher Ebene zu etablieren, die in ihrer Summe ein erfolgreiches und altersgerechtes Kompetenzmanagement ausmachen.

4.7 Allgemeines Verständnis von BKM für die vorliegende Arbeit

Im Folgenden soll das geltende Kompetenz- bzw. Kompetenzmanagementverständnis für diese Arbeit herausgearbeitet werden. Dieses übernimmt zentrale Bestandteile aus den Überblicksarbeiten von Kauffeld (2006 sowie 2002) (vgl. Kauffeld 2006 sowie Kauffeld 2002), welche die Autorin aus einer Reihe von kompetenztheoretischen Ansätzen subsumiert, ohne den einzelnen Ansätzen dabei jedoch vollständig zu folgen. Darüber hinaus werden Erkenntnisse der gerontologischen Forschung um die Gestaltung von alterssensiblen und –förderlichen Kompetenzentwicklungsumwelten herangezogen. Als „Kompetenz" definieren wir im Rahmen dieser Arbeit im Folgenden:

„[...] alle Fähigkeiten, Fertigkeiten, Denkmethoden und Wissensbestände des Menschen, die ihn bei der Bewältigung konkreter sowohl vertrauter als auch neuartiger Arbeitsaufgaben selbstorganisiert, aufgabengemäß, zielgerichtet, situationsbedingt und verantwortungsbewusst – oft in Kooperation mit anderen – handlungs- und reaktionsfähig machen und sich in der erfolgreichen Bewältigung konkreter Arbeitsanforderungen zeigen." (Kauffeld 2002, S. 1)

Dabei werden Kompetenzen als Handlungsvoraussetzung begriffen, die im konkreten Handlungsprozess zum Ausdruck kommen, d. h. sich im Alltag und in konkreten beruflichen Anforderungssituationen zeigen. Neben der Summe von „Können", „Wissen" und „Fähig- bzw. Fertigkeiten" umfasst das hier verwandte Kompetenzverständnis dabei auch die Fähigkeit des Individuums, diese anzuwenden (Anwendungsbezogenheit). In einem weiteren Schritt wird hier die Differenzierung des Kompetenzbegriffes in vier zentrale Kompetenzfacetten – Fach-, Methoden-, Sozial- und Selbstkompetenz – übernommen, die im Zusammenspiel die „berufliche Handlungskompetenz" von Individuen bilden (vgl. Erpenbeck und Heyse 1996, S. 19).

Vor dem Hintergrund des rasanten Strukturwandels auf dem Arbeitsmarkt werden Kompetenzen von Mitarbeitern*innen als ein zentrales Kapital von Betrieben aufgefasst. Zum einen geht es an dieser Stelle darum, in einer verstärkt wissensorientierten Wirtschaft wettbewerbsfähig zu bleiben, zum anderen darum, die eigenen Mitarbeiter*innen vor Dequalifizierung zu schützen und ihnen ein „Durchaltern" im Betrieb zu ermöglichen. Kompetenzen werden daher als veränder- und entwickelbar verstanden, d. h. sie sind mit Lern- und Erfahrungsprozessen verbunden (vgl. Kauffeld 2006, S. 24). Im Sinne eines erwerbsverlaufsbezogenen Kompetenzentwicklungskonzeptes müssen auch Ältere verstärkt in den Fokus des betrieblichen Kompetenzmanagements rücken. Dieses muss neben dem Erhalt, die Pflege sowie die Entwicklung von Mitarbeiter*innenkompetenzen organisieren. Mitarbeiter*innen sind im Rahmen der Selbstverantwortlichkeit auch Akteur*innen in diesem Entwicklungsprozess und sollten diesen auch aktiv mitgestalten. Dies kann sowohl in formellen als in informellen Lernkontexten erfolgen. Für die *Personengruppe der älteren Beschäftigten* ist an dieser Stelle insbesondere die Bedeutung von arbeitsintegrierten Maßnahmen des betrieblichen Kompetenzmanagements hervorzuheben (vgl. Frerichs, 2010, S. 36 sowie Bögel und Frerichs 2011, S. 66ff). Jedoch ist es von zentraler Bedeutung, diese lediglich als einen Teil des betrieblichen Kompetenzmanagements zu konzeptualisieren.

Im folgenden Kapitel sollen die bisher diskutierten Erkenntnisse auf die Arbeits- und Handlungswelten im Handwerk übertragen werden. Ziel ist es ein für die hier vorliegende Arbeit einheitliches Verständnisses von betrieblichem Kompetenzmanagement im Handwerk zu schaffen.

4.8 Kompetenzen im Handwerk entwickeln oder wie lernt das Handwerk?

Kompetenzen sind, wie bereits im vorhergegangen Kapitel gezeigt, als veränder- bzw. entwickelbar zu begreifen. Sie stellen die Basis für die berufliche Handlungsfähigkeit von Mitarbeitern*innen dar und sichern damit schlussendlich die Beschäftigungsfähigkeit dieser, auch bis ins höhere Alter. Zudem wandeln sich die Anforderungen, die an Mitarbeiter*innen gestellt werden: Mitarbeiter*innen müssen vielmehr nicht nur für einen bestimmten Kreis an Spezialaufgaben qualifiziert werden, sondern in der Lage sein, „[...] den Wandel von Anforderungen infolge neuer und geänderter Aufgaben erfolgreich zu bewältigen" (Stegmaier 2000, 16f). Es zeigt sich also, dass (Handwerks-)Betriebe – um in Zukunft ihre Wettbewerbsfähigkeit nicht einzubüßen – ihre (älteren) Mitarbeiter*innen kontinuierlich an heutige und im Idealfall auch an zukünftige Kompetenzanforderungen heranführen müssen. An dieser Stelle stellt sich nun jedoch die Frage, wie dies genau geschieht und wie Betriebe dies leisten können. Eine zu erwartende Antwort an dieser Stelle wäre sicherlich zunächst: durch *betriebliches Kompetenzmanagement*. Betriebliches Kompetenzmanagement kann dabei auf unterschiedliche Art und Weise vonstattengehen und verschiedene Kompetenzentwicklungsformate einbeziehen. Obwohl das Vermitteln von formalem Faktenwissen von vielen Wissenschaftler*innen als „[...] chronisch verspätet [...]" (Kauffeld 2006, S. 12) angesehen und zunehmend auch die Notwendigkeit des arbeitsintegrierten non-formalen Lernens betont wird (vgl. Kauffeld 2006, 11f.), ist es notwendig, sich auch die praktische Umsetzung im Handwerkssektor anzuschauen. D. h. wie wird heute im Handwerk gelernt und welche Rolle spielen dabei formale und non-formale bzw. betriebliche und non-betriebliche Lern- und Kompetenzentwicklungsmaßnahmen?[25]

Will man die Frage beantworten, wie im Handwerk gelernt wird, bzw. will man das Kompetenzmanagement von Handwerksbetrieben nachvollziehen, kommt man nicht umher, sich zu verdeutlichen, wo die historischen Wurzeln der Aus- und Weiterbildung im Handwerk – wie wir sie heute kennen – liegen (Kapitel 4.8.1). Dabei ist zu zeigen, dass – eng mit der Historie dessen, was wir heute im

---

[25] Aufgrund der eher schwierigen Datengrundlage zum Handwerk – wie in Kapitel 3 in dieser Arbeit bereits andiskutiert – widmet sich das folgende Kapitel 5 der Frage nach der konkreten Ausgestaltung des betrieblichen Kompetenzmanagements noch einmal im Detail.

Allgemeinen als „duales Ausbildungssystem" bezeichnen – in der Praxis verschiedene Lern- bzw. Kompetenzentwicklungsformate von nachhaltiger Bedeutung sind. Dies schließt neben formalisierten Maßnahmen insbesondere informelle und/oder arbeitsintegrierte Kompetenzentwicklungsformate ein. Um dieser historisch gewachsenen Maßnahmendiversität des betrieblichen Kompetenzmanagements im Handwerk gerecht zu werden, folgt zunächst ein (kurzer) historischer Überblick über die Anfänge der standardisierten beruflichen Ausbildung im Handwerk (Kapitel 4.8.2), um dann den Einzug, den der Kompetenzdiskurs auch in das Handwerk gehalten hat, nachzuzeichnen (Kapitel 4.8.3). Kapitel 4.9 diskutiert die berufliche Weiterbildung im Handwerk, während Kapitel 4.10 - 4.11 abschließend die verschiedenen Dimensionen bzw. Formate des betrieblichen Kompetenzmanagements im Rahmen eines Erfassungsmodells herausarbeiten und deren Anwendung im Kontext der angestrebten Kurzstudie (Kapitel 5) erläutern.

4.8.1 Die Anfänge: Learning by „stealing with the eye" – Das" Imitatio-Modell"

Im Allgemeinen genießt die duale Ausbildung im Handwerk – wie wir sie heute in Deutschland kennen – im internationalen Vergleich einen guten Ruf, insofern als sie durch die Parallelität von schulischer Ausbildung in den Berufsschulen und dem Lernen bei der Arbeit, d. h. im Betrieb, erfolgreich Aspekte des klassischen schulischen Lernens und des arbeitsintegrierten praktischen Lernens verzahnt (vgl. Ebner 2013, S. 21). Schaut man auf die Entwicklungsgeschichte der handwerklichen Lehre, zeigt sich, dass die heute übliche Zweiteilung – theoretischer Unterricht und praktisches Lernen – aus einer Notwendigkeit heraus entstanden ist, auf der einen Seite neuen Anforderungen in immer komplexer werdenden Arbeitswelten gerecht zu werden, sowie andererseits einer zu den damaligen Zeiten oftmals lückenhaften Ausbildung im Handwerk entgegenzuwirken. So war bis zum Beginn des 19. Jahrhunderts die handwerkliche Ausbildung primär in Zünften organisiert und funktionierte nach dem „Imitatio-Modell" bzw. der „Beistelllehre": Ein Lehrling siedelte zur Ausbildung in die Wohn- und Arbeitsstätte eines/r Meister*in und dessen/deren Familie über und lernte durch das Vorbild und

4.8 Kompetenzen im Handwerk entwickeln oder wie lernt das Handwerk?

die Anleitung von Gesellen*innen und Meister*innen[26] (vgl. Hahne 2000, S. 32). „Der Lehrling lernte durch `Stehlen mit dem Auge` und seiner zunehmenden Mitwirkung an der Erledigung betrieblicher Aufträge" (Hahne 2003, S. 29). Ziel war es, den Lehrling am Ende seiner Ausbildung in die Lage versetzt zu haben, den von ihm gewählten Berufsstand entlang der von den Zünften gesetzten Richtlinien verlässlich ausüben zu können. Dieses Prinzip der handwerklichen Ausbildung durch „Learning by doing" wird von einigen Autoren*innen dabei als der Ursprung der Debatte um „informelles Lernen" bezeichnet, die sich erst in den 1960er Jahren entfalten sollte (vgl. Wittwer 2013, S. 509).

Mit dem ausgehenden 19. Jahrhundert geriet dieses Konzept jedoch zunehmend in Kritik. So wurde die ganzheitliche berufliche und lebensweltliche Sozialisation der Lehrlinge in Familie und Betrieb des/r auszubildenden Meister*in als problematisch empfunden: Durch die enge Passung der Lerninhalte entlang der Auftragslage bzw. der Arbeitsschwerpunkte im Ausbildungsbetrieb würde das „Imitatio-Modell" Lerninhalte mehr oder weniger zufällig vermitteln und neue Technologien bzw. neue Anforderungen an Produktion und Arbeitsteilung, wie sie z. B. später auch die Industrialisierung hervorbringen sollte, vernachlässigen: „Die Lernprozesse verlaufen je nach Auftragsstruktur, Zeit- und Arbeitsdruck sowie dem pädagogischen Geschick [Hervorhebung im Original] der Gesellen eher zufällig" (Hoppe 2001, S. 95). So war es zwar gang und gäbe, zur Komplettierung der handwerklichen Fähig- und Fertigkeiten nach Ausbildungsende einen Betriebswechsel vorzunehmen bzw. zu denen in einigen Gewerken üblichen mehrjährigen Lehr- und Wanderjahre aufzubrechen, jedoch wurde, um dieser vermeintlichen „Zufälligkeit von Lerninhalten" entgegenzuwirken, zunehmend eine Ergänzung der praktischen Ausbildung im Betrieb um theoretischen Unterricht gewünscht[27] (vgl. Hahne 2003, S. 30 sowie Behr 1981, S. 182).

In der Konsequenz bildeten sich im Handwerk bereits im 18. Jahrhundert sog. „Zeichenschulen" heraus, die einen ersten „Bruch" mit dem alleinigen „Imitatio-

---

[26] Die Grundlagen der Handwerkerausbildungen, aus denen sich die bis heute gängigen Qualifikationsstufen Lehrling, Geselle und Meister herausgebildet haben, lassen sich bis zum Mittelalter zurückverfolgen. Und auch die berufliche Erstausbildung im Handwerk, wie wir sie heute kennen – im dualen System – gründet noch heute stark auf die Beziehung zwischen Meister*in bzw. Gesell*in und Lehrling (vgl. Greinert 2006, S. 500). In Veröffentlichungen aus dem handwerkswissenschaftlichen Umfeld wird diese Orientierung wie folgt beschrieben: Obwohl im dualen System verankert, stellt die „[...] Lehrlingsausbildung ein Privileg von Handwerksmeistern dar [...]" (Glasl et al. 2008, S. 26).

Modell" bzw. der „Beistellehre" darstellten: Diese Schulen sollten z. B. für das Baugewerbe notwendige Zeichenkenntnisse an jüngere Meisterschüler*innen vermitteln, weil „[...] berechtigte Zweifel aufkamen, dass einer der alten und bisherigen Meister solches [Zeichenkenntnisse a. d. A.] nicht verstünde, und doch Jungen halten würde" (Stratmann 1969 zit. nach Behr 1981, S. 22). Dieses Vorbild machte Schule und so existierten bereits 1830 in mehreren deutschen Ländern berufliche Fortbildungsschulen, deren Lerninhalte sich primär an den Berufen der Lehrlinge orientierten. Diese Abtrennung von Lerninhalten aus dem „meisterlichen Betriebsalltag" in organisierte Lern- und Übungseinheiten führte als Resultat zu einer Systematisierung der beruflichen Ausbildung und damit zu einer ersten Setzung von vergleichbaren überbetrieblichen und überregionalen Berufsbildungsstandards – eine Neuheit für das damalige Bildungssystem im Handwerk (vgl. Hahne 2003, S. 30). Hatten bis dato vor allem die Zünfte Einfluss auf die Gestaltung und den Ablauf der Berufsausbildung im Handwerk genommen, änderte sich dies mit dem Handwerkerschutzgesetz von 1897, welches die Befugnisse zur Regulierung der handwerklichen Ausbildung im Zuge der Einrichtung der Handwerkskammern mit Zwangsmitgliedschaft neu vergab (vgl. Thelen 2006, S. 404).

„Mit diesem Gesetz wurde die betriebliche Ausbildung fest im Handwerkssektor verankert. Es gab nun ein anerkanntes, quasistaatliches und vor allem obligatorisches System zur Prüfung von Qualifikationen und zur Überwachung der Lehrlingsausbildung, sodass diese tatsächlich zu einem großen Teil in Handwerksbetrieben durchgeführt werden würde." (Thelen 2006, S. 405)

Durch die Festschreibung der Handwerksbetriebe als „Ort der Ausbildung" manifestierte sich gleichermaßen auch die praktische Arbeit im Betrieb, d. h. das arbeitsintegrierte Lernen als Teil der Ausbildung. Im gleichen Jahr wurde das Prinzip der dualen Ausbildung – praktische Ausbildung im Betrieb ergänzt durch theoretische Lerninhalte vermittelt in schulischem Umfeld – dann auch zum ersten Mal in der Gewerbenovelle (Vorschriften, Bestimmungen und Bevorrechtigungen für die Lehrlingsausbildung des Handwerks) festgeschrieben (vgl. Bundeszentrale für politische Bildung 2010, o. S.). Die Gewerberechtsnovelle von 1897 war nicht nur das wichtigste Gesetz des Kaiserreiches im Hinblick auf die ökonomische Stabilisierung und Neuordnung des Handwerks, sie ist „[...] auch zum Fundament des „deutschen Systems" der Berufsausbildung, des Dualen Systems, geworden"

(Arnold und Lipsmeier 2006, S. 500). Die Novelle regelte das Lehrlingswesen dabei grundlegend neu: Sie enthielt in den Paragraphen 126 bis 128 „allgemeine" und in den Paragraphen 129 bis 132 „besondere", d. h. nur auf die Lehrlingsausbildung im Handwerk bezogene, Vorschriften, also Bestimmungen, die eine langanhaltende Bevorrechtigung des Handwerks in der – quantitativ am meisten ins Gewicht fallenden – gewerblichen Berufsausbildung zementierten (vgl. Arnold und Lipsmeier 2006, 500f.).

4.8.2 „Lernen im dualen System" – ein kurzer Blick in die Geschichte

Der Beginn des 20. Jahrhunderts markierte im deutschen Kaiserreich den Übergang von einer Agrar- zu einer Industriegesellschaft einhergehend mit einer fortschreitenden industriellen Massenproduktion und tiefgreifenden Veränderungen in der Wirtschafts-, Sozial- und Beschäftigungsstruktur, die auch das Handwerk betrafen. Basierend auf diesen Entwicklungen nahm in der Folge die Nachfrage nach qualifizierten Arbeitskräften stetig zu (vgl. Herkner 2008, S. 71). Konnte dieser Bedarf zunächst aus dem Reservoir des Handwerks gedeckt werden, genügte dies bald nicht mehr und so wurden an vielen Orten gewerblich-technische bzw. kaufmännisch orientierte Fortbildungsschulen gegründet, die die wachsende Bedeutung „[...] einer auch fachtheoretischen Durchdringung berufsbezogener Inhalte [...]" (Herkner 2008, S. 71) verdeutlichen. Trotz eines ziemlich abrupten Übergangs zur Demokratie, „überlebte" die Handwerksausbildung in ihren Grundstrukturen zunächst den ersten Weltkrieg. Auch garantierte der Handwerkssektor auf der einen Seite immer noch einen stetigen Strom an Mitarbeiter*innen für die wachsende Industrie, zum anderen war das industriebetriebliche Prüfungswesen nach wie vor an die Strukturen der Handwerkskammern gebunden[28] und manifestierte damit deren Status (vgl. Thelen 2006, S. 408 sowie Pätzold 2013, S. 44). Letzteres wurde jedoch zunehmend seitens der Industrie in Frage gestellt und so entstand parallel zum „handwerklichen System" in der Zeit der Weimarer Repub-

---

[28] Endgültig brach die historisch gewachsene Prüfungsvormachtstellung des Handwerks jedoch erst im Jahr 1936, als die Industriefacharbeiterprüfung der Gesellenprüfung rechtlich gleichgestellt wurde und industrielle Betriebe ihren Auszubildenden anerkannte Abschlüsse unabhängig von den Belangen der Handwerkskammern bieten konnten (vgl. Pätzold 2013, S. 44 sowie Greinert 2006, S. 412).

lik ein „industrielles System" der Berufsausbildung, welches sich an den Grundsätzen des Handwerks orientierte, jedoch der dezentralen und bis dato immer noch relativ unsystematischen Ausbildung im Handwerk einen höheren Grad an Zentralisierung, Normierung und Einheitlichkeit entgegensetzte (vgl. Thelen 2006, 402f.).

> *„Es war einer der genialsten Einfälle des deutschen Kapitalismus, in der take-off-Phase der Industrialisierung (...) ein in seinem Kern zünftlerisch-handwerkliches – und das heißt (...) arbeits- und betriebsintegriertes – Ausbildungssystem in ein industrielles zu transformieren und sich neben dem Zufluss von Fachkompetenz aus dem Handwerk einen eigenen Facharbeiter-, und später Fachangestelltenstamm heranzubilden. Dieser Typ von Berufsausbildung sicherte der deutschen Industrie ein Jahrhundert lang einen komparativen Vorteil gegenüber Mitbewerbern am Weltmarkt und schuf die für lange Zeit am besten qualifizierte Erwerbsbevölkerung der Welt."*
> *(Schmidt zit. nach Greinert 2013, S. 12)*

Dieses neue Modell der Ausbildung war stark von den Ideen Taylors („wissenschaftliche Betriebsführung"[29]) beeinflusst und brachte in der Folge zunehmend institutionalisierte Lehrwerkstätten bzw. sog. „Ordnungsmittel", d. h. Berufsbilddefinitionen, Ausbildungspläne und festgelegte Prüfungsanforderungen – auch in die berufliche Bildung des Handwerks. Zudem entstanden Fachbücher, Merkblätter oder aber auch sogenannte „Falsch-Richtig-Tafeln", die in Abbildungen für Lehrlinge z. B. die richtige Handhabung von Bauteilen darlegen sollen. Zusammengebunden wurde dieses strukturierte Lernmaterial schließlich in „standardisierten Lehrgängen", die ab der zweiten Hälfte der 1920er Jahre zuerst meist für industrienahe Berufe (z. B. Maschinenschlosser), jedoch später auch für Handwerksberufe (z. B. Maurer oder Zimmerer) entstanden. Diese hatten das Ziel, durch die Festlegung einer Aufeinanderfolge von Arbeits- und Lernbeispielen den gesamten „Gang der Lehre" festzuschreiben (vgl. Herkner 2008, 76ff.).

> *„Lehrgänge zeichneten sich durch eine Abfolge von Übungen und eine Angabe von Tätigkeiten und herzustellenden Übungsstücken aus, sie gaben Lernenden und Lehrenden Sicherheit über die Inhalte, die in den Übungen zu erwerbenden Fertigkeiten,*

---

[29] Hintergrund zu Taylors Überlegungen war, dass im Zuge der Industrialisierung das Potential einer Industrie auf der Schwelle zur Massenproduktion im Widerspruch zu den damals gängigen archaischen Führungsmethoden stand. Ferner ging er davon aus, dass anstelle dessen Arbeits- und Produktionsprozesse basierend auf wissenschaftlichen Erkenntnissen optimiert und organisiert werden müssten. Für einen genauen Überblick siehe: Bonazzi 2014, 25ff..

4.8 Kompetenzen im Handwerk entwickeln oder wie lernt das Handwerk?

Qualifikationen und Kenntnisse, sie machten prüfungssicher [...]; gaben somit Absolventen und Abnehmern der Lehrgangsausbildung Sicherheit über die erworbenen Qualifikationen." (Hahne 2003, S. 30)

Legten diese „Lehrgänge" zwar zum ersten Mal – in einer formalisierten Form – die Inhalte der jeweiligen beruflichen Ausbildung fest, veränderten sie jedoch zunächst nichts an der Art und Weise, wie diese vermittelt wurden: So galt für Handwerksberufe nach wie vor, dass (unter Ergänzung theoretischen Lerninhalten im schulischen Kontext) ein Gros des Ausbildungswissens, insbesondere der praktischen Fähig- und Fertigkeiten, in den meisterlichen Betrieben, d. h. arbeitsintegriert, an die Lehrlinge vermitteltet wurde (vgl. Greinert 2006, S. 502 sowie Hahne 2003, S. 30).

Mit der Expansion von Bildungsangeboten in den ersten Jahrzehnten des 20. Jahrhunderts war die Situation auf dem Ausbildungssektor zum Beginn des Nationalsozialismus zunehmend unübersichtlich geworden. Mit der Machtübernahme der NSDAP (Nationalsozialistische Deutsche Arbeiterpartei) im Jahr 1933 erfolgte für das Berufsbildungssystem in Deutschland eine Phase der zunehmenden Konsolidierung bzw. Zentralisierung mit dem Ziel, das oftmals beziehungslose Nebeneinander von betrieblichen und schulischen Qualifikationswegen in einheitliche Strukturen zu überführen (vgl. Greinert 2006, S. 501). Waren Bestrebungen in diese Richtung in der Weimarer Republik noch an politischen Hindernissen (z. B. seitens der Sozialpartner) gescheitert, setzten die Nationalsozialisten unter Repressionen (z. B. der Gleichschaltung der Gewerkschaften, deren Zustimmung es dann nicht mehr bedurfte) eine Vereinheitlichung der verschiedenen Ausbildungssysteme durch. Einheitliche Bezeichnungen für „Berufsschule", „Berufsfachschule" und „Fachschule" beendeten das bis dahin existierende „Namensgewirr" und setzten für den Ausbildungssektor erstmalig eine verbindliche Rahmengliederung (vgl. Greinert und Wolf 2013, S. 90). Im Jahr 1938 führten die Nationalsozialisten das Modell der klassischen Pflichtberufsschule ein und manifestierten damit auch formal den schulisch-didaktischen Teil der handwerklichen Ausbildung. Zusammen mit einem national einheitlichen System der Lehrlingsunterweisung ist die Pflichtberufsschule eine der wenigen Hinterlassenschaften des Nationalsozialismus, welche die Nachkriegszeit überdauerte und damit die Berufsbildungslandschaft (im Handwerk) bis heute nachhaltig prägt (vgl. Thelen 2006, 411ff.).

Begründet durch die Ängste vor einer hohen Jugendarbeitslosigkeit sollten die Ausbildungssysteme in der Nachkriegszeit rasch und unbürokratisch ihre Arbeit wiederaufnehmen, was mit dem Problem der Regulierung und Aufsicht einherging. Hier traten Industrie- und Handwerksverbände auf den Plan und übernahmen erneut ihre traditionellen Rollen, auch um – wie im Nationalsozialismus geschehen – ein ihrer Ansicht nach „zu starkes Eingreifen seitens des Staates" auf das „Ausbildungssystem der Wirtschaft" zu verhindern (vgl. Thelen 2006, S. 414). In dieser Rolle gelang es zunächst dem Handwerk im Jahr 1953 im Rahmen der neu verabschiedeten Handwerksverordnung (HwO), bindende Berufsbildungsregelungen für die einzelnen Gewerken umfassend durchzusetzen. Die HwO[30] regelt dabei die Bedingungen, unter denen in Deutschland Handwerk ausgeübt werden darf, und legt über die Bestimmungen zur Berufsbildung das System der handwerklichen Berufsaus- bzw. Fortbildung fest. So ist z. B. ein zentraler Bestandteil geregelt in der HwO, dass Teile der Ausbildung im Handwerk in geeigneten betriebsexternen Einrichtungen durchgeführt werden können. Ziel dieser sog. überbetrieblichen Lehrlingsunterweisung (ÜLU) war, – und ist es bis heute – die berufliche Grund- und Fachausbildung in produktionsunabhängigen Werkstätten systematisch zu vertiefen, die berufliche Ausbildung stetig an technologische und wirtschaftliche (Neu-)Entwicklungen anzupassen und damit ein hohes Ausbildungsniveau unabhängig von den betrieblichen Schwerpunkten des Ausbildungsbetriebs zu gewährleisten (vgl. Franke 2014, S. 9). Dabei hatten die überbetrieblichen Ausbildungsstätten die Aufgabe, Bedingungen zu schaffen, wie sie auch in Betrieben zu finden sind, um die Auszubildenden mit möglichst realen Arbeitsaufträgen zu konfrontieren.

„Überbetriebliche Ausbildungsstätten haben die Aufgabe, die Grund- und Fachbildung im Betrieb zu ergänzen, wenn Struktur oder Organisation das erfordern. Sie bilden deshalb unter ähnlichen Bedingungen wie Betriebe aus und unterliegen grundsätzlich den gleichen Anforderungen." (Hoffschroer 2005, S. 5)

Durch die in den späteren Jahren einsetzende expansive öffentliche Förderung von etwaigen Maßnahmen und Trägern entwickelte sich „[...] diese Art der Weiterentwicklung der handwerklichen Berufsausbildung [...] zur dritten tragenden Säule im dualen Bildungssystem [...]" (Hoffschroer 2005, 2f.). Seit 1969 sind die

---

[30] Für nähere Erläuterungen zur Handwerksverordnung (HwO) siehe auch Kapitel 3 in dieser Arbeit.

in der HwO getroffenen Regelungen zur beruflichen Bildung und Weiterbildung formal als Spezialgesetz im Bundesbildungsgesetz (BBiG) miterfasst und unterliegen damit der Gesetzgebungskompetenz von Bund und Ländern, die mit diesem Vorgehen die berufliche Bildung als „öffentliche Aufgabe" definierten und sich ein Mitbestimmungs- und Gestaltungsrecht in diesen Belangen sicherten (vgl. Thelen 2006, S. 14). Ab diesem Zeitpunkt kann nach Meinung zahlreicher Expert*innen schlussendlich auch vom heute gängigen „dualen System der Berufsausbildung" in Deutschland gesprochen werden (vgl. Greinert 2006, S. 504).

4.8.3 Von komplexeren Arbeitswelten, sich wandelnden Zielgruppen und einer zunehmenden Kompetenzorientierung im Handwerk

Obwohl das Handwerk in seiner langen Geschichte immer auch von Wandlungsprozessen und Innovationsschüben begleitet wurde, zeichnete sich in den 1980er bzw. 1990er Jahren eine zunehmende Innovationsdynamik ab, die sich auch auf Belange des handwerklichen Bildungswesens auswirkte: Die Globalisierung der Märkte, der technologische Wandel sowie der Trend hin zu einer verstärkt wissensbasierten Service- und Dienstleistungsgesellschaft machten auch vor Handwerksbetrieben nicht Halt (vgl. Knutzen 2002, S. 21 sowie Erpenbeck und Heyse 1996, 15f.). „Die Innovationsdynamik der Technologieentwicklung und Reorganisation von Unternehmensstrukturen und -abläufen führt zu permanenten Veränderungen beruflicher Qualifikationsanforderungen" (Stegmaier 2000, S. 17). Auch nahm durch diese starke Entwicklungsdynamik die Komplexität von beruflichen Handlungskontexten sukzessiv zu, ein Prozess der bis in die heutige Zeit reicht: Hatte sich das Lernen im Betrieb kombiniert mit den klassischen Unterweisungen in den (überbetrieblichen) Lernwerkstätten jahrzehntelang als eine sichere didaktische Herangehensweise erwiesen, um Lehrlinge und Auszubildende fachlich auf ihre späteren beruflichen Tätigkeiten vorzubereiten, setzte sich nach und nach die Erkenntnis durch, dass die individuelle berufliche Handlungskompetenz[31] der Mitarbeiter*innen der Schlüssel zum Bestehen in einer dynamischen Arbeitswelt sei. Insbesondere der Bedeutung der überfachlichen Kompetenzen

---

[31] Für eine detaillierte Auseinandersetzung mit dem Kompetenzdiskurs siehe Kapitel 4.1 – 4.7 in dieser Arbeit.

(Selbst-, Methoden- und Sozialkompetenz) wurde in diesem Zuge eine neue Bedeutung zugewiesen.[32] Diese galt es nun aktiv im Rahmen der Aus- (und Weiter-)bildung im Handwerk zu fördern. In Folge dessen hielten schrittweise neue (ergänzende) Lernkonzepte Einzug in die Ausbildungspraxis, die gleichermaßen auch die Frage aufkamen ließen, wo der geeignete Ort sei, um Mitarbeiter*innen des Handwerks kompetenzbasiert auszubilden.

> *„Der rasche Wandel der Qualifikationsanforderungen lässt beginnend mit der sog. Schlüsselqualifikationsdebatte die Bedeutung der in Lehrwerkstätten erwerbbaren Fähigkeiten und Kenntnisse schwinden zugunsten ganzheitlicher Kompetenzen, die nur in komplexen problemhaltigen Arbeits- und Lernsituationen entwickelt werden können. [...] Im Zeitraum von 1970 bis 1995 vollzieht sich eine Hinwendung zu komplexeren, subjekt- und arbeitsorientierten Lernkonzepten der beruflichen Bildung. Hierbei wird der Lehrgang erweitert und ergänzt um komplexere handlungsorientierte Lernarrangements."* (Hahne 2003, S. 31)

Dahinter liegt die Annahme, dass früher vor allem fachspezifisches Wissen und Qualifikationen am Arbeitsmarkt gefragt waren, die für klar vorgeschriebene Aufgaben und Situationen beschrieben werden konnten. Diese konnten daher mit relativer Genauigkeit in den Lernwerkstätten vermittelt werden. Heute ist es für viele Betriebe schwierig abzuschätzen, welche Herausforderungen in Zukunft auf sie und ihre Mitarbeiter*innen zukommen. Anstelle Auszubildende auf alle Eventualitäten zu schulen (ein Unterfangen, was vor dem Hintergrund der zunehmenden Dynamik von Wissen nur schwer umsetzbar erscheint), war vielmehr die Fähigkeit zur schnelle Umstellung auf komplexe und neue Situationen gefragt, die vom dem/der Einzelnen ein höheres Maß an selbstorganisiertem Arbeiten bzw. „beruflicher Handlungskompetenz" abfordert (vgl. Lemmer 2009, S. 1). Diese sei jedoch nicht in simulativen Kontexten zu vermitteln (z. B. im Rahmen einer allein schulischen Herangehensweise o. Ä.), da dieser Herangehensweise eines der wesentlichen Merkmale der Kompetenzentwicklung fehlen würde: die authentische reale Arbeitssituation, aus der heraus gelernt wird (vgl. Hahne 2003, S. 31). Will man also die Facetten beruflicher Handlungskompetenz im Rahmen der Aus- und Weiterbildung fördern, ist dieses unweigerlich auch mit dem informellen Lernen in

---

[32] Anzumerken ist, dass die Bedeutung des Erwerbs von theoretischem Fachwissen damit jedoch in keiner Weise negiert werden soll, vielmehr dessen alleinige Relevanz zugunsten der Entwicklung von beruflicher Handlungskompetenz relativiert wurde (vgl. Nickolaus 2013, S. 1).

4.8 Kompetenzen im Handwerk entwickeln oder wie lernt das Handwerk?

Arbeitssituationen und am Arbeitsplatz verknüpft (vgl. Stegmaier 2000, 7f.). Basierend auf diesen Überlegungen hielten in den letzten Jahrzehnten daher zunehmend didaktische Konzepte Einzug in die berufliche Kompetenzentwicklung, die ein „produktbasiertes bzw. projektorientiertes Lernen" (primär in Industriekontexten zu finden) oder, im Handwerk dominierend, das sog. „auftragsorientiertes Lernen" zum Fokus hatten (vgl. Hahne 2000, S. 32 sowie Hahne 2003, S. 30). Dabei orientieren sich diese Lernkonzepte auf der einen Seite an realen Arbeitsabläufen, denen Lehrlinge sich beispielsweise auch im Ausbildungsbetrieb gegenübersehen, auf der anderen Seite sollen Lehrlinge durch das Lernen im Kontext eines Arbeitsauftrages befähigt werden, auch komplexeren Arbeitsanforderungen im Betrieb selbständig und kompetent begegnen zu können. Der Arbeitsort wird sozusagen gleichermaßen zum Lernort, der Arbeitsauftrag zum arbeitsintegrierten Lernauftrag:

> *„Da man Handwerksarbeit fast durchgängig als auftragsorientierte Arbeit charakterisieren kann, wird das arbeitsintegrierte Lernen in der Ausbildung des Handwerks als auftragsorientiertes Lernen bezeichnet."* (Hahne 2000, S. 32)

Bereits seit 1987 wurden im Bundesinstitut für Berufsbildung (BIBB) daher für das Handwerk auftragsorientierte Leittexte entwickelt, um das auftragsorientierte Lernen als eigenständige arbeitsintegrierte und ganzheitliche Lernform in den Ausbildungsweisen des Handwerks zu implementieren (vgl. Hahne 2000, S. 35). So hatte sich gezeigt, dass die bis dato in den Lehrstätten verwandten Medien nicht geeignet bzw. nur schwer übertragbar auf das auftragsorientierte Lernen waren. Idee hinter den Leittexten war es, exemplarisch für ein Gewerk „typische Aufträge" und die damit verbundene handwerkliche Auftragsbearbeitung mit Leitfragen, Checklisten und Lerninformationen für die Lehrlinge zu verbinden[33] (vgl. Hahne 2000, S. 33). Bis heute ist das auftragsorientierte Lernen im Handwerk von großer Bedeutung, allerdings wird es in der neueren Debatte zunehmend von einem kompetenzorientierten Zugang abgelöst (vgl. Lorig und Schreiber 2007, S. 5). Kompetenzen avancieren zum primären Ziel von Lernprozessen, dem auch Institutionen, Lehrpläne, Curricula und Unterrichtsmethoden im Handwerk Rechnung tragen müssen (vgl. Bethscheider et al. 2010, S. 9). Dies gilt jedoch nicht nur

---

[33] Dies hatte in einigen Fällen so großen Erfolg, dass diese ursprünglich berufspädagogische Innovation von Betriebsinhaber*innen übernommen wurde, um z. B. das eigene betriebliche Auftragsmanagement zu optimieren (vgl. Hahne 2000, S. 33).

für die handwerkliche Erstausbildung[34], sondern zunehmend auch für die Personengruppe der bereits ausgelernten Handwerksmitarbeiter*innen. Auch rückt im Rahmen von Maßnahmen des betrieblichen Kompetenzmanagements zunehmend auch die Frage nach der Ausbildung von überfachlichen Kompetenzen in das Zentrum des Interesses. Dies lässt sich beispielsweise nachvollziehen im Rahmen der Neugestaltung der Rahmenlehrpläne für die Meister*innenausbildung im Handwerk.[35] So trat am 01. Januar 2012 eine neue Verordnung über die gemeinsamen Anforderungen in den Meister*innenprüfungen (AMVO) in Kraft, welche zum Ziel hatte, Meisterschüler*innen noch besser auf

---

[34] Anschaulich belegen lässt sich dies mit einem Blick auf die aktuell geführte Debatte um die kompetenz- bzw. lernorientierte Neuorientierung der Ausbildungsordnungen (für alle Qualifikationsstufen) im Handwerk beobachten (vgl. Lorig et al. 2012, S. 3). Ausgerufenes Ziel dieses Vorhaben ist es, in den kommenden Jahren alle Ausbildungsordnungen (auch für Handwerksberufe) kompetenzbasiert (um)zu gestalten, d. h. am Leitprinzip der Kompetenzorientierung weiterzuentwickeln (vgl. Bundesinstitut für Berufsbildung (BIBB) 2009, S. 3). Waren die Ausbildungsordnungen im Zuge der Debatte um das „auftragsorientierte Lernen" bereits prozess- bzw. aufgabenorientiert ausgestaltet worden, stehen hinter diesem erneuten Paradigmenwechsel zum einen die Bemühungen, das kompetenzorientierte Bildungsverständnis in die Ausbildungsordnungen zu implementieren, zum anderen der Wunsch nach der europäischen Anschlussfähigkeit deutscher Berufsabschlüsse. So sollen Abschlüsse aus dem dualen System anschlussfähig an den Deutschen Qualifikationsrahmen (DQR) gemacht werden, um damit schlussendlich im Zuge der europäischen Arbeitnehmerfreizügigkeit zur Verbesserung der Anschluss-, Anrechnungs- und Anerkennungsmöglichkeiten beizutragen. Die angestrebte Anschlussfähigkeit wird dabei sichergestellt durch eine Übersetzung der im EQR (Europäischen Qualifikationsrahmen) benannten Kompetenzdimensionen auf die in den Ausbildungsordnungen festgelegten Kompetenzen, die Auszubildende erwerben sollen (vgl. Bundesinstitut für Berufsbildung (BIBB) 2009, S. 4).

[35] In einem ersten Modellversuch wurden dazu im Rahmen eines am BiBB (Bundesinstitut für Berufsbildung) verorteten Forschungsprojekts „Kompetenzstandards in der Berufsbildung" (Laufzeit: 2007-2009) „Leitprinzipien zur Gestaltung kompetenzbasierter Ausbildungsordnungen" erarbeitet und zunächst insgesamt vier Ausbildungsordnungen kompetenzorientiert neugestaltet. Zwei der ausgewählten Berufe (Zerspanungsmechaniker/-in und Tischler/-in) werden dabei im Handwerk ausgebildet. Erster Schritt war dabei, die in den Ausbildungsordnungen festgeschriebenen Lernziele darauf hingehend zu überprüfen, ob diese sich den unterschiedlichen im EQR definierten Kompetenzdimensionen zuordnen lassen, und auf Ihre Vollständigkeit zu überprüfen (z. B. ob überfachliche Kompetenzen wie Sozial- und Selbstkompetenz ausreichend Berücksichtigung gefunden haben) (vgl. Hensge et al. 2009b, S. 9). Auf Basis dieser Erkenntnis wurde im Projekt in einem weiteren Schritt ein Kompetenzmodell entwickelt, welches anhand von berufstypischen Handlungsfeldern (gemeint sind hier „typische" Arbeits- und Geschäftsprozesse, die in den jeweiligen Berufen auftreten) die in den jeweiligen Berufen zu vermittelnden Kompetenzen festlegt. Diese kompetenzbasierte Beschreibung erfolgt dabei unter Berücksichtigung der einzelnen Kompetenzdimensionen (Sozial-, Fach-, Methoden- und personale Kompetenz) (vgl. Hensge et al. 2009a, S. 18 sowie Bundesinstitut für Berufsbildung (BIBB) 2009, S. 4).

4.8 Kompetenzen im Handwerk entwickeln oder wie lernt das Handwerk?

die berufliche Praxis vorzubereiten. Ziel der in den Rahmenlehrplänen festgeschriebenen Bildungsprozesse sei es, die „berufliche Handlungskompetenz" der Meisterschüler*innen zu verbessern, „[...] mit deren Hilfe die komplexer und variabler werdenden Tätigkeiten besser zu bewältigen sind" (Glasl und Greilinger 2011, S. 10). Hier geht es insbesondere um den sog. Teil III der Meister*innenausbildung, der sich in seinem Aufbau an der Logik und den Abläufen von Geschäftsprozessen orientiert und Meister*innen durch seine betriebswirtschaftliche Ausrichtung auf eine spätere Unternehmensgründung bzw. -führung vorbereiten soll. Implizit lassen sich hier eine Reihe überfachlicher Kompetenzen ausmachen, die durch die veränderten Rahmenlehrpläne herausgebildet werden sollen (vgl. Glasl und Greilinger 2011, 10f.).

Neben dem Fokus auf überfachliche Kompetenzen lässt sich jedoch auch noch ein zweiter Trend im Kontext des betrieblichen Kompetenzmanagements im Handwerk feststellen: die Orientierung an innovativen und zukunftsorientierten Technologien und den sich daraus ergebenden neuen Kompetenzanforderungen an Mitarbeiter*innen sowie eine Verbreiterung der Zielgruppe betrieblicher Kompetenzmanagementbemühungen. Die bereits skizzierten Innovationsdynamiken, beginnend mit den 1960er und 1970er Jahren, trafen die Beschäftigten des Handwerks und Arbeitswelten wurden in der Konsequenz immer komplexer. Damit Mitarbeiter*innen mit diesen Entwicklungen Schritt halten konnten, wurde das kontinuierliche und berufsbegleitende Lernen zum Credo der beruflichen Weiterbildung bzw. Kompetenzentwicklung im Handwerk. Die stetige Weiterentwicklung von Mitarbeiter*innenkompetenzen – so das gängige Verständnis – hört nicht mehr mit der Ablegung der Gesellen*innenprüfung auf, sondern begleitet Mitarbeiter*innen ein Berufsleben lang. In der Konsequenz rückte zunehmend auch die Personengruppe der älteren Beschäftigten in den Fokus des betrieblichen Kompetenzmanagements. Im Schatten dieser Entwicklung lässt sich eine wahre Expansionswut an formalen Fort-, Weiterbildungs- und Kompetenzentwicklungsangeboten für eine zunehmend breiter werdende Zielgruppe nachvollziehen – eine Entwicklung, die bis heute anhält (vgl. Hoffschroer 2005, 7f.). Dieser Trend lässt sich anschaulich illustrieren am Beispiel der Weiterentwicklung der *überbetrieblichen Bildungsstätten* hin zu den sog. *„Kompetenzzentren des Handwerks"*.

Seit über 60 Jahren bildet die ÜLU (Überbetriebliche Lehrlingsunterweisung) als sog. „dritte Säule" einen integralen Teil des handwerklichen Ausbildungssystems, indem sie durch ergänzende inhaltliche Module in den überbetrieblichen Bildungsstätten (ÜBS) die Betriebe in ihrer Ausbildungsarbeit unterstützt und damit schlussendlich zur Qualität der Ausbildung beiträgt. Ausgerufenes Ziel war es, dabei auch immer über die ÜLU technologische Neuentwicklungen und innovative Arbeitsweisen in die Betriebe des Handwerks zu tragen. Eine Untersuchung des Bundesinstituts für Berufsbildung (BiBB) aus dem Jahr 2002 stellte jedoch fest, dass die „[…] in den geförderten Bildungsmaßnahmen vermittelten Inhalte teilweise nicht mehr dem aktuellen Stand der Technik entsprachen" (Mertens zit. nach Koch 2011, S. 2). Zudem kam die Untersuchung zu dem Schluss, dass es in den letzten Jahrzehnten eine Neuorientierung in Bezug auf die Zielgruppe der ÜBS gegeben hat: So hatte bereits Ende der 1980er Jahre der Zentralverband des Deutschen Handwerks (ZDH) neben der „[…] Weiterentwicklung [der beruflichen Ausbildungsstätten; a. d. A.] zu Technologie-Transfer-Zentren […]" für diese auch eine „[…] Verlagerung der Schwerpunktaufgaben von der Ausbildung zur Weiterbildung […]" (Hoffschroer 2005, S. 8) gefordert. Die überbetrieblichen Ausbildungsstätten sahen sich also mit zwei Problemen konfrontiert: Auf der einen Seite eine Erweiterung der Zielgruppe, auf der anderen Seite die Herausforderung, zukünftige Bildungsbedarfe abzuschätzen, um so die Vermittlung von schnell obsoletem Wissen zu vermeiden. Am Ende einer Kette von mehreren Entwicklungsschritten stehen nun die im Rahmen der gemeinsamen Förderlinie des Bundesministeriums für Bildung und Forschung (BMBF) und des Bundesministeriums für Arbeit und Soziales (BMAS) 2009 implementierten „Kompetenzzentren des Handwerks". Anstelle den Entwicklungen durch berufliche „Nachqualifizierung" (sowohl bei der Aus- als auch bei der Weiterbildung) hinterherzuhinken, haben die Kompetenzzentren (in ihrem jeweiligen thematischen Schwerpunkt) die Aufgabe, zukünftige Bedarfe für Aus- und Weiterbildung antizipierend aus Ergebnissen der Forschung und Entwicklung, über Bildungscontrolling, sowie strategischen Kooperationen mit anderen Zentren und Beratungsstellen abzuleiten und in passende Qualifizierungs- bzw. Kompetenzentwicklungsformate zu übertragen. Diese sollen im Idealfall neben der Gruppe der Auszubildenden auch explizit den Bereich der beruflichen Weiterbildung, d. h. die Gruppe der bereits im Erwerbsleben stehenden sowie der älteren Mitarbeiter*innen ins Auge fassen (vgl. (Koch 2011, 10f. sowie Bundesministerium für Bildung und Forschung (BMBF) 2015, 1f.).

Abschließend lässt sich also feststellen, dass die Aus- und Weiterbildungswege im Handwerk – so wie wir sie heute kennen – eine bewegte Geschichte hinter sich haben. Es zeigt sich, dass neben den formalisierten Angeboten insbesondere betriebsnahe und arbeitsplatzbezogene Maßnahmen der Kompetenzentwicklung über eine lange Tradition im Handwerk verfügen. Während dieses „Lernen mit dem Auge" klassischerweise zunächst nur im Rahmen der beruflichen Erstausbildung vermutet wird, finden sich zunehmend auch arbeitsintegrierte Ansätze im Rahmen des betrieblichen Kompetenzmanagements mit Fokus auf die Personengruppe der Älteren. Das folgende Kapitel soll daher die Notwendigkeit unterstreichen, einen differenzierten Blick auf das betriebliche Kompetenzmanagement im Handwerk zu werfen, und dabei explizit die berufliche Weiterbildung bereits ausgelernter Mitarbeiter*innen im Handwerk behandeln. Dazu wird zunächst ein Einblick in die berufliche Weiterbildung im Handwerk gegeben und hier die zunehmend wichtiger werdende Rolle von informellen bzw. arbeitsintegrierten Maßnahmen der Kompetenzentwicklung herausgearbeitet. Das Kapitel schließt mit der Vorstellung eines Modells zur Erfassung des betrieblichen Kompetenzmanagements im Handwerk.

4.9 Zur Notwendigkeit BKM differenziert zu betrachten

4.9.1 Zum Wandel der beruflichen Weiterbildung

Gemessen an den finanziellen Ausgaben von Angebot und Nachfrage bzw. sowie der Zahl der Träger und Angebote stellt die berufliche Weiterbildung in Deutschland inzwischen den größten Bildungssektor in Deutschland. Während die anderen „drei Säulen" des dt. Bildungswesens (Schule, Berufsausbildung im dualen System, sowie Hochschule) klar umrissen werden können, ist der Weiterbildungssektor sehr divers und weniger durch gesetzliche Vorgaben reguliert. So definierte der Deutsche Bildungsrat im Jahr 1972 als eine organisierte Bildungsmaßnahme, die auf bereits bestehenden (Bildungs-)ressourcen aus der beruflichen Erstausbildung aufbaut, deren Rahmenbedingungen auf gesetzlicher Ebene im Arbeitsförderungsgesetz bzw. dem Berufsbildungsgesetz geregelt werden (vgl. Deutscher Bildungsrat 1972, 197ff.). Nach § 180 Abs. 2 Nr. 2 SGB III können alle Maßnahmen unter „beruflicher Bildung" subsumiert werden, die beispielsweise dazu dienen, zum einen berufliche Kenntnisse sowie Fähigkeiten einer Person zu erhalten, zu erweitern, eine drohende Arbeitslosigkeit abzuwenden, den beruflichen Aufstieg zu ermöglichen oder dem Stand der Technik anzupassen (vgl. Bundesministerium der Justiz und des Verbraucherschutzes (BMJV) 1997, o. S.). Eine pragmatischere begriffliche Eingrenzung bietet Becker:

> *„Demnach ist berufliche Weiterbildung jeder Bildungsvorgang nach einer vorherigen schulischen bzw. beruflichen Ausbildung, der nach der Aufnahme der ersten Berufstätigkeit stattfindet. Berufliche Weiterbildung umfasst alle organisierten und damit auch institutionalisierten Lernprozesse, die entweder an eine in einem formalen Erstausbildungsgang erworbene oder an eine durch Berufserfahrung gewonnene Qualifikation anknüpfen und eine weitere berufliche Bildung intendieren."* (Becker und Hecken 2005, S. 360)

In Abgrenzung dazu ist „betriebliche Weiterbildung" an den betrieblichen Kontext gebunden. So definiert das Statistische Bundesamt beispielsweise: „Unter betrieblicher Weiterbildung werden Weiterbildungsmaßnahmen verstanden, die vorausgeplantes, organisiertes Lernen darstellen und die vollständig oder teilweise von Unternehmen für ihre Beschäftigten finanziert werden" (Statistisches Bundesamt 2013, S. 8). Lange wurden in diesem Kontext informelle Angebote bzw. andere nicht formal institutionalisierte Wege des Wissens- bzw. Bildungserwerbs nicht zur beruflichen Weiterbildung gezählt – eine Sichtweise, die sich jedoch im Kontext der Kompetenzdebatte zunehmend verschiebt. So sprechen einige Autor*innen davon, dass eine solche „enge Definition", wie die von Becker (2005), vor dem Hintergrund des Ziels, die berufliche Handlungskompetenz bei Mitarbeiter*innen herauszubilden, als „überholt" angesehen werden muss. Zunehmend auch als gesellschaftlicher Konsens akzeptiert, findet sich dies beispielsweise auch in den Ausführungen der *Expertenkommission zur Finanzierung des lebenslangen Lernens* wieder, die konkludiert, dass „Weiterbildung die Fortsetzung oder Wiederaufnahme von formalem, nicht-formalem und/oder informellem Lernen allgemeiner oder beruflicher Inhalte nach Abschluss der ersten berufsqualifizierenden Ausbildung ist" (Expertenkommission Finanzierung lebenslangen Lernens 2002, S. 56). Dezentrale Maßnahmen der Kompetenzentwicklung, die informell, d. h. arbeitsintegriert stattfinden wie z. B. „[…] ‚on-the-job training', selbstgesteuertes Lernen (z. B. Lesen von Fachbüchern oder Fachzeitschriften) oder informelle Weiterbildungen auf Fachtagungen oder –messen […]", werden demnach zunehmend wichtiger und sind als Teil der beruflichen Weiterbildung zu begreifen. So herrscht in der Berufsbildungspraxis und –forschung inzwischen Konsens, dass die Kompetenzen zum Lösen komplexer Probleme der beruflichen Praxis „[...] am besten in Lernarrangements gewonnen werden [...] [können; A. d. A.], die dieser komplexen Praxis möglichst nahekommen" (Hahne 2003, S. 31). Hervorzuheben ist, dass diese Entwicklung nicht grundsätzlich neu ist, sondern vielmehr als eine Art Rückbesinnung auf die Ursprünge der Aus- und Weiterbildung – insbesondere im Handwerk – d. h. auf das Lernen im Prozess der Arbeit gilt.

> *„Sie [die berufliche Bildung; A. d. A.] ist aus dem informellen Lernen, dem „learning by doing" entstanden und wurde dann in ihrer Folgezeit immer stärker formalisiert. Dabei dominierte die Lehre mit ihrer linearen Vermittlungsstruktur. Mit Ausgang der sechziger Jahre des letzten Jahrhunderts änderte sich allmählich dieses Verhältnis [...]. Es folgte die Rückverlagerung der beruflichen Weiterbildung in den Arbeitsprozess [...]. Die berufliche Bildung bewegt sich damit wieder in die Richtung ihrer Anfänge, dem informellen Lernen. Allerdings jetzt mit hohen reflexiven Anteilen – also auf einem anderen Niveau. Es findet jedoch keine ausschließliche Hinwendung zum informellen Lernen statt. Wir haben es heute vielmehr mit pluralen Lehr- und Lernformen zu tun."* (Wittwer 2013, S. 509)

4.9.2 Berufliche Weiterbildung im Handwerk

Bezogen auf das Handwerk lässt sich sagen, dass lange Zeit der formalisierte Weg vom Auszubildenden- über den Gesellen*innen- hin zum Meister*innenstatus – als einzige Aufstiegsqualifikation im Handwerk galt. Die handwerkliche Meister*innenausbildung wurde als ein verlässlicher (Weiterbildungs-)Weg wahrgenommen, um Mitarbeitern*innen auf der einen Seite betriebswirtschaftliche Kenntnisse für eine erfolgreiche eigene Betriebsführung zu vermitteln, sowie andererseits für die Übernahme erweiterter beruflicher Verantwortung und Führungstätigkeit zu qualifizieren (vgl. Kloas 2000, S. 36). Obwohl dieses Qualifizierungssystem bis heute fester Bestandteil von Karrierewegen im Handwerk ist, kann man inzwischen von einem regelrechten fast unüberblickbaren „Wust" an Weiterbildungsangeboten sprechen, die auf die zunehmende Komplexität, den technologischen Wandel und die gewachsenen Zielgruppen im Handwerk zurückzuführen sind. Rehbold und Hollmann (2014) summieren beispielsweise, dass von den 59.000 jährlich durchgeführten Fortbildungsprüfungen inzwischen lediglich 23.000 auf den ehemaligen „Königsweg" – der Meister*innenprüfung im Handwerk bzw. in handwerksähnlichen Gewerben – entfallen. D. h. über die Hälfte der jährlich abgelegten Prüfungen beziehen sich auf Fort- und Weiterbildungsangebote, die eine Ergänzung zum traditionellen Qualifikations-Dreiklang (Auszubildende, Gesell*in, Meister*in) darstellen (vgl. Rehbold et al. 2014, S. 34). Wie gezeigt, hat das betriebliche Lernen im Handwerk eine lange Tradition im Kontext der beruflichen Erstausbildung, weniger erst in den letzten Jahren in der beruflichen Weiterbildung. So fanden, basierend auf diesen tradierten Strukturen, bis in die 1980er Jahre betriebliche Lernangebote fast ausschließlich außerhalb der Arbeitsstätte in institutionalisierter Form (z. B. von externalisierten Kursen, Seminaren oder Fortbildungsveranstaltungen) statt.[36] Erst im Zuge der Kompetenzdebatte finden auch zunehmend arbeitsintegrierte Kompetenzentwicklungsformate Einzug in die berufliche Weiterbildung bzw. die betriebliche Kompetenzentwicklung und sollten daher in diesem Kontext auch berücksichtig werden. Für eine systematische Betrachtung des betrieblichen Kompetenzmanagements (BKM) im Handwerk soll daher im Folgenden ein eigenes Modell für die Erfassung des BKMs im Handwerk erarbeitet werden. Dieses schließt neben den gängigen meist formalisierten Weiterbildungs- bzw. Kompetenzentwicklungsmöglichkeiten auch stärker betriebsbezogene arbeitsintegrierte Maßnahmen mit ein.[37] Folgend werden – in Anlehnung an die vom Bundesministerium für Berufliche Bildung (BiBB) aufgestellte Differenzierung (Abb. 2) – drei Säulen des betrieblichen Kompetenzmanagements im Handwerk diskutiert. Die Säulen sind dabei zum einfacheren Verständnis entlang der zu erwerbenden Abschlüsse bzw. Zertifikate differenziert. Ältere Mitarbeiter*innen könnten dabei – theoretisch – in allen drei Säulen vertreten sein.

---

[36] Anschaulich belegen lässt sich diese Fokussierung auf betriebsexternes Lernen, z. B. auch anhand der quantitativen Erhebungen zum Thema Weiterbildung aus dieser Zeit: So erfasste das „Berichtsystem Weiterbildung (BSW)", dessen Aufgabe es seit 1979 war, die Entwicklung des Weiterbildungsverhaltens in Deutschland zu beobachten, in seinen Anfängen ausschließlich Bildungsbeteiligungen an institutionalisierten beruflichen Weiterbildungsangeboten und vernachlässigte dabei Formen des betriebsbezogenen informellen und arbeitsintegrierten Lernens. Erst seit 1998 wurden ebenfalls Lernaktivitäten, die dem informellen Lernen zugeordnet werden können, im Rahmen des BSW erhoben, eine Praktik, die auch nach der Überführung des BSW in das europäische Berichtskonzept AES (Adult Education Survey) beibehalten wurde (vgl. Kaufmann 2012, S. 51).

[37] Letztere, so konnten Naegele und Frerichs (2015) zeigen, scheinen durch ihre Niedrigschwelligkeit insbesondere für Klein- und Kleinstbetriebe im Handwerk gut durchführbar zu sein. Bei einer Befragung von 257 Betriebsinhaber*innen bzw. Führungskräften aus dem Handwerk zeigte sich beispielsweise, dass die kleinsten Betriebe im Sample (bis zehn Mitarbeiter*innen) arbeitsintegrierte Maßnahmen in einem ähnlichen Umfang anboten wie Betriebe mit höheren Mitarbeiter*innenzahlen (vgl. Naegele und Frerichs 2015, S. 2).

4.9 Zur Notwendigkeit BKM differenziert zu betrachten

Abbildung 2: Abschlüsse und Zertifikate in der beruflichen Weiterbildung im Handwerk[38]

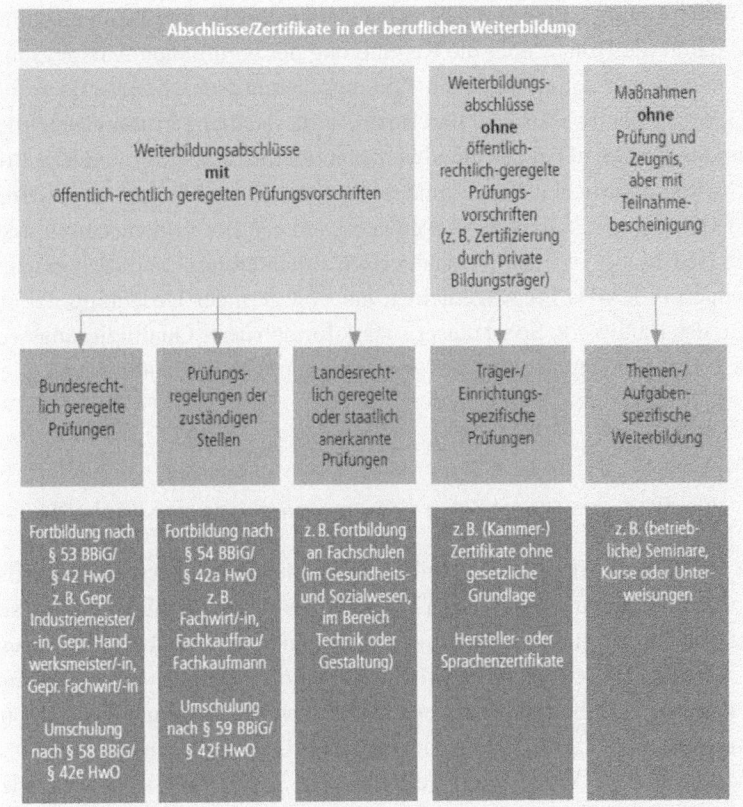

(1) Zur ersten Säule des betrieblichen Kompetenzmanagements im Handwerk

Die erste Säule bildet der tradierte Qualifizierungsweg des Handwerks, der es Mitarbeiter*innen ausgehend von einer abgeschlossenen Berufsausbildung („Gesellen*innenstatus") ermöglicht, öffentlich-rechtlich anerkannte Weiterbildungsabschlüsse (z. B. Meister*in, Techniker*in, Fachwirt*in oder den/die gewerkübergreifenden Betriebswirt*in des Handwerks) zu erwerben (vgl. Zentralverband des

---

[38] Quelle: Borowiec 2013, S. 25 (eigene Farbgestaltung).

Deutschen Handwerks (ZDH) 2002, S. 2). Entsprechende formalisierte Vorbereitungslehrgänge werden (berufsbegleitend oder in Vollzeit) meist von Seiten der Fort- und Weiterbildungszentren des Handwerks angeboten. Die Prüfungsbefugnisse – und damit die Hoheit über die Regulierung der beruflichen Aufstiegsqualifikation – unterliegen dabei speziellen Prüfungsausschüssen, die jeweils gesondert nach Gewerk, Handwerksberuf und Bezirk – als staatliche Prüfungsbehörden fungieren und in der Regel bei den Handwerkskammern angesiedelt sind. Die Prüfungsvorschriften unterliegen dabei bundes- bzw. landesrechtlichen Regulierungen und münden in bundes- bzw. landeweit anerkannte Weiterbildungsabschlüsse. Obwohl die Bedeutung von institutionalisierten Erweiterungs- und Anpassungsweiterbildungen in KMUs im Allgemeinen nur von geringer Bedeutung ist, gilt dies nicht für das Handwerk. So ist dieser – stark formalisierte Qualifizierungsweg – in weiten Teilen des Handwerks nach wie vor von großer Bedeutung (vgl. Dietrich 2001, S. 220).

(2) Zur zweiten Säule des betrieblichen Kompetenzmanagements im Handwerk

Die zweite Säule bilden die sog. (Ausbildungs-)begleitenden Zusatzqualifikationen, die meist im Rahmen von formalen Fortbildungs- oder Zertifizierungskursen an den über 500 Berufsbildungszentren und Akademien der Handwerkskammern angeboten werden, die jedoch ohne öffentlich-rechtlich geregelte Prüfungsordnungen auskommen. Dabei ist zu unterscheiden zwischen obligatorischen und freiwilligen Angeboten. So existieren in manchen Gewerken für die Mitarbeiter*innen verpflichtende Weiterbildungen, die diese in regelmäßigen Abständen wiederholen müssen. Beispielsweise im Metallhandwerk, wo Mitarbeiter*innen im Rahmen von Wiederholungsprüfungen – der sog. „Schweißerprüfung" – alle zwei bzw. drei Jahre den fachgerechten Umgang mit verschiedenen Schweißtechniken nachweisen müssen (vgl. Zentralverband des Deutschen Handwerks (ZDH) 2002, S. 5). Ähnliche verpflichtende Angebote werden für Betriebe auch dann relevant, wenn z. B. von Seiten der Gesetzgebung auf nationaler oder europäischer Ebene neue Richtlinien (z. B. DIN EN 1090 „werkseigene Produktionskontrolle" oder DIN EN 1717 „Trinkwasserschutz") eingeführt werden oder wenn neue Technologien Einzug in ein Gewerk halten („Elektromobilität im Kfz-Gewerk"), die z. B. sicherheitsrelevante Unterweisungen von Mitarbeitern*innen notwendig machen bzw. vorschreiben (vgl. Naegele et al. 2015, 19 ff.) Neben diesen verpflichtenden Schulungen etablieren sich zunehmend auch Kompetenzentwicklungsformate (von Tagesseminaren bis mehrmonatigen Kursen) im Handwerk, die Mitarbeitern*innen spezifische Kompetenzen vermitteln und die meist mit sog. „Zertifikaten" oder mit „Teilnahmebescheinigungen" abgeschlossen werden. Sie stellen, anders als die oben genannten Aufstiegsqualifikationen, keinen formalrechtlichen berufsqualifizierenden Abschluss dar, sondern sind als zusätzliche Qualifizierungsangebote – in kleineren Einheiten – konzipiert. Sie vermitteln meist fach- oder branchenspezifische Kompetenzen (z. B. „Energieberater", „CNC-Fachkraft" o. Ä.), die häufig aktuelle Trends in den Gewerken aufgreifen (vgl. Kloas 2001, S. 6). Häufig sind diese Zusatzqualifikationen ländereinheitlich aber nicht bundesweit anerkannt.

(3) Zur dritten Säule des betrieblichen Kompetenzmanagements im Handwerk

Die dritte Säule ist die diverseste und schließt Maßnahmen ohne Prüfung bzw. Zeugnis, aber mit Teilnahmebescheinigung ein. Unter dieser Kategorie lassen sich auch die Maßnahmen des betriebsbezogenen Kompetenzmanagements subsumieren, d. h. Maßnahmen, die stark auf betriebsspezifische Kompetenzanforderungen ausgelegt sind und die spezifischen Bedarfe einzelner Betriebe abbilden. Diese können dabei mehr oder weniger formalisiert ablaufen. Zu den formalisierten Angeboten zählen dabei primär die im Handwerk weit verbreiteten sog. „Herstellerschulungen". Diese meist kostenpflichtigen Schulungen werden seitens der Herstellerfirmen zu deren neuen Technologien und Produkten angeboten und dominieren insbesondere in den technologielastigen Gewerken oftmals den Weiterbildungsbereich, der von den Betrieben in Anspruch genommen wird. Will ein Handwerksbetrieb (z. B. ein SHK-Betrieb) beispielsweise ein neues Produkt beim Kunden oder bei der Kundin verbauen (z. B. eine neue Heizungsanlage) wird seitens des Herstellers ein Nachweis verlangt, dass mindestens ein/e Mitarbeiter*in im Betrieb eine entsprechende „Herstellerschulung" durchlaufen hat, bevor ein entsprechendes Gerät an den Betrieb ausgeliefert wird (vgl. Koch 2008, S. 93). Neben den formalisierten Angeboten ist an dieser Stelle auch auf informelle, d. h. arbeitsintegrierte Angebote hinzuweisen, die – in Rückbezug auf die laufende Kompetenzdebatte – immer wichtiger werden. Diese Formate kommen in der Regel ohne

Abschlusszertifikate oder ähnliches aus, sind stark betriebsbezogen aufgestellt und haben z. T. einzelne Beschäftigtengruppen im Fokus (vgl. Naegele und Frerichs 2018, 209ff.). Lern- und Kompetenzentwicklungsformate, die sich hier beispielsweise auf Betriebsebene finden lassen, sind: Nachbesprechungen, Lerntandems, Team- bzw. Gruppenarbeit, Lerninseln etc. (vgl. Naegele und Frerichs 2015, S. 2 sowie Naegele et al. 2018a, S. 145).

4.10 Modell zur Erfassung des BKM in Handwerksbetrieben

Wie im vorhergegangenen Kapitel dargelegt, zeigt sich, dass das Feld der möglichen angebotenen Kompetenzentwicklungsformate im Handwerk sehr groß ist. So finden neben den gängigen formalisierten Angeboten zunehmend auch Kompetenzentwicklungsformate Einzug ins Handwerk, die einen niedrigen Formalisierungs- bzw. Strukturierungsgrad aufweisen und die beispielswese „on-the-job" d. h. arbeitsintegriert stattfinden. Neben der Frage nach den Formaten können Kompetenzentwicklungsmaßnahmen auch nach ihrer betrieblichen Nähe (finden sie betriebsintern oder –extern statt?) oder nach dem Anbieter von Maßnahmen unterschieden werden. D. h. handelt es sich um eine Maßnahme, die Teil eines formalisierten Programms z. B. eines der Bildungsträgers im Handwerkssektor ist, oder handelt es sich um eine betriebliche Maßnahme, die ein Betrieb in Eigenregie angestoßen hat. Letztere Unterscheidung findet sich in vielen Forschungsarbeiten wieder, die in ihren Analysen zwischen betrieblichen und nicht-betrieblichen Angeboten unterscheiden. Für den Handwerkssektor und die Entwicklung eines eigenen Modells zur Erfassung des betrieblichen Kompetenzmanagements erscheint dies jedoch aus mehreren Gründen nur bedingt sinnvoll: Zum einen sind viele Handwerksbetriebe durch ihre klein- bzw. kleinstbetriebliche Struktur auf externe – oftmals gewerkspezifisch ausgerichtete – Bildungsangebote angewiesen, da ihnen beispielsweise personelle und finanzielle Mittel fehlen, um entsprechende Kompetenzentwicklungsmaßnahmen selbstständig zu implementieren. Dazu kommt, dass nicht nur öffentliche Weiterbildungsträger im Handwerk aktiv sind, sondern insbesondere seitens der Hersteller von (neuen) Technologien eine Vielzahl von Bildungsmaßnahmen an Handwerksbetriebe herangetragen werden, die sich insbesondere im Kontext der Entwicklung von Fachkompetenzen bewegen

4.10 Modell zur Erfassung des BKM in Handwerksbetrieben

(Produktschulungen). Des Weiteren findet sich der Trend zu immer betriebsspezifischeren bzw. personengruppenbezogenen Kompetenzentwicklungsangeboten auch in Handwerksbetrieben wieder sei es in semi-formalisierten Strukturen mit externer Unterstützung (z. B. Berater*innen, die betriebsspezifische Angebote in Handwerksbetrieben umsetzen) oder Formate, die vollständig in Eigenregie umgesetzt wurden (z. B. Maßnahmen im Bereich des Tandem- oder Teamlernens). Es ist an dieser Stelle also sinnvoll, – will man das betriebliche Kompetenzmanagement von Handwerksbetrieben ganzheitlich erfassen – alle drei skizzierten „Säulen" (s. o.) in ein entsprechendes Erfassungsmodell einzubeziehen, welches darüber hinaus sensibel für arbeitsintegrierte und alter(n)sgerechte bzw. alterssensible Angebote des betrieblichen Kompetenzmanagements ist.

Mit Blick auf die für diese Arbeit zentrale Personengruppe der älteren Beschäftigten ist es jedoch ebenso wenig zielführend, lediglich auf allein explizit alter(n)sgerechte Maßnahmen zu schauen. Zum einen – wie bereits in Kapitel 4.4.1 in dieser Arbeit gezeigt – hat die Forschung an dieser Stelle mehrfach gezeigt, dass unter alter(n)sgerecht nicht nur das alleinige Angebot von z. B. arbeitsintegrierten Maßnahmen zu verstehen ist. Ein solches Vorgehen wäre sogar kontraproduktiv, da hier das Risiko einer betriebsbezogenen Verkürzung von Qualifikationsprofilen besteht. Darüber hinaus stellen sich an dieser Stelle ähnlich strukturelle Barrieren für Klein- bzw. Kleinstbetriebe, die u. U. aktiv die Kompetenzen ihrer älteren Mitarbeiter*innen entwickeln, dies aber beispielsweise im Rahmen von betriebsexternen Maßnahmen umsetzen oder in Maßnahmen, die „altersneutral" ausgestaltet sind. So ließe sich beispielsweise die These aufstellen, dass durch die tradierten Aus- und Weiterbildungswege im Handwerk eine Reihe von Kompetenzentwicklungsmaßnahmen altersneutral sein könnten. D. h. Ältere hätten theoretisch die Möglichkeit, an entsprechenden Maßnahmen zu partizipieren, was nicht heißen soll, dass ihre Zugangschancen ähnlich hoch seien wie die von jüngeren Alterskohorten oder dass diese Formate den Lerngewohnheiten Älterer entsprächen. Im Sinne einer ganzheitlichen Erfassung des betrieblichen Kompetenzmanagements von Handwerksbetrieben sollen daher nicht nur Maßnahmen, die speziell für die Gruppe der älteren Beschäftigten angeboten werden, sondern auch andere Kompetenzentwicklungsformate berücksichtigt werden. Diese Arbeit bezieht daher alle möglichen betriebsunabhängigen, gewerkspezifischen sowie betriebs- und personengruppenbezogenen Kompetenzentwicklungsmaßnahmen, die Betrieben zur Verfügung stehen – und in die sie ihre älteren Arbeitnehmer*innen (theoretisch) integrieren könnten – in die Analyse mit ein. Abbildung 3 gibt an dieser Stelle einen schematischen Überblick über die in dieser Arbeit berücksichtigten Kompetenzentwicklungsmaßnahmen:

Abbildung 3:   Modell zur Erfassung des betrieblichen Kompetenzmanagements (BKMs) im Handwerk [39]

Betriebliches Kompetenzmanagement				
Betriebsunabhängige Angebote der Kompetenzentwicklung		Betriebsbezogene Angebote der Kompetenzentwicklung		
öffentlich-rechtlich anerkannte Weiterbildungsabschlüsse (gewerkspezifisch sowie gewerkübergreifend)	Maßnahmen mit Anbieter- bzw. Trägerspezifischen Prüfungen (gewerkspezifisch sowie gewerkübergreifend)	semi-formalisierte "near-the-job" Angebote ohne Abschluss/Zertifizierung	non-formalisierte "on the job" Angebote ohne Abschluss/Zertifizierung
z. B. Meister*innen, Techniker*innen-Kurse etc.	z. B. Kammerweite Qualifizierungen	z. B. Herstellerschulungen	z. B. Berater*innen, betriebsinterne Kurse	z. B. Lerntandems, Lerninseln

⟵ ältere Mitarbeiter*innen ⟶

Dieses – in Relation zu vorhergegangenen Studien – innovative und sehr breit angelegte Modell zur Erfassung des betrieblichen Kompetenzmanagements im Handwerk hat sowohl Vor- als auch einige Nachteile, die im Folgenden kurz andiskutiert werden sollen.

---

[39] Quelle: eigene Darstellung.

4.11 Diskussion des präsentierten Modells

Mit Blick auf das erarbeitete Modell lässt sich zunächst festhalten, dass durch die relative „Offenheit" des Modells hinsichtlich verschiedenster Kompetenzentwicklungsformate eine innovative konzeptionelle Weiterentwicklung des bisherigen Blicks auf das Kompetenzmanagement im Handwerk erreicht wird. So schließt das Modell neben den tradierten Weiterbildungsmöglichkeiten (gewerkspezifisch als auch gewerkübergreifend) auch explizit betriebs- bzw. personengruppenbezogene Maßnahmen der Kompetenzentwicklung (z. B. für Ältere) in die Erfassung mit ein; Beides Formate, die in der Vergangenheit in den Analysen zum betrieblichen Weiterbildungs- bzw. Kompetenzmanagementverhalten häufig nur eine untergeordnete Rolle gespielt haben. Dies gilt insbesondere für den Handwerkssektor, der – wie gezeigt – bisher stark von der Präsenz und der damit verbundenen Analyse formalisierter Kompetenzentwicklungsmaßnahmen dominiert wurde. Das Modell öffnet und schärft somit den Blick für die gesamte Bandbreite potentieller Kompetenzentwicklungsmaßnahmen und erlaubt eine detailliertere Analyse betrieblichen Kompetenzmanagements im Handwerk.

Kritisch ist jedoch anzumerken, dass – orientiert man sich eng am Kompetenzkonzept – zu hinterfragen ist, ob in den einzelnen der im Rahmen dieses Modells integrierten Maßnahmen wirklich „Kompetenzen" ausgebildet werden oder ob es sich z. T. lediglich um die Weitergabe von Fachwissen handelt. Kompetenzen lassen sich – so ist sich die Forschung einig – am „besten" mit einem konkreten Gegenstandsbezug, d. h. im „Prozess der Arbeit", ausbilden; eine Bedingung, die nicht unbedingt jede Maßnahme erfüllt. Der Begriff „betriebliches Kompetenzmanagement" wird daher an dieser Stelle als eine „konzeptionelle Klammer" für die Bandbreite aller auf Betriebsebene identifizierter Kompetenz- bzw. Weiterbildungsmaßnahmen verstanden. Es bleibt daher im Detail zu prüfen, inwieweit in diesen Maßnahmen auch wirklich Kompetenzen bei den Mitarbeiter*innen ausgebildet werden. Weiterhin ist zu prüfen, ob die auf Betriebsebene identifizierten Maßnahmen – unabhängig davon, ob diese formal bzw. non-formal/arbeitsintegriert ablaufen – den besonderen Lern- und Kompetenzentwicklungsbedürfnissen älterer Mitarbeiter*innen entsprechen bzw. ob die Gruppe der älteren Beschäftigten von den Betrieben überhaupt als Zielgruppe des BKMs gesehen wird.

Unabhängig davon stellt sich an dieser Stelle jedoch die Frage nach der Verbreitung unterschiedlicher Kompetenzentwicklungsformate im Handwerk. Welche insbesondere non-formalen Angebote finden sich auf Betriebsebene und wie wird die Gruppe der älteren Beschäftigten von den Betrieben bereits als Zielgruppe des betrieblichen Kompetenzmanagements wahrgenommen? Durch die oftmals fehlende Datenlage – insbesondere mit Blick auf non-formale, betriebsbezogene und alterssensible Angebote – ist festzustellen, dass diese Fragen schlicht nicht zu beantworten sind. Um einen ersten Blick in diese Black-Box „BKM auf Betriebsebene" zu ermöglichen, wird das erarbeitete Modell im Folgenden für eine explorative Studie herangezogen (Kapitel 5). Diese hat zum Ziel, eine detailliertere Deskription des Ist-Zustands der existierenden Maßnahmen bzw. der Ausgestaltung des betrieblichen Kompetenzmanagements im Handwerk zu ermöglichen.

5 Eine explorative Untersuchung zum betrieblichen Kompetenzmanagement

5.1 Hintergrund, Ziel und Fragestellungen der explorativen Untersuchung

Wie im vorhergegangenen Kapitel dargelegt, finden sich eine Vielzahl an unterschiedlichen Kompetenzentwicklungsformaten im Handwerkssektor, die eine differenzierte Betrachtung notwendig machen. Es wurde gezeigt, dass neben den „handwerksgängigen Formaten", wie beispielsweise formalisierten, *öffentlich-rechtlich anerkannten Weiterbildungsabschlüssen* oder *ausbildungsbegleitenden Zusatzqualifikationen*, auch non-formale, d. h. *betriebsbezogene, Weiterbildungs- bzw. Kompetenzentwicklungsangebote* in den Blick genommen werden sollten, will man ein umfassendes Bild der Weiterbildungs- bzw. Kompetenzentwicklungslandschaft im Handwerk erhalten. Darüber hinaus gilt es, den Blick auf die Frage nach der Verbreitung von alter(n)sgerechten Maßnahmen der Kompetenzentwicklung zu richten. Abbildung 3 gibt an dieser Stelle einen schematischen Einblick auf das für die Arbeit entwickelte Modell zur Erfassung von betrieblichem Kompetenzmanagement (BKM) im Handwerk und soll im Folgenden leitend für die nachstehende Kurzstudie sein.

Wie bereits in Kapitel 3 dargelegt, existieren nur unzureichende Datengrundlagen zum Handwerkssektor. Dies gilt insbesondere zu Fragen des betrieblichen Kompetenzmanagements bzw. des Weiterbildungsverhaltens von Handwerksbetrieben, die – wenn überhaupt existent – meist sehr fragmentiert sind. So existieren beispielsweise eine Reihe von Studien, die sich mit formalisierten Angeboten des betrieblichen Kompetenzmanagements im Handwerk befassen (vgl. (Borowiec 2013, S. 25); Zentralverband des Deutschen Handwerks (ZDH) 2002, S. 2 sowie Diettrich 2001, S. 220), jedoch sparen diese häufig arbeitsintegrierte Maßnahmen aus oder beachten die Personengruppe der älteren Beschäftigten nicht explizit (vgl. Naegele et al. 2015, 19 ff.). Eine weitere Herausforderung an dieser Stelle ist die stark gewerkspezifische und regional verortete Organisationsstruktur im Handwerk. So finden sich Daten zum Weiterbildungsverhalten bzw. zum betrieblichen Kompetenzmanagement von Betrieben innerhalb einzelner Kammerbezirke oder auch einzelner Gewerke (vgl. Kloas 2001, S. 6), jedoch sind diese häufig nur sehr punktuell und zum Teil bereits vor relativ langer Zeit erhoben worden.

Vor diesem Hintergrund wurde sich im Rahmen dieser Arbeit für eine explorative Kurzstudie auf Basis von Daten des bereits angesprochenen Forschungs- und Entwicklungsprojekts „In-K-Ha" entschieden. Dieses Vorgehen löst zwar nicht alle der bereits andiskutierten Probleme mit der Deskription des Ist-Zustands des betrieblichen Kompetenzmanagements im Handwerk (gewerkbezogen, regional begrenzt etc.), erlaubt jedoch einen deutlich detaillierteren Blick auf die aktuelle Ausgestaltung des betrieblichen Kompetenzmanagements in der handwerklichen Praxis sowie die Identifikation von Systematiken bzw. Mustern. Darüber hinaus ermöglicht dieses für diese Arbeit gewählte Vorgehen die besondere Berücksichtigung von arbeitsintegrierten, betriebsspezifischen und altersbezogenen Angeboten des BKMs. Leitende Forschungsfrage für die folgende explorative Kurzstudie soll daher sein:

Welche Muster bzw. Systematiken lassen sich im Hinblick auf das betriebliche Kompetenzmanagement (BKM) von Handwerksbetrieben identifizieren?

Die Untersuchung strukturiert sich dabei wie folgt: Zunächst wird die Datengrundlage (Kapitel 5.2) beschrieben, sowie ein Überblick (Kapitel 5.3) über das Auswertungsverfahren der „Clusteranalyse" gegeben. Anschließend werden die Ergebnisse der Clusteranalyse präsentiert (Kapitel 5.5) und die identifizierten Cluster hinsichtlich der leitenden Forschungsfrage diskutiert beschrieben (Kapitel 5.6). Das Kapitel schließt mit einer Diskussion um die Einschränkungen der Studie (Kapitel 5.7) sowie der Erläuterung der Bedeutung der Ergebnisse für die weitere Studie (Kapitel 5.8).

5.2 Datengrundlage

Grundlage der folgenden Kurzstudie bilden Daten aus dem bereits mehrfach angesprochenen Forschungs- und Entwicklungsprojekt „In-K-Ha" (Integrierte Kompetenzentwicklung im Handwerk). Der Datensatz umfasst dabei Befragungsdaten von 257 Betriebsinhaber*innen bzw. Führungskräften von Handwerksbetrieben, die im Zeitraum zwischen 10/2015 und 04/2016 im Großraum Niedersachsen erhoben wurden. Die Befragung wurde „paper and pencil"-basiert im Rahmen von Schulungs- und Weiterbildungsangeboten (z. B. Meister*innenkursen) der Handwerkskammer Braunschweig-Lüneburg-Stade sowie dem Berufsbildungs- und

Servicezentrum des Osnabrücker Handwerks (BUS GmbH) durchgeführt. Zu Beginn der Befragung wurden die Befragungsteilnehmer*innen über den Zweck der Studie, die Freiwilligkeit der Teilnahme und die anonyme Verarbeitung der erhobenen Daten informiert. Die Befragten stammten vorwiegend aus den vier Gewerken Sanitär-Heizung-Klima (SHK), Elektro, Metall und Kfz sowie zu kleineren Anteilen aus den Gewerken Landmaschinenmechaniker*innen oder Zimmerer*innen. Von den Befragten gaben 25,29 % ihr Geschlecht mit weiblich, 66,93 % mit männlich und 7,78 % der Befragten gaben kein Geschlecht an. Das Alter der Befragten lag zwischen 20 und 76 Jahren und im Durchschnitt bei ca. 39 Jahren. Die befragten Personen waren in der Regel in den Positionen Inhaber*in, Juniorchef*in, Betriebsleiter*in, Meister*in, leitende/r Angestellte/r oder Gesell*in (mit Personalverantwortung) beschäftigt.[40] Die Datenanalyse erfolgte mit Stata 12.0 für Windows.

5.3 Clusteranalyse als methodisches Vorgehen

Clusteranalysen kommen in den unterschiedlichsten Disziplinen zum Einsatz und bieten sich immer dann an, wenn es darum geht, Ähnlichkeitsstrukturen in größeren Datenmengen zu identifizieren (vgl. Cleff 2015, S. 189). So werden mit Hilfe von Clusteranalyseverfahren Objekte oder Subjekte zu Gruppen (Clustern) zusammengefasst, die im Hinblick auf die betrachteten Eigenschaften bzw. Merkmale – innerhalb einer Gruppe – möglichst homogen sind. Untereinander, so das Ziel, sollen die gebildeten Gruppen jedoch eine möglichst hohe Unähnlichkeit, d. h. Heterogenität, aufweisen (vgl. Backhaus et al. 2016, S. 455). „Die Aufgabe der Clusteranalyse besteht also darin, diese homogenen Gruppen/Cluster in einer Menge heterogener Objekte bzw. Subjekte zu identifizieren" (Cleff 2015, S. 189). Prominente Beispiele für die Verwendung von Clusteranalysen sind die in der Markt- und Sozialforschung weit verbreiteten sog. „Sinus-Milieus" oder die vom Wohlfahrtsstaatssoziologen Esping-Anderson bekannt gemachten „Klassifikationen europäischer Sozialstaaten" (vgl. Blasius und Bauer 2014, S. 1010).

Clustermethoden gehören zu den explorativen Verfahren multivariater Datenanalyse, da zum Ausgangspunkt des Forschungsvorhabens die Gruppen (noch)

---

[40] Für eine detailliertere Beschreibung des Datensatzes siehe auch: Naegele et al. 2015, 44ff..

unbekannt sind und dem/r Forscher*in erst durch das Clusterverfahren ermöglicht wird, homogene Gruppen/Cluster in der Erhebungsgesamtheit zu identifizieren (vgl. Cleff 2015, S. 189). Ein weiteres zentrales Charakteristikum von Clusteranalysen ist es, dass bei der Gruppierung alle ausgewählten Merkmale gleichzeitig zur Gruppenbildung herangezogen werden, wobei hervorzuheben ist, dass die so identifizierten Cluster lediglich als eine erste Segmentierung in einem komplexen Datensatz zu verstehen sind. So ist es ein gängiges Missverständnis, dass die Clusteranalyse alleine ein Beleg für signifikante Unterschiede zwischen den identifizierten Gruppen und damit ein Beleg für die Existenz von Gruppenunterschieden ist (vgl. Cleff 2015, S. 190). Darüber hinaus lässt sich nicht von *einer Clusteranalyse* sprechen, vielmehr existieren eine Vielzahl an Verfahren, die sich hinsichtlich ihrer verwendeten Distanzmaße (Maß der statistischen Ähnlich- bzw. Unähnlichkeit) und ihrer Fusionierungsalgorithmen (Verfahren der Gruppenbildung) unterscheiden. Nach Backhaus et al. (2016) lassen sich die verschiedenen Vorgehensweisen grob in „partitionierende" und „hierarchische" Clusterverfahren unterscheiden (vgl. Backhaus et al. 2016, S. 456). Partitionierende Verfahren, die sog. *k-means-Verfahren,* gruppieren Objekte bzw. Subjekte anhand ihrer Ähnlich- bzw. Unähnlichkeit in eine vorher zufällig gewählte Anzahl von Gruppen bzw. Cluster (k). Im Rahmen eines iterativen Suchprozesses wird dieser Vorgang dann so lange wiederholt, bis sich dominante Muster bzw. Cluster abzeichnen, deren weitere Differenzierung nur wenig zusätzliche Informationen enthalten würde (vgl. Blasius und Georg 1992, S. 120). Im Gegenzug dazu fassen hierarchische Verfahren Objekte ausgehend von der „feinsten" bis hin zur „gröbsten" Gruppierungseinheit (agglomerativ bzw. im umgekehrten Verfahren divisiv) zusammen (vgl. Wiedenbeck und Züll 2001, S. 2), ohne sich dabei an einer vorher festgelegten Anzahl an Clustern zu orientieren.

„Bei den hierarchischen Clusteranalysen entspricht am Beginn jedes Objekt einem Cluster. Im ersten Analyseschritt werden die zwei ähnlichsten Objekte zu einem Cluster zusammengefasst, im zweiten Schritt jene Objekte, die einander am zweitähnlichsten sind usw. Dieser Prozess wird solange fortgesetzt, bis alle Objekte zu einem Cluster gehören bzw. bis die vorgegebene Anzahl von Clustern erreicht wurde. Ähnlich einem Stammbaum kann dieser Vereinigungsprozess graphisch in Form eines Dendrogramms zusammengefasst werden." (Blasius und Georg 1992, S. 117)

Da für die hier vorliegende Arbeit ein hierarchisches Verfahren gewählt wurde, soll im Folgenden auf dieses speziell eingegangen werden. Eine Methode, die sich

5.3 Clusteranalyse als methodisches Vorgehen

in der wissenschaftlichen Praxis hierarchischer Clusterverfahren durchgesetzt hat, ist das sog. *Ward-Verfahren,* auch Minimum-Varianz-Methode genannt (vgl. Cleff 2015, S. 201). Dabei werden Objekte bzw. Gruppen nicht auf Basis ihrer geringsten Distanz bzw. ihrer Ähnlichkeit zueinander „aufgruppiert" (wie beispielsweise nach der Single-Linkage Methode), sondern es werden Cluster auf der nächsthöheren Ebene vereinigt, die ein vorgegebenes Heterogenitätsmaß am wenigsten vergrößern: „Das Ziel des Ward-Verfahrens besteht folglich darin, jeweils diejenigen Objekte (Gruppen) zu vereinigen, die die Streuung (Varianz) in einer Gruppe möglichst wenig erhöhen" (Backhaus et al. 2016, S. 484). Im Ergebnis erzeugt das Ward-Verfahren sehr homogene Gruppen und stellt unter den hierarchischen bzw. agglomerativen Verfahren eines der leistungsstärksten dar[41] (vgl. Stein und Vollnhals 2011, S. 37 sowie Bergs 1981, 96f.). Hierarchische Verfahren wie die Ward-Methode erfordern – im Gegensatz zu den bereits genannten k-means Verfahren – im Nachhinein noch die Bestimmung einer optimalen Clusterzahl. Diese muss dabei den Zielkonflikt zwischen Handhabbarkeit (wenige größere Cluster) und Homogenitätsanforderung (zu viele kleine Cluster) lösen (vgl. Backhaus et al. 2016, S. 457). Zur Ermittlung der optimalen Clusterzahl können eine Reihe von Verfahren, welche statistische und damit objektive Anhaltspunkte zur Bestimmung liefern, herangezogen werden. Im Rahmen dieser Arbeit wurden dazu die sog. *Stopping Rule* nach *Calinski und Harabasz* sowie der *Duda und Hart Index* berechnet (vgl. Backhaus et al. 2016, S. 496). Dabei gilt für beide Verfahren, je höher der Wert desto distinkter die gebildeten Cluster (vgl. Rabe-Hesketh und Everitt 2004, S. 277). Zur Überprüfung der mit der Clusteranalyse erzielten Ergebnisse kann eine Diskriminanzanalyse (z. B. Chi-Quadrat-Test oder T-Test) herangezogen werden (vgl. Cleff 2015, S. 204). Diese untersucht, inwieweit einzelne Variablen zur Unterscheidung der mittels der Clusteranalyse identifizierten Gruppen beitragen und inwieweit diese Unterschiede signifikant sind (vgl. Backhaus et al. 2016, S. 21).

---

[41] So zeigen Studien von Bergs (1981) im Vergleich zu anderen hierarchischen Clusterverfahren, dass das Ward Verfahren „[...] in den meisten Fällen sehr gute Partitionen findet und die Elemente richtig [Hervorhebung im Original] den Gruppen zuordnet." (Backhaus et al. 2016, S. 489)

5.4 Studiendurchführung

5.4.1 Variablenauswahl und Vorarbeiten zur durchgeführten Clusteranalyse

Eine Voraussetzung für das weitere Vorgehen ist das Vorliegen von *vollständigen Datensätzen*, weswegen lediglich vollständige Datensätze zur Analyse herangezogen wurden. Bezüglich der Auswahl bzw. der Anzahl der zu einer Clusteranalyse herangezogenen Variablen existieren keine eindeutigen Vorschriften. Es ist nach Backhaus et al. (2016) jedoch darauf zu achten, dass

> *„[...] nur solche Merkmale im Gruppierungsprozess Berücksichtigung finden, die aus theoretischen Überlegungen als ‚relevant' [Hervorhebung im Original] für den zu untersuchenden Sachverhalt anzusehen sind. Merkmale, die für den Untersuchungszusammenhang bedeutungslos sind, müssen aus dem Gruppierungsprozess herausgenommen werden."* (Backhaus et al. 2016, S. 510)

Um ein möglichst umfassendes Bild des betrieblichen Kompetenzmanagements von Handwerksbetrieben zu erfassen, wurden entlang des in Kapitel 4 entwickelten Modells zur Erfassung betrieblichen Kompetenzentwicklungsmanagements (Abb. 3) darauf geachtet, dass verschiedene Weiterbildungs- bzw. Kompetenzentwicklungsformate in die Analyse miteinbezogen wurden. Dabei wurden zum einen für das Handwerk typische formale Kompetenzentwicklungsformate[42] sowie – wenn möglich – Kompetenzentwicklungsangebote, die sich speziell an die Gruppe der älteren Beschäftigten richten, mit in die Analyse eingeschlossen. Bei der Auswahl der Variablen ist darauf zu achten, dass hohe Korrelationen bei den Ausgangsdaten zu einer Überbetonung bestimmter Aspekte bei der Gruppierung bzw. Fusionierung im Rahmen einer Clusteranalyse führen können. Um sicherzustellen, dass eine Gleichgewichtung der Merkmale gegeben ist, sollten Merkmale mit einer hohen Korrelation (>0,9) von der Analyse ausgeschlossen werden. Basierend auf der für die gewählten Ausgangsvariablen errechneten Korrelationsmatrix musste für diese Analyse keine Variable ausgeschlossen werden (vgl. Backhaus et al. 2016, S. 511).[43] Da die Ausgangsdaten nicht auf unterschiedlichen Skalen erhoben wurden, musste keine Standardisierung der Daten (z. B. durch die

---

[42] Für eine genaue Auseinandersetzung bzw. Überblick über die im Handwerk typischen Bildungs- bzw. Weiterbildungsformaten siehe auch Kapitel 4 in dieser Arbeit.
[43] Für eine detaillierte Beschreibung zu den Vorarbeiten und dem Ablauf zu einer Clusteranalyse siehe auch: Backhaus et al. 2016, 511ff..

5.4 Studiendurchführung

z-Transformation) vorgenommen werden (vgl. Backhaus et al. 2016, S. 512). Die Tabelle 4 gibt einen Überblick über die Variablen, die schlussendlich in die Clusteranalyse mit einflossen:

Tabelle 4: Übersicht der in die Analyse eingeflossenen Variablen[44]

Variablen zur Erfassung des Betrieblichen Kompetenzmanagements (BKMs)	Beschreibung	Antwortmöglichkeiten Bereits angewendet: 1. Für alle 2. Vereinzelnd 3. Geplant 4. Wird nicht angeboten
Betriebsunabhängige Angebote des BKMs (formalisiert)		
Fachliche Weiterbildung	Eine Weiterbildung zu fachlichen Themen.	
Hersteller/Produktschulungen	Eine Schulung von einem Hersteller bzw. zu einem speziellen Produkt.	
Betriebsbezogene Angebote des BKMs (semi-formalisiert)		
Interne Seminare	Ein Seminar, das im Betrieb durchgeführt wird.	
Mentoring/Coaching/ Erfahrungslernen	Punktuelle/kontinuierliche Begleitung/Beratung einzelner Mitarbeiter*innen durch erfahrene Kolleg*innen.	
Betriebsbezogene Angebote des BKMs (non-formalisiert)		
Projektlernen	Im Betrieb wird Lernen im Rahmen von Projekten (Planung, Entwicklung und Umsetzung von z. B. Sonderanfertigungen) durchgeführt.	
Altersgemischte Teams	Teams, in denen gezielt Mitarbeiter*innen aus verschiedenen Altersgruppen eingesetzt werden	
Maßnahmen des BKMs mit speziellem Altersbezug		
Laufbahngestaltung	Berufliche Laufbahngestaltung durch systematisch geplante Tätigkeitswechsel.	
Spezielle Weiterbildungsangebote für Ältere	Im Betrieb werden spezielle Weiterbildungsangebote, deren Inhalt primär auf ältere Mitarbeiter*innen zugeschnitten ist, angeboten.	

---

[44] Quelle: eigene Darstellung.

5.4.2 Durchführung der Clusteranalyse

Zur Beantwortung der oben aufgestellten Forschungsfragen wurde basierend auf den geschilderten Vorarbeiten eine agglomerative hierarchische Clusteranalyse nach Ward durchgeführt. Die Ermittlung der optimalen Clusteranzahl wurde in einem ersten Schritt mit Hilfe des Dendrogramms (Abb. 4) erzielt und in einem zweiten Schritt durch die Stopping Rule nach *Calinski und Harabasz* sowie des *Duda und Hart Index* überprüft. Im Anschluss wurden die Ergebnisse durch das Durchführen einer Diskriminanzanalyse (Qui-Quadrat-Test und Zweistichproben-t-Test) validiert.

Abbildung 4: Dendrogramm Betriebliches Kompetenzmanagement (BKM)[45]

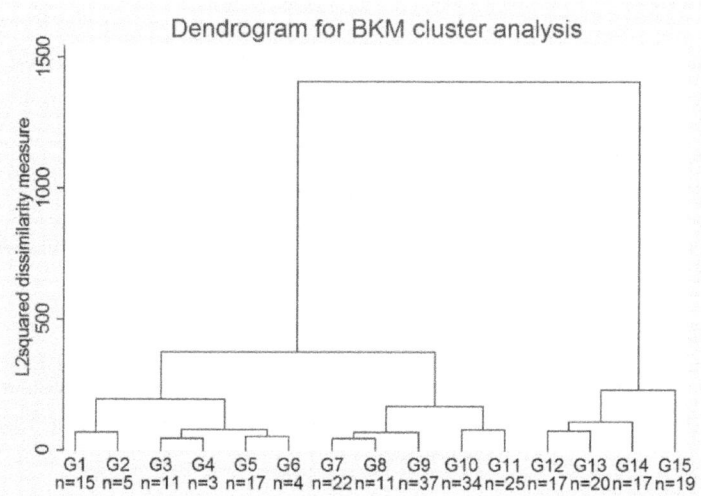

Ein erster Blick auf das Dendrogramm legt insbesondere eine 3er- bzw. 4er-Cluster-Lösung als optimale Clusteranzahl nahe, weshalb als weiteres Entscheidungskriterium eine Kombination aus Calinskis / Harabasz' Stopping Rule (Pseudo-F-Wert) und Duda und Hart-Index (Je(2) / Je(1)-Klassifikation sowie Pseudo T²-

---

[45] Quelle: In-K-Ha Inhaberbefragung 2016, eigene Berechnungen und eigene Darstellung. Mit Rücksicht auf die grafische Darstellung des Dendrogramms, wurde die Höhe der dargestellten Abzweigungen auf 15 limitiert.

5.5 Ergebnisse

Wert) herangezogen wurde. Hier weisen die Ergebnisse an dieser Stelle auf eine *3er-Lösung als ideale Clusteranzahl* hin, welche im Folgenden im Rahmen dieser Arbeit auch verfolgt werden soll. Tabelle 5 gibt einen Überblick darüber, wie sich die Fälle über die verschieden großen Clusterlösungen zuordnen (würden).

Tabelle 5: Übersicht Zuordnung der Fälle zu verschiedenen Clusterlösungen[46]

Cluster	Lösung mit 2 Clustern	Lösung mit 3 Clustern	Lösung mit 4 Clustern
	n	n	n
1	73	73	54
2	184	55	55
3		129	129
4			19
Total	257	257	257

Im Folgenden sollen im Rahmen der Ergebnisdarstellung die drei Cluster zunächst auf Basis ihrer Soziodemografie beschrieben werden (Kapitel 5.6), bevor in einem zweiten Schritt die Cluster hinsichtlich ihrer unterschiedlichen Ausprägung des betrieblichen Kompetenzmanagements differenziert werden (Kapitel 5.7). Ziel ist es hier, die Cluster hinsichtlich ihrer Eigenschaften und ihres distinkten betrieblichen Kompetenzmanagements (BKM) zu beschreiben, sowie in Kapitel 5.8 die zu Anfang gestellten Forschungsfragen zu beantworten.

5.5 Ergebnisse

5.5.1 Soziodemografische Beschreibung der Cluster

Im Rahmen einer ersten soziodemografischen Beschreibung der Cluster (Tabelle 6) kann zunächst festgehalten werden, dass die Geschlechterverhältnisse in Cluster 1 (35,62 % Frauen gegenüber 49,32 % Männer) ein wenig näher beieinanderliegen, als dies für die Cluster 2 und 3 zutrifft. Gleichzeitig sollte jedoch hier auch

---

[46] Quelle: In-K-Ha Inhaberbefragung 2016, eigene Berechnungen und eigene Darstellung.

auf den hohen Anteil derjenigen aus Cluster 1, die keine Angaben zu ihrem Geschlecht gemacht haben (15,07 %), hingewiesen werden.

Tabelle 6: Übersicht soziodemografische Beschreibung der Cluster (in %)[47]

	Cluster 1	Cluster 2	Cluster 3
n=257	73	55	129
Geschlecht der Befragten			
Weiblich	35,62	18,18	22,48
Männlich	49,32	78,18	72,09
Keine Angaben	15,07	3,64	5,43
Mitarbeiter*innen (MA)			
0 – 10 MA	29,09	29,09	28,77
11 – 30 MA	36,36	36,36	19,18
31 – 50 MA	9,09	9,09	13,70
51 – 100 MA	9,09	9,09	6,85
100+ MA	12,73	12,73	13,7
Keine Angaben	3,64	3,64	17,81
Gewerkzugehörigkeit			
SHK	16,44	16,36	20,93
Elektro	9,59	20,00	19,38
Metall	16,44	23,64	20,93
Kfz	23,29	12,73	22,48
Landmaschine	1,37	1,82	7,75
Andere	38,36	25,45	18,6
Alter der Befragten			
19 - 30 Jahre	12,33	18,18	34,11
31 - 40 Jahre	27,40	38,18	25,58
41 - 50 Jahre	28,77	27,27	20,16
51 - 60 Jahre	12,33	10,91	11,63
61+ Jahre	4,11	3,64	5,43
Keine Angabe	15,07	1,82	3,1
Höchster Berufsabschluss der Befragten			
Betriebswirt*in des Handwerks	8,22	9,09	9,3

---

[47] Quelle: In-K-Ha Inhaberbefragung 2016, eigene Berechnungen und eigene Darstellung.

5.5 Ergebnisse

Ingenieur*in	4,11	5,45	2,33
Techniker*in	-	-	2,33
Meister*in	30,14	45,45	33,33
Gesell*in	9,59	14,55	23,26
Sonstige	26,03	16,36	11,63
Keine Angaben	21,92	9,09	17,83
Anteil Mitarbeiter*innen 50+ Jahre an der Gesamtbelegschaft			
0 %	34,09	51,11	48,51
1 - 10 %	47,73	28,89	19,8
11 - 20 %	4,55	13,33	18,81
21 - 30 %	6,82	6,67	7,92
Mehr als 50 %	6,82	-	4,95

Hinsichtlich der Betriebsgröße, hier dargestellt anhand der Mitarbeiter*innenanzahl, zeigt sich, dass Cluster 2, im Vergleich einen etwas höheren Anteil (29,09 %) von Betrieben mit 0 - 10 Mitarbeiter*innen aufweist. Gleiches gilt für die Betriebsgrößengruppe 11 bis 30 Mitarbeiter*innen, wobei hier die Unterschiede zu den anderen beiden Clustern deutlich größer sind. So geben 19,8 % der Befragten aus Cluster 1 an, zwischen 11 und 30 Mitarbeiter*innen zu beschäftigen, gegenüber 36,36 % der Befragten aus Cluster 2. Größere Betriebe (51-100 bzw. 100+ Mitarbeiter*innen) finden sich ein wenig häufiger in Cluster 3, während in Cluster 1 erneut die hohe Anzahl derjenigen ohne Angaben auffällt. Bezüglich der Gewerkzugehörigkeit zeigt sich, dass – auch wenn auf niedrigem Niveau – der höchste Anteil derjenigen Befragten, die sich nach eigenen Angaben dem Kfz-Handwerk zugeordnet haben, im Cluster 1 zu finden sind. Demgegenüber ist der höchste Anteil derer, die dem Elektro- bzw. dem Metallhandwerk zuzuordnen sind, im Cluster 2 zu verorten. SHK-Betriebe finden sich insbesondere in Cluster 3. Auffällig ist auch wieder hier der überdurchschnittlich hohe Anteil (38,36 %) derer in Cluster 1, die keine Angaben zu ihrer Gewerkzugehörigkeit gemacht haben. Bezogen auf das Alter der Befragten zeigt sich, dass Cluster 3 den deutlich höchsten Anteil von Personen der Altersgruppe 19 - 30 Jahre aufweist (34,11 %), während die Befragten aus Cluster 1 und 2 tendenziell etwas älter sind. Schaut man auf den höchsten beruflichen Bildungsabschluss, zeigt sich eine Konzentration von Personen, die über einen Meister*innentitel verfügen, in Cluster 2 (45,45 %), während dieser in Cluster 1 geringer ausfällt und bei knapp 32 % liegt. Gesellen*innen finden sich am häufigsten in Cluster 3, wobei in Cluster 1 der Anteil der

Personen, die sich keinem der abgefragten Berufsabschlüsse zugehörig fühlen, dominiert. Ein Blick auf den Anteil der Älteren an der Gesamtbelegschaft zeigt, dass besonders Befragte aus Cluster 2 und 3 angaben, wenige bis keine Mitarbeiter*innen über 50 Jahre in ihren respektiven Betrieben zu beschäftigen. 28,89 % der Betriebe aus Cluster 2 gaben dahingehend an, dass bis zu 10 % ihrer Belegschaft über 50 Jahre alt seien. Demgegenüber stehen 19,8 % der Betriebe aus Cluster 3 und als eindeutige Ausnahme 47,73 % der Betriebe aus Cluster 1. Erwartungsgemäß sinkt dieser Anteil mit höheren Beschäftigungszahlen von Personen über 50, jedoch geben immerhin 6,82 % der Befragten aus Cluster 1 an, dass bis zu 50 % ihrer Beschäftigten 50 Jahre und älter seien.

5.5.2 Beschreibung der Cluster hinsichtlich ihres betrieblichen Kompetenzmanagements (BKMs)

Hinsichtlich des betrieblichen Kompetenzmanagements (BKM) lassen sich zunächst einige grundlegende Tendenzen beschreiben (Tab. 7), die über alle getesteten Variablen bzw. Cluster Bestand haben. So zeigt sich, dass Befragte, die dem Cluster 1 zuzuordnen sind, häufiger berichten, dass in ihren respektiven Betrieben weniger Maßnahmen des betrieblichen Kompetenzmanagements angeboten werden, als dies für Befragte aus dem Cluster 2 bzw. Cluster 3 zutrifft. Auch berichten die Befragten aus Cluster 1 seltener, dass Maßnahmen des BKMs flächendeckend, d. h. heißt für alle Beschäftigten gleichermaßen angeboten werden. Konträr dazu ließe sich Cluster 3 (zumindest im Rahmen einer vorsichtigen Interpretation) als jenes bezeichnen, wo die Befragten am häufigsten über das Durchführen von Maßnahmen des BKMs berichten bzw. wo diese am seltensten nicht angeboten werden. So gaben beispielsweise mit Blick auf *betriebsbezogene Angebote des BKMs* 73,97 % (Projektlernen) bzw. 72,6 % (altersgemischte Teams) der Befragten zugehörig zu Cluster 1 an, dass diese Maßnahmen in ihren Betrieben nicht durchgeführt werden. Demgegenüber gaben dies in Cluster 3 lediglich 2,33 % (Projektlernen) bzw. 2,33 % (altersgemischte Teams) der Befragten an. Blickt man auf das betriebsweite Angebot (Maßnahmen werden für alle Mitarbeiter*innen angeboten) berichten die Befragten aus Cluster 3 beispielsweise, dass *betriebsunabhängige Angebote des BKMs* zu 44,19 % (fachliche Weiterbildungen) bzw. zu 55,04

% (Hersteller-/Produktschulungen) für alle Beschäftigten angeboten werden. Befragte aus dem Cluster 1 berichten dies lediglich zu 20,55 % (fachliche Weiterbildung) bzw. 19,18 % (Hersteller- und Produktschulungen). Weniger deutlich sind die Unterschiede hinsichtlich der Durchführungsquoten bei Cluster 2 und 3, wobei Cluster 3 zumindest tendenziell als jenes zu bezeichnen ist, wo die Befragten am häufigsten über das Durchführen von Maßnahmen des BKMs berichten bzw. wo diese am seltensten nicht angeboten werden. In Hinblick auf Cluster 2 sind die berichteten Durchführungsquoten jedoch stark abhängig von den konkreten Maßnahmen. So werden beispielsweise von den Befragten aus Cluster 2 berichtet, dass *altersgemischte Teams* in 45,45 % der Betriebe flächendeckend, d. h. für alle Beschäftigten angeboten werden; und damit häufiger als in Cluster 3 (41,09 %) bzw. Cluster 1 (2,74 %). Konträr dazu gaben 40 % der Befragten aus Cluster 2 an, dass Maßnahmen des *Mentorings/Coachings/Erfahrungslernens* in ihren respektiven Betrieben nicht durchgeführt werden, während dies lediglich 0,78 % der Befragten aus Cluster 3 bzw. 67,12 % der Befragten aus Cluster 1 angaben.

Tabelle 7: Beschreibung der Cluster hinsichtlich ihres BKMs (in %) und Darstellung des Chi-Quadrat-Test[48]

Maßnahmen des BKMs	Cluster 1	Cluster 2	Cluster 3
	n=73	n=55	n=129
Betriebsunabhängige Angebote des BKMs (formalisiert)			
Fachliche Weiterbildung bieten an:			
Für alle	20,55	40,00	44,19
Vereinzelnd	47,95	38,18	51,16
Geplant	9,59	14,55	3,88
Wird nicht angeboten	21,92	7,27	0,78
Signifikanzniveaus nach dem Chi-Quadrat-Test			***
Hersteller-/Produktschulungen bieten an:			
Für Alle	19,18	38,18	55,04
Vereinzelnd	45,21	25,45	43,41
Geplant	6,85	20,00	1,55

[48] Quelle: In-K-Ha Inhaberbefragung 2016, eigene Berechnungen und eigene Darstellung.

Wird nicht angeboten	28,77	16,36	-
Signifikanzniveaus nach dem Chi-Quadrat-Test			***

Betriebsbezogene Angebote des BKMs (semi-formalisiert)

Interne Seminare bieten an:

Für alle	6,85	41,82	33,33
Vereinzelnd	19,18	23,64	44,96
Geplant	17,81	20,00	14,73
Wird nicht angeboten	56,16	14,55	6,98
Signifikanzniveaus nach dem Chi-Quadrat-Test			***

Mentoring/Coaching/Erfahrungslernen bieten an:

Für alle	1,37	9,09	34,88
Vereinzelnd	16,44	29,09	59,69
Geplant	15,07	21,82	4,65
Wird nicht angeboten	67,12	40,00	0,78
Signifikanzniveaus nach dem Chi-Quadrat-Test			***

Betriebsbezogene Angebote des BKMs (non-formalisiert)

Projektlernen bieten an:

Für alle	-	12,73	17,83
Vereinzelnd	2,74	36,36	55,04
Geplant	23,29	29,09	24,81
Wird nicht angeboten	73,97	21,82	2,33
Signifikanzniveaus nach dem Chi-Quadrat-Test			***

Altersgemischte Teams bieten an:

Für alle	2,74	45,45	41,09
Vereinzelnd	8,22	47,27	47,29
Geplant	16,44	5,45	9,3
Wird nicht angeboten	72,6	1,82	2,33
Signifikanzniveaus nach dem Chi-Quadrat-Test			***

Maßnahmen des BKMs mit speziellem Altersbezug

Laufbahngestaltung bieten an:

Für alle	-	3,64	26,36

5.5 Ergebnisse

Vereinzelnd	2,74	16,36	58,91
Geplant	17,81	30,91	12,40
Wird nicht angeboten	73,45	49,09	2,33
Signifikanzniveaus nach dem Chi-Quadrat-Test			***
Spezielle Weiterbildungsangebote für Ältere bieten an:			
Für alle	-	17,05	17,05
Vereinzelnd	6,85	41,09	41,09
Geplant	16,44	30,23	30,23
Wird nicht angeboten	76,71	11,63	11,63
Signifikanzniveaus nach dem Chi-Quadrat-Test			***
Signifikanzniveaus: ohne Angabe (nicht signifikant) p>0,1; signifikant *p≤0,1; sehr signifikant **p≤0,05; hoch signifikant ***p≤0,01;			

Weiterhin lohnt sich ein differenzierter Blick auf die Cluster entlang der unterschiedlichen Formate des betrieblichen Kompetenzmanagements. Während *betriebsunabhängige Angebote des BKMs* im Vergleich zu den anderen Formaten bei allen drei Clustern dominieren – wenn auch mit graduellen Unterschieden insbesondere hinsichtlich der Frage, ob diese Maßnahmen für alle Mitarbeiter*innen oder nur vereinzelnd angeboten werden – zeigen sich deutliche Unterschiede zwischen den Clustern in Bezug auf die anderen Formate des BKMs. So steigt bei Cluster 1 beispielsweise der Anteil des „Nicht-Anbietens" graduell an, je weniger formalisiert bzw. je mehr betriebs- bzw. altersbezogener eine Maßnahme aufgestellt ist. Die Befragten aus Cluster 1 gaben an, dass in ihren respektiven Betrieben verstärkt *formalisierte und betriebsunabhängige Maßnah*men angeboten werden, während insbesondere non-formalisierte und *betriebsbezogene Angebote*, wie beispielsweise das Projektlernen (73,97 %) oder explizit *altersbezogene Angebote* seltener zum Einsatz kommen. Auch planen, nach Aussage der Befragten, Betriebe des Clusters 1 weniger häufig, etwaige Maßnahmen in Zukunft in ihren Betrieben einzuführen. Letzteres überrascht zunächst, da knapp die Hälfte der Befragten dieses Clusters angaben, dass bis zu 10 % der Beschäftigten in ihren respektiven Betrieben über 50 Jahre und älter sind. Häufiger wird von betriebsbezogene Angeboten (sowohl semi-formalisiert als auch non-formalisiert) in den Betrieben der Cluster 3 und 2 berichtet, wobei hier insbesondere das Durchführen von *internen Seminaren* eine Ausnahme darstellt. So geben 41,82 % der Befragten aus Cluster 2 bzw. 33,33 % der Befragten aus Cluster 3 an, diese Maßnahme für alle ihre Mitarbeiter*innen anzubieten, gegenüber lediglich 6,85 % der Befragten zugehörig zu Cluster 1. Interessant im Rahmen dieser Arbeit ist auch ein Blick auf die Maßnahmen des betrieblichen Kompetenzmanagements, welche sich explizit an ältere Beschäftigte richten. Wenig überraschend bieten erneut Betriebe zugehörig zu Cluster 1 am seltensten und Betriebe aus Cluster 3, laut der Befragten, am häufigsten bereits heute entsprechende Maßnahmen für ihre älteren Mitarbeiter*innen in ihren Betrieben an. Auffällig ist, dass im Vergleich zu allen anderen Maßnahmen, die in die Analyse mit eingeflossen sind, die Befragten überdurchschnittlich häufig berichten, *spezielle Weiterbildungsangebote für Ältere* in Zukunft für ihre Beschäftigten anbieten zu wollen. Nicht ganz so eindeutig, aber trotzdem häufiger, berichten die Befragten, dass Maßnahmen der Laufbahngestaltung in der Planung sind. So geben beispielsweise 30,91 % (Laufbahngestaltung) bzw. 40,00 % (spezielle Weiterbildungsangebote für Ältere) der Befragten aus Cluster 2 an, die Durchführung entsprechender Maßnahmen in Zukunft zu planen. In Cluster 3 geben dies – allerdings ausgehend von tendenziell höheren Durchführungsquoten bereits heute – immerhin noch 12,40 % (Laufbahngestaltung) bzw. 30,23 % (spezielle Weiterbildungsangebote für Ältere) an. Auch in Cluster 1 gehören die entsprechenden Absichtserklärungen – in Relation zu anderen Maßnahmen des BKMs – mit 17,81 % (Laufbahngestaltung) bzw. 16,44 % (spezielle Weiterbildungsangebote für Ältere) zu den höchsten. Auffällig ist, dass Maßnahmen des BKMs mit speziellem Altersbezug gleichzeitig zu den am häufigsten nicht angebotenen Maßnahmen des BKMs in Cluster 1 gehören.

Vor dem Hintergrund der besseren Interpretierbarkeit dieser komplexen Ergebnisse sollen im Folgenden die drei verschiedenen Cluster charakterisierend und die Ergebnisse der Diskriminanzanalyse diskutiert werden. Verknüpft mit diesem Schritt erfolgt die Beantwortung der für diese Analyse leitenden Forschungsfragen. Abschließend werden die Ergebnisse der Clusteranalyse im Kontext der gesamten Arbeit diskutiert und deren Beschränkungen dargestellt.

5.6 Ergebnisse und Beschreibung der drei identifizierten Cluster

Zu Beginn der Studie wurde die leitende Forschungsfrage aufgeworfen: *Welche Muster bzw. Systematiken lassen sich im Hinblick auf das betriebliche Kompetenz-*

5.6 Ergebnisse und Beschreibung der drei identifizierten Cluster

management (BKM) von Handwerksbetrieben identifizieren? Die im Rahmen dieser Studie durchgeführten Clusteranalysen ergaben drei distinkte Cluster und weisen damit – zumindest auf Basis des berichteten Verhaltens durch die Befragten der Studie – auf unterschiedliche (Verhaltens-)Muster hinsichtlich des betrieblichen Kompetenzmanagements (BKM) von Handwerksbetrieben hin. Für die folgende charakteristische Darstellung der Cluster wurden die – basierend auf dem Ausprägungsgrad der in den Clustern vorgefundenen Angebotsstruktur – wie folgt benannt: *Cluster 1: „Limited"*, *Cluster 2: „Mix 'n' Match"* sowie *Cluster 3: „Do-it-All"*. Diese Zuordnung – so sei angemerkt – basiert jedoch nicht auf der absoluten Anzahl aller angebotenen Maßnahmen, nach dem Motto „je-mehr-desto-besser", sondern vielmehr wird hier von einem graduellen Stufen-Modell (Abb. 5) ausgegangen.

Abbildung 5: **Idealtypisches Stufen-Modell Betriebliches Kompetenzmanagement**[49]

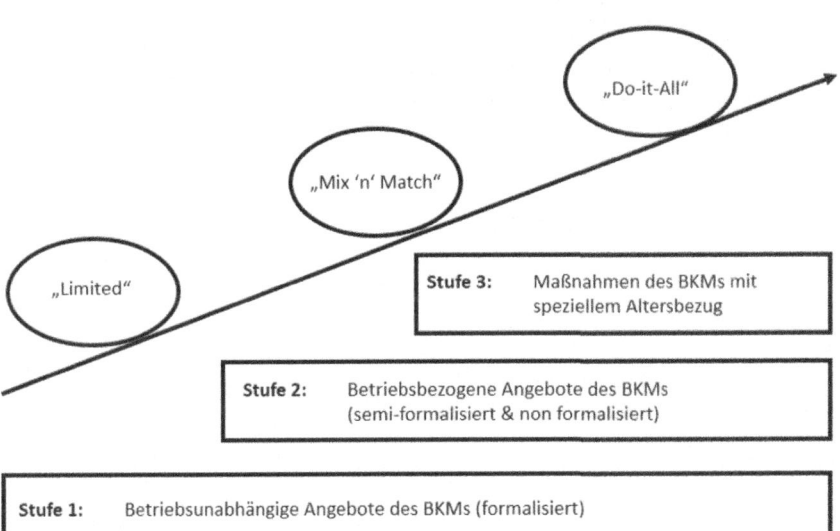

---

[49] Quelle: eigene Darstellung.

Dahinter liegt die idealtypische Annahme, dass die verschiedenen Formate des BKMs, die im Rahmen dieser Studie identifiziert wurden, auch als unterschiedliche „(Umsetzungs-)Stufen des BKMs" konzeptualisiert werden könnten. So zeigt sich, dass Betriebe, die dem „Limited"-Cluster zuzuordnen sind, primär betriebsunabhängige Maßnahmen durchführen (Stufe 1) und weniger Maßnahmen mit konkretem Betriebsbezug (Stufe 2) bzw. Altersbezug (Stufe 3). Konträr dazu zeigte die Analyse, dass in Betrieben des „Do-it-All"-Clusters Maßnahmen aus allen drei Stufen vorzufinden sind. Die Stufen sind dabei an dieser Stelle weder als substituierend, sondern vielmehr als additiv zu verstehen. Das heißt, dass Betriebe, die beispielsweise dem Cluster „Mix 'n' Match" zuzuordnen sind, sowohl (ähnlich wie Betriebe aus dem Cluster „Limited") formalisierte Kompetenzentwicklungsangebote anbieten, darüber hinaus jedoch auch Maßnahmen, die stärker als semi-formalisiert und betriebsbezogen zu interpretieren sind. Gleichzeitig ist es auch nicht so, dass Betriebe die dem Cluster „Limited" zugeordnet sind, keinerlei Kompetenzentwicklungsmaßnahmen für ihre Mitarbeiter*innen anbieten. Auch kann es graduelle Unterschiede in der Angebotshäufigkeit innerhalb einer einzelnen Stufe geben. Die folgende Tabelle 8 gibt eine detaillierte Übersicht über die charakterisierenden Merkmale der drei identifizierten Cluster.

5.6 Ergebnisse und Beschreibung der drei identifizierten Cluster

Tabelle 8: Übersicht charakterisierende Merkmale der Cluster[50]

	Cluster 1: „Limited"	Cluster 2: „Mix 'n-Match"	Cluster 3: „Do-it-All"
Graduelle Ausprägung der Angebotsstruktur	Geringerer Ausprägungsgrad (Primär Stufe 1)	Mittlerer (selektiver) Ausprägungsgrad (Primär Stufe 1 und 2)	Hoher Ausprägungsgrad (Stufe 1, 2 und 3)
Konkrete Ausgestaltung des Angebotsportfolios	Fokus liegt auf betriebsunabhängigen (formalisierten) Angeboten des BKMs. Arbeitsintegrierte, d. h. non-formalisierte und insbesondere altersbezogene Maßnahmen werden kaum angeboten. Auffällig ist der graduelle Anstieg des Anteil des „Nicht-Anbietens", je weniger formalisiert bzw. je mehr betriebs- bzw. altersbezogener eine Maßnahme aufgestellt ist.	Neben betriebs-unabhängigen Formaten finden sich hier ebenfalls betriebsbezogene (semi- als auch non-formalisiert) Maßnahmen, wenn jedoch mit geringerer Häufigkeit. Maßnahmen des BKMs mit explizitem Altersbezug werden zwar häufig geplant, jedoch im Status quo deutlicher seltener umgesetzt. Auffällig ist hier insbesondere der hohe Ausprägungsgrad hinsichtlich der Durchführung von internen Seminaren.	Neben betriebsunabhängigen Formaten finden sich hier überdurchschnittlich häufig betriebsbezogene (semi- als auch non-formalisiert) und damit auch stärker arbeitsintegrierte Maßnahmen. Auch Maßnahmen des BKMs mit explizitem Altersbezug werden im Vergleich von Betrieben zugehörig zu diesem Cluster häufiger angeboten. Auffällig ist hier insbesondere der hohe Ausprägungsgrad hinsichtlich der Maßnahmen des Mentorings/Coachings und Erfahrungslernens.

Es stellt sich nun die Frage, *wie sich diese Muster voneinander unterscheiden?* Zur Beantwortung dieser Frage lohnt ein genauer Blick auf die durchgeführten Diskriminanzanalysen, welche die Cluster auf signifikante Unterscheidungen hinsichtlich ihrer Merkmale untersuchen. Dazu wurden zunächst Chi-Quadrat-Tests und im Anschluss ausgehend vom Referenzcluster „Limited" t-Tests gerechnet

---

[50] Quelle: eigene Darstellung.

(Tab. 9). Die Ergebnisse des Chi-Quadrat-Testes weisen zunächst für alle untersuchten Maßnahmen statistisch *hoch signifikante* (p≤0,01) Unterschiede dahingehend auf, wie oft in welchem Cluster welche Maßnahmen angeboten wurden. Als Robustheitscheck wurden in einem zweiten Schritt dann weiterhin die Mittelwerte in der Ausprägung der Häufigkeit des Anwendens einer Maßnahme zwischen den Clustern mit t-Tests[51] untersucht. Hierbei zeigten sich ebenfalls größtenteils statistisch hoch signifikante Unterschiede (Tabelle 9).

---

[51] Grundsätzlich ist anzumerken, dass für die Berechnung des t-Tests als Voraussetzung das Vorliegen metrisch skalierter Daten benannt ist; und nicht wie hier geschehen ordinal skalierte Daten. Die Berechnung des t-Tests kann an dieser Stelle jedoch trotzdem sinnvoll sein und liegt laut Bortz und Schuster (2010) im Ermessensspielraum des/der Forscher*in. So weisen die Autoren darauf hin, dass der t-Test bei der Verletzung seiner Voraussetzung (z. B. durch die Verwendung von ordinal skalierten Daten) robust reagiere (vgl. Bortz und Schuster 2010, 471ff.).

5.7 Diskussion und Einschränkung der Analyse

Tabelle 9: Ergebnisse t-Test mit Cluster 2 ("Limited") als Referenzcluster[52]

Cluster Maßnahmen des BKMs	„Limited" n=73	„Mix' n-Match" n=55	„Do-it-All" n=129
Betriebsunabhängige Angebote des BKMs (formalisiert)			
Fachliche Weiterbildung	2,329	1,891**	1,612***
Hersteller-/Produktschulungen	2,452	2,145*	1,465***
Betriebsbezogene Angebote des BKMs (semi-formalisiert)			
Interne Seminare	3,233	2,073***	1,953***
Mentoring/Coaching/Erfahrungslernen	3,479	2,927***	1,713***
Betriebsbezogene Angebote des BKMs (non-formalisiert)			
Projektlernen	3,712	2,600***	2,116***
Altersgemischte Teams	3,589	1,636***	1,729***
Maßnahmen des BKMs mit speziellem Altersbezug			
Laufbahngestaltung	3,767	3,255***	1,907***
Spezielle Weiterbildungsangebote für Ältere	3,699	3,255***	2,364***

Signifikanzniveaus: ohne Angabe (nicht signifikant) p>0,1; signifikant *p≤0,1; sehr signifikant ** p≤0,05; hoch signifikant ***p≤0,01

5.7 Diskussion und Einschränkung der Analyse

Die hier durchgeführte Studie hatte zum Ziel, Muster bzw. Systematiken hinsichtlich des betrieblichen Kompetenzmanagements (BKM) von Handwerksbetrieben aufzudecken. Dazu wurden basierend auf einer Befragung von Inhaber*innen- und

---

[52] Quelle: In-K-Ha Inhaberbefragung 2016, eigene Berechnungen und eigene Darstellung.

Führungskräften (n=257) Clusteranalysen nach Ward gerechnet. Im Ergebnis konnten drei distinkte Cluster identifiziert werden. Unterschiede zwischen den drei Clustern (1) „Limited", (2) „Mix 'n' Match" und (3) „Do-it-All" lassen sich insbesondere zwischen der Angebotshäufigkeit, aber auch zwischen den angebotenen Formaten bzw. der Zielgruppenorientierung auf die Personengruppe der älteren Beschäftigen ausmachen. So werden im „Limited"-Cluster im Vergleich weniger Maßnahmen angeboten und diese sind in der Regel weniger betriebs- bzw. personengruppenorientiert. Im Cluster „Mix 'n' Match" zeigt sich eine Steigerung hinsichtlich der Angebotshäufigkeit und betriebsbezogene (semi- bzw. non-formale) Maßnahmen werden zwar angeboten, aber mit geringer Häufigkeit. Altersbezogene Maßnahmen werden insbesondere in Cluster „Do-it-All" bereits umgesetzt, welches im Allgemeinen auch am häufigsten Maßnahmen des BKMs anbietet, sowohl formalisiert betriebsunabhängige als auch betriebsbezogene und arbeitsintegrierte Maßnahmen. Es sollte jedoch an dieser Stelle darauf hingewiesen werden, dass ein „breites Angebotsportfolio an Maßnahmen" nicht gleich ein besseres betriebliches Kompetenzmanagement ausmacht. Trügerisch wäre also der Rückschluss „je mehr verschiedene Formate innerhalb eines Betriebes angeboten werden, desto besser ist das BKM respektive aufgestellt". Zum einen ist es an dieser Stelle schwierig, die Effekte der angebotenen Maßnahmen abzuschätzen, zum anderen haben – insbesondere im Handwerk – formalisierte Angebote, wie beispielsweise die vielverbreiteten Produkt- und Herstellerschulungen, auch wenn diese wenig alterssensibel sind, ihre Funktions- und Daseinsberechtigung. Behält man jedoch die Diskussion um Kompetenzen Älterer und deren Entwicklungen im Hinterkopf[53], ließe sich vorsichtig argumentieren, dass Betriebe, die bereits heute stark betriebs- und arbeitsplatzbezogene Kompetenzentwicklungsmaßnahmen anbieten, hinsichtlich einer alterssensiblen Kompetenzentwicklung besser aufgestellt sind, als Betriebe, die verstärkt formalisierte Angebote favorisieren. Gleiches gilt mit Blick auf die demografische Alterung von Belegschaften, wie sie auch im Handwerk zu beobachten ist.[54] So ist davon auszugehen, dass Betriebe, wo die personalpolitische Thematik der älteren Beschäftigten sich bereits in expliziten

---

[53] Für eine detaillierte Auseinandersetzung, wie das Handwerk die Kompetenzen seiner Mitarbeiter*innen entwickelt, siehe Kapitel 4 in dieser Arbeit.
[54] Für eine Übersicht über die Betriebsgrößen- und Altersstrukturen im Handwerk siehe Kapitel 3 in dieser Arbeit.

5.7 Diskussion und Einschränkung der Analyse

Maßnahmen niederschlägt, besser für die Zukunft aufgestellt sind, als dies in Betrieben der Fall ist, wo diese Beschäftigtengruppe noch nicht auf der Agenda der Inhaber*innen und Führungskräfte aufgetaucht ist.

Einschränkend für die hier vorliegende Studie ist zu bemerken, dass der Datensatz nicht als repräsentativ für den Handwerkssektor in Deutschland gelten kann: Zum einen stammen die Befragten primär aus den vier im „In-K-Ha"-Projekt herausgehoben betrachteten Fokusgewerken (Metall-, Elektro-, Sanitär-Heizung-Klima- und Kraftfahrzeughandwerk), was dazu führt, dass andere Gewerke des Handwerkssektors im Sample unterrepräsentiert sind. Des Weiteren wurde die Paper-Pencil-Befragung im Rahmen von Schulungs- und Weiterbildungsangeboten der zwei im „In-K-Ha"-Projekt eingebundenen Praxispartner, (1) der Handwerkskammer Braunschweig-Lüneburg-Stade sowie (2) des Berufsbildungs- und Servicezentrums des Osnabrücker Handwerks (BUS GmbH), durchgeführt. So ist zu vermuten, dass das relativ junge Durchschnittsalter der Befragungsteilnehmer*innen (38,6 Jahre) sich daraus begründet, dass Schulungen und Weiterbildungen im Handwerk insbesondere in den ersten Berufsjahren besucht werden. Zu kritisieren wäre u. U. auch die selektive Auswahl der in die Analyse eingeflossenen Maßnahmen zur Erfassung des betrieblichen Kompetenzmanagements. In die Auswahl einbezogen wurden jene Maßnahmen des betrieblichen Kompetenzmanagements, welche sich in der Literatur, im Material und in den Daten als die für das Handwerk „am typischsten" erwiesen haben. Um hier vorzubeugen wurden im Rahmen dieser Kurzstudie auch für andere Variablenkombinationen Clusteranalysen gerechnet, die zu ähnlichen Ergebnissen hinsichtlich bestehender Differenzen im BKM kamen. Als weiterhin einschränkend anzumerken ist, dass die Daten, in einer engen Auslegung, keinen Rückschluss auf das tatsächliche Verhalten von Handwerksbetrieben hinsichtlich ihres betrieblichen Kompetenzmanagements zulassen. So handelt es sich an dieser Stelle nicht um das „tatsächliche", sondern lediglich über das „berichtete" Verhalten, basierend auf Aussagen und Einschätzungen von Inhaber*innen und Führungskräften aus den respektiven Handwerksbetrieben. Für einen Abgleich zwischen „berichtetem" und „tatsächlichem" Verhalten wären hier weiterführende Forschungsschritte, beispielsweise im Rahmen von qualitativen Betriebsfallstudien bzw. Dokumentenanalysen, vorzuschlagen. In der Konsequenz lässt sich also sagen, dass die identifizierten Cluster somit nicht den Ist-Zustand des betrieblichen Kompetenzmanagements im Handwerkssektor darstellen, sondern es wurde – vereinfacht gesagt – das berichtete Verhalten der Inhaber*innen und Führungskräfte geclustert.

Abschließend ist an dieser Stelle jedoch hervorzuheben, dass trotz aller Einschränkungen des Datensatzes, nach Wissen der Autorin bis dato keine anderen quantitativen Erhebungen existieren, die sich hier für eine ähnlich detaillierte Analyse der Ausgestaltung des BKMs im Handwerk eignen. Dies gilt insbesondere in Bezug auf die unterschiedlichen Formate des BKMs sowie der expliziten Erhebung von Maßnahmen für die Zielgruppe der älteren Beschäftigten.

5.8 Ausblick auf den zweiten thematischen Teil der vorliegenden Arbeit

Während die Studie nun einen explorativen Blick auf den Ist-Zustand des BKMs im Handwerk erlaubt, stellt sich jedoch die Frage, *was die Determinanten bzw. (Begründungs-)Parameter hinter dem Verhalten von Handwerksbetrieben hinsichtlich ihres betrieblichen Kompetenzmanagements sind.* Welche Abwägungen werden auf Seiten von Handwerksbetrieben getroffen, wenn es darum geht, Maßnahmen des betrieblichen Kompetenzmanagements umzusetzen, und was könnten – konträr dazu – hier Gründe bzw. Motive dafür sein, dies nicht zu tun? Dabei ist zu vermuten, dass die Determinanten bzw. (Begründungs-)Parameter hier multikausal sind, d. h. es gibt nicht „das eine Motiv" bzw. „die eine Begründung", die dazu führt, dass Maßnahmen des betrieblichen Kompetenzmanagements für ältere Mitarbeiter*innen in einem Handwerksbetrieb umgesetzt werden oder eben nicht.

Dieser Fragestellung widmet sich der folgende zweite Teil der Arbeit. Dazu werden in Kapitel 6 zunächst theoretische Bezugspunkte aus der Literatur herausgearbeitet, die Anhaltspunkte für eine Erklärung unterschiedlichen betrieblichen Verhaltens hinsichtlich der Ausgestaltung des betrieblichen Kompetenzmanagements (BKMs) von Handwerksbetrieben bieten. Diese sollen in einem weiteren Schritt in einen heuristisch-analytischen Theorierahmen überführt werden, welcher als Analyserahmen für die anschließende qualitative Typenbildung im Rahmen dieser Arbeit dienen soll (Kapitel 7 - 8).

6 Theoretische Bezugspunkte

6.1 Betriebliches Kompetenzentwicklungs- und Weiterbildungsverhalten

Was könnten Gründe für die Disparitäten in der Angebotsstruktur sein und welche Erklärungsmechanismen lassen sich in der Literatur für das unterschiedliche Verhalten von (Handwerks-)Betrieben hinsichtlich ihres betrieblichen Kompetenzmanagements (BKM) identifizieren? Schaut man in die Literatur – und hier insbesondere in die theoretischen Ansätze zur Erklärung der Ausgestaltung betrieblichen Bildungsverhaltens – fällt zunächst auf, dass das Wort „Kompetenz" bzw. „Kompetenzmanagement" nur sehr selten genannt wird. So wird häufig ganz generell von „Bildung bzw. Ausbildung" oder im Kontext von Personen, die bereits ausgelernt sind, von „Weiterbildung" oder „beruflicher" bzw. „betrieblicher Weiterbildung" gesprochen.[55] Begründet ist dies zu Teilen darin, dass das Kompetenzkonzept in Disziplinen, wie der Arbeits- und Organisationspsychologie, die verstärkt das Individuum ins Zentrum ihres Interesses stellen (vgl. Heuer 2010, 101ff.), deutlich populärer ist, als in Disziplinen, die auf betriebliches Bildungsverhalten als Ganzes schauen; wie beispielsweise die Betriebssoziologie, die Bildungsforschung oder auch die Berufspädagogik bzw. die Ökonomie. Darüber hinaus ist aus historischer Perspektive anzumerken, dass die Begriffe „Bildung bzw. Weiterbildung", insbesondere in der deutschen Forschungslandschaft, über eine lange Tradition verfügen. Es lässt sich vermuten, dass sich diese zum einen über die Zeit als *„Terminus Technicus"* etabliert haben und zum anderen dass sich das Kompetenzkonzept[56] zum Zeitpunkt der Entstehung bestimmter theoretischer Zugänge noch nicht durchgesetzt hatte. Diese Arbeit wählt im Kontext des komplexen Diskurses daher folgendes Vorgehen: Verwendet werden zunächst die in der jeweils theoriespezifischen Literatur gängigen Bezeichnungen, z. B. „Weiterbildung" oder „betriebliche Weiterbildung", die jedoch – wenn möglich bzw. sinnhaft – auch im Kontext der aktuellen Kompetenzdebatte diskutiert werden sollen. Im Folgenden sollen Ansätze aus verschiedenen Disziplinen berücksichtigt wer-

---

[55] Eine detaillierte Darstellung der handwerklichen Berufsausbildung kann dem Kapitel 3 in dieser Arbeit entnommen werden.
[56] Eine detaillierte Auseinandersetzung mit dem Kompetenzkonzept ist dem Kapitel 4 dieser Arbeit zu entnehmen.

den, ohne hier den Anspruch auf Vollständigkeit zu erheben. Die für den deutschsprachigen Raum dominanten theoretischen Zugänge werden dabei prioritär behandelt.

Dazu sollen zunächst der Vorteil eines theorieintegrativen Ansatzes (Kapitel 6.2) bzw. die Notwendigkeit eines heuristisch-analytischen Theorierahmens (Kapitel 6.3) herausgearbeitet werden und dann im Folgenden die drei für diese Arbeit prioritär behandelten Theorieansätze („Humankapitaltheorie", „Theorie der segmentierten Arbeitsmärkte" sowie „Promotorenmodell") (Kapitel 6.4 – 6.7) thematisiert werden. Kapitel 6.7 widmet sich der kritischen Reflexion der gewählten Ansätze und das abschließende Kapitel der Erarbeitung eines gemeinsamen analytisch-heuristischen Theorierahmens (Kapitel 6.8).

6.2 Zum Vorteil eines theorieintegrativen Ansatzes

Eine der ersten Studien im deutschsprachigen Raum, welche sich um die systematische Erklärung von *betrieblichem Weiterbildungsmanagement* bemühte, ist die Studie von Weber (1985), in der er sich der betrieblichen Weiterbildungslandschaft aus der betriebswirtschaftlichen Perspektive näherte. Für Weber sind insbesondere der situative Bildungskontext, die damit verbundenen Weiterbildungsziele, die gelebte Unternehmensphilosophie, aber auch das Vorhandensein eines Betriebsrates entscheidende Faktoren für die Weiterbildungsbeteiligung und die Angebotsstrukturen in Betrieben (vgl. Käpplinger 2006, S. 3). Am Beispiel dieser einzigen Studie lässt sich – neben der disziplinären Vielfalt – eine weitere zentrale Herausforderung im Kontext des theoretischen Diskurses um betriebliches Kompetenzmanagements ausmachen. So nennt Weber eine Vielzahl möglicher Determinanten, die nicht nur verschiedene betriebliche Akteur*innen (Führungsebene, Betriebsrat bzw. Mitarbeiter*innen) ansprechen, sondern auch den Einfluss eines spezifischen Situationskontextes sowie darüber hinaus betriebswirtschaftliche Überlegungen seitens der Betriebe miteinbeziehen. D. h. es „tummeln" sich in diesem Feld nicht nur eine Reihe von Akteur*innen, die in Abhängigkeit von einander die Ausgestaltung des betrieblichen Kompetenzmanagements nachhaltig beeinflussen, sondern auch die spezifische (Arbeits-)marktposition des Betriebs sowie komplexe betriebswirtschaftliche und führungsbezogene Komponenten wirken – so zeigt die Literatur – in diesen Prozessen. Einige Forscher*innen führen

6.2 Zum Vorteil eines theorieintegrativen Ansatzes

an dieser Stelle noch weitere Determinanten an und vertreten die Meinung, Weiterbildung sei auch als Anpassung an neue technologische oder organisatorische Anforderungen zu interpretieren. Betriebliches Kompetenzmanagement bzw. dessen Ausgestaltung ist in diesem Verständnis auch von einer bestehenden Wechselbeziehung zwischen „[...] Technikeinsatz, Arbeitsorganisation und Qualifikation [Hervorhebung im Original] [...]" (Düll und Bellmann 1998, S. 206) bestimmt.

Selbst diese sehr verkürzte Übersicht zeigt, dass von einer Bandbreite an Determinanten für betriebliches Kompetenzmanagement ausgegangen werden muss, wollen Forscher*innen die komplexen Erklärungsmechanismen hinter unterschiedlichem betrieblichen Weiterbildungsverhalten genauer bestimmen. Diese Komplexität zeigt sich auch in der Schwierigkeit einer theoretischen Rahmung betrieblichen Weiterbildungs- bzw. Kompetenzmanagements. Martin und Beherends (1999) bemerken vor diesem Hintergrund beispielsweise, dass in Relation zu der Vielzahl von vorliegenden Studien jedoch eine „relativ schmale theoretische Ausbeute" existiert, welche die Weiterbildungsaktivitäten von Personen bzw. Betrieben theoretisch unterlegen. So suche man trotz der relativen Wichtigkeit des Themas vergeblich nach gut ausgearbeiteten theoretischen Konzepten der ganzheitlichen Erklärung betrieblichen Weiterbildungs- bzw. Kompetenzmanagementverhaltens (vgl. Martin und Beherends 1999, 41f.). Vielmehr würden sich viele der im Weiterbildungsdiskurs getätigten Studien dem Vorgehen bedienen, verschiedene theoretische Zugänge zusammenzuführen bzw. zu ergänzen. Während Martin und Beherends dieses Vorgehen kritisieren und vielmehr als eine Art Notlösung betrachten, sei an dieser Stelle auch explizit auf die Vorteile eines solchen Vorgehens hingewiesen, wie am Beispiel von Düll (1998) zu sehen:

„Eine konsistente Ableitung betrieblicher Weiterbildungsaktivitäten oder gar eine Differenzierung von unterschiedlichen empirischen Weiterbildungstypen lassen die humankapital- und transaktionskostentheoretischen Erklärungsansätze unseres Erachtens nicht zu. Deshalb werden sie in der Regel ergänzt durch weitere Erklärungsansätze, die an den externen Umwelt- und internen Kontextfaktoren für betriebliche Qualifizierung ansetzen." (Düll und Bellmann 1998, S. 206)

Laut den Autoren erlaube ein solch multi-perspektivischer analytischer Theorierahmen, zum einen die fehlende Erklärungskraft einzelner Theorien sinnhaft durch andere theoretische Zugänge zu ergänzen, zum anderen trägt dieses Vorgehen den komplexen Determinanten, multiplen Akteur*innenperspektiven und interdisziplinären Sichtweisen auf das Thema Rechnung. Abschließend sei an dieser Stelle noch einmal darauf hingewiesen, dass die hier vorliegende Arbeit ebenfalls nicht zur Abschaffung der von Martin und Beherends angesprochenen Theorieabstinenz beitragen möchte, da sie im engeren Sinne keine Theorieentwicklung zum Ziel hat. Vielmehr plädiert diese Arbeit dafür, sich die Stärken eines multi-perspektivischen heuristisch-analytischem Theorierahmens zu Nutze zu machen, wie im folgenden Kapitel dargelegt.

6.3 Zur Notwendigkeit eines heuristisch-analytischen Theorierahmens

Ein Forschungsgegenstand, so die einfache wie banale Feststellung, kann immer aus verschiedenen theoretischen Perspektiven betrachtet werden. So entwerfen Theorien im Allgemeinen ein Bild bzw. Modell über einen Ausschnitt der Realität und versuchen, so in den Worten des Soziologen Max Webers beispielsweise „[...] soziales Handeln [zu; A. d. A.] verstehen und dadurch in ihrem Ablauf und seinen Wirkungen ursächlich [zu; A. d. A.] erklären" (Weber 1980, S. 1). Dabei kann jedoch – unabhängig von Grabenkämpfen zwischen unterschiedlichen Wissenschaftsdisziplinen – davon ausgegangen werden, dass differenzierende theoretische Ansätze Vor- aber auch Nachteile für spezifische Fragestellungen aufweisen.

Für die hier vorliegende Untersuchung weisen eine Reihe von theoretischen Zugängen gute Anknüpfungspunkte auf. Jedoch musste – nach einer erheblichen Übertragungsleistung auf den Forschungsstand – auch festgestellt werden, dass viele der populären theoretischen Zugänge, die im Kontext der Weiterbildungsforschung zu finden sind, meist einzelne Erklärungsmechanismen oder Akteur*innenebenen singulär betrachten, während andere Einflussfaktoren und Akteur*innen im Diskurs wenig bis kaum Beachtung finden. Um diese Einschränkungen zu überwinden, ist an dieser Stelle eine partielle Integration verschiedener Ansätze aus forscherischer Sicht sinnvoll. Zu diesem Zweck werden den verschiedenen Zugängen einzelne theoretische Annahmen oder sog. „Senzitizing Concepts" [57]

---

[57] Blumer (1957) erklärt die Unterschiede hier wie folgt: "A definite concept refers precisely to what is common to a class of objects, by the aid of a clear definition in terms of attributes or fixed benchmarks. This definition, or the benchmarks, serve as a means of clearly identifying the individual instance of the class and the make-up of that instance that is covered by the con-

6.3 Zur Notwendigkeit eines heuristisch-analytischen Theorierahmens

entnommen, die anschließend konzeptionell neu wieder zusammengeführt und zueinander in Beziehung gesetzt werden. Im Ergebnis steht dem/r Forscher*in dann ein *heuristisch-analytischer Theorierahmen* (vgl. Preuß 2014, S. 25) zur Verfügung, der zum einen adäquate analytische Kategorien bereitstellt, zum anderen jedoch auch den Forschungsprozess und -gegenstand strukturiert und beispielsweise die Ableitung von Hypothesen erlaubt (vgl. Blumer 1954, S. 3). In Abgrenzung zu „definitiven Konzepten", d. h. beispielsweise in sich geschlossenen Theorien, sind die sog. „Sensitizing Concepts" durch eine gewisse Unbestimmtheit bzw. Vieldeutigkeit gekennzeichnet. Sie fungieren als sensibilisierende Konzepte, welche die Perspektive des/r Forschenden geringfügig fokussieren bzw. leiten:

"A sensitizing concept lacks [...] specifications of attributes or bench marks and consequently it does not enable the user to move directly to the instance and its relevant content. Instead, it gives the user a general sense of reference and guidance in approaching empirical instances." (Blumer 1954, S. 7)

Im Kontext der hier vorgelegten Arbeit kommt dem heuristisch-analytischen Rahmen noch eine weitere Bedeutung hinzu. So ist Ziel dieser Untersuchung, distinkte Typen[58] zu bilden, welche auch als „Kombination theoretisch relevanter Merkmale" verstanden werden können (vgl. Kelle und Kluge 2010, S. 39). Es gilt also, im Vorfeld ein „Spannungsfeld möglicher theoretischer Zugänge" zu erarbeiten, welche es dem/r Forscher*in erlaubt, einen für die Analyse ersten Merkmalsraum inklusive der dazugehörigen Merkmalsausprägungen zu entwickeln (vgl. Kelle und Kluge 2010, S. 70). In den folgenden Kapiteln sollen daher die drei hier ausgewählten theoretischen Zugänge – „Humankapitaltheorie", „Theorie der segmentierten Arbeitsmärkte" sowie das „Promotorenmodell" – vorgestellt und auf das betriebliche Kompetenzmanagement im Handwerk und im Speziellen auf die Gruppe der älteren Beschäftigten angewendet werden. Im Anschluss erfolgt eine Diskussion des gesamten heuristisch-analytischen Theorierahmens.

---

cept. A sensitizing concept lacks such specifications of attributes or benchmarks and consequently it does not enable the user to move directly to the instance and its relevant content. Instead, it gives the user a general sense of reference and guidance in approaching empirical instances." (Blumer 1954, S. 7)

[58] Eine konkretere Erläuterung zum Verfahren der Typenbildung ist dem Kapitel 7 dieser Arbeit zu entnehmen.

6.4 Humankapitalansatz in Anlehnung an Gary S. Becker

Eines der populärsten Erklärungsmuster für Weiterbildungsaktivitäten, der Humankapitalansatz, kommt aus der Arbeits- bzw. Mikroökonomie und befasst sich mit dem Abwägungsproblem zwischen den „Kosten bzw. dem Nutzen" von Weiterbildung. Die Humankapitaltheorie, begründet u. a. auf den zentralen Arbeiten von Schultz (1961), Mincer (1962) sowie Becker (1964), baut dabei auf der neoklassischen Arbeitsmarkttheorie auf und folgt der Annahme der Existenz eines „homo economicus", d. h. eines/r rational, frei wählenden und marktinformierten Akteurs/in, dessen/deren Handeln stets danach ausgerichtet ist, seinen/ihren eigenen Nutzen zu maximieren (vgl. Behringer 1999, S. 31). Zentral dabei ist die Annahme, dass Menschen ihr gesellschaftliches Zusammenleben und individuelles Handeln nicht ökonomisch gestalten „sollen", sondern dass sie dies „immer schon tun" (vgl. Bröckling 2003, S. 9).

Am konsequentesten umgesetzt hat diesen sog. „ökonomischen Ansatz" wohl Gary S. Becker in seinem Hauptwerk die *„Ökonomische Erklärung menschlichen Verhaltens"* (1976). Weniger als eine Zustandsbeschreibung über die Natur menschlichen Verhaltens, sondern vielmehr als Heuristik will Becker den Grundgedanken einer rationalen, nutzenmaximierenden Orientierung als Basis von Präferenzausbildung und damit auch aller Handlungsentscheidung „[…] strikt und ohne Einschränkungen auf alles menschliche Verhalten angewendet wissen […]" (Bröckling 2003, S. 9). So ist der ökonomische Ansatz nach Becker nicht allein auf den Umgang mit materiellen Gütern beschränkt, sondern kann auch herangezogen werden, um Handlungsentscheidungen, die beispielsweise das Heirats-, Reproduktions- oder aber auch das betriebliche Kompetenzmanagement betreffen, zu erklären (vgl. Becker 1993, 5f.). Für jedes – auch nicht monetäre – Gut auf dem Markt lässt sich in der Logik des ökonomischen Ansatzes demnach ein Preis bestimmen, beispielsweise in Form von der Zeit, die benötigt wird, um eine zusätzliche „Einheit" dieses Gutes zu produzieren. Diesen können die Akteur*innen dann in ihr subjektives Nutzen-Kosten-Kalkül „einpreisen" und unter der Prämisse der Nutzenmaximierung entsprechend ihre individuellen Präferenzen ausbilden: „Alles Handeln stellt demnach eine Wahl zwischen als attraktiv und weniger attraktiv empfundenen Alternativen dar und ist deshalb im umfassenden Sinne eigennützig" (Bröckling 2003, S. 9). Dieses eigennützige nutzenmaximierende Ver-

6.4 Humankapitalansatz in Anlehnung an Gary S. Becker

halten, welches Becker nicht nur Individuen unterstellt, sondern auch anderen Akteur*innen, wie beispielsweise Unternehmen, Organisationen oder auch ganzen Nationen bzw. Gesellschaften, muss den Akteur*innen selber dabei nicht mal zwingend bewusst sein. Dieses, so Becker weiter, beeinflusse trotzdem deren Handeln am Markt (vgl. Becker 1993, S. 3).

Überträgt man dies auf die Frage nach den Angebotsstrukturen von betrieblichem Kompetenzmanagement muss zunächst festgehalten werden, dass in der Tradition des ökonomischen Ansatzes die Arbeitskraft bzw. die Fertig- und Fähigkeiten eines/r Mitarbeiter*in analog zu anderen Gütern (z. B. Sach- oder Finanzgüter) als „Kapital" d. h. konkret als „Humankapital" aufgefasst werden (vgl. Gess 2003, o. S.). Dabei wird von Becker selbst Humankapital relativ knapp als „[...] das ökonomisch verwertbare Wissen eines Menschen definiert [...]" (Schmeisser 2010, S. 16), während Autoren wie beispielsweise Schultz dies wesentlich konkreter formulieren und Humankapital als Wissen und Fähigkeiten beschreiben, die durch Ausbildung und/oder Training erworben werden und welche dazu genutzt werden können, ökonomische Erträge zu erzielen (vgl. Schmeisser 2010, S. 16). Andere Autoren fassen Humankapital sogar über den ökonomischen Kontext hinaus und bezeichnen dieses als „[...] personenbezogenes Wissen, Fertigkeiten und Qualifikationen [vom Menschen; auf A. d. A.], die es diesem erlauben, in unterschiedlichen gesellschaftlichen Feldern erfolgreich zu sein" (Gerhards et al. 2016, S. 10). Vereinfacht gesagt, bezeichnet „Humankapital" also die Kompetenzen bzw. die Fähig- und Fertigkeiten, die eine/n Arbeitnehmer*in in die Lage versetzen, die an ihn/sie gestellten Arbeitsanforderungen zu erfüllen. Arbeitgeber*innen können dann im weitesten Sinne als „Abnehmer*innen" dieses Humankapitals verstanden werden, da sie auf Arbeitnehmer*innen mit entsprechenden Kompetenzen angewiesen sind, um mit ihrem Betrieb Umsatz zu erzielen. Im betrieblichen Kontext werden Mitarbeiter*innen demnach als Humankapitalträger*innen bzw. –geber*innen angesehen, die ihr Kapital in Form von Wissen, Kompetenzen bzw. Fähigkeiten in das Unternehmen investieren können und deren Wissen im Umkehrschluss das Humankapital eines Unternehmens ausmacht (vgl. Jerrentrup und Terhorst 2008, S. 3).

Das Anstoßen, Durchführen bzw. die Finanzierung von Kompetenzentwicklungsmaßnahmen von Betriebsseite können dann als Investition in eben dieses Humankapital – d. h. in die Kompetenzen der eigenen Mitarbeiter*innen und in deren

Entwicklung – verstanden werden. Dahinter steht die Idee, dass Bildung verwertbare Fertig- und Fähigkeiten vermittelt, die zu einer höheren Produktivität des/r Einzelnen führen und in der Konsequenz den Marktwert der geleisteten Arbeit des Individuums aus Betriebssicht erhöhen. Betriebe avancieren in diesem Kontext zu Investor*innen, indem sie – ähnlich anderer Kapitalsorten – in „ihr" Humankapital investieren mit dem Ziel, hier zu einer Wertsteigerung zu kommen (vgl. Behringer 1999, S. 31). Die Bereitschaft von Betrieben, in das Humankapital ihrer Mitarbeiter*innen zu investieren, ist, den Grundannahmen Beckers folgend, dabei also immer unmittelbar an die zu erwartenden Renditen, z. B. der betrieblichen Gewinnmaximierung, geknüpft. Vereinfacht gesagt, werden seitens der Betriebe die Investitionskosten in das Gut „Bildung" im Rahmen eines nutzenmaximierenden rationalen Aushandlungsprozesses den zu erwartenden Renditen gegenübergestellt und eine Investition nur dann getätigt, wenn aus dieser Rechnung zukünftig Erträge zu erwarten sind (vgl. Behringer 1999, S. 31). Während die Bestimmung sowohl der Kosten als auch der zu erwartenden Renditen aus der Sicht des/r einzelnen (älteren) Arbeitnehmer*in relativ einfach erscheint.[59]

„Aus humankapitaltheoretischer Sicht wird daher davon ausgegangen, dass die Qualifizierung im Berufsleben an sich keinen Selbstzweck darstellt. Vielmehr beteiligen sich Individuen an beruflicher Weiterbildung, um ihre Arbeitsmarkt- und Einkommenschancen substantiell zu verbessern." (Becker und Hecken 2005, S. 363)

ist dies aus der betrieblichen Perspektive weit weniger eindeutig bzw. vielschichtiger. Dem soll im folgenden Kapitel unter der besonderen Berücksichtigung von Handwerksbetrieben nachgegangen werden.

---

[59] Diese enge Verknüpfung an die zu erwartenden Renditen wurde seitens der Wissenschaft in der Vergangenheit häufig kritisiert. Beispielsweise lehnte Pierre Bordieu den Begriff des Humankapitals strikt ab bzw. er bemängelte bei den Humankapitaltheoretikern die enge Fokussierung auf die ökonomische Makroebene, insbesondere in Bezug auf die Ermittlung der Renditen, die sich aus dem Humankapital ziehen lassen (vgl. Gerhards et al. 2016, S. 12). Weiter kritisiert er, dass beim Erwerb von Wissen und Kompetenzen, d. h. von Humankapital, häufig lediglich bildungsvermittelnde Institutionen wie Schulen und Universitäten berücksichtigt werden, jedoch nicht Familie und andere soziale Kontexte, die auch Wissen an Individuen weitergeben können (vgl. Schmeisser 2010, 17f.).

6.4.1 (Handwerks-)Betriebe als Investoren aus humankapitaltheoretischer Perspektive

In der Forschung wird der Humankapitalansatz insbesondere häufig als Analyseraster herangezogen, um die individuelle Bildungsentscheidung bzw. –bereitschaft oder –motivation von Beschäftigten zu erklären. Im Kontext von betrieblichem Kompetenzmanagement stellen jedoch die Arbeitgeber*innen durch ihre Investitionen eine/n zentrale/n Akteur*in dar: Sie tragen in der Praxis beispielsweise einen Teil der Kosten oder bieten u. U. sogar eigene Maßnahmen des betrieblichen Kompetenzmanagements (BKM) an. Darüber hinaus stellen sie Mitarbeiter*innen frei für die Teilnahme an Weiterbildungs- und Kompetenzentwicklungsmaßnahmen und üben so einen großen Einfluss nicht nur auf den Zugang, sondern auch auf die Angebotsstruktur aus:

> *„Ein erheblicher Teil der Weiterbildung wird von den Arbeitgebern veranstaltet, die dann auch großen Einfluss auf die Auswahl der beteiligten Arbeitnehmer*innen haben; für einen Teil der Weiterbildungsangebote ist wegen der zeitlichen Organisation für Vollzeitbeschäftigung die Freistellung von der Arbeit erforderlich."* (Behringer 1999, S. 32)

Obwohl die Humankapitaltheorie eine angemessene Möglichkeit darstellt, das Investitionsentscheiden von Betrieben nachzuvollziehen, ist diese Perspektive nicht unproblematisch. So verhandelt die Humankapitaltheorie das Entscheidungsverhalten von ganzen Betrieben unter der Prämisse eines vollen Marktverständnisses und der Fähigkeit, die anfallenden Kosten- bzw. Renditeerwartungen genau abschätzen zu können. Insbesondere für die Betriebsgrößengruppe der Kleinst- und Kleinbetriebe ist eine genaue Bestimmung dieser Faktoren häufig aus mehrfacher Sicht problematisch.

Im Kontext des betrieblichen Kompetenzmanagements können Kosten aus unterschiedlichen Gründen anfallen, die jedoch aus Betriebssicht im Voraus nicht immer eindeutig zu bestimmen sind. Nach Behringer (1999) liegen beispielsweise dann Kosten bzw. betriebliche Investitionen in Weiterbildung vor, wenn (1) Betriebe als Träger von Weiterbildungsmaßnahmen auftreten; (2) sie anteilig oder voll die Kosten für außerbetriebliche Weiterbildung übernehmen oder (3) Betriebe Mitarbeiter*innen für die Teilnahme an Weiterbildungsmaßnahmen freistellen (vgl. Behringer 1999, S. 47). An dieser Stelle ist es sinnvoll, noch einmal zwischen direkten und indirekten Kosten zu unterscheiden: Während direkte Kosten, die beispielsweise in Form der Organisation und Durchführung eigener Kompetenzentwicklungsmaßnahmen, der Finanzierung von Lehrgangs- und Teilnahmegebühren oder Anfahrts- und Unterbringungskosten sowie der Bereitstellung von Medien und Lernmaterial anfallen, noch relativ leicht zu ermitteln sind, fällt dies für indirekte Kosten deutlich schwerer. So muss hier beispielsweise die Zeit, die Mitarbeiter*innen für eine Weiterbildung freigestellt werden, mit einem Kostenfaktor belegt werden (vgl. Neubäumer et al. 2006, S. 446). Gleiches gilt auch für Angebote des informellen Lernens, d. h. Maßnahmen, die das Lernen im Prozess der Arbeit forcieren. So müsste man – überspitzt gesagt – die Zeit, in der ein/e Mitarbeiter*in in einer Arbeitssituation, z. B. durch die Anleitung durch eine/n erfahrene/n Kollegen/in lernt, formal trennen von der parallel stattfindenden produktiven Arbeit (vgl. Lenske und Werner 2009, S. 13 sowie Seyda und Werner 2014, 5f.). Auch werden finanzielle und zeitliche Investitionen in Maßnahmen des betrieblichen Kompetenzmanagements oftmals als „Störfaktor" im betrieblichen Produktionsablauf gesehen, die ein „[…] störendes, zusätzlichen Abstimmungsprozessen und besonderen Rechtfertigungen unterlegenes Unterfangen […]" (Staudt 1993 zit. nach Dobischat 2013, S. 248) darstellen und dadurch u. U. Kosten verursachen, die jedoch zunächst „unsichtbar" bleiben.

„Wenn eine offensichtlich günstige Gelegenheit von einer Unternehmung, einem Arbeiter oder einem Haushalt nicht ausgenutzt wird, nimmt der ökonomische Ansatz nicht Zuflucht zu der Behauptung, man habe es hier mit irrationalem Verhalten zu tun, der Betreffende sei mit dem erreichten Wohlstand bereits zufrieden oder es seien eben entsprechende Änderungen der Werte (d. h. der Präferenzen) eingetreten. Vielmehr nimmt der ökonomische Ansatz an, dass es – monetäre oder psychische – Kosten gibt, die mit der Nutzung dieser Gelegenheit verbunden sind und deren möglichen Gewinn zunichtemachen, Kosten die möglicherweise von Außenstehenden nicht so leicht "gesehen" werden." (Becker 1993, S. 6)

Im Weiteren ist auch davon auszugehen, dass zwischen größeren und kleineren Betrieben anfallende Kosten unterschiedlich ins Gewicht fallen dürften. So ist zu vermuten, dass interne Weiterbildungen, d. h. Weiterbildungen, die betriebsintern stattfinden, im Durchschnitt günstiger sein dürften, als wenn Arbeitgeber*innen ihre Mitarbeiter*innen zu externen Schulungen entsenden. Kleine und mittlere (Handwerks-)unternehmen verfügen jedoch u. U. nicht über ein institutionalisiertes und systematisch verankertes Kompetenzmanagement, d. h. sie sind im erhöhten Maße auf externe Angebote angewiesen (vgl. Behringer 1999, S. 54). Interessant

6.4 Humankapitalansatz in Anlehnung an Gary S. Becker

ist jedoch, dass Studien zeigen, dass sich dieses gängige Muster – je kleiner der Betrieb, desto häufiger wird von externen Maßnahmen Gebrauch gemacht – aufhebt, wenn man sich informelle, d. h. arbeitsintegrierte Weiterbildungs- bzw. Kompetenzentwicklungsmaßnahmen anschaut. So konnten Naegele und Frerichs (2015) im Rahmen einer Betriebseigner- und Führungskräftebefragung (n=257) im Handwerk zeigen, dass die kleinsten Betriebe in der Befragung (bis 10 Mitarbeiter*innen) arbeitsintegrierte Maßnahmen in ähnlich hohen Anteilen in ihren Betrieben durchführten als die respektiven größeren Betriebe im Sample (vgl. Naegele und Frerichs 2015, 1ff.). Jedoch muss auch festgehalten werden, dass in kleineren Betrieben, das „Wegfallen" eines/r einzelnen Mitarbeiter*in – auf Grund des Besuchs einer Weiterbildung bzw. einer Kompetenzentwicklungsmaßnahme – schon zu größeren personellen Engpässen führen kann, als dies bei größeren Betrieben der Fall ist, insbesondere wenn es sich um eine Zeit mit hoher Auftragsauslastung handelt (vgl. Behringer 1999, S. 54).[60] Anzusprechen ist in diesem Zusammenhang auch die Frage nach der Transparenz der zur Verfügung stehenden Angebote für kleine und mittelständische Betriebe.

„Die immer noch unzureichende Transparenz [auf den Weiterbildungsmarkt; A. d. A.] wirkt sich für kleinere Betriebe (mit geringerer innerbetrieblicher Professionalisierung hinsichtlich Fragen der Weiterbildung, mit seltenerer Weiterbildungsnachfrage bei externen Anbietern und in der Summe geringerer Erfahrung der Belegschaft mit externen Weiterbildungsangeboten) gravierender aus als für Großbetriebe. Die Kosten der Informationsbeschaffung sind höher als für Großbetriebe, oder es kommt häufiger als in Großbetrieben zur Auswahl eines nur teilweise geeigneten Weiterbildungsangebots. Letztendlich wären damit die Kosten der Weiterbildung für kleinere Betriebe höher als für größere." (Behringer 1999, S. 55)

---

[60] Interessant ist, dass Daten des siebten IW-Weiterbildungspanels des Deutschen Instituts für Wirtschaft Köln (IW) zeigen, dass während der Wirtschafts- und Finanzkrise (gezeigt am Referenzjahr 2008) kleinere und mittlere Betriebe deutlich häufiger ihre Weiterbildungsaktivitäten zurückschraubten, als dies größere Betriebe taten. Die Autoren der Studie stellen hier die Vermutung an, dass dies zum einen auf die gerade in Krisensituationen fehlenden Ressourcen zurückzuführen sei oder aber auch darauf, dass KMU-Betriebe weniger von der Finanzkrise betroffen waren, da sie weniger exportabhängig agieren. Dies hieße, dass insgesamt weniger Personal für Weiterbildung freigestellt wurde und in Kombination mit einer grundsätzlich höheren Unsicherheit – vor allem vor möglichen Entlassungen in der Zukunft – Investitionen in Weiterbildung gescheut wurden (vgl. Bundesministerium für Wirtschaft und Technologie (BMWi) 2012, S. 5).

Darüber hinaus zeigen Studien, dass viele Handwerksbetriebe sehr betriebsspezifische Kompetenzanforderungen an Ihre Mitarbeiter*innen stellen. D. h., selbst wenn ausreichend Informationen bei den Betrieben über mögliche Weiterbildungsangebote vorliegen, nicht, dass diese die betriebsspezifischen Bedarfe der einzelnen Handwerksbetriebe abbilden (vgl. Naegele et al. 2018a, 145ff.). Daneben passiert das Anstoßen von Kompetenzentwicklungsmaßnahmen häufig relativ spontan und in Abhängigkeit von der konkreten Auftragslage eines Betriebs.

"Auch wissen wir, dass Weiterbildungsverhalten in Handwerksbetrieben oftmals stark an die konkrete Auftragslage gebunden ist, d. h., ein Mitarbeitender besucht erst dann eine Weiterbildung, wenn es der vorliegende Auftrag notwendig macht." (Naegele et al. 2018a, 150f.)

Erwähnt, jedoch nicht in Gänze ausgeführt, werden sollte an dieser Stelle auch die Rolle, die öffentliche Mittel im Zuge der Investition in Humankapital spielen können (vgl. Behringer 1999, S. 33). So ist die Möglichkeit, Kompetenzentwicklungsmaßnahmen für die eigenen Mitarbeiter*innen von dritter Seite finanzieren zu lassen, unmittelbar damit verbunden, inwieweit kleinere Betriebe die Möglichkeiten, die sich ihnen hier grundsätzlich bieten, wahrnehmen. So könnten Aufwendungen für Weiterbildungen bzw. Maßnahmen der betrieblichen Kompetenzentwicklung im Rahmen von Förderprogrammen subventioniert werden. Hierzu existieren eine Reihe von bundesweit laufenden Maßnahmen, aber auch einige, die nur in einzelnen Bundesländern zu beantragen sind. Exemplarisch hier zu nennen ist beispielsweise die „Bildungsprämie", die, finanziert seitens des Bundesministeriums für Bildung und Forschung (BMBF), vor allem denjenigen Arbeitnehmer*innen zugutekommen soll, denen es aufgrund ihres Einkommens bis dato nicht möglich war, die Kosten von Weiterbildungen zu tragen. Auch zu nennen ist hier der sog. „Bildungsgutschein" der Bundesagentur für Arbeit, der immer mit einem konkreten Bildungsziel verbunden ist und beispielsweise dann beantragt werden kann, wenn durch eine Weiterbildung ein drohender Arbeitsplatzverlust abgewendet werden kann. Speziell die Weiterbildungsaktivitäten in kleinen und mittleren Betrieben fördern sollen die sog. „Bildungsschecks", die, aus Mitteln des Europäischen Sozialfonds (ESF) finanziert, jedoch nicht in allen Bundesländern zur Verfügung stehen. Diese können von (Handwerks-)betrieben mit einer maximalen Mitarbeiter*innenzahl von 249 Beschäftigten beantragt werden und für 50 % der

6.4 Humankapitalansatz in Anlehnung an Gary S. Becker

anfallenden Kurskosten, höchstens aber 500 Euro pro Bildungsscheck, eingesetzt werden (vgl. weiterbildungs-ratgeber. de, o. S.).

Analog zu den Kosten von Weiterbildung bzw. Kompetenzentwicklungsmaßnahmen, „preisen" – der Humankapitaltheorie folgend – Betriebe zukünftig zu erwartende Renditen bei ihren Investitionsentscheidungen ein (vgl. Becker 1993, S. 3). D. h. vereinfacht gesagt, dass Arbeitgeber*innen Weiterbildungsangebote ihren Mitarbeiter*innen nur dann ermöglichen, wenn sie aus dieser Investition eine Rendite erwarten. Solche Renditen beziehen sich dabei nicht nur auf monetäre (Zu-)Gewinne, sondern auch auf die Vermeidung potentieller zukünftiger Kosten beispielsweise durch fehlendes Fachpersonal oder der Steigerung von Arbeitsmotivation bzw. Arbeitszufriedenheit (vgl. Seyda und Werner 2014, S. 5 sowie Behringer 1999, S. 31). Primär geht es aus Betriebssicht um die gewinnbringende Verwertung der durch Weiterbildung erreichten (neuen) Qualifikation.

„Ziel betrieblicher Weiterbildung ist die Sicherstellung und Aufrechterhaltung der `Versorgung` [Hervorhebung im Original] mit den benötigten Qualifikationen, um so Erträge zu erhöhen." (Behringer 1999, S. 51)

In der Literatur finden sich verschiedene Beispiele für Renditen, die aus Betriebssicht relevant für eine Investitionsentscheidung in Weiterbildung sein könnten. Gary S. Becker selber hebt in diesem Kontext vor allem die Steigerung der individuellen Produktivität und damit verbunden die Gewinnmaximierung aus Betriebssicht hervor. Becker und Hecken (2005) weisen jedoch darauf hin, dass es hier einen Unterschied macht, ob es sich an dieser Stelle um Investitionen in *allgemeines* oder um *spezifisches Humankapital* handelt: *Allgemeines Humankapital* kann den Autoren nach die Produktivität eines Beschäftigten in jedem Unternehmen erhöhen, während es sich bei *spezifischem Humankapital* meist um betriebsspezifisches Wissen und Fähigkeiten handelt, welche die Arbeitsproduktivität eines/r Mitarbeiter*in ausschließlich im „eigenen" Betrieb erhöhen (vgl. Becker und Hecken 2005, S. 363). Während die duale Ausbildung in Deutschland beispielsweise sowohl Anteile von spezifischem und allgemeinem Humankapital hat, – mit einem hohen allgemeinen Anteil und einem geringeren kleineren (betriebs-)spezifischen Anteil (vgl. Kriependorf 2010, S. 51) – stellt sich die Frage, ob sich dies für den Bereich der beruflichen Weiterbildung in KMUs und speziell im Handwerk ebenso darstellt. Handwerksbetriebe agieren z. T. in einem betriebsbezogenen Aufgaben- und Absatzmarkt, der insbesondere betriebsspezifische Kompetenzen bei den Mitarbeiter*innen fordert, jedoch finden sich auch Betriebe im Handwerk die in Bezug auf die Kompetenzen ihrer Mitarbeiter*innen sog. „All-Rounder" bevorzugen. D. h. Beschäftigte die im Rahmen der gewerkspezifisch anfallenden Kompetenzanforderungen nahezu alle Bereiche abdecken können. Offen bleibt dann auch die Frage, ob die existierenden (Weiterbildungs-)Angebote am Markt diesen divergierenden Kompetenzanforderungen gerecht werden können (vgl. Naegele et al. 2018a, 150ff.).

> *„Kleinere Unternehmen sind [...] auf die externen Angebote angewiesen, die u. U. (vergleichsweise) teuer, nicht so spezifisch auf den eigenen Qualifikationsbedarf zugeschnitten oder gar nicht vorhanden sind." (Behringer 1999, S. 55).*

Seyda und Werner (2014) nennen neben der Steigerung der Produktivkraft als weitere mögliche Rendite auch die Hoffnung, durch Weiterbildung die Innovationskraft eines Unternehmens zu erhöhen. So konnten sie beispielsweise im Rahmen der regelmäßig durchgeführten Weiterbildungserhebung des Instituts der Deutschen Wirtschaft (IW), einer Betriebsbefragung, an der sich 1.845 Unternehmen aus dem Bundesgebiet beteiligen, eine enge Verknüpfung zwischen dem Investitionsvolumen und dem Zeitaufwand bzw. den Kosten für Weiterbildung nachweisen (vgl. Seyda und Werner 2014, S. 4). Ein weiteres gewichtiges Argument für die Investition in Weiterbildung aus Betriebssicht ist die Erhöhung der Arbeitgeber*innenattraktivität als mögliche Rendite. Dahinter liegt die Annahme, dass Weiterbildungsangebote die Attraktivität eines Arbeitsplatzes erhöhen, damit zur Mitarbeiter*innenbindung beitragen und schlussendlich so auch Rekrutierungs- und Einarbeitungskosten für neues Personal vermieden werden können (vgl. Behringer 1999, S. 33 sowie Dobischat 2013, S. 249). Überträgt man diese Überlegungen auf den Handwerkssektor, ließe sich argumentieren, dass vor dem Hintergrund des immer knapper werdenden Gutes „Fachkraft" insbesondere Handwerksbetriebe darauf angewiesen sind, nicht nur ihre älteren Mitarbeiter*innen länger im Erwerbsleben zu halten, sondern auch Nachwuchs zu generieren und ihre vorhandenen qualifizierten Fachkräfte bis ins höhere Alter an den Betrieb zu binden (vgl. Ristau-Winkler 2015, S. 16 sowie Mendius und Schütt 2002, S. 9). Handwerksbetriebe sind in Relation zu größeren Unternehmen häufiger (in der Region) weniger „sichtbar", haben zudem mit dem „schlechten Ruf" einer Beschäftigung

6.4 Humankapitalansatz in Anlehnung an Gary S. Becker

im Handwerk zu kämpfen (z. B. relativ geringe Verdienstmöglichkeiten, lange Arbeitszeiten, hohe körperliche Belastung etc.), weswegen die individuelle Arbeitgeber*innenattraktivität im Rahmen von Mitarbeiter*innenrecruiting von zentraler Bedeutung ist (vgl. Mendius und Schütt 2002, S. 9). Studien zeigen, dass insbesondere Weiterbildungsaktivitäten auf die wahrgenommene Attraktivität eines/ Arbeitgeber/in wirken können. So bewerten potentielle Mitarbeiter*innen ein vielfältiges Weiterbildungs- bzw. Kompetenzentwicklungsangebot als ein „[…]Signal [Hervorhebung im Original] für einen guten Arbeitgeber […]" (Neubäumer et al. 2006, S. 441), während ein Mangel an Weiterbildungsmöglichkeiten bei Mitarbeiter*innen sogar dazu führen kann, einen Unternehmenswechsel in Betracht zu ziehen (vgl. Greilinger und Schempp 2012, S. 7).

Diese hier diskutierten möglichen Renditen werden dann – zurückkommend auf die humankapitaltheoretische Argumentation – von den Arbeitgeber*innen im Rahmen eines Kosten-Nutzen-Kalküls hinsichtlich ihrer Kostenamortisierung eingeschätzt. Auch hier ergeben sich aus verschiedenen Perspektiven Probleme bzw. Kritik an der Humankapitaltheorie, die im Folgenden kurz andiskutiert werden sollen. So weisen Neubäumer et al. (2006) darauf hin, dass sich Investitionen in Weiterbildung oftmals erst in der langfristigen Perspektive hinsichtlich ihrer Effizienz und Amortisierung bewerten lassen. Dazu kommt, dass der unmittelbare wirtschaftliche Nutzen bzw. die zu erwartende Rendite durch eine Investition in immaterielle Werte (z. B. die Kompetenzen der eigenen Mitarbeiter*innen) für viele Betriebseigner*innen oftmals nur schwer abschätzbar ist. Dies gilt insbesondere dann, wenn es darum geht, zukünftige Qualifizierungs- und Kompetenzentwicklungsbedarfe abzuschätzen (vgl. Neubäumer et al. 2006, S. 444). So ist der Anstoß für Weiterbildung häufig begründet durch technische Innovationen/Trends bzw. neue Technologien, aus denen sich gewandelte, veränderte oder z. T. gänzlich neue Kompetenzanforderungen an Mitarbeiter*innen ergeben (vgl. Naegele et al. 2015, 13ff.). Hier rechtzeitig und präventiv Qualifizierungsbedarfe festzustellen, benötigt ein strategisches und systematisches Qualifikations- bzw. Kompetenzmanagement, über das jedoch nur wenige Handwerksbetriebe aufgrund finanzieller und personeller Ressourcen in Deutschland verfügen (vgl. Kortsch et al. 2016, 16f. sowie Bauer et al. 2015, o. S.). Dazu kommt, dass der (wirtschaftliche) Planungshorizont von Handwerksbetrieben relativ kurz ist. So lag beispielsweise die durchschnittliche Auftragslage im ersten Quartal 2015 bei ca. 6,8 Wochen, d. h. Handwerksbetriebe wissen in der Regel heute nicht, wie die eigenen

Auftragsbücher in zwei bis drei Monaten aussehen (vgl. Zentralverband des Deutschen Handwerks (ZDH) 2015, S. 2). In der Konsequenz stoßen viele Handwerksbetriebe erst dann – und dann vielleicht auch schon zu spät – Kompetenzentwicklungsmaßnahmen an, wenn die konkrete Auftragslage dies zwingend notwendig macht (vgl. (Koch 2008, S. 94) sowie Zentralverband des Deutschen Handwerks (ZDH) 2002, S. 5).

„Anders als in der Industrie, wo Weiterbildungsbedarf überwiegend als Folge bestimmter Investitionsbeschreibungen entsteht, rechnet sich für den Handwerker die Weiterbildung seiner Mitarbeiter*innen erst dann, wenn Kunden auch entsprechende Aufträge erteilen. Damit entsteht ein Teufelskreis. Handwerksbetriebe bieten Leistungen mit neuen Techniken nicht offensiv an, weil die Mitarbeiter*innen noch nicht über die notwendigen Fachkenntnisse verfügen. Gleichzeitig entsteht dadurch aber auch keine Nachfrage nach diesen Techniken und dann entsprechend auch kein Weiterbildungsbedarf." (Koch 2008, S. 94)

Zusammenfassend lässt sich also sagen, dass Investitionen in Humankapital so aus Betriebssicht in mehrfacherweise als risikobelastet angesehen werden können. So sind häufig weder die Kosten noch der daraus zu erwartende Nutzen seitens der Betriebseigner*innen genau einzuschätzen, was in der Konsequenz die Weiterbildungsbereitschaft und die Ausgestaltung des betrieblichen Kompetenzmanagements beeinflussen kann. Bis dato noch nicht zur Sprache gekommen ist die Frage nach der Investition in Humankapital bei speziellen Beschäftigungsgruppen. Da im Rahmen dieser Arbeit vor allem die Personengruppe der älteren Beschäftigten von Interesse ist, soll dies im folgenden Kapitel diskutiert werden.

6.4.2 Der Humankapitalansatz im Kontext alternder Belegschaften

Folgt man der Humankapitaltheorie, müssen sich – wenn eine Bereitschaft zur Investition in Weiterbildung für die eigenen Mitarbeiter*innen vorliegt – also die anfallenden Kosten für die Betriebe amortisieren. Es kann an dieser Stelle jedoch davon ausgegangen werden, dass sich die aus Betriebssicht zu erwartenden „Erträge" bzw. der sich aus der Investition in Humankapital ergebende „Nutzen" über Mitarbeiter*innengruppen hinweg unterschiedlich darstellt. Grundsätzlich lässt sich sagen, dass älteren Arbeitnehmer*innen in den Modellvorstellungen der Humankapitaltheoretiker häufig eine tendenziell schlechtere Ausgangsposition auf dem Arbeitsmarkt zugesprochen wird. Sie gelten umgangssprachlich ausgedrückt als „zu teuer", „weniger produktiv", verfügen zudem häufig über „veraltete bzw.

obsolete Qualifikationen" und ihre Kompetenzen weisen im Ganzen eine „geringe Restnutzungszeit" auf, da ihre Träger*innen in absehbarer Zeit aus dem Erwerbsleben ausscheiden (vgl. Frerichs 1998, S. 45 sowie Naegele und Frerichs 2018, 209ff.). In Bezug auf die Investitionsbereitschaft (aus Betriebssicht) in das Humankapital Älterer lassen sich eine Reihe von Argumenten, die entweder für oder gegen eine Investition sprechen, ableiten. Im Folgenden sollen für beide Perspektiven (Kosten- bzw. Nutzenseite) exemplarisch einige Argumente durchgespielt werden, ohne hier einen Anspruch auf Vollständigkeit zu stellen:

(1) Gegen eine Investition in das Humankapital Älterer sprechen:

Höhere Investitionskosten…
Gegen eine Investition in das Humankapital Älterer ließe sich aus neoliberaler Sicht argumentieren, dass die zu tätigenden Investitionskosten bei älteren Beschäftigten für Betriebe höher ausfallen dürften. So sind ältere Beschäftigte in der Regel im Verlauf ihres Erwerbslebens bei einem höheren Lohnniveau angekommen (Senioritätsentlohnung). Freistellungen bzw. Weiterbildungszeiten im Rahmen des betrieblichen Kompetenzmanagement stellen sich somit aus Betriebssicht als teurer dar als vergleichsweise bei jüngeren Beschäftigten (vgl. Gillen et al. 2010, S. 38).[61]

*…in Mitarbeiter*innen mit u. U. niedrigerer Produktivität…*
Das häufig genannte Argument, dass Betriebe bei einer Investition in das Humankapital von Älteren nicht nur in „teurere", sondern auch in „weniger produktive"[62]

---

[61] Auch könnte man argumentieren, dass die Kleinstbetriebe im Handwerk durch ihre dünne Personaldecke nicht in der Lage sind, einzelne Personen für Weiterbildungen freizustellen, da ihnen – salopp gesagt – dann ein Gros ihrer Mitarbeiter*innen fehlen würden. In einigen Fällen dürfen gewisse Tätigkeiten nur von bestimmt qualifizierten Personen ausgeführt werden, was dann im Härtefall zu einer deutlichen Verzögerung in der Auftragsabarbeitung führen würde. Zwar ist dieses Argument nicht direkt auf ältere Arbeitnehmer*innen beschränkt, würde aber beispielsweise dann greifen, wenn die Position des/r einzigen Meister/in in einem Betrieb durch bzw. von einem/r älteren Erwerbstätigen ausgefüllt wird.

[62] Jedoch muss an dieser Stelle auch darauf hingewiesen werden, dass die Forschung seit längerem diesem sog. „Defizit-Modell des Alterns", einem aus dem naturalistischen Verständnis herrührenden Zusammenhang von Altern und Produktivitätsverlust, entschieden entgegentritt. So herrscht in breiten Kreisen Einverständnis darüber, dass Produktivitätsverluste Älterer zum einen immer im Kontext der individuellen Beschäftigungsverhältnisse gesehen werden müssen

Mitarbeiter*innen investieren, senkt die zu erwartenden Renditen und widerspricht – im Sinne der Humankapitaltheorie – der Prämisse des nutzenmaximierenden Verhaltens.

...bei einer gleichzeitig kürzer zu erwartender Auszahlperiode.
Auch bedeutsam im Kontext von Investitionsentscheidungen ist die zu erwartende Auszahlperiode der getätigten Investition. So ist bei älteren Beschäftigten davon auszugehen, dass diese in näherer Zeit in den Ruhestand gehen, d. h. der zeitliche Rahmen[63], in welcher der Betrieb von seiner Investition in das betriebliche Humankapital profitiert, ist kürzer und damit verbunden fällt auch die Rendite, die er aus seiner Investition ziehen kann, geringer aus.

> *„Das Alter der Mitarbeiter bestimmt die maximal noch mögliche Verweildauer im Betrieb durch die Zeitspanne bis zum Erreichen des Renteneintrittsalters. Zusätzlich variiert die (empirisch feststellbare) Betriebszugehörigkeitsdauer mit dem Lebensalter: Jüngere Arbeitskräfte wechseln häufiger als Ältere den Arbeitgeber; dies müßte sich in der Annahme kürzerer Auszahlungsperioden niederschlagen. Zu erwarten ist daher, dass Arbeitgeber sich ceteris paribus bei jüngeren Mitarbeitern sowie bei Mitarbeiterinnen mit einer vergleichsweise kurzen Zeit bis zum Erreichen des Renteneintrittsalters seltener für Investitionen in Weiterbildung entscheiden." (Behringer 1999, S. 49)*

Während die bisher dargelegten Argumente eher dafürstehen, dass ältere Beschäftigte im Vergleich zu jüngeren Kohorten hier schlechter gestellt sind, gibt es auch konträre Argumente, die im Folgenden kurz skizziert werden sollen:

(vgl. Bäcker und Heinze 2013, S. 146 sowie Lehr und Kruse 2006, S. 240). So zeigen Studien beispielsweise, dass Betriebe mit einem höheren Durchschnittsalter z. T. produktiver sein können als Betriebe mit respektiven jüngeren Belegschaften (vgl. Ng und Feldman 2012, 821ff. sowie van Dalen 2010, S. 309ff.). Für eine detailliertere Diskussion des Defizitmodells des Alterns siehe auch Kapitel 4 in dieser Arbeit.

[63] Angemerkt werden sollte hier allerdings, dass auch die Halbwertszeit von Wissen abnimmt. Immer kürzer werdende Innovationszyklen und technologische Entwicklungen, die ihren Weg inzwischen auch ins Handwerk gefunden haben, machen eine stetige und lebensverlaufsbegleitende Kompetenzentwicklung notwendig. Soll das Know-How von Mitarbeiter*innen langfristig den Kompetenzanforderungen entsprechen, kann nicht davon ausgegangen werden, dass dies durch einzelne bzw. isolierte Weiterbildungsangebote zu leisten ist (vgl. Behringer 1999, S. 56).

6.4 Humankapitalansatz in Anlehnung an Gary S. Becker

(2) Für eine Investition in das Humankapital von Älteren sprechen:

Niedrigere überbetriebliche Mobilität von älteren Beschäftigten...
Diametral zu *den kürzeren Auszahlungsperioden* liegt das Argument der niedrigen überbetrieblichen Mobilität von älteren Beschäftigten (vgl. Dobischat 2013, S. 248). So ist eines der zentralen Merkmale des Humankapitals seine Personengebundenheit, d. h. eine Investition in das Humankapital ist immer auch eine Investition in ein Individuum. Diese können jedoch im Sinne der eigenen Kostenmaximierung individuelle Handlungsentscheidungen treffen, die unter Umständen konträr zu den betrieblichen Interessen gelagert sind (vgl. Gess 2003, o. S.).

„Die Mitarbeiter*innen sind Träger des Humankapitals, und sie können durch eigene Entscheidungen (Stellenwechsel) die betrieblichen Investitionen mit einem Schlag zunichtemachen [Hervorhebung im Original]." (Institut der dt. Wirtschaft, 1990 zit. nach Behringer 1999, S. 48)

Forschungsergebnisse zeigen jedoch, dass ältere Beschäftigte seltener ihren Arbeitsplatz wechseln[64], das Eintrittsrisiko für den Worst-Case – ein Betrieb investiert in das Humankapital eines/r Mitarbeiter*in und diese/r verlässt kurz darauf den Betrieb – sollte also für die Beschäftigungsgruppe der Älteren geringer ausfallen.

...mit besonderen Qualifikations- bzw. Kompetenzstruktur...
Ein weiteres Argument für eine Investition in das Humankapital Älterer kann gemacht werden in Bezug auf die altersspezifischen Kompetenzstrukturen. So könnte man auch argumentieren, dass die Personengruppe der älteren Beschäftigten ein besonders – aus Betriebssicht – „wertvolles" Humankapital, im Sinne eines großen Erfahrungs- und Fachwissens, aber auch ein hohes Maß an Sozial-, Methoden- und Selbstkompetenzen auf sich akkumuliert (vgl. Prezewowsky 2007, S. 70 sowie Holz 2007, S. 48). Folgernd dürfte eine Investition in eben dieses altersgruppenbezogene Humankapital besonders hohe Renditen hervorbringen.

---

[64] So haben verschiedene Forscher in diesem Kontext auf die Wichtigkeit von sozialen Beziehungs- und Bindungsnetzwerken innerhalb von Betrieben hingewiesen (vgl. Frerichs 1998, S. 46). Dies gilt insbesondere für kleine und mittelständische Betriebe, in denen – häufig auch als Familienbetrieb geführt – Betriebszugehörigkeiten über mehrere Jahrzehnte keine Seltenheit darstellen (vgl. Barkholdt et al. 1995, S. 427 sowie Weller 2010, S. 14).

Im folgenden Kapitel soll der zweite, für diese Arbeit zentrale, theoretische Zugang „Segmentierte Arbeitsmärkte" diskutiert bzw. auf den Forschungsgegenstand „Handwerk" bzw. „ältere Arbeitnehmer*innen angewandt werden.

6.5 Theorie der segmentierten Arbeitsmärkte nach Werner Sengenberger

Ein weiterer Ansatz, der sich in der Literatur finden lässt, um unterschiedliches betriebliches Weiterbildungsverhalten bzw. Variationen in der Ausgestaltung des betrieblichen Kompetenzmanagements zu erklären, ist der Ansatz der segmentierten Arbeitsmärkte und die sich daraus ergebenden strukturellen und institutionellen Restriktionen, welche sich auf das betriebliche Weiterbildungsverhalten auswirken (vgl. Becker und Hecken 2011, S. 368). Im Gegensatz zu dem neoklassischen Ansatz der Humankapitaltheorie, der von einem einzigen Arbeitsmarkt ausgeht, auf dem das Gut „Arbeit" gehandelt wird, gehen die segmentationstheoretischen Vertreter*innen davon aus, dass mehrere voneinander verschiedene Teilarbeitsmärkte existieren (vgl. Gary 2012, S. 67).

„Teilarbeitsmärkte bilden eine durch bestimmte Merkmale von Arbeitskräften und Arbeitsplätzen abgegrenzte Struktureinheit des Gesamtarbeitsmarkts, innerhalb derer die Allokation, Gratifizierung und Qualifizierung der Arbeitskräfte einer besonderen und mehr oder weniger stark institutionalisierten Regelung unterliegt." (Sengenberger 1975 zit. nach Sengenberger 1987, S. 117)

Der Zugang zu diesen Teilarbeitsmärkten unterliegt jedoch bestimmten Reglementierungen, d. h. die dort vorkommenden Personengruppen verfügen über bestimmte Kompetenzen und Qualifikationen und decken den Bedarf einer spezifischen betrieblichen Arbeitnehmer*innennachfrage. Ein Austausch von Arbeitskräften kann aus segmentationstheoretischer Perspektive daher nur in beschränkter Weise stattfinden.

„Virtually all labor market studies have shown that the labor force is segmented in some sense. Readers [...], for example, will surely agree that entry into the academic profession is not open to everyone who possesses the modal amount of brains and knowledge of those already in the profession. The successful aspirant must climb a ladder, receive a certificate, and pass through some rituals." (Osterman 1975, S. 508)

6.5 Theorie der segmentierten Arbeitsmärkte nach Werner Sengenberger

Formale Qualifikationen avancieren in diesem Kontext zum „Schlüssel" bzw. „Gatekeeper" zu diesen Teilarbeitsmärkten. Das heißt, ein bestimmtes Qualifikationsniveau entscheidet über den Zugang in einen, aber auch über den Verbleib von Mitarbeiter*innen in einem bestimmten – in dem Beispiel von Ostermann einem akademischen – Teilarbeitsmarkt. Während eine der populärersten Arbeiten – aus dem nordamerikanischen Kontext – von Piore und Doeringer (1985) von einem dual segmentierten Arbeitsmarkt „intern" vs. „extern" bzw. einem „primären" und einem „sekundären" Sektor ausgeht, benennen andere Autoren wie z. B. Lutz (1987) oder Ostermann (1984) drei oder mehr Arbeitsmarktsegmente in ihren theoretischen Modellen. Die Kriterien, entlang derer die Trennlinien zwischen den einzelnen Teilarbeitsmärkten verlaufen, sind jedoch nicht immer ganz eindeutig und häufig Anlass zur Kritik (vgl. Gary 2012, S. 69 sowie Osterman 1975, 508ff.). So weisen Kritiker segmentationstheoretischer Arbeiten darauf hin, dass es sich bei den benannten Abgrenzungskriterien meist um empirisch, d. h. deskriptiv beobachtbare, Kriterien handelt, weniger jedoch um Kriterien, die aus einer „in sich geschlossenen Theorie" abgeleitet wurden. Als Resultat dieses induktiven Vorgehens gibt es in der Literatur eine Reihe von Versuchen, den Arbeitsmarkt „sinnhaft" zu segmentieren, die bei genauer Analyse jedoch häufig nicht richtig ausgearbeitet erscheinen: Osterman bezeichnet beispielsweise die duale Unterteilung des Arbeitsmarkts nach Piore und Doeringer als Analyseraster für nur bedingt brauchbar, da die daraus resultierenden zwei Teilarbeitsmärkte sich vor allem durch die Dichotomie ihrer Merkmale auszeichnen, weniger durch eine konkrete und für die Forschung handhabbare Beschreibung der einzelnen Teilarbeitsmärkte.[65]

> *"The primary market offers jobs which possess several of the following traits: high wages, good working conditions, employment stability and job security, equity and due process in the administration of work rules, and chances for advancement. The secondary market has jobs which, relative to those in the primary sector, are decidedly less attractive. They tend to involve low wages, poor working conditions, considerable variability in employment, harsh and often arbitrary discipline, little opportunity to advance." (Piore, 1971 zit. nach Osterman 1975, S. 509)*

---

[65] Konträr dazu lässt sich argumentieren, dass dieses Vorgehen die Benennung konkreter und empirisch verifizierter Kriterien und vergleichbarer Indikatoren zur Abgrenzung der einzelnen Teilarbeitsmarktsegmente zum Ergebnis hat (vgl. Gary 2012, 7 ff.).

"Simply segmenting the labor force into two parts, however, leaves a primary sector of enormous variety and poor definition." (Osterman 1975, S. 509)

Anders als die Humankapitaltheorie gehen segmentationstheoretische Ansätze im Weiteren davon aus, dass nicht nur ökonomische Abwägungen relevant sind, sondern sie weisen explizit auch auf die Bedeutung „[...] historischer, unternehmens- und nationalkultureller Hintergründe sowie soziologischer Argumentationen" als Bestimmungsfaktoren für die Ausgestaltung von (Arbeits-)märkten hin (vgl. Gary 2012, S. 68). Segmentierte Arbeitsmärkte sind vor diesem Hintergrund daher immer auch als eine Reflexion spezifischer wirtschaftlicher, sektoraler und gesellschaftlicher Verhältnisse zu sehen. Als Resultat muss davon ausgegangen werden, dass verschiedene Wirtschaftsräume unterschiedliche Teilarbeitsmärkte ausbilden, die jeweils stark vor dem Hintergrund ihrer kontextuellen Prägungen zu interpretieren sind (vgl. Sengenberger 1987, S. 73). Das Handwerk ist beispielsweise ein für Deutschland sehr spezifischer Sektor, dessen Betriebe und Mitarbeiter*innen sich auf bestimmten Teilarbeitsmärkten bewegen, die über eigene Zugangs- und Verbleibregeln verfügen und deren Betriebskulturen und Wirtschaftsdynamiken nur bedingt auf andere nationale Arbeitsmärkte zu übertragen sind.

„Arbeitsmarktsegmentation ist, wenn man so will, überall zu finden, ihre konkrete Erscheinungsform ist jedoch überall anders. Darüber hinaus ist Segmentation eine Dauererscheinung; sie besteht immer, aber sie ist immer anders." (Sengenberger 1987, S. 74)

Aus segmentationstheoretischer Sicht kommt dem deutschen Arbeitsmarkt das von Werner Sengenberger (1987) entwickelte Modell – in dem er drei Typen von Teilarbeitsmärkten für den deutschen Arbeitsmarkt unterscheidet – am nächsten.[66] Nach Sengenberger lassen sich für den deutschen Kontext (1) unstrukturierte Arbeitsmärkte, d. h. sog. „Jedermannarbeitsmärkte", (2) „berufsfachliche Arbeitsmärkte" sowie (3) „betriebsinterne Arbeitsmärkte" differenzieren (vgl. Becker und Hecken 2011, S. 368 sowie Sengenberger 1987, S. 118). Sengenberger zieht für

---

[66] Neuere segmentationstheoretische Ansätze diskutieren inzwischen auch den Einfluss fortschreitender Globalisierungsprozesse auf die Ausgestaltung von (Teil-)Arbeitsmärkten aus und argumentieren, dass anstelle von nationalen Arbeitsmärkten inzwischen vielmehr von internationalisierten Arbeitsmärkten auszugehen ist (vgl. Lane und Probert 2006, o. S.). Für den deutschen Arbeitsmarkt lässt sich anmerken, dass einige Autoren in neuen Arbeiten im Besonderen auch die Frage der Etablierung eines Teilarbeitsmarktes im Niedriglohnsektor und hier im Speziellen im Kontext der atypischen Beschäftigung diskutieren (vgl. Eichhorst und Tobsch 2013, 1ff.).

6.5 Theorie der segmentierten Arbeitsmärkte nach Werner Sengenberger

die Differenzierung seiner drei Teilarbeitsmärkte dabei primär die Frage, inwieweit Arbeitgeber*innen- und Arbeitnehmer*innenseite aufeinander angewiesen bzw. aneinandergebunden sind, heran:

"Beim Typus des unstrukturierten Arbeitsmarkts sind die Arbeitskräfte an keinen bestimmten Arbeitgeber, die Arbeitgeber an keinen bestimmten Arbeitnehmer, gebunden.

Beim berufsfachlichen Arbeitsmarkt besteht für den Arbeitgeber eine Bindung an eine bestimmte Kategorie von Arbeitskräften (mit einer bestimmten zertifizierten Qualifikation), jedoch nicht an einen ganz bestimmten Arbeitnehmer mit dieser Qualifikation. Umgekehrt ist der Arbeitnehmer, der auf berufsfachlichen Arbeitsmärkten auftritt, auf eine bestimmte Kategorie von Arbeitskraftnachfragern angewiesen, nicht jedoch an einen ganz bestimmten Arbeitgeber gebunden.

Beim betriebsinternen Arbeitsmarkt schließlich besteht eine solche Bindung des Arbeitnehmers an einen ganz bestimmten Arbeitgeber. Sind die betriebsinternen Märkte geschlossen, so wird die einseitige Bindung des Arbeitnehmers zu einer wechselseitigen Bindung zwischen Arbeitnehmer und Arbeitgeber." (Sengenberger 1987, 117f.)

Diese von Sengenberger propagierte strikte Trennung zwischen den einzelnen Teilarbeitsmärkten ist jedoch von verschiedenen Autoren*innen in der Vergangenheit u. a. als idealtypisch kritisiert worden: So ist zu vermuten, dass je nach betrieblicher Ausrichtung auch das parallele Vorkommen aller drei Teilarbeitsmarktsegmente innerhalb eines Betriebes denkbar wären (vgl. Frerichs 1998, 51f.). Dies gilt insbesondere für Betriebe, die eine gewisse Größe erreicht haben, über eine hohe Anzahl von Mitarbeiter*innen verfügen und u. U. eine Reihe von Fachabteilungen ausgebildet haben.

"Dieser Kritik zufolge greifen große Betriebe mit betriebsspezifischen Arbeitsmärkten zu einem erheblichen Teil auf den berufsfachlichen Arbeitsmarkt zurück und umgekehrt wird eine hohe Übertrittsrate vom betrieblichen zum fachspezifischen Arbeitsmarkt festgestellt. Demnach muss eher von einer Verknüpfung dieser beiden Arbeitsmarktformen in der betrieblichen Realität denn von einer gegenseitigen Ersetzung gesprochen werden." (Frerichs 1998, S. 52)

Im Rahmen segmentationstheoretischer Ansätze kommen der Weiterbildung bzw. dem betrieblichen Kompetenzmanagement eine besondere Bedeutung im Kontext der *Mitarbeiter*innenbindung* zu. Weiterbildungs- und Kompetenzentwicklungsangebote avancieren zu einem „Werkzeug", um Mitarbeiter*innen langfristig an ein Unternehmen zu binden, da sie auf der einen Seite die Arbeitgeber*innenattraktivität erhöhen, auf der anderen Seite langfristig sicherstellen, dass die eigenen Mitarbeiter*innen den ihnen gestellten Kompetenzanforderungen gewachsen sind. Arbeitgeber*innen haben – so die argumentative Logik hier – je nach Teilarbeitsmarkt (in dem sie agieren) ein unterschiedlich hohes Eigeninteresse daran, langfristige Beschäftigungsverhältnisse mit ihren Mitarbeitern*innen zu etablieren. (vgl. Schiener et al. 2013, S. 561).

„Im unstrukturierten Arbeitsmarkt („Jedermannarbeitsmärkte" [...]) ist das Interesse der Arbeitgeber, ihre Arbeitnehmer*innen auf lange Zeit zu beschäftigen, gering, daher bieten sich kaum Weiterbildungschancen. In den berufsfachlichen Teilmärkten gibt es wesentlich mehr Weiterbildungsangebote, zum Teil auch hochwertige, institutionell anerkannte Weiterbildungsgänge (Meisterkurse). [...] Das größte Weiterbildungsangebot ist in betriebsinternen Teilmärkten anzutreffen, [...] [wobei; A. d. A.] die betriebliche Weiterbildung in betriebsinternen Teilarbeitsmärkten zum einen der betriebsbezogenen fachlichen Qualifizierung und zum anderen der Herstellung und Sicherung von Loyalität bzw. der Absicherung betrieblicher Arbeitsstrukturen und Weisungshierarchien dient." (Becker und Hecken 2011, 369f.)

Grad und Art der Bindung zwischen Arbeitnehmer*innen und Arbeitgeber*innen wirkt sich demnach unmittelbar auf das Weiterbildungsverhalten bzw. auf die Ausgestaltung des betrieblichen Kompetenzmanagements von Betrieben aus „[...] sodass sich die globale Hypothese ergibt, dass mit steigender Qualifikation der Belegschaft eines Betriebes (die tendenziell ein betriebliches oder berufsfachliches Teilsegment anzeigt) ceteris paribus auch die Weiterbildungschancen für die Beschäftigten zunehmen" (Schiener et al. 2013, S. 562). Auch Unterschiede, welche sich in Bezug auf *Angebotsstruktur und Maßnahmenformate* in Betrieben finden lassen, sind, der Segmentationstheorie folgend, unmittelbar mit der Frage verknüpft, auf welchem der drei Teilarbeitsmärkte Mitarbeitende bzw. die jeweiligen Betriebe zu verorten sind (vgl. Becker und Hecken 2011, S. 369). So ist davon auszugehen, dass auf dem „Jedermannarbeitsmarkt" andere Weiterbildungsinhalte und -formate dominieren, als dies im berufsfachlichen oder im betriebsinternen Teilarbeitsmarkt der Fall ist.

„Dafür spricht auch, dass in Betrieben mit gering qualifizierter Belegschaft, [...], eher betriebsexterne Weiterbildung erfolgen dürfte, während es in Betrieben mit einer hohen Qualifikation der Beschäftigten wahrscheinlicher ist, dass betriebsinterne

6.5 Theorie der segmentierten Arbeitsmärkte nach Werner Sengenberger

Strukturen und Personal für ein Weiterbildungsangebot vorhanden sind." (Schiener et al. 2013, S. 562)

Zieht man an dieser Stelle das im Rahmen dieser Arbeit stark gemachte Kompetenzkonzept heran, ließe sich mutmaßen, dass je nach Teilarbeitsmarkt auch unterschiedliche Kompetenzen Bestandteil von Weiterbildung sind bzw. einzelne Kompetenzfacetten in einzelnen Teilarbeitsmärkten stärker nachgefragt sind als in anderen. Interpretiert man beispielsweise die *„Ausbildung der beruflichen Handlungskompetenz"* als Reaktion auf zunehmend dynamischer und komplexer werdende Arbeitsinhalte[67], ließe sich hier die These aufstellen, dass entsprechende Kompetenzanforderungen eher an Mitarbeiter*innen in berufsfachlichen bzw. in betriebsinternen Teilarbeitsmärkten gestellt werden, als dies im Jedermannarbeitsmarkt der Fall sein dürfte. Folgernd ließe sich – unter der Annahme, dass sich das Weiterbildungsangebot an den Kompetenzanforderungen innerhalb eines Teilarbeitsmarktes orientiert – davon ausgehen, dass Weiterbildungsmaßnahmen, die über das reine Vermitteln von technischem Fachwissen bzw. Fachkompetenzen hinaus gehen – und verstärkt überfachliche Kompetenzen in den Blick nehmen – eher im berufsfachlichen und dann noch einmal gesteigert deutlich stärker im betriebsinternen Teilarbeitsmarkt zu verorten sind.[68] Gilt es, diese aus Betriebssicht explizit zu fördern, sind insbesondere der „Lernort Arbeitsplatz" zu stärken und arbeitsnahe bzw. arbeitsintegrierte Kompetenzentwicklungsmaßnahmen zu forcieren. Es kann also geschlussfolgert werden, dass arbeitsintegrierte Kompetenzentwicklungsmaßnahmen, welche auch überfachliche Kompetenzen in den Blick nehmen, verstärkt in denjenigen Betrieben zu finden sein sollten, die den betriebsinternen Teilarbeitsmärkten zuzuordnen sind bzw. – um an dieser Stelle erneut das bereits gemachte Argument der Personenbezogenheit von Kompetenzen stark zu machen – in denen die Arbeitsplätze der Maßnahmenteilnehmer*innen eher dem betriebsinternen Teilarbeitsmarkt zuzuordnen sind. Ähnliches könnte man für spe-

---

[67] Für eine detaillierte Übersicht über die Kompetenzdebatte siehe Kapitel 4 in dieser Arbeit.
[68] Es ist an dieser Stelle darauf hinzuweisen, dass hier nicht gemeint ist, dass die einzelnen Kompetenzfacetten unabhängig voneinander existieren. Vielmehr ist davon auszugehen, dass diese meist in Kombination auftreten, die selbständige Verrichtung einzelner Arbeitsanforderungen jedoch unterschiedlich stark auf einzelne Kompetenzfacetten basiert bzw. – in Anlehnung an den Europäischen Qualifikationsrahmen – unterschiedlich hoch ausgeprägte Niveaustufen innerhalb der Kompetenzfacetten erfordern (vgl. Kauffeld 2006, S. 280 sowie Bundesinstitut für Berufsbildung (BIBB) 2009, S. 4).

zifische Angebote an einzelne Beschäftigungsgruppen vermuten. Sind Mitarbeiter*innen aus Betriebssicht beliebig austauschbar, werden – so lässt sich vermuten – Betriebe eher selten gruppenbezogene Lehr- und Kompetenzentwicklungsbedarfe berücksichtigen.

Im Folgenden soll der segmentationstheoretische Ansatz zunächst im Kontext vom Handwerkssektor und seinen besonderen Ausgangsbedingungen diskutiert werden. Abschließend wird die eben bereits kurz angeschnittene gruppenspezifische Ausrichtung von Kompetenzentwicklungsmaßnahmen am Beispiel der älteren Beschäftigten aufgegriffen.

6.5.1 Theorie der segmentierten Arbeitsmärkte aus (handwerks-)betrieblicher Perspektive

Das Handwerk, seine Betriebe und Arbeitsplätze sind nach Sengenberger klassischerweise dem *berufsfachlichen Teilarbeitsmarkt* zuzuordnen (vgl. Sengenberger 1987, 133ff.). Auf der einen Seite scheint diese Zuordnung, insbesondere mit Blick auf die doch nicht unerheblichen Zugangsbedingungen zum handwerklichen Teilarbeitsmarkt als sinnhaft, jedoch ist diese stringente Trennung bzw. Zuordnung im Weiteren auch kritisch zu hinterfragen.

Begründet durch seine Historie, unterliegt der Zugang zum handwerklichen Teilarbeitsmarkt bzw. -märkten insbesondere in Deutschland bis heute starken Reglementierungen. So ist es in Theorie – und hier sind insbesondere die zulassungspflichtigen Gewerke zu nennen (Anlage A der HwO) – kaum möglich, ohne einen Gesellen*innen- bzw. Meister*innenstatus einer „handwerklichen Tätigkeit" in einem Handwerksbetrieb ordnungsgemäß nachzugehen, was sich an dieser Stelle auch noch einmal durch den insgesamt hohen Facharbeiter*innenanteil im Handwerk veranschaulichen lässt. Dazu kommt, dass bestimmte Rechts- und Haftungsfragen im Handwerk unmittelbar an öffentlich-rechtliche Berufsabschlüsse geknüpft sind. Das heißt – einfach gesagt – Handwerksbetriebe können nicht einfach irgendwen einstellen, sondern Arbeitnehmer*innen müssen, um bestimmte Tätigkeiten ausüben zu dürfen, z. B. einen Handwerksbetrieb zu führen, bestimmte formale Qualifikationen nachweisen. Diese lassen sich in der Regel nur im Rahmen des regulären – wenig durchlässigen – handwerklichen Qualifizierungsweges

6.5 Theorie der segmentierten Arbeitsmärkte nach Werner Sengenberger 145

erwerben (vgl. Müller 2013, S. 637).[69] Dazu kommt, dass in einzelnen Gewerken Mitarbeiter*innen regelmäßig sog. „Wiederholungsprüfungen" durchlaufen müssen, um überhaupt auf denen ihnen angestammten Tätigkeitsbereichen verbleiben zu können. Hier zu nennen beispielsweise die sog. Schweißerprüfung im Metallhandwerk, die alle zwei bzw. drei Jahre von Mitarbeitenden nachgewiesen werden muss (vgl. Zentralverband des Deutschen Handwerks (ZDH) 2002, S. 5). Im Sinne der Allokation von Arbeitskräften in bestimmten Teilarbeitsmärkten, wie von Sengenberger angenommen, regeln Bildung bzw. Kompetenzen an dieser Stelle also nicht nur den Zugang, sondern darüber hinaus auch den langfristigen Verbleib von Mitarbeiter*innen im handwerklichen Teilarbeitsmarkt.

Konträr dazu steht allerdings die Feststellung, dass nicht nur viele Handwerksbetriebe (insbesondere Betriebe aus den B1-Gewerken) immer schon an- und ungelernte Mitarbeiter*innen beschäftigt haben, sondern ein Blick auf die Daten zeigt, dass dieser Trend zudem zunimmt. So stieg der Anteil von ca. 15 % im Jahr 2008 auf über 20 % im Jahr 2012 (vgl. Müller 2015, S. 18). D.h., es ist zwingend auch davon auszugehen, dass im Handwerk Betriebe existieren, deren Tätigkeitsbereiche bzw. die sich aus dem betrieblichen Angebotsportfolio ergebenden Kompetenzanforderungen dem nach Sengenberger als „Jedermannarbeitsmarkt" klassifizierten Teilarbeitsmarkt zugeordnet werden könnten. Darüber hinaus lassen sich auch gute Argumente für die Existenz von *betriebsinternen Teilarbeitsmärkten bzw.* eine Kombination dieser mit den *berufsfachlichen Teilarbeitsmärkten* innerhalb des Handwerkssektors finden. Hier anführen könnte man beispielsweise, dass durch den hohen Grad an Spezialisierung in einigen Handwerksbetrieben, insbesondere langjährige Mitarbeiter*innen stark betriebsspezifisches Wissen und überfachliche Kompetenzen auf sich vereinen, die im Falle eines Betriebsausscheidens des/r Mitarbeiter*in nicht ohne hohe Investitionskosten auf Betriebsseite zu ersetzen wären. Bezogen auf ihr Tätigkeitsspektrum bzw. auf die an die Mitarbeiter*innen gestellten Kompetenzanforderungen wären diese Betriebe dann folgernd vielmehr den sog. betriebsinternen Teilarbeitsmärkten zuzuordnen. Basierend auf diesen Überlegungen soll im Rahmen dieser Arbeit daher nicht davon

---

[69] So urteilte das Bundesarbeitsgericht (BAG) beispielsweise, dass um die Qualitätsstandards im Handwerk zu erhalten, ein/e geprüfte/r Meister*in unabdingbar sei. So hatte in einem konkreten Fall ein Betrieb zwar einen geprüften Meister formal als Betriebsleiter angestellt, die eigentlichen Tätigkeiten waren jedoch von Mitarbeitenden ohne Meisterbrief ausgeführt worden (vgl. Bundesarbeitsgericht (BAG), Urteil vom 18.03.2009).

ausgegangen werden, dass alle Handwerksbetriebe – wie von Sengenberger angedacht – dem zweiten sog. berufsfachlichen Teilarbeitsmarkt zuzuordnen sind, sondern vielmehr wird davon ausgegangen, dass eine Zuordnung basierend auf einer Analyse der konkreten Kompetenzanforderungen, die seitens der Betriebe an die Mitarbeiter*innen gestellt werden, erfolgen muss. Es wird daher im Rahmen dieser Arbeit – in Anlehnung an Sengenberger – von drei distinkten Teilarbeitsmärkten ausgegangen. Um diese argumentative Öffnung hier auch deutlich zu machen, werden diese wie folgt (um-)benannt: (1) Jedermannarbeitsmarkt, (2) gewerkspezifischer Arbeitsmarkt sowie (3) betriebsspezifischer Arbeitsmarkt. Betriebe bzw. die Tätigkeitsbereiche der Mitarbeiter*innen sind diesen Teilarbeitsmärkten dann jeweils im Rahmen einer Einzelfallentscheidung zuzuordnen.

Diese Annahme hat auch Auswirkungen auf die Kompetenzentwicklungsformate, die sich im Rahmen des betrieblichen Kompetenzmanagements bei den Handwerksbetrieben – je nach ihrer Zuordnung zu einem der Teilarbeitsmärkte – finden lassen sollten. Die Segmentationstheorie zugrunde legend, müssten Weiterbildungs- und Kompetenzentwicklungsanstrengungen bzw. das betriebliche Kompetenzmanagement insgesamt in den gerade beschriebenen hochspezialisierten Handwerksbetrieben beispielsweise nicht nur quantitativ höher, sondern auch stärker betriebsspezifisch ausfallen, als dies bei Handwerksbetrieben der Fall ist, die nicht über einen solchen Spezialisierungsgrad verfügen.[70] Darüber hinaus, bezogen auf das von der Segmentationstheorie aufgegriffene Bindungsargument, sollten solche betriebsspezifischen Maßnahmen stärker im Interesse der Betriebe sein, da sie durch ihre Ausrichtung nicht nur betriebsspezifische Kompetenzbedarfe adäquat adressieren, sondern Mitarbeiter*innen auch nachhaltig an die Betriebe binden.

"As skills become more specific, it becomes increasingly difficult for the worker to utilize elsewhere the enterprise-specific training he receives. This reduces the incentive for him to invest in such training, while simultaneously increasing the incentive for the employer to make the investment." (Doeringer und Piore 1985, S. 14)

Konträr dazu steht jedoch die Beobachtung, dass viele Handwerksbetriebe aufgrund ihrer geringen Größe und der eigenen finanziellen Möglichkeiten auf externe Angebote von institutionalisierten Weiterbildungsträgern angewiesen sind

---

[70] Für eine detailliertere Diskussion der veränderten Kompetenzanforderungen im Handwerk siehe auch: Naegele et al. 2015.

oder – wenn beispielsweise im Jedermannarbeitsmarkt aktiv – wenig Interesse an der Entwicklung der Kompetenzen der eigenen Mitarbeiter*innen haben. Letzteres spielt auf das Argument an, dass die in solchen „externen Maßnahmen" erworbenen Kompetenzen in ihrer Ausrichtung meist ganze Gewerke bzw. ganze Technologiesparten abdecken und damit u. U. die Mitarbeiter*innenfluktuation erhöht wird. So können Mitarbeiter*innen die neu erworbenen Kompetenzen bzw. Wissen relativ einfach auf andere Betriebe transferieren, was implizit zu einer erhöhten Beschäftigtenmobilität führt. Eine geringe Ausprägung des betrieblichen Kompetenzmanagements ließe sich aus handwerksbetrieblicher Sicht also mit möglichen damit verbundenen Abwanderungsängsten in Bezug auf die eigenen Mitarbeiter*innen erklären (vgl. Sengenberger 1987, 133ff. sowie Becker und Hecken 2011, S. 369).

6.5.2 Theorie der segmentierten Arbeitsmärkte im Kontext alternder Belegschaften

In Bezug auf die Personengruppe der älteren Beschäftigten kann zunächst festgehalten werden, dass diese in der Regel in den einzelnen Teilarbeitsmärkten unterschiedlich stark vertreten sind. So ist davon auszugehen, dass ältere Beschäftigte in der Regel in den *betrieblichen bzw. betriebsspezifischen Teilarbeitsmärkten* überrepräsentiert sind (vgl. Brussig 2000, S. 28). Diese Überrepräsentanz kann dabei unterschiedliche Gründe haben: So ist zum einen davon auszugehen, dass das allgemeine Beschäftigungsrisiko für ältere Arbeitnehmer*innen insbesondere in den sog. *„Jedermannarbeitsmärkten"* ausgeprägter ist. So finden sich hier beispielsweise häufig Tätigkeiten, in denen Beschäftige hohen körperlichen und/oder psychischen Belastungen in einem wenig alter(n)sgerechten Arbeitsumfeld ausgesetzt sind. Dazu kommt, dass durch mangelndes Mitspracherecht in ihrer Aufgabengestaltung sowie dem stetigen Ausüben monotoner, wenig abwechslungsreicher Tätigkeiten Mitarbeiter*innen einem hohen Dequalifizierungs- bzw. Lernentwöhnungsrisiko unterliegen. Als Folgewirkung sind hier nachlassende körperliche und psychische Leistungs- bzw. Lernfähigkeiten zu nennen, was in der Konsequenz zu einem (ver-)frühten Ausscheiden aus dem Erwerbsleben führen kann (vgl. Frerichs 1998, 52). Es handelt sich somit nicht um einen Kohorteneffekt, sondern um einen Selektionseffekt, der schlussendlich dazu führt, dass beispielsweise im Jedermannarbeitsmarkt in der Regel weniger Ältere zu finden sind. Ähnlich (theoretisch) schlechte Ausgangsbedingungen lassen sich auch im Handwerk vermuten. So lassen sich in vielen Gewerken Beschäftigungsbedingungen mit hohen Belastungsstrukturen für Beschäftigte finden, die ein „Durchaltern" in diesen Berufen erschweren und in der Konsequenz zu niedrigeren Beschäftigungsquoten von Älteren beispielsweis im berufsfachlichen Teilarbeitsmarkt führen könnten (vgl. Behrens 2001, S. 122ff.). Allein basierend auf dieser Ungleichverteilung von Älteren über die verschiedenen Teilarbeitsmärkte lassen sich – folgt man der segmentationstheoretischen Argumentation – variierende Weiterbildungschancen für Ältere feststellen. Diese können, müssen aber nicht, zu Ungunsten der älteren Beschäftigten ausfallen (vgl. Schiener et al. 2013, S. 562).

Interessante argumentative Anknüpfungspunkte gibt an dieser Stelle auch die Frage, welche Position Ältere im „Betriebsgefüge" einnehmen. Eine Branche wie das Handwerk ist stark auf das bestehende Erfahrungswissen, d. h. das langjährig angesammelte Fachwissen bzw. die Fachkompetenzen, ihrer Mitarbeiter*innen angewiesen. Hier ist auf eine interessante Besonderheit des täglichen Arbeitsspektrums von Handwerksbetrieben hinzuweisen: Durch immer kürzer werdende Innovationzyklen finden zunehmend neue und innovative Technologien Eingang in die verschiedenen Gewerke und treffen dort in der Praxis auf einen großen Altbestand von (Alt-)Technologien, d. h. Technologien, die z. T. bereits vor mehreren Jahrzehnten verbaut wurden. In den Aufgabenbereich von Mitarbeiter*innen des Handwerks fällt es dann, diese (Alt-)Technologien zum einen zu erhalten, zum anderen anschlussfähig an neue und innovative Technologien zu machen. Gleichzeitig nehmen diese (Alt-)Technologien immer weniger Raum in der grundständigen handwerklichen Ausbildung ein, d. h. jüngere Mitarbeiter*innen sind häufig mit diesen Techniken nicht mehr vertraut. Ältere Mitarbeiter*innen avancieren mit ihrem Erfahrungs- und Fachwissen um beispielsweise diese (Alt-)Technologien in diesem Kontext zu einer Art Schlüsselperson im Betrieb. Ihr Wissen stellt häufig die einzige Möglichkeit dar, Kund*innenaufträge, die entsprechende Altgeräte betreffen, zu bearbeiten. Dies gilt insbesondere für Kleinstbetriebe, wo Ältere und erfahrene Mitarbeitende häufig Positionen bekleiden, die sich durch Funktionshäufungen oder die Konzentration von Weisungs- und Entscheidungsbefugnissen auszeichnen (vgl. Glasl et al. 2008, 19ff.). Dazu kommt, dass, wenn langjährige Mitarbeiter*innen Handwerksbetriebe verlassen, nicht nur betriebsspezifisches

Wissen abwandert, sondern auch häufig langjährige Beziehungen zu Kunden abbrechen (vgl. Naegele und Frerichs 2018, 209ff. sowie Naegele et al. 2018a, 145ff.).

> *„Entgegen Erkenntnissen aus anderen Wirtschaftssektoren genießen ältere Mitarbeiter*innen im Handwerk in einer Branche, die stark auf Erfahrungswissen angewiesen ist, oftmals einen guten Ruf [...]. Sie gelten laut Aussage der Experten als „Problemlöser" und sind gerade in kleinen Betrieben nach ihrem Ausscheiden aus dem Berufsleben nur schwer zu ersetzen."* (Naegele 2016, S. 213)

Es ließe sich also die These vertreten, – auch wenn nicht pauschal auf alle Handwerksbetriebe übertragbar – dass ältere Beschäftigte häufig über betriebsspezifische Ressourcen bzw. Kompetenzen verfügen, auf die einige Handwerksbetriebe im Besonderen angewiesen sind. Folgt man Sengenbergers Argumentation, sind Betriebe in hohem Maße insbesondere von diesen Mitarbeitern*innen „abhängig". Es sollten sich in Betrieben, wo Ältere entsprechende Schlüsselrollen einnehmen, also auch verstärkt personengruppenbezogene Kompetenzentwicklungsbemühungen sowie Maßnahmen des BKMs für ältere Beschäftigte finden lassen.

Im folgenden Kapitel werden das von Eberhard Witte entwickelte „Promotorenmodell" vorgestellt und Wittes Überlegungen auf das Weiterbildungsverhalten im Handwerk und seine älteren Arbeitnehmer*innen übertragen. Obwohl das Promotorenmodell nach Witte nicht für die unmittelbare Untersuchung von Weiterbildungsverhalten bzw. der Ausgestaltung von betrieblichem Kompetenzmanagement entwickelt wurde, sondern für die Erklärung von Entscheidungsabläufen bei Innovationsprozessen, bieten sich für diese Arbeit relevante Anknüpfungspunkte, die im Folgenden entwickelt werden sollen.

6.6 Promotorenmodell nach Eberhard Witte

Entstanden im Kontext der Innovationsforschung nähert sich Witte in seinem Buch *„Organisation für Innovationsentscheidungen"* (1973) zunächst der Frage, welche „Kräfte" in Unternehmen wirken, wenn in diesen Innovationsentscheidungen getroffen werden. Was genau „Innovation" in diesem Kontext bedeutet, ist bei Witte jedoch nicht abschließend definiert. So spricht er auf der einen Seite von Innovation im Rahmen der Erfindungen eines neuen (technologischen) Produktes, auf anderen Seite betont Witte jedoch auch, dass Innovationen nicht zwingend aus dem engeren Forschungs- und Entwicklungsbereich der Naturwissenschaften stammen müssen, sondern auch „nicht-industrielle Erzeugnisse", „Dienstleistungen" o. Ä. als Innovationen aufgefasst werden können. Seit den Arbeiten Wittes haben sich eine Reihe weiterer Forscher*innen dem Promotorenmodell angenommen und dieses auf verschiedenste nicht „produktbezogene" Kontexte angewandt. So untersuchten Gemünden und Walter (1999) die Rolle von Promotor*innen beispielsweise im Rahmen von zwischenbetrieblichen Innovationsprozessen (vgl. Gemünden und Walter 1999, 111ff.), Lechler (1999) fragte danach, was das Promotorenmodell für das Projektmanagement leisten kann (vgl. Lechler 1999, 179ff.), und Euler untersuchte die Bedeutung von Promotoren bei der Implementierung von E-Learning-Angeboten an Hochschulen (vgl. Euler 2004, S. 169ff.).

In Anlehnung an den Nationalökonom J.A. Schumpeter beschreibt Witte die Einführung eines neuen Produktes als Prozess, mit drei unterschiedlichen Phasen: *Invention, Innovation* und *Diffusion* (vgl. Witte 1973, S. 4). Unter *Invention* ist, Schumpeter folgend, dabei die bloße Idee erster Prototypen oder aber auch der Konzeptentwicklung zu verstehen. *Innovation* betitelt die Phase in der konkreten Umsetzung bzw. Verwertung dieser Idee auf Betriebsebene und *Diffusion,* als dritte abschließende Phase, bezeichnet schlussendlich den Teil des Innovationsprozesses, in dem Innovationen sich auf unterschiedlichen sozialwirtschaftlichen Ebenen in der Breite durchsetzen (vgl. Borbély 2008, S. 401). Das Promotorenmodell nach Witte befasst sich dabei explizit mit der zweiten Phase des Innovationsprozesses – *der Innovation* – und hier im Speziellen der Frage, wie Innovationen bzw. Neuerungen in Unternehmen durchgesetzt werden.

„Es gilt den Verlauf des Fortschrittsprozesses im Einzelnen zu analysieren, die Träger des Fortschritts zu erkennen und Organisationsformen zu entwickeln, die fähig sind, Fortschritt zu verwirklichen." (vgl. Witte 1973, S. 1)

Dahinter steht die Annahme, dass Innovationsprozesse nie ohne Reibungen ablaufen und Innovation in Betrieben nur dann Erfolg hat, wenn sie durch aktives Gestalten die ihr in den Weg gestellten Barrieren überwinden (vgl. Wienzek 2014, S. 85). Zum Überwinden dieser Barrieren bedarf es – hier erneut in Anlehnung an Schumpeter – entsprechender organisationaler Strukturen bzw. Personen, die Innovationen, d. h. das Durchsetzen einer Neuerung auf Betriebsebene, auch gegen bestehende Barrieren innerhalb der Organisation „vollziehen" können (vgl. Witte 1973, S. 4). Diese Barrieren können dabei nach Witte unterschiedlicher Natur sein.

6.6 Promotorenmodell nach Eberhard Witte

Zum einen sind hier die sog. *Willensbarrieren* zu nennen, die aus dem Beharren auf den Status quo beruhen, sowie *Fähigkeitsbarrieren*, die aus fehlendem Fachwissen bzw. Wissen darüber, welche Veränderungen die Innovation mit sich bringt, herrühren (vgl. Witte 1973, 6ff.). Zum Überwinden dieser Barrieren bedarf es, in Wittes Worten, sog. „kinetischer Energie" (Bewegungsenergie), welche diesen Prozess anstößt und vorantreibt. Gemein hat diese „Energie" mit den Barrieren, die sie zu überwinden sucht, dass beide in der Regel personalisiert sind:

> *„Wir hatten sowohl bei der Barriere des Nichtwollens auch bei der Barriere des Nichtwissens gesehen, dass die Prozesswiderstände personalisiert sind, d. h., dass es eben Menschen sind, die die Innovationen nicht wollen oder sachlich nicht vollziehen können. Dementsprechend sind auch die Energien zur Überwindung der Barrieren an Personen (Energieträger) gebunden. Personen, die einen Innovationsprozess aktiv und intensiv fördern, nennen wir Promotoren. Sie starten den Prozess und treiben ihn unter Überwindung von Barrieren [...] voran."* (Witte 1973, 15f.)

Promotoren*innen sind also Personen, die sich innerhalb von Organisationen aktiv für die Umsetzung von Innovationen einsetzen und erfolgskritisch für deren betriebliche Verankerung sind. Sie stehen für Veränderung und Ablösung des Alten, ohne dabei aber in revolutionärer Art und Weise bestehende organisationale Strukturen anzugreifen. Vielmehr bedienen sie sich den bestehenden Hierarchien in Betrieben, agieren mit ihnen und in ihnen, um z. B. Willensbarrieren bei den anderen Betriebsangehörigen zu überwinden (vgl. Witte 1973, S. 16). Zentral dabei ist, dass Promotoren*innen „mehr tun", als ihnen ihre eigentliche Position in der Betriebshierachie abverlangen würde, insofern als sie sich neben ihren regulären Arbeitsaufgaben für die Umsetzung von Innovationen engagieren (vgl. Müller 2004, S. 148). Basierend auf der Annahme, dass zwei distinkte Barrieren innerhalb von Innovationsprozessen existieren können (Willens- bzw. Fähigkeitsbarrieren), geht Witte auch von zwei verschiedenen Arten von Promotor*innen aus, um diese zu überwinden. So benennt er zum einen *Machtpromotoren*innen*, zum anderen *Fachpromotoren*innen*. Machtpromotoren*innen kennzeichnen sich durch eine bestimmte Position innerhalb der Organisation und können „[...] einen Innovationsprozess durch hierarchisches Potential aktiv und intensiv fördern" (Witte 1973, S. 17). Folgerichtig sind sie entweder Mitglied der obersten Leitungsebene in einem Unternehmen, oder besetzen anderweitige Positionen, die es ihnen erlauben, Opponenten des „Nichtwollens" mit Sanktionen zu belegen (vgl. Müller 2004, S.

152). Dabei ist hervorzuheben, dass Machtpromotoren*innen sich zur Überwindung von Willensbarrieren, nicht allein auf „Zwang und Befehl" stützen, sondern über ein glaubhaftes innerbetriebliches „Standing" verfügen, das ihnen erlaubt, Prozesse anzustoßen.

> *„[...] auf ihre Überzeugungskraft und Begeisterungsfähigkeit bauen oder Mittel wie Belohnungen und Anreize als Instrumente dafür einsetzen, ihre organisatorische Umwelt nachhaltig davon zu überzeugen, dass sie verlässliche Partner sind [...] man denke in diesem Zusammenhang auch an Graue Eminenzen [Hervorhebung im Originale]."* (Müller 2004, S. 152)

Fachpromotoren*innen werden nach Witte als diejenigen Personen definiert, die einen Innovationsprozess durch ihr objektives fachspezifisches Wissen aktiv und intensiv fördern, ihre hierarchische Position innerhalb des Unternehmens ist hier nur von untergeordneter Bedeutung. Fachpromotoren*innen sind daher auch eher in den einzelnen Fachabteilungen zu finden, die z. B. technische Innovationen hervorbringen, als dass sie Mitglied der Führungsebene innerhalb eines Betriebs sind (vgl. Witte 1973, S. 18). Sie räumen Fähigkeitsbarrieren innerhalb von Innovationsprozessen aus dem Weg, indem sie Innovationsopponenten argumentativ von den Vorteilen einer Innovation überzeugen und helfen, etwaige Wissenslücken durch ihr Fachwissen zu schließen (vgl. Müller 2004, 150f.). Zentral für diesen Kontext ist jedoch an dieser Stelle der Hinweis Wittes, dass Macht- und Fachpromoter*innen in Einzelfällen als Personalunion bestehen können, d. h. eine Person innerhalb eines Betriebes verfügt sowohl über das hierarchische Potential als auch über das objektspezifische Fachwissen, um Innovationen zu fördern und Barrieren zu überwinden (vgl. Witte 1973, S. 19). Insbesondere für den Handwerkssektor ist von einer Häufung solcher „Personalunionen" auszugehen (s. u.).

Im folgenden Kapitel soll das Gedankenmodell von Witte zunächst auf den primären Untersuchungsgegenstand dieser Arbeit – das betriebliche Kompetenzmanagement – übertragen werden. Ziel ist es hier, die These *Kompetenzentwicklung bzw. betriebliches Kompetenzmanagement in Handwerksbetrieben als Innovationen zu fassen*, zu stärken und herauszuarbeiten, wie sich die Rolle Promotoren*innen in Handwerksbetrieben, insbesondere im Kontext der besonderen Stellung des/r Betriebsinhaber*in darstellen könnte. Im Folgenden wird – abweichend

6.6 Promotorenmodell nach Eberhard Witte

von der bisherigen Struktur dieses Kapitels – die Anwendung auf den Forschungsgegenstand „Handwerksbetrieb" zusammen mit der Frage nach der Gruppe der älteren Arbeitnehmer*innen diskutiert.

6.6.1 Das Promotorenmodell im Kontext von betrieblichem Kompetenzmanagement, Handwerksbetrieben und älteren Beschäftigten

Ausgehend von dem hier skizzierten Promotorenmodell nach Witte, wird im Weiteren die These vertreten, dass Weiterbildungs- bzw. Kompetenzentwicklungsmaßnahmen, die in Handwerksbetrieben ein- bzw. durchgeführt werden, auch als „Innovationen" im Sinne Wittes interpretiert werden können. Dem folgend kann eine erfolgreiche Umsetzung etwaiger Maßnahmen mit dem (Nicht-)Vorhandensein eines/r Promotor*in verknüpft werden. Auch verdeutlicht ein Blick in die Literatur, dass das Promotorenkonzept bereits im Kontext der Kompetenzentwicklungsdebatte von einigen Autoren für verschiedene Sektoren fruchtbar gemacht wurde und sich daher auch für die Analyse betrieblichen Kompetenzmanagements im Handwerkssektor anbietet.

Ganz grundlegend ist zunächst festzuhalten, dass der Innovationsbegriff in der Literatur verschieden interpretiert wird. Spricht Schumpeter in seinen „Theorien der wirtschaftlichen Entwicklung" (1912) von Innovation ganz allgemein dann, wenn eine Neuerung[71] innerhalb eines bestehenden Gefüges eintritt, bezeichnet Grupp (2010) Innovation als eine „[…] realisierte Menge von Ideen […]" (Grupp und Fornahl 2010, S. 131). Allen Definitionen gemein ist jedoch, dass es sich hierbei um einen „[…] willentlichen, gezielten Veränderungsprozess hin zu etwas (erstmalig) Neuem [Hervorhebung im Original] […]" (Heesen, 2009 zit. nach Kaschny et al. 2015, S. 20) handelt. Am Ende dieses Prozesses steht dann etwas umgesetztes „Neues", jedoch nicht zwangsläufig ein haptisches Produkt. „Innovation" kann in diesem Verständnis daher auch als neuartige Prozesse bzw.

---

[71] Anzumerken ist hier jedoch, dass Schumpeter bei den Übersetzungen seiner Arbeiten ins Deutsche, die er selber abnahm, stets auf den Gebrauch von „Neuerung" anstelle „Innovation" beharrte. Dies änderte sich jedoch nach seinem Tod und kann daher an dieser Stelle leicht in die Irre führen. So bezeichnet der Begriff „Innovation" für Schumpeter nicht die „Neuerung" bzw. die „Erfindung" selbst, die er als „Invention" betitelte, sondern den Prozess der Durchsetzung dieser Invention (vgl. Witte 1973, S. 4 sowie Grupp und Fornahl 2010, S. 131).

Konzepte oder Strukturen, die im Kontext eines einzelnen Betriebs umgesetzt werden, bezeichnen werden.

„Innovationen können demnach durchaus als „subjektiv" bezeichnet werden. So kann eine Neuerung oder merkliche Verbesserung auch nur aus Sicht des Unternehmens erstmalig sein und muss nicht notwendigerweise eine Neuheit aus Sicht des Marktes darstellen." (Kaschny et al. 2015, S. 20)

Im Kontext dieser Arbeit wird also davon ausgegangen, dass Weiterbildungsanstrengungen bzw. das Durchsetzen bzw. Durchführen von Kompetenzentwicklungsmaßnahmen im Sinne einer Struktur- bzw. Organisationsinnovation interpretiert werden können. Einschränkend ist hier jedoch zu sagen, dass nicht jede Maßnahme des betrieblichen Kompetenzmanagements gleich als „Innovation" zu betrachten ist. Dies würde im Umkehrschluss bedeuten, dass Handwerksbetriebe bis dato keinerlei Weiterbildung bzw. Kompetenzmanagement betreiben, was – davon ist auszugehen – jedoch nicht der Realität entspricht.[72] Eine These, die auch die im Rahmen von Kapitel 5 dieser Arbeit durchgeführten Kurzstudie bestätigen konnte. Dies dürfte sich u. a. darauf begründen, dass viele der im Handwerk typischen Zertifizierungskurse obligatorisch d. h. nicht auf Freiwilligkeit beruhen, sondern für die Mitarbeiter*innen, wollen sie weiterhin ihre angestammten Tätigkeiten ausüben, verpflichtend sind. Jedoch finden sich in der handwerksbetrieblichen Praxis auch eine Reihe von Beispielen, wo Betriebe z. T. in kompletter Eigenregie Maßnahmen des betrieblichen Kompetenzmanagements aufgelegt und durchgeführt haben, die weit über das Ausbilden gewerkspezifischer Kompetenzen hinausgehen. So finden sich Maßnahmen, die neben der Herausbildung betriebsbezogener bzw. -spezifischer Kompetenzen auch spezielle Personengruppen fokussieren (z. B. Auszubildende oder die Personengruppe der Älteren) (vgl. Naegele und Frerichs 2018, 209ff.).

Vor diesem Hintergrund soll hier im Folgenden argumentiert werden, dass *innovatives Weiterbildungsverhalten bzw. betriebliches Kompetenzmanagement*, welches den von Witte genannten „Status Quo" verändert, als Innovation nach Schumpeter aufgefasst werden könnte. Es geht also darum, Anstrengungen im Bereich der Umsetzung von Kompetenzentwicklungsprozessen zu betrachten, die über das durchschnittliche Maß im Handwerk hinausgehen. Handwerksbetriebe

---

[72] Eine detaillierte Auseinandersetzung mit den Lern- und Kompetenzentwicklungsprozessen im Handwerk ist dem Kapitel 4 dieser Arbeit zu entnehmen.

zeichnen sich in der Regel durch eine starke historische Verankerung aus, die sich in ihren organisatorischen und strukturellen Abläufen durch eine relative Beständigkeit bzw. – wenn man so weit gehen mag – durch eine gewisse „Unverrückbarkeit" auswirkt (vgl. Glasl et al. 2008, S. 7).

„Trotz des technischen, strukturellen und ökonomischen Wandels in den vergangenen Jahrhunderten im Handwerk und in seinen Organisationen sind viele Grundzüge, insbesondere die sozialen Strukturen, innerbetrieblich wie außerbetrieblich bis heute erhalten geblieben. Die verhaltensprägenden, mentalen und sozialen Grundprinzipien sind vielfach seit Jahrhunderten wirksam." (Glasl et al. 2008, S. 7)

Die Umsetzung von Weiterbildungs- bzw. Kompetenzentwicklungsmaßnahmen im Handwerk ist – so haben Studien gezeigt – häufig begleitet durch eine Phase der Organisationsentwicklung und –umstrukturierung (vgl. Wiemers 2018, 167ff.). Diese kann nach Witte auch als Innovation aufgefasst werden (vgl. Witte 1973, S. 6).

Orientiert man sich hier weiter an Wittes Modell, lässt sich ableiten, dass im Prozess der Implementation (von innovativen) Maßnahmen des betrieblichen Kompetenzmanagements in Handwerkbetrieben ähnlich gelagerte Barrieren auftreten könnten: So könnten Personen innerhalb des Betriebes den herrschenden „Status quo" nicht verändern wollen (Willensbarriere), wenn beispielsweise vorher seitens des Betriebes wenig Kompetenzentwicklungsmaßnahmen angeregt wurden. Widerstand könnte aber auch nur gegen bestimmte Weiterbildungsformate gerichtet werden, wenn diese beispielsweise nicht den im Handwerk gängigen Lehr- bzw. Zertifizierungsformaten entsprechen, weil sie u. U. ohne formale Qualifikation bzw. Zertifizierung abschließen (vgl. Naegele et al. 2018a, 145ff.). Ein weiterer häufig genannter Grund für eine niedrige Ausprägung des betrieblichen Kompetenzmanagements in kleinen und mittelständischen Betrieben ist der niedrige Professionalisierungsgrad des Personalwesens, was an dieser Stelle ebenfalls als Barriere interpretiert werden kann und auch für viele Handwerksbetriebe zutrifft (vgl. Dobischat 2013, S. 249). So seien insbesondere Klein-und Kleinstunternehmen aufgrund ihrer „[…] mangelnden infrastrukturellen Ausstattung und in fehlenden Kompetenzen der mit Weiterbildung beauftragten Mitarbeiter*innen sowie dem geringen Institutionalisierungsgrad von Weiterbildungsplanung und Analysen zum Bildungsbedarf [.,.]" (Dobischat 2013, S. 249) häufig mit den ihnen gestellten Aufgaben überfordert. Als Resultat dieses fehlenden Fachwissens „[…]

bleibt es oft dem Zufall überlassen, welche der erworbenen Qualifikationen auf welche Weise in den Betrieb transferiert werden (können) [und; A. d. A.] die Effizienz und Effektivität der Qualifizierung kann nicht gewährleistet werden [...]" (Diettrich 2001, S. 220). Letzteres ließe sich beispielsweise als eine der von Witte genannten Fähigkeitsbarrieren interpretieren. Zur Überwindung dieser hier andiskutierten Barrieren wären dann – Witte folgend – Promotoren*innen innerhalb von Handwerksbetrieben gefragt.

Im Kontext der Überlegungen, wo Promotoren*innen im Betriebsgefüge von Handwerksbetrieben konkret auftreten könnten, sollte jedoch noch einmal auf die Frage der Betriebsgröße und der typischen flachen Betriebshierachie in Handwerksbetrieben eingegangen werden. So zeichnet sich das Handwerk insbesondere durch seine kleinst- bzw. kleinbetriebliche Struktur aus, was in der Konsequenz häufig dazu führt, dass der/die Betriebsinhaber*in multiple Rollen und Weisungsbefugnisse auf sich vereint.[73] So ist er/sie nicht nur Inhaber*in, sondern gleichzeitig auch Manager*in und – insbesondere in Kleinstbetrieben – darüber hinaus in der Regel auch die Person mit der höchsten formalen Qualifikation (Meister*in oder Betriebswirt*in des Handwerks). Da letzteres auch die formal qualifizierende Ausbildungseignerprüfung beinhaltet, fällt diesen Personen in der Praxis auch häufig die „Hoheit" über das betriebliche Kompetenzmanagement zu. Es ist also davon auszugehen, dass im Handwerk besonders häufig Promotoren*innen zu finden sind, die sich durch eine „[...] Personalunion von Machtpromoter und Fachpromoter [...]" (Witte 1973, S. 19) auszeichnen. Vor diesem Hintergrund soll im Rahmen der folgenden Untersuchung nicht an der Differenzierung zwischen Macht- und Fachpromotor*innen festgehalten werden, sondern nur zwischen dem *Vorhandensein* oder dem *Nichtvorhandensein* eines/r Promotor*in im Betrieb unterschieden werden.

Berücksichtigt man in diesem Kontext nun auch die Beschäftigtengruppe der älteren Mitarbeiter*innen, ist zunächst darauf hinzuweisen, dass Witte in seinem Modell wenig auf die konkrete Ausgestaltung von Innovationen eingeht. Lässt man sich jedoch auf folgendes Gedankenexperiment ein – Maßnahmen des Kompetenzmanagements mit einem besonderen Fokus auf die spezielle Beschäftigtengruppe der älteren Mitarbeiter*innen sind als eine bestimmte *Form der Ausgestaltung* der „Innovation betrieblichen Kompetenzmanagements" zu interpretieren –

---

[73] Für eine detaillierte Auseinandersetzung mit der besonderen Rolle des/r Betriebsinhaber*in in Handwerksbetrieben siehe bitte Kapitel 3 in dieser Arbeit.

so braucht auch diese Innovation Promotor*innen, die ihre Umsetzung sicherstellen. Dies gilt insbesondere deswegen, weil davon auszugehen ist, dass bei Maßnahmen, die auf eine spezielle Personengruppe zielen, eine hohe Eigenleistung seitens der Betriebe fordert. So können diese in der Regel nicht von externen Dienstleister*innen „eingekauft" werden und benötigen eine besondere betriebs- und personengruppenspezifische Anpassung. Auch kann hier die Frage gestellt werden, inwieweit die Promotoren*innen, falls in einem Betrieb vorhanden, sensibilisiert sind für die besonderen altersspezifischen Kompetenzentwicklungsbedürfnisse älterer Mitarbeiter*innen. So belegen eine Reihe von Studien beispielsweise, dass das Vorwissen über Alterungsprozesse, das eigene (höhere) Alter sowie eine insbesondere durch die Führungsebene vorgelebte altersensible Betriebskultur starken Einfluss auf die Arbeits- und Beschäftigungsbedingungen Älterer haben (vgl. Naegele et al. 2018b, 73ff.).

Zusammenfassend lässt sich sagen, dass die drei hier vorgestellten theoretischen Ansätze eine breite Masse möglicher Determinanten betrieblichen Kompetenzmanagements abbilden, jedoch in keiner Weise dem Anspruch auf Vollständigkeit gerecht werden. Alle gewählten Ansätze weisen Stärken und Schwächen hinsichtlich ihrer „Erklärungskraft" bezüglich der Ausgestaltung von betrieblichem Kompetenzmanagementverhalten im Handwerk auf. Abschließend sollen daher zunächst die Schwächen und Stärken der einzelnen Ansätze kurz zusammengefasst werden. Im Anschluss sollen die unterschiedlichen Erklärungsansätze in einen gemeinsamen – für die angestrebte Analyse leitenden – heuristisch-analytischen Theorierahmen gebracht werden.

6.7 Stärken und Schwächen der ausgewählten theoretischen Ansätze

Wie bereits angesprochen, hat sich die „Humankapitaltheorie" nach Becker, aus Sicht verschiedener Autoren, als guter Prädiktor für die Investition in betriebliches Kompetenzmanagement bewährt und soll daher auch im Folgenden im Rahmen dieser Arbeit Verwendung finden. Kritisch anzumerken ist an dieser Stelle jedoch, dass der der Humankapitaltheorie zugrunde gelegte „Rational-Choice"-Gedanke gerade im Kontext der KMU-Forschung häufig an seine Grenzen stößt. So weisen – wie in Kapitel 3 dieser Arbeit bereits ausgeführt – verschiedene Autoren darauf hin, dass kleine und mittelständische Betriebe und hier insbesondere Handwerksbetriebe betriebliche Verhaltensweisen an den Tag legen, welche nicht unter der Prämisse des allein nutzenmaximierenden Verhaltens zu interpretieren sind und die nach komplexeren Erklärungsmustern verlangen. So weisen KMU häufiger eine geringe Wachstumsorientierung auf und entscheiden sich aktiv gegen Strategien (z. B. Investition in das betriebliche Kompetenzmanagement), die vielleicht zu einem übermäßigen Wachstum des Umsatzes und der Mitarbeiter*innenzahlen führen würden (vgl. Steffens et al. 2009, S. 126 sowie Storey 2002, 249ff.). Zwar ließe sich argumentieren, dass der maximale individuelle Nutzen bei diesen Betrieben mit einer gewissen Betriebsgröße erreicht ist, allerdings ist es – wie auch schon andiskutiert – fraglich, ob Handwerksbetriebe überhaupt über die notwendige vollständige Informationsbasis verfügen, um im Sinne der Humankapitaltheorie zu „rationalen Entscheidungen" zu kommen. Neuere Studien weisen an dieser Stelle auch darauf hin, dass Entscheidungsprozesse häufig von emotionalen und körperlichen Prozessen begleitet werden. Bank (2002) spricht an dieser Stelle von „Intuition", während Damasio (1997) diese Verknüpfung zwischen „[…] von Gehirn und Organen, die unsere Entscheidungsprozesse begleiten, „somatische Marker" […] [nennt; A. d. A.] (Käpplinger 2009, S. 6). Kritik an Humankapital-Ansatz kommt auch aus der Habitus-bezogenen Forschung. So weisen Bordieu (1997) und Tippelt (2003) beispielsweise darauf hin, dass Entscheidungen auch immer beziehungsgebunden sind bzw. von der eigenen habituellen Prägung abhängig sein können (vgl. Käpplinger 2009, 6f.). Obwohl an dieser Stelle nicht explizit aufgeschlüsselt, könnte davon ausgegangen werden, dass das Handwerk und seine Beschäftigten durch einen gewissen „Handwerkshabitus"[74] geprägt sein könnten, der im Kontext von Weiterbildungsentscheidungen u. U. zum Tragen kommen könnte. Nicht von der Hand zu weisen ist jedoch auch, dass zunehmend betriebswirtschaftliche Argumente im Kompetenzmanagementdiskurs an Bedeutung gewinnen, welche sich im Rahmen einer theoretischen Annäherung gut mit der Humankapitaltheorie abbilden lassen. So geht Heuer (2010) davon aus, dass der humanistische Bildungsgedanke zunehmend der ökonomischen Facette von Weiterbildung bzw. betrieblichem Kompetenzmanagement weicht (vgl. Heuer 2010, S. 107).

---

[74] Für eine detaillierte Auseinandersetzung mit dem Handwerk und seinen tradierten Aus- und Weiterbildungswegen siehe auch Kapitel 4 in dieser Arbeit.

6.7 Stärken und Schwächen der ausgewählten theoretischen Ansätze 159

> *„Gewandelt hat sich auch der Blick auf betriebliche Weiterbildung, die heute eindeutig eine betriebswirtschaftliche Orientierung hat und zuvor einfach personenzentriert und humanistisch begründet war. Damit einher geht eine neue Schnittstelle im Betrieb, die des Bildungscontrollings, die es vor den 90er-Jahren so nicht gab." (Heuer 2010, S. 105)*

Besondere Bedeutung in Bezug auf einer adäquaten theoretischen Rahmung des Untersuchungsgegenstands kommt auch dem speziellen Arbeitsmarkt bzw. Wirtschaftssektor „Handwerk" zu, der jedoch in starkem Maß von seiner historischen Entstehungsweise her zu interpretieren ist. Dies gilt – mit Blick auf das Thema der vorliegenden Arbeit – insbesondere für die Frage nach dem (restriktiven) Zugang zu und dem Verbleib von Mitarbeiter*innen auf dem handwerklichen Arbeitsmarkt. So liegt die Verantwortung über diesen spezifischen Arbeitsmarktzugang – geregelt über die handwerkliche Berufsausbildung und die damit verbundenen formalen Berufsabschlüsse – bis heute primär in den „Händen" des Handwerks bzw. seiner institutionalisierten Organisationen selber.[75]

Um diesen besonderen Bedingungen auf diesem (Teil-)Arbeitsmarkt im Rahmen des theoretisch-analytischen Theorierahmens Rechnung zu tragen, bietet sich der segmentationstheoretische Ansatz nach Sengenberger an. So erlaubt die segmentationstheoretische Perspektive einen differenzierten Blick auf unterschiedliche Teilbereiche des Arbeitsmarktes, mit ihren variierenden Kompetenzanforderungen Akteur*innenbeziehungen und Zugangs- und Schließungsprozessen. Darüber hinaus erlaubt die Segmentationstheorie, nach unterschiedlichen Arten bzw. Formaten von Kompetenzentwicklungsmaßnahmen zu unterscheiden, da sie je nach Teilarbeitsmarkt das Vorhandensein verschiedener Formate vorsieht. Je betriebsspezifischer die Kompetenzen von Mitarbeiter*innen sein müssen, um in diesem Teilarbeitsmarkt zu verbleiben bzw. in diesen einzutreten, desto betriebsspezifischer bzw. personengruppenbezogener werden die Wissensinhalte bzw. die Kompetenzen, die in den angebotenen Maßnahmen an Mitarbeiter*innen weitergegeben werden müssen. Problematisch ist jedoch die oftmals nicht ganz eindeutige Abtrennung zwischen den Teilarbeitsmärkten. So ist davon auszugehen, dass sich auch im Handwerk Betriebe identifizieren lassen, die mehreren Teilarbeitsmärkten zuzuordnen sind.

---

[75] Für eine detaillierte Auseinandersetzung mit der Rolle der Handwerksinstitutionen im Kontext der Aus- und Weiterbildungswege im Handwerk siehe auch Kapitel 4 in dieser Arbeit.

Wie bereits dem allgemeinen Literaturüberblick zum Thema KMU bzw. Handwerksbetriebe (Kapitel 3) zu entnehmen ist, kommt der Rolle des/r Betriebseigner*in bzw. der Betriebsführung im Handwerk eine besondere Bedeutung zu. So ist davon auszugehen, dass das betriebliche Handeln (von Handwerksbetrieben) immer stark durch einzelne Akteur*innen bestimmt ist. Betriebseigner*innen lenken beispielsweise meist in relativer Unabhängigkeit die Geschicke eines Betriebes, sind häufig Innovationstreiber*in und z. T. Familienoberhaupt in einer Person (vgl. Fillis 2010, 61f.). Es liegt daher nahe, sich im Rahmen der Auseinandersetzung mit betrieblichem Kompetenzmanagement im Handwerk auch eine theoretische Perspektive anzueignen, die dieser Besonderheit Rechnung trägt. Dazu wurde im Rahmen dieser Arbeit das „Promotorenmodell" nach Eberhard Witte ausgewählt, welcher sich insbesondere für den Einfluss einzelner Personen in betrieblichen Umsetzungs- und Innovationsprozessen interessiert.

6.8 Erarbeitung eines heuristisch-analytischen Theorierahmens

Die Humankapitaltheorie nach Becker stellt den Aushandlungsprozess zwischen den entstandenen Kosten und dem zu erwartenden Nutzen (Rendite) in den Vordergrund und bietet vor allem Begründungsmuster für das „Zustandekommen" bzw. „Nichtzustandekommen" von Maßnahmen des betrieblichen Kompetenzmanagements an. Der Situationsbezug „Handwerksbetrieb" und die Beschäftigtengruppe „ältere Arbeitnehmer*innen" haben im Rahmen der Humankapitaltheorie vor allem Einfluss auf die Kosten bzw. Nutzenabwägungen der Betriebe. Die Erklärungskraft der Humankapitaltheorie liegt also auf dem Entscheidungsverhalten von Akteur*innen im Kontext von Weiterbildungs- bzw. Kompetenzentwicklungsanstößen. Sie berücksichtigt die zentrale Komponente des wirtschaftlichen bzw. ökonomischen Denkens von Betrieben, welche, wie mehrfach in vergangenen Studien gezeigt, großen Einfluss auf die Frage hat, ob und unter welchen Bedingungen Betriebe in Maßnahmen des betrieblichen Kompetenzmanagements investieren.

Im Gegenzug zur Humankapitaltheorie geht Sengenberger von Schließungs- bzw. Segmentierungsprozessen auf dem Arbeitsmarkt aus und ordnet Maßnahmen des betrieblichen Kompetenzmanagements somit eine funktionale Bedeutung im Kontext der Mitarbeiter*innenbindung und Fachkräftesicherung zu. Er leistet an

6.8 Erarbeitung eines heuristisch-analytischen Theorierahmens

dieser Stelle einen Beitrag dazu, die Motive hinter betrieblichen Investitionsentscheidungen an ihr kontextuales Setting rückzubinden. Kosten-Nutzen-Abwägungen sind also in diesem Verständnis von der Beziehung zwischen Arbeitgeber*innen und ihren Beschäftigten bedingt. Betriebe investieren dann in Humankapital, wenn ihre Mitarbeitenden nicht einfach auf dem freien Arbeitsmarkt zu ersetzen sind. Dabei befasst sich der segmentationstheoretische Zugang – anders als die Humankapitaltheorie – auch mit graduellen Unterschieden im „Zustandekommen" von Weiterbildungen. So, nach Meinung der segmentationstheoretischen Vertreter*innen, ist je nach Teilarbeitsmarkt ein unterschiedliches „Maß" an betrieblichem Kompetenzmanagement bzw. unterschiedliche „Formate" des BKMs beobachtbar. Handwerksbetriebe und ihre älteren Beschäftigten lassen sich in diesem Kontext vor allem bestimmten Teilarbeitsmärkten zuordnen, die wiederum ein graduell unterschiedliches Kompetenzentwicklungsverhalten seitens der Betriebe bedingen. Dabei ist jedoch auf die fließenden Übergänge zwischen den Teilarbeitsmärkten hinzuweisen und es bleibt die Frage zu klären, auf welchen Positionen ältere Beschäftigte genau eingesetzt sind bzw. welchen Stellenwert sie in den Betrieben einnehmen. Das Promotorenmodell nach Witte fragt weniger nach den Begründungen hinter der Entscheidung „für" oder „gegen" Weiterbildung oder der konkreten Ausgestaltung des BKMs in Betrieben, sondern beschäftigt sich vor allem mit dem Prozess seiner Umsetzung. So geht Witte davon aus, dass im Rahmen von Innovationsprozessen gewisse Barrieren existieren, die mit Hilfe sog. „Promotoren*innen" überwunden werden müssen. Sollte dies nicht gelingen, scheitert die Umsetzung von Innovationen. Im Situationsbezug „Handwerksbetrieb" sind diese Promotor*innen vor allem im Kontext der besonderen Rolle des/der Betriebseigner*innen und der Frage ob ältere Mitarbeiter*innen von diesen Promotoren*innen „gesehen werden" zu diskutieren.

Stellt man sich die Umsetzung von Maßnahmen des betrieblichen Kompetenzmanagements als Prozess vor, gibt die folgende Abb. 6 – idealtypisch – einen Überblick über die möglichen Einflussfaktoren der drei gewählten Theorieansätze:

Abbildung 6: Idealtypische Darstellung des heuristischen Theorierahmens[76]

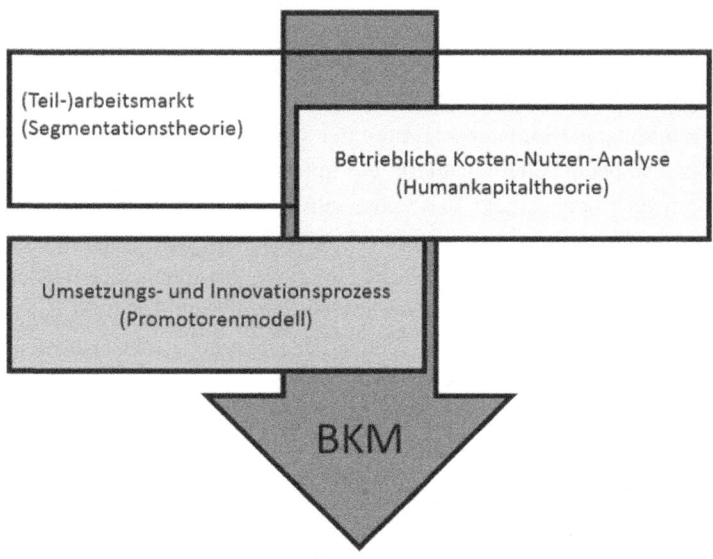

Es sei jedoch darauf hingewiesen, dass diese Arbeit im Folgenden nicht zum Ziel hat, den heuristisch-analytischen Theorierahmen empirisch zu überprüfen. Vielmehr ist es das Ziel, die drei vorgestellten theoretischen Zugänge für die Erklärung der unterschiedlichen Ausprägungen von betrieblichem Kompetenzmanagement im Handwerk fruchtbar zu machen und damit den bisher stark auf der ökonomischen Perspektive fokussierten Diskurs theoretisch zu erweitern. Dazu soll im Folgenden – basierend auf qualitativen Betriebsfallstudien – die Methode der empirischen Typenbildung nach Kelle und Kluge zum Einsatz kommen. Dazu wird zunächst im Kapitel 7 die Datengrundlage, die Methode sowie dass Verfahren der qualitativen Typenbildung nach Kelle und Kluge vorgestellt. Kapitel 8 widmet sich der Ergebnisdarstellung der durchgeführten Typenbildung.

---

[76] Quelle: eigene Darstellung.

7 Hintergrund, Ziel und Fragestellung der qualitativen Studie

Wie bereits in Kapitel 6 ausgeführt, gibt es eine Reihe von theoretischen Bezügen, die herangezogen werden können, um Determinanten für das unterschiedlich ausgeprägte BKM im Handwerk zu liefern. Die folgende qualitative Studie widmet sich diesen Begründungsmustern nun im Detail und hat zum Ziel, der Frage nachzugehen, welche Abwägungen auf Seiten von Handwerksbetrieben getroffen werden, wenn es darum geht, Maßnahmen des betrieblichen Kompetenzmanagements (für ihre älteren Beschäftigten) umzusetzen. Und was könnten – konträr dazu – hier Gründe bzw. (Begründungs-)Parameter dafür sein dies nicht zu tun? Folgende Fragestellungen sollen dabei für die folgende Untersuchung leitend sein:

> F1: *Welche (Begründungs-)Parameter bzw. Determinanten des betrieblichen Kompetenzmanagements lassen sich (mit Blick auf ältere Beschäftigte) bei Handwerksbetrieben identifizieren?*
>
> F2: *Wie unterscheiden sich diese (Begründungs-)Parameter bzw. Determinanten in ihren Wechselbeziehungen zwischen Betrieben mit unterschiedlich ausgeprägten betrieblichen Kompetenzmanagement?*

Die Untersuchung nähert sich der Fragestellung im Rahmen eines qualitativen Studiendesigns, ausgehend von der Methode der empirischen Typenbildung nach Kelle und Kluge. Dazu wird, im Rahmen von 15 Betriebsfallstudien, dass betriebliche Kompetenzmanagement von Handwerksbetrieben hinsichtlich der dahinterliegenden betrieblichen Determinanten bzw. Motivlage untersucht. Die Untersuchung strukturiert sich wie folgt. Zunächst wird die Datengrundlage und Datenerhebung (Kapitel 7.1) beschrieben, sowie ein Überblick über die Erhebungsmethode „Betriebsfallstudien" gegeben (Kapitel 7.2). Anschließend wir kurz auf das Verfahren der Typenbildung in den Sozialwissenschaften eingegangen (Kapitel 7.3) und die verwendetet Analysemethode „Empirische Typenbildung" nach Kelle und Kluge erläutert (Kapitel 7.4) sowie die Notwendigkeit einer Erweiterung des Modells von Kelle und Klug begründet (Kapitel 7.5). Das Kapitel schließt mit der idealtypischen Darstellung des Verfahrens und der Anwendung der empirisch begründeten Typenbildung auf das betriebliche Kompetenzmanagement in Handwerksbetrieben (Kapitel 7.5.2). Die Ergebnisdarstellung der durchgeführten Typenbildung erfolgt in Kapitel 8 dieser Arbeit.

© Springer Fachmedien Wiesbaden GmbH, ein Teil von Springer Nature 2020
L. Naegele, *Betriebliches Kompetenzmanagement älterer Arbeitnehmer*innen*,
Vechtaer Beiträge zur Gerontologie, https://doi.org/10.1007/978-3-658-29253-9_7

7.1 Datengrundlage und Datenerhebung

Grundlage dieser Analyse bilden 15 qualitative Betriebsfallstudien, basierend u. a. auf leitfadengestützten Experteninterviews mit Betriebsinhabern und/oder Führungskräften der analysierten Handwerksbetriebe. Die Interviews wurden dabei größtenteils Face-to-Face geführt. Lediglich vier Interviews wurden aus Gründen der zeitlichen Verfügbarkeit der Interviewpartner telefonisch geführt. Die Betriebsfallstudien wurden dabei im Rahmen des Forschungs- und Entwicklungsprojekt „In-K-Ha" zwischen November bzw. Dezember 2014 sowie zwischen Juni 2015 und August 2016 erhoben. Die ausschließlich männlichen Interviewpartner waren entweder Inhaber der ausgewählten Betriebe oder in diesen als Führungskraft eingesetzt und kamen mehrheitlich aus den vier Fokusgewerken Elektro, SHK, Metall und Kfz. Die Befragten wurden zunächst entlang eines Leitfadens gebeten, das in ihrem respektiven Betrieb praktizierte betriebliche Kompetenzmanagement insbesondere in Bezug auf die Personengruppe der älteren Beschäftigten darzustellen. Darüber hinaus wurden die Befragten nach den Beweggründen hinter der konkreten Ausgestaltung des betrieblichen Kompetenzmanagements befragt. Im Anschluss an das Interview erfolgte, wenn möglich, eine Betriebsbegehung. Die dort geführten Gespräche mit Mitarbeiter*innen sowie die gewonnenen Eindrücke über Betriebsabläufe und Arbeitsalltag etc. wurden im Anschluss im Rahmen eines Gedächtnis- bzw. Begehungsprotokolls festgehalten. Die Betriebsbegehungen variierten in ihre Länge zwischen 20 und 45 Minuten. Die Interviews dauerten insgesamt zwischen 45 und 120 Minuten und wurden für die Analyse alle mit Hilfe der Transkriptionssoftware „f4" transkribiert. Für die weitere Analyse wurden die gewonnen Daten zu individuellen Fallstudien zusammengefasst. Dazu wurden jeweils alle zu einem Fall vorliegenden Unterlagen (z. B. Interviewtranskripte, Gedächtnis- und Begehungsprotokoll) zur Erstellung der konkreten Betriebsfalldarstellung herangezogen. Im Folgenden soll zuerst in gebotener Kürze auf die Methode der Betriebsfallstudie als Forschungszugang eingegangen werden.

7.2 (Betriebs-)Fallstudien als Forschungszugang

Unter Fallstudie ist zunächst keine spezifische Erhebungstechnik der empirischen Sozialforschung zu verstehen, sondern sie beschreibt zunächst lediglich einen Forschungsansatz, der einen expliziten Fokus auf kontextuale Faktoren und der ganzheitlichen Analyse eines sozialen Phänomens legt (vgl. Yin 2003, S. 13). Ein Blick in die Literatur offenbart verschiedene Definition deren Gemeinsamkeiten Yin (2003) folgendermaßen zusammenfasst:

> *„A case study is an empirical inquiry that*
> - *investigates a contemporary phenomenon within its real-life context, especially when*
> - *the boundaries between phenomenon and context are not clearly evident."*
> *(Yin 2003, S. 13)*

In anderen Worten lässt sich also sagen, dass sich Fallstudien insbesondere dann anbieten, wenn der Kontext als beeinflussender Faktor von sozialen Handlungen, Prozessen und Entscheidungen von Forschungsinteresse ist (vgl. Yin 2003, S. 13). Fallstudien eignen sich dabei grundsätzlich auch, um Antworten auf explorative, deskriptive oder explanative Fragen zu liefern, und ermöglichen es dem/r Forscher*in, sich ein möglichst vollständiges Bild über ein bestimmtes Untersuchungsobjekt machen zu können (vgl. Bögel 2013, S. 129 sowie Borchardt und Göthlich 2007, S. 35). Sie werden primär in besonders komplexen Forschungsfeldern eingesetzt. Ihre Stärken liegen, im Vergleich zu beispielsweise quantitativen Erhebungen, darin, dass eine umfassendere Abbildung der sozialen Wirklichkeit und der in ihr ablaufenden Prozesse ermöglicht wird.

> *"Sie [die Fallstudie; A. d. A] bleibt nicht auf statische Momentaufnahmen (wie bei quantitativen Längs- oder Querschnittuntersuchungen) beschränkt, sondern erlaubt es, Entwicklungen, Prozessabläufe und Ursache-Wirkungs-Zusammenhänge nachzuvollziehen sowie praktisch relevante, datenbasierte Aussagen zu treffen." (Borchardt und Göthlich 2007, S. 36)*

> *"[...] the distinctive need for case studies arises out of the desire to understand complex social phenomena. In brief, the case study allows an investigation to retain the holistic and meaningful characteristics of real-life events – such as individual life cycles, organizational and managerial processes, neighborhood change, international relations, and the maturation of industries." (Yin 2003, S. 3)*

Grundsätzlich zu unterscheiden ist zwischen *Einzelfallstudien* und *vergleichenden Fallstudien*. Während erstere sich meist auf besonders repräsentative, typische oder außergewöhnliche Einzelfälle beziehen, werden vergleichende Fallstudien dazu verwendet, um verschiedene Fälle hinsichtlich ihrer Ähnlichkeiten und Unterschiede zu untersuchen und zu vergleichen (vgl. Borchardt und Göthlich 2007, S. 36). Ziel der hier vorliegenden Arbeit ist der Vergleich des betrieblichen Kompetenzmanagements über verschiedene (Handwerks-)Betriebe hinweg, weswegen sich die vergleichende Fallstudie hier in besonderem Maße anbietet. In Bezug auf die Erhebungsmethoden bei Fallstudien ist zu sagen, dass hier grundsätzlich das gesamte sozialwissenschaftliche Arsenal zum Einsatz kommen kann, wobei sich die Fallstudie häufig auch einer Kombination von Untersuchungsmethoden und Datenquellen bedient (Methodentriangulation) (vgl. Borchardt und Göthlich 2007, S. 44 sowie Yin 2003, S. 13). Die aus den verschiedenen Untersuchungsmethoden gewonnenen Daten werden dann im Rahmen einer (Ergebnis-)Triangulation zu einem konsistenten Fall zusammengefasst (vgl. Yin 2003, S. 13 sowie Bögel 2013, S. 130).

Betriebsfallstudien stellen in diesem Kontext eine besondere Kategorie von Fallstudien dar, da sie – anhand ausgewählter Betriebe – betriebliche Arbeitsprozesse und existierende Betriebskulturen mit in die Analyse beobachtbarer Phänomene einbeziehen (vgl. Becker und Spöttl 2006, S. 11 sowie Naegele und Frerichs 2018, S. 209 ff.). Ziel ist es dabei, betriebliche Veränderungsprozesse im Kontext akteursbezogener Handlungsspielräume und betrieblicher Arbeitsabläufe zu erfassen. Neben der Sammlung von betriebsbezogenen Eckdaten (z. B. Organigramme, Umsatzstatistiken, Betriebskennzahlen) umfasst das methodische Vorgehen häufig betriebsbezogene Expert*inneninterviews, Betriebsbegehungsprotokolle sowie u. U. Auftragsbegleitungen (vgl. Becker und Spöttl 2008, S. 11). Für die hier vorliegende Arbeit wurden folgende methodischen Zugänge für die Betriebsfallstudien gewählt:

- *Erfassung betriebsbezogener Eckdaten (Teil des Interviews);*
- *qualitatives, leitfadengestütztes (Experten-)Interview mit Betriebsinhabern*innen und/oder mit für das betriebliche Kompetenzmanagement verantwortlichen Personen;*
- *Betriebsbegehungen mit anschließendem Protokoll.*

7.2 (Betriebs-)Fallstudien als Forschungszugang

Die so gewonnenen Daten wurden dann zu einzelnen und für sich stehenden Betriebsfallstudien (n=15) zusammengefasst. Vor dem Hintergrund der enormen Datenmenge wurden vorab thematische Schwerpunkte innerhalb der Fallstudien gesetzt, die leitend für die Strukturierung der Fallstudien waren. Dazu zählten beispielsweise die (1) Tätigkeits- und Arbeitsschwerpunkte des Betriebs, (2) die Kompetenzanforderungen an die Mitarbeiter*innen, (3) die Situation älterer Beschäftigter im Allgemeinen sowie (4) der aktuelle Stand des betrieblichen Kompetenzmanagements (BKMs). Zur besseren Illustration wurden einzelne Interviewpassagen in die Verschriftlichung des Betriebsfalls einbezogen.

Zwei beispielhafte Darstellungen der erarbeiteten Betriebsfälle sind den folgenden Tabellen 10 sowie 11 zu entnehmen. Um hier auch noch einmal die hohe Varianz im Handwerk zu zeigen, wird zunächst (Tab. 10) ein Betriebsfall präsentiert, der stellvertretend für einen „typischen Handwerksbetrieb" stehen kann. Dem konträr gegenüber steht der zweite hier präsentierte Betriebsfall (Tab. 11), der – obwohl formal zum Handwerk gehörend – einen sehr innovativen und auf eine Nische spezialisierten Betrieb beschreibt.

Tabelle 10: Exemplarisches Beispiel für Betriebsfallstudie (I) "typischer Handwerksbetrieb"[77]

Betriebsfall 3 (BF_03)	
Position des/r Interviewpartner*in im Betrieb	Geschäftsführer / Meister
Gewerkzugehörigkeit	SHK
Tätigkeitsbereiche	klassische SHK-Tätigkeiten sowie in kleinem Rahmen auch Verbau und Vertrieb von Technologien im Bereich der erneuerbaren Energien (alternative Wärmequellen, Photovoltaik, Solarenergie)
Wirtschaftliche Lage des Betriebs (n. e. A.)	gut
Anzahl der Mitarbeiter*innen	7 Mitarbeiter*innen, 5 Gesellen und 2 Azubis

---

[77] Quelle: eigene Darstellung.

Betrieb existiert seit	26 Jahren
Altersstruktur des Betriebs (n. e. A.)	durchmischt
Niveau BKM	Mittleres Niveau
BKM mit Fokus auf Ältere	Ja: vereinzelnd wurden Arbeitszeit- und Arbeitsplatzanpassungen wurden vorgenommen; keine spezifischen Kompetenzentwicklungsangebote für Ältere

Arbeitsspektrum / Tätigkeitsschwerpunkte

Der Betrieb ist dem SHK-Gewerk zuzuordnen und erledigt klassische SHK-Arbeiten in den Bereichen des Einbauens, Wartens und Reparierens von Heizungen, Wasserleitungen etc. oder dem Sanieren von Badezimmern. Darüber hinaus verbaut der Betrieb auch Technologien im Bereich der erneuerbaren Energien (alternative Wärmequellen, Photovoltaik, Solarenergie o. Ä.), allerdings nur im kleinen Rahmen und keine großelektronischen bzw. hochkomplexen Anlangen.

Hinsichtlich der Kompetenzanforderungen an die Mitarbeiter*innen zeigt sich, dass diese primär über ein „klassisches SHK-Repertoire" verfügen müssen. Der Inhaber spricht davon, dass seine Mitarbeiter*innen sog. Allrounder sein müssen, die für den Betrieb an jeder Stelle einsetzbar sein sollten. Folgernd gibt es keine Spezialist*innen im Team. Neben den technischen Anforderungen nimmt, in Bezug auf die Kompetenzanforderungen, nach Ansicht des Inhabers vor allem die Beratungstätigkeit zu, dies gilt für seinen Betrieb insbesondere für den Bereich der altengerechten Badsanierungen. So müssen seine Mitarbeiter*innen die Kund*innen, beispielsweise zum einen hinsichtlich der technischen Machbarkeit aber auch in Bezug auf bedarfsgerechte z. B. alter(n)sgerechte Ausstattung beraten.

> *„Das Verhältnis ist 50/50. Die eine Hälfte werden Heizungen eingebaut, gewartet und repariert, in der anderen Hälfte werden Wasserleitungen repariert und Badezimmer gebaut. Wir bieten unserem Kunden gern das rundum-sorglos Paket an, aber jeder für sein Gewerk, also müssen wir uns mit z. B. Fliesenlegern oder mit Elektrikern ordentlich abstimmen. Also wir machen das klassische SHK-Arbeit im privaten Bereich."* (BF_03: #00:06:52-4#)

> *„Wir leisten quasi eine Beratungsmischung aus technischer Machbarkeit sowie auch für die Ausstattung."* (BF_03: #00:10:18-9#)

Insgesamt lässt sich sagen, dass guter Service eines der zentralen Erfolgsrezepte des Betriebs ist. So weist der Betriebsinhaber darauf hin, dass viele seiner Kund*innen schlussendlich „bei ihm landen"

7.2 (Betriebs-)Fallstudien als Forschungszugang

bzw. „zu ihm zurückkehren", weil er beispielsweise Wochenendservice bzw. -notdienste anbiete oder die Kund*innen mit anderen SHK-Betrieben schlechte Erfahrungen gemacht haben.

Die wirtschaftliche Lage des Betriebs ist zum Zeitpunkt des Interviews als gut zu beschreiben. Dies liegt zum einen an langjährig gewachsenen Kund*innenbeziehungen, zum anderen an der ländlichen Lage des Betriebs. So deckt der Betrieb alle umliegenden Dörfer ab und befindet sich damit nicht in direkter Konkurrenz zu Anbieter*innen aus angrenzenden Ballungsgebieten. Obwohl seine Dienstleistungen im Vergleich zu einem sehr hohen Preis angeboten werden, kann er sich der Betrieb am Markt behaupten, da er seine Arbeiten auf Basis von Erfahrungswerten und langjährigen Herstellerkontakten kalkuliert und somit – aus eigener Sicht – weniger fehleranfällig sowie zuverlässiger ist und ein besseres Preis-Leistungs-Verhältnis bieten kann. Knapp kalkulierte Aufträge oder Pauschalaufträge nimmt der Betrieb überhaupt nicht mehr an.

Die Situation für ältere Beschäftigte im Betrieb ist ein aktuelles Thema. So legt der Inhaber großen Wert auf das akkumulierte Fach- und Erfahrungswissen seiner älteren Mitarbeiter*innen und versucht, diese möglichst lange im Betrieb zu halten. Bei einem älteren Mitarbeiter, der bereits gesundheitliche Einschränkungen aufweist, hat der Betriebsinhaber aktiv Arbeitsplatz- bzw. -zeitanpassungen vorgenommen, um auf die gesundheitlichen Einschränkungen des Mitarbeiters zu reagieren. Diese sind jedoch mehr als unmittelbare ad-hoc-Reaktion auf die körperlichen Einschränkungen des Mitarbeiters zu sehen und sind nicht Teil einer planvollen Strategie. Auch wie es in Zukunft mit diesem Mitarbeiter weitergehen soll ist bisher unklar.

„Im SHK werden Mitarbeiter häufig nicht sehr alt, da es eine sehr körperlich belastende Arbeit ist. Mein ältester Mitarbeiter ist 46. Da er bereits einige körperliche Beschwerden hat, braucht er keine körperlich harten Arbeiten mehr machen, sondern ist eher für Wartungen etc. zuständig. Das Potential an Wissen und Können, was dieser Mann hat, kann nicht einfach fehlen. Ich muss noch genau überlegen, wie es mit ihm weitergehen kann."
(BF_03: #00:49:38-2#)

Im Bereich der betrieblichen Kompetenzentwicklung ist der Betrieb in kleinem Umfang aktiv. Sowohl Mitarbeiter*innen als auch der Betriebsinhaber besuchen regelmäßig Schulungen Der Betriebsinhaber betont dabei auch die Wichtigkeit gut ausgebildeter Mitarbeiter*innen für den Erfolg des eigenen Betriebs. Diese hat er größtenteils im eigenen Betrieb ausgebildet und versucht auch die Qualität der eigenen Ausbildung hochzuhalten. So behält der Betriebsinhaber beispielsweise alte, defekte Geräte die er bei Kunden*innen ausgebaut bzw. ersetzt hat und nimmt diese mit seinen Mitarbeiter*innen sowie den Auszubildenden auseinander bzw. repariert sie. Dahinter liegt das Bestreben die eigenen Mitarbeiter*innen und Auszubildende an diesen meist älteren Techniken – die oft im Rahmen der schulischen Ausbildung nicht mehr erlernt werden – zu schulen und so ihr „technisches Repertoire" z. B. im Bereich des Altbestands zu erweitern. Aus Sicht des Inhabers kommen diese vergleichsweise alten Techniken in der Schule zu kurz. Seine Anstrengungen bezogen auf das BKM sind daher auch als Bemühen dahingehend zu verstehen das fehlende Wissen und die Zeit diese Techniken zu üben, was seine Mitarbeiter*innen aus seiner Sicht brauchen um ihren Job erledigen zu können, nachzuliefern. Dieses Angebot hat sich inzwischen schon in der Innung herumgesprochen, sodass auch andere SHK-Betriebe ihre Mitarbeiter*innen und Auszubildenden zu diesen Privatschulungen „vorbeischicken".

Obwohl der Betriebsinhaber an diesem Punkt offensichtlich in die Kompetenzentwicklung seiner Mitarbeiter investiert (Zeit als auch Geld in Form von Ersatzteilen) weist er auf den Kostenfaktor hin, den Betriebe für die Weiterbildung ihrer Mitarbeiter*innen zu tragen haben. So sind die jährlich dazukommenden Schulungen für Mitarbeiter*innen zwar notwendig allerdings kosten diese Betriebe zum einen Geld zum anderen Zeit in denen die Mitarbeiter*innen dem Betrieb nicht zur Verfügung stehen. Dies wirkt sich nach Ansicht des Inhabers insbesondere auf die Ausbildungsbereitschaft von Betrieben aus.

> *„Es müssen die Gesellen in meiner Firma All-Rounder sein, also alle Stellen besetzen können. Und ca. jedes Jahr kommt ein Lehrgang dazu, den die Lehrlinge machen müssen. Hier ist natürlich wieder der Kostenfaktor ein großer Punkt, aber auch die Zeit, die fehlt. Der Lohn läuft weiter, aber arbeiten tun sie in der Zeit natürlich nicht. So sind Lehrlinge häufig nur Kostenfaktoren und es wird einem nicht gerade schmackhaft gemacht, Lehrlinge auszubilden."* (BF_03: #32:23-9#)

Wichtig ist für den Betriebsinhaber auch die gute, familiäre Atmosphäre im Betrieb, in diese er explizit auch seine Mitarbeiter*innen einbezieht. Darüber hinaus sind sowohl seine Frau (im Büro) als auch einer seiner Söhne (gerade in Ausbildung) im Betrieb beschäftigt.

> *„[...] zudem ist das Verhältnis in meiner Firma sehr familiär, sodass sich meine Mitarbeiter auch wohlfühlen und ich einen guten Draht mit ihnen habe. Wenn die Mitarbeiter sich wohlfühlen, klappt auch die Arbeit besser."* (BF_03: #00:25:08-4#)

Tabelle 11: Exemplarisches Beispiel für Betriebsfallstudie (II) "spezialisierter Handwerksbetrieb"[78]

Betriebsfall 7 (BF_07)	
Position des/ Interviewpartner*in im Betrieb	Geschäftsführer
Gewerkzugehörigkeit	Kfz mit Spezialisierung

---

[78] Quelle: eigene Darstellung.

7.2 (Betriebs-)Fallstudien als Forschungszugang

Tätigkeitsbereiche	Vertragshändler eines namenhaften Gabelstaplerherstellers (Verbau, Reparatur und Vermietung)
Wirtschaftliche Lage des Betriebs (n. e. A.)	sehr gut
Anzahl der Mitarbeiter*innen	42 Mitarbeiter*innen
Betrieb existiert seit	36 Jahren
Altersstruktur des Betriebs (n. e. A.)	durchmischt
Niveau BKM	Hohes Niveau
BKM mit Fokus auf Ältere	Ja: verschiedene Maßnahmen des Wissenstransfers sowie vereinzelnde (Weiter-)Beschäftigungsmodelle für bereits verrentete ehemalige Mitarbeiter*innen

Arbeitsspektrum / Tätigkeitsschwerpunkte

Obwohl in der Handwerksrolle als Kfz-Handwerksbetrieb eingetragen, nimmt der Betrieb eine gewisse Sonderstellung hinsichtlich seiner Ausrichtung ein. So existieren deutschlandweit wenige Kfz-Betriebe, die sich explizit und ausschließlich mit Gabelstaplern befassen. Der Betrieb verfolgt nach Aussage des GF eine 5-Säulen-Strategie: (1) Das ist das Verkaufen von Neustaplern, d. h. werksneue Neugeräte im Rahmen einer Vertragshändlerschaft für diverse Hersteller. Mit diesem Standbein macht der Betrieb 90 % seines Umsatzes. (2) Das Verkaufen von Reparaturleistungen, d. h. die Arbeitsstunden der Mechaniker*innen sowie (3) das Verkaufen der Ersatzteile bilden einen weiteren zentralen Geschäftsbereich des Betriebs. Ein weiteres Standbein, was in den letzten Jahren jedoch deutlich gewachsen ist, ist die (4) Vermietung von Gabelstaplern. Gab es im Jahr 2002 keine Mietstapler im Unternehmen, verfügt der Pool zum Zeitpunkt der Betriebsfallstudie über ca. 220 Geräte. Darüber hinaus bietet der Betrieb spezielle Dienstleistungen an. So (5) schulen die MA im Jahr zwischen 250-300 Gabelstaplerfahrer*innen im Rahmen einer theoretischen und praktischen Prüfung. Hierzu ist eine spezielle Fahrlehrerausbildung notwendig, die einzelne Mitarbeiter*innen im Betrieb besitzen.

> *„Aber das Vermieten nimmt mehr und mehr zu. Und ich persönlich sage so, wir werden über die nächsten Jahre im Schnitt so um die 20-30 Maschinen pro Jahr wachsen. Also in 10 Jahren denke ich werde wir so 350 Mietstapler haben, gehe ich von aus."*
> *(BF_07_#00:14:00-5#)*

Die wirtschaftliche Lage des Betriebs ist als sehr gut zu bezeichnen. Der 650 starke Kund*innenstamm besteht dabei neben Großkund*innen aus der Industrie, auch aus kleineren Betrieben. Dazu gehört dann beispielsweise ein Fliesenlegerbetrieb oder eine Apotheke. Der Jahresumsatz des Betriebs liegt nach Angaben des Geschäftsführers für das Geschäftsjahr 2016 bei 7,8 Millionen Euro. Der Betrieb ist zum Zeitpunkt des Interviews gerade auf ein neues Firmengelände umgesiedelt, um der Betriebsexpansion gerecht zu werden. So hat sich der Mitarbeiter*innenstamm in den letzten 15 Jahren nach Angaben des Geschäftsführers verdoppelt. Hierzu hat der Betrieb eine Summe von 2 Mio. Euro in den Bau der neuen Firmenzentrale investiert. Insgesamt ist von einem guten Betriebsklima auszugehen, das sich beispielsweise durch die sehr niedrige Kündigungsquote (eine einzigen Kündigung in zwei Jahren) veranschaulichen lässt.

Die Kompetenzanforderungen an die Mitarbeiter*innen stellen sich vielfältig dar und gehen in Teilen weit über die im Rahmen der klassischen Aus- und Fortbildungswege des Handwerks gelehrten Inhalte hinaus. Dies ist jedoch größtenteils in dem spezifischen Fokus des Betriebs auf Gabelstapler zurück zu führen. So gehören der Betrieb zwar formal zum Kfz-Gewerk (so eingetragen in der Handwerksrolle), jedoch existieren innerhalb der Ausbildungswege des Kfz-Handwerks keine spezifische Ausbildung, die sich explizit mit den in Gabelstaplern verbauten Technologien befassen. In der Konsequenz haben die meisten Mitarbeiter*innen im technischen Bereich des Unternehmens einen Hintergrund in dem Berufsfeld angegliederten Berufen (z. B. Kfz-Mechatroniker*in, Landmaschinen-Mechatroniker*in oder mit Baumaschinenerfahrung), der dann mit Hersteller- und betriebsspezifischem Wissen bzw. Kompetenzen ergänzt werden muss. In der Regel dauert es – nach Aussagen des Inhabers – bis zu einem Jahr, bis ein/e Mitarbeiter*in in den Bereichen Werkstatt und/oder Außendienst „einsatzfähig" ist. Kompetenzen die bei neuen Mitarbeiter*innen „nachgeliefert" werden müssen sind nicht unerheblich und beziehen sich größtenteils auf die in Gabelstaplern verwendete Technik und Elektronik. Auch werden die Wünsche der Kunden immer individueller und neue Technologien halten Einzug in das Gewerk. So müssen sich Mitarbeiter*innen zunehmend mit Batterie- und Brennstoffzellentechnologie auskennen, da diese Technologien in den kommenden Jahren an Bedeutung gewinnen werden. Dazu kommen auch gestiegene Kompetenzanforderungen an die Mitarbeiter*innen im Vertrieb, da durch die breite Produktpalette insbesondere auch die Beratungsanforderungen gestiegen sind. So ist beispielsweise auch das Verleihen von Geräten in großen Rahmen – und die damit verbundenen Dienst- und Serviceleistungen – nicht klassischer Bestandteil des Kfz-handwerklichen Tätigkeitsspektrums. Während der Betrieb hier teilweise auch Mitarbeiter*Innen mit anderen Qualifikationen einsetzt, kommt es insbesondere im Bereich Vertrieb zu einer Verschränkung von fachlichen und überfachlichen Kompetenzen. Zusammenfassend lässt sich sagen, dass Seitens des Betriebs hohe Investitionen in die Kompetenzen von Mitarbeiter*innen notwendig sind, damit diese die stark betriebsbezogenen Kompetenzanforderungen, auf die der Betrieb angewiesen ist, zu leisten vermögen. Dabei gehen diese Kompetenzanforderungen z.T. recht weit über die im Handwerk „üblichen" Tätigkeitsbereiche hinaus. Mitarbeiter*innen, die über diese Kompetenzen verfügen, sind daher aus Sicht des Geschäftsführers „sehr wertvoll" und auf dem freien Markt fast überhaupt nicht zu ersetzten.

7.2 (Betriebs-)Fallstudien als Forschungszugang

Angesprochen auf die Situation für ältere Beschäftigte, fallen zunächst eine gemischte Altersstruktur, die lange durchschnittliche Betriebszugehörigkeit der Mitarbeiter*innen (11 Jahre) und die Bemühungen des Geschäftsführers, diese nicht „überaltern" zu lassen, auf. (Altersdurchschnitt liegt bei ca. 40 Jahren). So betont der Geschäftsführer die Wichtigkeit einer gemischten Altersstruktur und ist – nach eigenen Angaben – stolz darauf, im Betrieb „aus jedem Jahrzehnt" Mitarbeiter*innen zu beschäftigen.

> „Ja, also wir haben einen Altersdurchschnitt von knapp über 40, was ich genau nachfolge. Als ich 2002 hier angefangen habe, war die ganze Mannschaft an Altersdurchschnitt von 46 Jahren und trotz 15-jähriger oder 14 Jahren, die ich jetzt hier bin, haben wir es geschafft den Altersdurchschnitt zu senken, obwohl wir ja alle jedes Jahr ein Jahr älter werden. Also da bin ich auch sehr stolz drauf. Dass wir einen sehr guten Mix haben. Und wir haben in jedem Jahrzehnt Mitarbeiter. Wir haben 20-jährige, 30-jährige, 40-jährige, 50-jährige. Das ist auch wichtig. Und ich habe nur einen über 60."
> (BF_07_#00:21:47-9#)

Der älteste Mitarbeiter ist 64 Jahre alt und wird im kommenden Jahr nach langer Betriebszugehörigkeit in Rente gehen. Angesprochen auf das Recruiting neuer Mitarbeiter*innen weist der Geschäftsführer explizit darauf hin, dass er hier keine Altersgrenzen hat, sondern neue Mitarbeiter*innen primär auf Basis ihrer Qualifikationen und damit unabhängig von ihrem Alter aussucht. Der Betrieb investiert aktiv in seine älteren Mitarbeiter*innen, jedoch primär im Bereich der Gesundheitsprävention. So wurden beispielsweise in den letzten zehn Jahren drei Hebekräne angeschafft (35.000 Euro Investitionskosten), welche die Mitarbeiter*innen beim Heben schwerer Lasten unterstützen sollen. Wenn bei einer/m älteren Mitarbeiter*in gesundheitliche Einschränkungen dazu führen, dass er seinen angestammten Tätigkeitsbereich nicht mehr ausüben kann wurde in der Vergangenheit auch versucht die betroffene Person in anderen – weniger körperlich belastende – Bereichen (Vertrieb) einzusetzen. Diese Laufbahnentwicklung läuft jedoch wenig strukturiert ab.

> „Das ist wie gesagt der 64-jährige. Und da ist es so. Da bin ich auch stolz drauf, der wird genau bis 16. Juli nächsten Jahres arbeiten, weil nämlich dann genau bei uns 25 Jahre ist und das ist ihm persönlich wichtig. Und er ist fit. Er möchte auch gerne arbeiten. Das ist eine große Ausnahme, weil die meisten... Wir haben jetzt nächste Woche Freitag eine Verabschiedung, der musste mit 62 schon aufhören aus gesundheitlichen Gründen."
> (BF_07_#00:21:47-9#)

Spezielle Kompetenzentwicklungsangebote für ältere Mitarbeiter*innen gibt es nur vereinzelnd, meist mit dem Ziel die Kompetenzen / Erfahrungswissen der älteren Mitarbeiter*innen für den Betrieb zu erhalten. So gibt es beispielsweise zwei inzwischen pensionierte Mitarbeiter, die auch über ihren Ruhestand weiterhin tageweise im Betrieb tätig sind. Allerdings zeigt ein Blick auf das „neue Tätigkeitsspektrum", dass diese nur Teilweise im Rahmen von Wissenstransfermaßnahmen eingesetzt werden, sondern vielmehr als Flexibilisierungsreserve agieren und ansonsten „Aushilfstätigkeiten" (z. B. Lager organisieren etc.) ausüben.

> „Und das find ich halt sehr interessant, weil ich dort natürlich erfahrene Leute habe, die ich nicht operativ nutze und aus dem operativen Bereich keinen für so eine Nebentätigkeit vergeude, weil der mit ja einen ganz anderen Umsatz bringt und die Rentner natürlich wissen, worauf es ankommt, motiviert sind, weil sie auch nicht ganze Woche arbeiten müssen, mitdenken, sozusagen voll selbstständig arbeiten und eben die Dinge tun, die wir machen müssen, wofür aber eigentlich mit dem festen Stamm keine Zeit bleibt." (BF_07(2): #00:26:25-2#)
>
> „Genau, die fahren auch mal los, holen mal Sachen oder sonst wie, und das finde ich gut, weil zum einen, was ja viele Betriebe nicht interessiert biete ich natürlich denen, die daran Interesse habe und die, wo ich das auch will, also ich nehm nicht jeden, nochmal einen ganz sanften Ausstieg aus dem Berufsleben, für viele ist das ja auch furchtbar, wenn sie da jeden Tag die To-Do Liste hingelegt kriegen, und ist auch ne Motivation für die Jüngeren zu sehen, dass die Alten noch was können. Also im Grunde genommen, ja, ein bisschen hochtituliert, so ne Mehrgenerationensituation." (BF_07(2): #00:27:36-0#)

In Bezug auf das betrieblichen Kompetenzmanagement zeigt sich, dass für den technischen Bereich die meisten Weiterbildungen über Herstellerschulungen abgedeckt werden, die zum Teil In-house z.T. an externen Einrichtungen durchgeführt werden. Hervorzuheben ist, dass der Geschäftsführer stark darauf achtet, dass die von dem Hersteller angebotenen Schulungen und Weiterbildungen auch den Bedürfnissen seines Betriebs entsprechen. Ist dies nicht der Fall, wird auch schon einmal seitens des Betriebs die Initiative ergriffen und spezielle Angebote beim Hersteller eingefordert. Für Maßnahmen des betrieblichen Kompetenzmanagements investiert der Betrieb neben den anfallenden Kosten für Schulungen auch in die Freistellung der Mitarbeiter*innen um beispielsweise Schulungen / Weiterbildungen im In- und Ausland wahrnehmen zu können.

> „Gut, auf der Produktseite, was die Geräte betrifft, nehmen wir regelmäßig teil an der Schulung unserer Hersteller. Die Vertriebler sowieso. Ich habe ja zwei Kollegen im Außendienst. ich nehme auch meinen Innendienst mit. Ich habe auch speziell eine Innendienstschulung eingefordert von Heister für meine Innendienstkräfte, wo die dann auch zwei Tage nach Köln gefahren sind. Ich nehme aber auch mal Frau U. mit nach Dänemark, zu unserem Hersteller, weil sie dieses Produktportfolio betreut. Also da investieren wir auch Zeit." (BF_07(1): #00:46:29-8#)

Die größten Kosten für Kompetenzentwicklungen fallen laut dem Geschäftsführer bei Mitarbeiter*innen im Service bzw. im Außendienst an. Hier budgetiert der Betrieb im Schnitt 1.000 Euro pro Jahr für Schulungen und Weiterbildungen, diese Ausgaben können sich je nach technischen Spezialgebiet allerdings stark unterscheiden. Darüber hinaus finanziert das Unternehmen zwei seiner Mitarbeiter die Meisterschule (4.000 Euro). Neben den formalisierten Maßnahmen des BKMs finden sich eine Reihe weiterer betriebsbezogener Angebote im Betrieb, jedoch z.T. wenig systematisiert. So investiert der Geschäftsführer beispielsweise in Online Qualifizierungsmodule, Telefontrainings und die Teilnahme an einer Benimmschule für seine Azubis.

7.2 (Betriebs-)Fallstudien als Forschungszugang

Hervorzuheben ist das von dem Betrieb durchgeführte interne Qualifizierungsprogramm für neue Mitarbeiter*innen. Idee ist, dass neue Mitarbeiter*innen so lange systematisch über verschiedene Stationen im Betrieb rotieren bis die benötigten betriebsspezifischen Kompetenzen, flankiert durch Besuche bei passenden externen Weiterbildungen, entwickelt wurden. Dieses System stützt der Betrieb auch personell. So wurde die Position des/ Werkstattleiter*in mit einem festen Mitarbeiter*innenstamm etabliert, der Kompetenzentwicklungsmaßnahmen stetig und konstant begleitet, anstelle dass – wie früher – neue Mitarbeiter*innen ausschließlich mit wechselnden (Alt-)Mitarbeiter*innen „mitlaufen". Diese in die Maßnahmen eingebundenen Mitarbeiter*innen werden dann langsam über den sog. Springerstamm in die regulären Tätigkeitsbereiche des Betriebs ausgegliedert.

„Den [neuen Mitarbeiter; A. d. A.] werden wir jetzt in der Werkstatt langsam ranführen, der wird also bei den Kollegen mitarbeiten, der wird dann sukzessive die ersten Arbeiten selber machen und so wird der aufgebaut. Der ist auch fest geplant für die Werkstatt und wird dann an den Lehrgängen teilnehmen und wird im Grunde genommen hier intern Stufe für Stufe weitergebildet und wenn er dann zum Beispiel Neugerätekonfiguration fertigmachen kann, irgendwann kommt er an den Punkt, wo wird sagen, so da ist das Auto, da ist eine leichte Wartung zu machen, fahr mal raus. Also wir wollen im Grunde genommen, ich sage mal, mit einer leichten Differenz die Leute rausschicken und sagen: das kannst Du. Da ist vielleicht ein bisschen mehr gefordert, als das, was wir jetzt vermittelt haben, aber, die Leistung entsteht aus der Differenz, man muss auch ein bisschen fordern, dann ergibt das auch ein Fördern, und diese Strategie hat sich sehr bewährt und so haben wir in den letzten Jahren, die Werkstatt, wo wir also auch einen eigenen Werkstattleiter haben, als Plattform, als Ausbildungsplattform genutzt, intern für uns, um die Leute darauf vorzubereiten, dass sie dann zum Schluss selbstständig den ganzen Tag rausfahren." (BF_07(2): #00:11:39-7#)

„Das ist mit Sicherheit eine interne Fortbildungsstrategie, weil wir das gemerkt haben, aus früheren Jahren, dass wir teilweise Leute zu früh rausgeschickt haben, verbrannt haben, schlechte response bekommen haben von unseren Kunden, Unzufriedenheit, Kulanz, auf Geld verzichten mussten und äh-, darf ich kurz unterbrechen? Und das erzeugt Unzufriedenheit bei den Leuten, also bei den Mechanikern, bei unserem Kundendienstleiter und diese Strategie haben wir geändert. Da haben wir konsequent gesagt-. Und es ist halt so, wir haben jetzt seit eineinhalb Jahren einen Werkstattleiter mit einem Stamm an Mitarbeitern in der Werkstatt, die die Werkstattaufträge abwickeln, also das Aufbereiten der Gebrauchtgeräte, das Fertigmachen der Neugeräte, Mietgeräte vorbereiten, die unser Kundendienstleiter notfalls als Springer verwenden kann. [...] Und in diesem Springerstamm bauen wir diese jungen Leute langsam auf. [...] Und diese Strategie hat sich sehr bewährt. [ein neuer MA beispielsweise] kam auch aus dem PKW-Bereich, der hatte mit Gabelstaplern noch nicht viel Erfahrung, das merkt heut keiner mehr." (BF_07(2): #00:13:43-4#)

> Interessant ist es, in welcher Rolle sich der Geschäftsführer selber konzeptualisiert. So ist er der Auffassung, dass eine zu stark auf den Chef/die Chefin zentrierte Betriebsführung nicht förderlich für den Betrieb bzw. die Mitarbeiter*innen ist. Sie verlieren dann nach Ansicht des Geschäftsführers dann ihre Selbstständigkeit und Problemlösekompetenz. Darüber hinaus weist der Geschäftsführer darauf hin, dass die vielfältigen fachlichen Anforderungen im Betrieb nicht nur von einer Person getragen werden können. So gilt es in jedem Bereich Experten auszubilden, die ihre Fachabteilungen unabhängig von der Geschäftsführung im Griff haben.
>
>> *„Das ist wieder die berühmte Lethargie der Masse. Und wenn sie dann mal kommen, Chef ich habe mal eine Frage, dann sage ich nein. Lesen Sie es sich erst mal durch und dann kommen sie wieder. Und dann kommen sie auch nicht wieder, weil es steht ja da. Also man muss die auch mal ein bisschen dazu animieren, sagen, ich bin hier nicht die Auskunftsdatei. Das sehe ich nicht ein, weil letztendlich ist ja auch die Gefahr, sie ziehen dann alles auf sich und das ganze System gerät in immer größere Abhängigkeit vom Chef. Und das ist ja falsch. Das muss ja so sein, wenn der Chef nicht da ist, läuft die Firme noch besser." (BF_07(1): #00:49:16-8#)*
>
>> *„Schönstes Beispiel ist doch, wenn Sie mal im Handwerk fragen, ich habe keinen Urlaub. Dann sage ich, ihr seid doch alle bekloppt. ich habe 30 Tage Urlaub und die nehme ich. Wenn Sie das als Unternehmer im Handwerk nicht schaffen ihren Urlaub zu nehmen, tun sie was falsch. Weil wer braucht denn nicht den größten Anteil der Erholungszeit als der Chef?" (BF_07(1): #00:50:24-4#)*
>
> Zusammenfassend lässt sich sagen, dass es im Betrieb ein sehr breites Angebot des betrieblichen Kompetenzmanagements gibt, welches jedoch in Teilen wenig systematisiert ist. So gibt es beispielsweise keine systematische Erfassung der Weiterbildungen, die Mitarbeiter*innen durchlaufen haben. Vielmehr scheinen viele Verhaltensweisen in Bezug auf das BKM auf tradierten Verhaltensweisen zu basieren und etwaige Neuerungen werden meist aus der Notwendigkeit zum Wandel angestoßen und nur in Teilen um beispielsweise pro-aktiv auf neue Herausforderungen zu reagieren. Der Geschäftsführer sieht die Verantwortung sich um Weiterbildungen bzw. Kompetenzentwicklung zu bemühen nur teilweise als Teil seines Aufgabenbereichs. So weist er beispielsweise häufig darauf hin, dass er „nicht überall sein kann" und betriebliches Kompetenzmanagement auch in der Eigenverantwortung der Mitarbeiter*innen liegt.

Allein der Vergleich dieser beiden Betriebsfälle zeigt deutlich die Varianz der im Handwerkssektor agierender Betriebe. So kann nicht von dem „einen Typ Handwerksbetrieb" ausgegangen werden, vielmehr gibt es in dem Sektor eine ganze

7.2 (Betriebs-)Fallstudien als Forschungszugang

Bandbreite von Betriebstypen und -kulturen. Vor diesem Hintergrund soll an dieser Stelle darauf hingewiesen werden, dass das hier präsentierte Sample keinen Anspruch auf Repräsentativität stellt.[79]

Insgesamt sind fünf Betriebe aus dem Elektro-, fünf aus dem SHK-, drei aus dem Metall- und zwei aus dem Kfz-Handwerk in die Analyse eingeflossen. Auffällig bei dem Sample ist die lange Betriebsgeschichte, über die viele der untersuchten Betriebe verfügen. So bestehen mit einer Ausnahme alle Betriebe zum Zeitpunkt der Untersuchung bereits seit über 30 Jahren, drei der Betriebe feierten sogar bereits ihr 100-jähriges Bestehen. Lediglich ein Betrieb existiert zum Zeitpunkt der Verschriftlichung dieses Kapitels nicht mehr. Bei vielen der Betriebe handelt es sich um Familienbetriebe, die teilweise schon in der 3. Generation geführt werden oder erst in den letzten Jahren die Führung an externe Personen übertragen haben. Hieraus ergibt sich für viele der Betriebe die für das Handwerk typische Vermischung des „Privatem" mit dem „Geschäftlichen". Hinsichtlich der Betriebsgrößengruppen beschäftigen vier Betriebe des Samples weniger als zehn, ein Gros zwischen 30 und 50 und lediglich ein Betrieb mehr als 100 Mitarbeiter*innen. Die folgende Tabelle 12 gibt einen genaueren Überblick über die in die Analyse eingeflossenen Betriebsfälle. Neben Strukturdaten wurde hier eine Einordnung der Betriebsfälle hinsichtlich ihrer Arbeits- und Tätigkeitsschwerpunkte, dem Ausprägungsgrad des betrieblichen Kompetenzmanagements sowie spezieller Angebote an ältere Beschäftigte vorgenommen.

---

[79] Eine genauere Auseinandersetzung zur Besonderheit des Samples siehe auch Kapitel 7 in dieser Arbeit.

Tabelle 12: Überblick Merkmale der in die Analyse eingeflossenen Betriebsfälle[80]

Betriebsfall	Eckdaten der Betriebe	Arbeits- und Tätigkeitsschwerpunkte des Betriebs	Ausprägungsgrad des BKMs	Aktuelle Altersstruktur im Betrieb	Angebote des BKMs für ältere Beschäftigte
BF_01	Metall; Stand 2018: Betrieb existiert nicht mehr; 5 MA; wirtschaftliche Lage: schlecht	Die Tätigkeitsbereiche des Betriebs sind im klassischen Metallhandwerk (Geländer, Gitter, Türen) zu verorten. Der Betrieb verfügt über eine leichte Spezialisierung auf Restaurationen.	*Geringes Niveau:* MA besuchen nur in Ausnahmefällen Maßnahmen des BKMs. Wenn dies passiert, dann eher zufällig und nicht strukturiert. Der Betrieb verfügt über kein systematisches BKM.	durchmischt	nein
BF_02	SHK; Besteht seit 30 Jahren; 10 MA; wirtschaftliche Lage: gut	Im Betrieb finden sich zunächst klassische SHK-Tätigkeitsbereiche wieder, die jedoch durch zwei weitere Standbeine in den Bereichen Hausverwaltung/Facility-Management sowie Wartungs- und Messdienstleistungen erweitert werden.	*Mittleres Niveau:* So besuchen MA regelmäßig z. B. Herstellerschulungen und weitere Angebote mit technischem Fokus. Obwohl kein systematisches verankertes BKM stattfindet, forciert/unterstützt der Betrieb die Kompetenzentwicklung seiner MA.	durchmischt	nein

---

[80] Quelle: eigene Darstellung.

BF_03	SHK; besteht seit 26 Jahren; 7 MA; wirtschaftliche Lage: gut	Größtenteils sind in diesem Familienbetrieb klassische SHK-Tätigkeitsbereiche zu finden. Darüber hinaus agiert der Betrieb in kleinem Rahmen auch im Bereich von Technologien der erneuerbaren Energien (alternative Wärmequellen, Photovoltaik, Solarenergie).	*Mittleres Niveau:* So werden von den MA die im Handwerk üblichen formalisierten Maßnahmen besucht. Zur Unterstützung der Ausbildung, stellt der Betrieb kleine Lehrinseln zur Verfügung, an den MA und Auszubildende lernen können.	jung	*ja, jedoch stark personenbezogen:* So wurden Arbeitsplatz- bzw. -zeitanpassungen durchgeführt, um auf die gesundheitlichen Einschränkungen eines MA zu reagieren.
BF_04	Elektro; besteht seit 85 Jahren; 50 MA; wirtschaftliche Lage: sehr gut	Der Betrieb verfügt über verschiedene Standbeine, die z. T. weit über die Tätigkeitsbereiche des klassischen Elektrohandwerks hinausgehen. Dazu zählen: (1) Energieoptimierung/ Energieeinsparung inkl. Blockheizkraftwerkverkauf- und Installation (2) Sicherheitstechnik, (3) Wartung und Hausmeisterverträge, (4) Elektro- und Wartungsinstallation sowie (5) Kundendienst und Kleinaufträge. Der Betrieb agiert dabei im Privat- und Industriekundenbereich regional wie überregional.	*Hohes Niveau:* MA besuchen aktiv angebotene Weiterbildungen, Fachmessen o. Ä. darüber hinaus existiert eine betriebsübergreifende Ausbildungsakademie, die eigens auf den Betrieb zugeschnittene Angebote gestaltet, welche die Angebote der Kammern und Weiterbildungszentren des Handwerks ergänzt.	durchmischt	nein

BF_ 05	SHK; besteht seit 35 Jahren; 10 MA; wirtschaftliche Lage: gut	Klassischer Handwerksbetrieb mit dem Schwerpunkt im Bereich Sanitär, Heizung und Klima. Der Kundenstamm des Betriebs kommt dabei meist aus dem Privatsektor und ist stark regional verortet. Angeboten wird beispielsweise alles im Bereich Sanierungen (Bad, Heizung etc.), weniger durchgeführt werden Arbeiten, die das Neubausegment betreffen.	*Mittleres Niveau:* Wenn Maßnahmen des BKMs durchgeführt werden, nimmt der Betrieb ausschließlich formalisierte Angebote der Bildungsträger des Handwerks oder seitens der Hersteller bzw. der Großhändler in Anspruch. Anmeldung für Weiterbildungskurse oder Ähnliches werden vom Betriebsinhaber koordiniert und übernommen. Es existiert kein strukturiertes BKM.	jung	nein
BF_ 06	Kfz; besteht seit 50 Jahren; 15 MA; wirtschaftliche Lage: durchwachsen	Der Betrieb hat seinen Schwerpunkt in der Kfz-Reparatur und dem Verkauf. Der Betrieb war 40 Jahre Vertragsvollhändler, seit 2003 nur noch Service-Vertragshändler. Damit stellt er ein Mittel zwischen freien Werkstätten und herstellergebundenen dar. Tätigkeitsbereiche sind primär der Verkauf, die Wartung und die Reparatur von Fahrzeugen.	*Mittleres Niveau:* MA nehmen in regelmäßigen Abständen an Maßnahmen des BKMs teil. Die Angebote sind dabei jedoch ausschließlich über den Hersteller angeboten/koordiniert (fremdbestimmt). Der Betrieb selber bietet keine eigenen Maßnahmen des BKMs an. Das BKM ist somit quasi vollständig externalisiert.	jung	nein

7.2 (Betriebs-)Fallstudien als Forschungszugang

BF_07	Kfz; besteht seit 36 Jahren; 42 MA; wirtschaftliche Lage: sehr gut	Der Betrieb ist nicht als klassischer Handwerksbetrieb zu bezeichnen. So agiert er zum einen in einem sehr spezialisierten Feld "Gabelstapler" und bietet neben Reparatur und Wartung auch die Vermietung und damit verbunden die Vermarktung von Staplern in großem Maße an.	*Hohes Niveau*: MA besuchen in großem Maße herstellerbezogene Maßnahmen des BKM. Darüber hinaus finden sich aber auch betriebsbezogene und arbeitsintegrierte Angeboten. Auch gibt es Ansätze mit spezifischem Fokus auf Ältere. Im Ganzen ist das BKM jedoch nicht durchgängig systematisiert.	durchmischt	*ja:* So existieren verschiedene Maßnahmen des Wissenstransfers sowie vereinzelnde (Weiter-)Beschäftigungsmodelle für bereits verrentete ehemalige MA.
BF_08	Elektro; besteht seit 60 Jahren; 100 MA; wirtschaftliche Lage: gut	Der Betrieb agiert dabei primär in den Bereichen des Elektroanlagenbaus, Sicherheits- und Kommunikationstechnik sowie der Gebäudeautomation. Der Kundenstamm ist dabei primär gewerblich, d. h. der Betrieb ist eher als ein industrienaher und weniger als ein klassischer Handwerksbetrieb zu bezeichnen.	*Sehr hohes Niveau*: Betrieb verfügt über betriebsbezogene sowie personengruppenspezifische Angeboten des BKMs. Darüber hinaus werden Weiterbildungen seitens der Innungen, Industrie und div. verschiedener Verbände wahrgenommen.	durchmischt	nein
BF_09	Elektro; besteht seit 49 Jahren; 100 MA; wirtschaftliche Lage: gut	Arbeitsspektrum / Tätigkeitsschwerpunkte des Betriebs sind relativ breit aufgestellt (1) Bereitstellung von Schaltanlagen für den Niedrigspannungsbereich, (2) eigenes Produktportfolio (Mittelspannungsanlage) (3) Kerngeschäft des Betriebs ist die erneuerbare Energie.	*Hohes Niveau*: BKM ist jedoch primär auf den technischen Bereich fokussiert. So wird beispielsweise mit der lokalen Fachhochschule kooperiert. Vereinzelnde betriebsinterne Angebote, die jedoch nicht gruppenspezifisch und relativ unstrukturiert	jung	nein

			sind, zeichnen das weitere BKM aus.			
BF_ 10	Elektro; besteht seit 88 Jahren; 16 MA; wirtschaftliche Lage: gut	Das Tagesgeschäft ist im weitesten Sinne der Elektroinstallation zuzuordnen. Durch die Lage des Betriebs im Ortszentrum nehmen viele der in der Innenstadt ansässigen Ladengeschäfte die Dienste des Betriebs in Anspruch. Neben Reparatur und Installation betreibt der Betrieb ein kleines Ladengeschäft, in dem Leuchtmittel und das entsprechende Zubehör vertrieben werden.	*Mittleres Niveau:* So nehmen MA regelmäßig an verschiedenen Maßnahmen des BKMs teil, diese sind meist stark gewerkbezogen. Vereinzelt werden betriebsspezifische Angebote wahrgenommen, diese sind jedoch meist im Rahmen eines Betriebsverbunds für den Betrieb (mit-)organisiert worden.	durchmischt bis jung	*ja:* aber lediglich im Bereich der Gesundheitsprävention von älteren MA.
BF_ 11	Elektro; besteht seit 40 Jahren; 190 MA; wirtschaftliche Lage: sehr gut	Neben dem Hauptgeschäft – Elektrotechnische Handwerksleistungen im Bereich der Neu- und Umbauten von Großprojekten, wie z. B. Krankenhäusern, Flughäfen, Spielcasinos oder Veranstaltungshallen, gibt es im Betrieb noch weitere Geschäftsbereiche: So existiert eine eigene Produktreihe im Bereich der Parkleitsysteme, ein eigenes Ladengeschäft für Licht- und Elektrobedarf sowie ein Tochterunternehmen im europäischen Ausland. Damit übersteigt das Arbeitsspektrum deutlich den Umfang eines typischen Handwerksbetriebs.	*Sehr hohes Niveau:* So finden sich aus nahezu allen Bereichen des BKMs Maßnahmen im Betrieb. Darüber hinaus wird das BKM seit mehreren Jahren auch strukturell im Rahmen einer Personalentwicklungsstelle gefördert. Es existieren eine Reihe von personengruppenbezogenen Maßnahmen des BKMs (auch für Ältere).	durchmischt, jedoch mit leichter Polarisierung.	*ja, betriebsweite Angebote:* So existieren neben gesundheitspräventiven Maßnahmen auch Maßnahmen der Kompetenzentwicklung und Laufbahngestaltung für ältere Beschäftigte.

7.2 (Betriebs-)Fallstudien als Forschungszugang 183

BF_12	Metall; besteht seit 12 Jahren; 62 MA; wirtschaftliche Lage: sehr gut	Neben den klassischen Metallhandwerkstätigkeiten (Geländerbau etc.), mit denen der Betrieb in seinen Anfängen gestartet ist, existieren inzwischen eine Reihe weiterer Standbeine. Diese sind primär in den Bereichen der Spanungstechnik, dem Rohrbau und der Serienschweißerei zu verorten. Insgesamt stellt dieser Betrieb ein Beispiel für einen hochinnovativen und an den Zukunftstechniken des Metallhandwerks orientierten Betrieb dar.	*Hohes Niveau*: So wurde gerade ein mehrjähriges strukturiertes und alle Betriebsteile betreffendes Projekt im Bereich des BKMs umgesetzt. Dies begleitete die Umstellung der Produktions- und Arbeitsabläufe auf digitalisierte Techniken. Das BKM ist systematisch aufgesetzt und wird z. T. durch das „Einkaufen" externer Expertise (Beratungsfirma) unterstützt.	jung	*Teils/teils*: so gibt es zwar keine expliziten Angebote für diese, jedoch waren auch sie Teil der umgesetzten Großmaßnahme. Für die Zukunft sind für Ältere insbesondere Maßnahmen der Gesundheitsprävention geplant.

BF_13	Metall; besteht seit 100 Jahren; 34 MA; wirtschaftliche Lage: sehr gut	Es handelt sich hier um einen klassischen Metallhandwerksbetrieb, der seine Ursprünge in der Hufschmiede des Urgroßvaters des jetzigen Betriebsinhabers hat. Arbeitsschwerpunkte des Betriebs sind neben Türen- und Wintergartenbau vor allem der Verbau und die Produktion von Aluminiumfenstern. Hier verfügt der Betrieb auch über eine eigene Produktreihe (Schiebefenster aus Aluminium), die er in Kooperation mit Dachdeckerunternehmen vertreibt. Letzteres hat der Betrieb in den letzten Jahren stark ausbauen können und sich hier ein kleines Alleinstellungsmerkmal am Markt geschaffen.	*Mittleres Niveau:* So werden die im Metall-handwerk üblichen formalisierten Weiterbildungen von den MA besucht. Durch die Spezialisierung im Bereich energetisches Sanieren müssen die MA jedoch über spezielles Fachwissen verfügen. Das Vorhandensein dieses Wissens stellt der Betrieb größtenteils durch die Zusammenarbeit mit Architekturplanungsbüros sicher.	durchmischt	nein
BF_14	SHK; besteht seit 103 Jahren; 30 MA; wirtschaftliche Lage: gut	Der Betrieb deckt neben den üblichen Tätigkeitsbereichen im SHK-Handwerk auch den Schwerpunkt erneuerbare Energien ab. Dazu kommt eine leichte betrieblichen Spezialisierung im Bereich der „Energiespartechnologie". So bietet der Betrieb beispielsweise Blockheizkraftwerke sowie die dazugehörige Installation, Wartung und Beratung. Nach eigenen Angaben, was erneuerbare Energien bzw. Energiesparsysteme angeht, ist der Betrieb einer der führenden Betriebe in der Region.	*Mittleres Niveau:* MA besuchen vor allem externe Herstellerschulungen (z. B. Blockheizkraftwerke), Informationsveranstaltungen (z. B. altersgerechte Wohnumwelten) und verschiedene Maßnahmen, die für MA im SHK-Handwerk obligatorisch (Sicherheitsschulungen) sind.	durchmischt	nein

7.3 Zur Typenbildung in den Sozialwissenschaften

| BF_15 | SHK; besteht seit 113 Jahren; 36 MA; wirtschaftliche Lage: sehr gut | Bei dem Betrieb handelt es sich um ein Familienunternehmen, welches in der 3. Generation besteht. Das Kundensegment ist dabei sehr stark industrielastig, so generiert der Betrieb als sog. „Full-Service-Supplier" ca. 90 % seines Umsatzes mit Industriekund*innen. Ein weiteres großes Geschäftssegment ist der Bereich Rohrleitungsbau für alle Medien (Gas, Wasser, etc.) sowie Rohrleitungsbau für Fern- und Nahwärmenetze, und Lüftungstechnik. | *Hohes Niveau:* So besuchen MA gesetzliche und von den Herstellern vorgeschriebene Schulungen. Darüber hinaus hat der Betrieb unlängst eine Befragung der MA durchgeführt, um Weiterbildungsbedarfe abzuschätzen. Hier ist insbesondere der Bereich „Kommunikation" nachgefragt worden und der Betrieb ist in diesem Bereich tätig geworden (überfachliche Kompetenzen). | durchmischt | nein, jedoch plant der GF für die Zukunft Maßnahmen, um ältere MA gezielt aus körperlich anstrengenden Positionen zu entbinden und auf neue – an ihre Kompetenzen angepasste – Positionen zu entwickeln (Ansätze der Laufbahngestaltung). |

Legende: Metallhandwerk (Metall), Sanitär-Heizung-Klima-Handwerk (SHK), Elektrohandwerk (Elektro), Kraftfahrzeughandwerk (Kfz); Mitarbeiter*innen (MA); Geschäftsführer*in (GF) Betriebsfall (BF).

7.3 Zur Typenbildung in den Sozialwissenschaften

Typenbildende Verfahren sind aus den Sozialwissenschaften nicht wegzudenken. Häufig kontrastierend genannt zu den hypothesenprüfenden Verfahren der quantitativen und qualitativen Sozialforschung, geht es bei den typenbildenden Verfahren nicht darum, ex ante formulierte Hypothesen zu prüfen, sondern systematische Strukturen in dem im Feld gesammelten Material zu identifizieren (vgl. Kelle und Kluge 2010, S. 10). Durch die Beschreibung der sozialen Realität und der Reduktion eines Gegenstandsbereiches in wenige Typen oder Gruppen erhöhen sie nicht nur dessen Übersichtlichkeit, sondern ihnen kommt dabei sowohl eine deskriptive, aber auch hypothesengenerierende Funktion zu (vgl. Kelle und Kluge 2010, S. 10). Schreier (2014) beschreibt das Primärziel dieses Vorgehens wie folgt:

> *„Ziel ist es, die untersuchten Fälle auf der Grundlage von Gemeinsamkeiten und Unterschieden hinsichtlich ausgewählter Merkmale in prägnante Gruppen zu unterteilen*

und diese Gruppen im Hinblick auf ihre Ausprägungen auf den relevanten Merkmalen genauer zu beschreiben." (Schreier 2014, o. S.)

Die Typenbildung agiert dabei immer auf der Grundlage eines vorliegenden Merkmalsraums. So werden die untersuchten Fälle hinsichtlich ihrer Ausprägungen in mindestens zwei Merkmalen (häufiger auch mehr) beschrieben und anschließend die Fälle, basierend auf sich ähnelnden bzw. sich abgrenzenden Mustern an Merkmalsausprägungen, zu Typen zusammengefasst (vgl. Schreier 2014, o. S.).

„Mit dem Begriff Typus werden die gebildeten Teil- oder Untergruppen bezeichnet, die gemeinsame Eigenschaften aufweisen und anhand der spezifischen Konstellation dieser Eigenschaften beschrieben und charakterisiert werden können." (Kluge 2000b, o. S.)

Häufig wird im Rahmen der Typologisierungsdebatte auf Max Webers Konzept des „Idealtypus" rekurriert, welches auch für die Überlegungen von Kelle und Kluge von zentraler Bedeutung ist. Weber definiert Soziologie als eine Wissenschaft, die „[…] soziales Handeln verstehen und dadurch in ihrem Ablauf und seinen Wirkungen ursächlich erklären will" (Weber 1980, S. 1). Er knüpft an dieser Stelle dabei das Verstehen von sozialem Handeln an das (kausale) Erklären von Handlungsabläufen und deren Wirkungen. Das Individuum muss – um soziales Handeln sinnhaft zu verstehen – diese soziale Situation jedoch nicht subjektiv erfahren haben (vgl. Weber 1980, S. 2), sondern dem Individuum bieten sich nach Weber hier verschiedene Methoden des „Verstehens": a) durch die genaue Analyse eines Einzelfalls, b) durch die Betrachtung von statistischen Mittelwerten oder c) durch die idealtypische Konstruktion (vgl. Weber 1980, S. 4). Letzteres meint nach Weber, dass soziales Handeln verstanden werden kann, wenn dieses vom „typischem Verhalten einer Person in solchen Situationen" abgeleitet wird. Demnach kann das Individuum, um eine soziale Handlung sinnhaft zu verstehen, Deutungsmuster idealtypischer Handlungen heranziehen, die dann das Erlebte einordbar und verständlich machen. Jedoch schränkt Weber auch ein, dass der „reine bzw. ideale Typus" menschlichen Verhaltens, d. h. bereinigt von Zufällen und Besonderheiten, sich in der Realität nur selten finden lässt. Konstruiert wird dieser Idealtypus nach Weber durch

„[..] eine einseitige Steigerung eines oder einiger Gesichtspunkte und durch Zusammenschluss einer Fülle von diffus und diskret, hier mehr, dort weniger, stellenweise

7.3 Zur Typenbildung in den Sozialwissenschaften

gar nicht, vorhandenen Einzelerscheinungen, die sich jenen einseitig herausgehobenen Gesichtspunkten fügen, zu einem in sich einheitlichen Gedankenbilde. In seiner begrifflichen Reinheit ist dieses Gedankenbild nirgends in der Wirklichkeit empirisch vorfindbar, es ist eine Utopie, und für die historische Arbeit erwächst die Aufgabe, in jedem einzelnen Falle festzustellen, wie nahe oder wie fern die Wirklichkeit jenem Idealbild steht." (Weber 1988, S. 191)

Dabei ist diese „Realitätsferne" durchaus gewollt, denn nur durch das Konstruieren möglichst eindeutiger, trennscharfer Idealtypen lässt sich das von heterogenen Motiven beeinflusste soziale Handeln fassen: „Je schärfer und eindeutiger konstruiert die Idealtypen sind: je weltfremder sie also, in diesem Sinne, sind, desto besser leisten sie ihren Dienst, terminologisch und klassifikatorisch sowohl wie heuristisch" (Weber 1980, S. 10). Folgernd stellen Idealtypen sinnhaft begründete „übersteigerte Merkmalskombinationen" dar, die als Mittel zum Zweck genutzt werden können, um einem Modell der sozialen Wirklichkeit nahe zu kommen (vgl. Kelle und Kluge 2010, S. 82). Im übertragenen Sinne bildet der Idealtypus somit einen idealisierten Handlungstyp ab, der bestehende „soziale Regeln bzw. daraus abgeleitete Handlungen" in seiner Quintessenz wiedergibt und damit einen heuristischen Rahmen bietet, aus dem heraus das Individuum soziales Handeln verstehen kann (vgl. Kelle und Kluge 2010, S. 101).

An dieser Stelle verweist Weber auf eine zentrale Eigenschaft der Typenbildung, welche auch Kelle und Kluge in ihrem Ansatz verwenden und die auch für diese Arbeit zentral ist: So müssen Forscher*innen sowohl auf empirische Regelmäßigkeiten (Kausaladäquanz) im Material achten, als auch auf eine sinnhafte (theoretische) Begründung (Sinnadäquanz) dieser sozialen Abläufe. Insbesondere die Sinnadäquanz ist dabei nach Weber von großer Bedeutung: So kann ein immer wiederkehrender Zusammenhang zwischen zwei Merkmalen erst dann „soziologisch verstehend erklärt" werden, wenn er in seiner Sinnhaftigkeit richtig interpretiert bzw. gedeutet wird (vgl. Kelle und Kluge 2010, S. 101). Ist dies nicht der Fall, liegt lediglich eine „unverstehbare" statistische Wahrscheinlichkeit vor, ein wirkliches „Verstehen der sozialen Abläufe" ist jedoch so nicht möglich (vgl. Weber 1980, 5f.). Theoretische Vorannahmen nehmen in diesem Kontext daher eine zentrale Rolle ein, da sie den heuristischen Rahmen bieten, vor dem der Zusammenhang verschiedener Merkmale von dem/r Forscher*in interpretiert werden muss. Angelegt an Webers Überlegungen zum Idealtypus, kann im Ansatz von Kelle und

Kluge, neben der empirischen daher auch die theoretische Fundierung der Merkmalsausprägungen von Typen eine zentrale Rolle einnehmen. Der Idealtypus steht für sie damit zwischen Theorie und Empirie und hebt die grundlegende Bedeutung beider Herangehensweisen für eine empirisch begründete Typenbildung hervor (vgl. Kelle und Kluge 2010, S. 83).

Im Folgenden soll zunächst die Methode der empirischen Typenbildung nach Kelle und Kluge vorgestellt und kritisch reflektiert werden. Im Anschluss folgt die für diese Arbeit notwendige „Erweiterung des Modells von Kelle und Kluge" und die Begründung für dieses Vorgehen.

7.4 Empirische Typenbildung nach Kelle und Kluge

Kelle und Kluge gehen davon aus, dass Typen in der Regel mehrdimensional geprägt und das Ergebnis eines Gruppierungsprozesses sind, bei dem ein Objektbereich anhand von verschiedenen Merkmalen[81] in einen oder mehrere Typen unterteilt wird. Diese Merkmale können dabei unterschiedliche Merkmalsausprägungen aufweisen, deren Kombination sich innerhalb eines Typen möglichst ähnlich und zwischen Typen möglichst stark differenziert darstellen sollte. Jeder Typologie liegt nach Kelle und Kluge demnach ein Merkmalsraum[82] zugrunde, der die relevanten Merkmale bzw. Vergleichsdimensionen präzisiert und anhand derer die einzelnen Fälle unterschieden und Typen zugeordnet werden können (vgl. Kluge

---

[81] Eine zentrale Problematik, welche sich mit dem Werk von Kelle & Kluge an dieser Stelle ergibt, ist die hohe Inkonsistenz der Autoren bei der Begriffsverwendung. So wird beispielsweise der Begriff „Merkmal" bzw. „Merkmalsausprägung" häufig synonym mit den Begriffen „Kategorie" bzw. „Subkategorie" verwendet. Gleiches gilt für die Begriffe „Merkmalsraum", „Vergleichsdimensionen" bzw. „Kodierschema". Dies macht sich insbesondere bemerkbar, wenn man die früheren Werke beispielsweise aus dem Jahr 1999 mit neueren aus dem Jahr 2010 vergleicht. Für die Leser*innen ergeben sich daraus definitorische Unklarheiten, die es z. T. schwierig machen, den Autoren zu folgen. Für die hier vorliegende Arbeit soll sich deshalb auf einige wenige Begriffe beschränkt werden.

[82] Das Konzept des „Merkmalsraums" ist zuerst von Paul. F. Lazarsfeld in das Feld der empirischen Soziologie eingeführt worden. Lazarsfeld wies in seinen Überlegungen zur Typenbildung darauf hin, dass jeder Typus- unabhängig vom forscherischen Kontext – immer als eine Kombination von Merkmalen zu begreifen sei: „Werden Typen allgemein als Merkmalskombination definiert, spannt jede Typologie einen n-dimensionalen Merkmalsraum auf, innerhalb dessen jedes Untersuchungselement mit der ihm eigenen Kombination von Merkmalsausprägungen verortet werden kann." (Kluge 1999, S. 93)

7.4 Empirische Typenbildung nach Kelle und Kluge

2000b, o. S.). Eine präzise Definition der Vergleichsdimensionen und deren Merkmalen bzw. Merkmalsausprägungen ist daher für die empirische Typenbildung von zentraler Bedeutung und kann nach Kelle und Kluge durch induktive sowie deduktive Verfahren ermittelt werden. Zur Erarbeitung der verschiedenen Merkmale bietet sich dem/r Forscher*in zum einen die Möglichkeit, auf unterschiedlich stark theoretisiertes Vorwissen zurückzugreifen, zum anderen, Merkmale direkt aus dem Material heraus zu explizieren (vgl. Kelle und Kluge 2010, S. 39 sowie Pavone 2014, S. 93). Die empirische Typenbildung nach Kelle und Kluge erfolgt daher auf der einen Seite auf der Grundlage von theoretischem Vorwissen, muss aber an dieser Stelle auch empirisch angereichert werden, d. h. die Analyse der Fälle muss zeigen, welche Merkmalsausprägungen sich im Feld finden lassen und welche beispielsweise gar nicht auftreten.

„Will man also die Entwicklung von theoretischen Konzepten anhand von qualitativem Datenmaterial angemessen methodologisch begründen, so muss man in Rechnung stellen, dass qualitativ entwickelte Konzepte und Typologien gleichermaßen empirisch begründet und theoretisch informiert sein müssen. Die Entwicklung neuer Konzepte anhand empirischen Datenmaterials ist also eine Art „Zangengriff", bei dem der Forscher oder die Forscherin sowohl von dem vorhandenen theoretischen Vorwissen als auch von empirischem Datenmaterial ausgeht." (Kelle und Kluge 2010, S. 23)

Da nicht immer alle möglichen Kombinationen von Merkmalen im realen Feld auftreten – oder einige durch die Forscher*innen als nicht relevant für die Forschungsfrage identifiziert werden – lassen sich dann nach dem Verfahren von Kelle und Kluge in einem weiteren Schritt Merkmalsfelder zusammenfassen, mit dem Ziel, den ursprünglichen Merkmalsraum zu reduzieren und theoretisch bzw. empirisch relevante Merkmalskombinationen herauszuarbeiten (vgl. Kluge 2000b, o. S.). Da jedoch allein empirische Zusammenhänge zwischen Merkmalen nach Kelle und Kluge nicht ausreichen, um einen Typus zu bilden, beinhalten die folgenden Analysestufen das Herausarbeiten inhaltlicher Sinnzusammenhänge sowie die schlussendliche Typenbildung und Charakterisierung der gebildeten Typen (vgl. Kluge 2000a, o. S.). Beim „Stufenmodell" von Kelle und Kluge handelt es sich dabei nicht um ein starres bzw. lineares Verfahren. So bauen die einzelnen Auswertungsstufen zwar logisch aufeinander auf – beispielsweise ist ein Festlegen der für den Vergleich relevanten Merkmale notwendig, bevor einzelne Merkmalsausprägungen den Fällen zugeordnet werden können – aber diese Stufen können auch mehrfach durchlaufen werden, insbesondere wenn es sich um mehrdimensionale Typen handelt (vgl. Kelle und Kluge 2010, S. 92). Im Folgenden werden die Analysestufen (Abb. 7) einzeln durchgegangen, um ein besseres Verständnis vom weiteren Vorgehen zu ermöglichen.

Abbildung 7: **Stufenmodell empirisch begründeter Typenbildung nach Kelle und Kluge**[83]

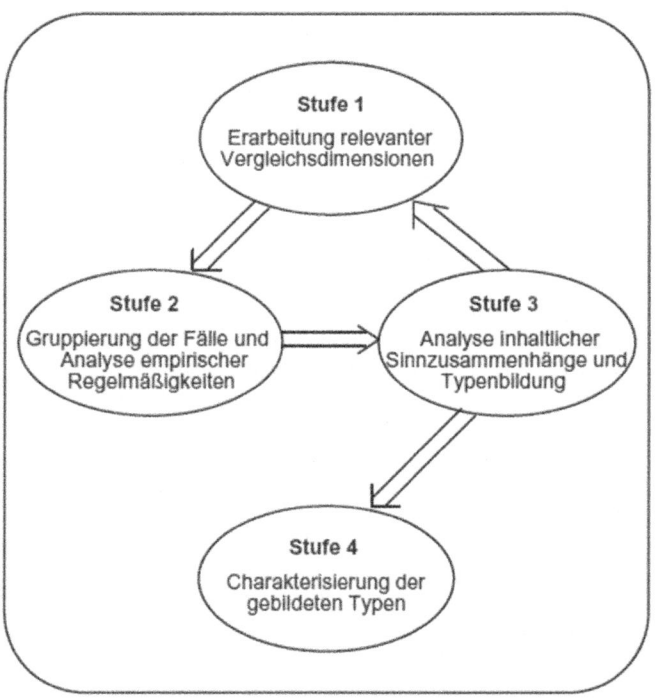

---

[83] Quelle: Kelle und Kluge 2010, S. 92.

7.4 Empirische Typenbildung nach Kelle und Kluge

Stufe 1: Erarbeitung relevanter Vergleichsdimensionen

Lässt sich ein Typ als Kombination von Merkmalen definieren, benötigt man, wie bereits angemerkt, für den ersten Schritt zunächst Vergleichsdimensionen – hier im Folgenden als *„Merkmale"* bezeichnet – die der Typologie zugrunde zu legen sind. Kelle und Kluge gehen davon aus, dass die Merkmale sowohl anhand theoretischen Vorwissens (deduktiv) als auch aus dem Material heraus (induktiv) entwickelt werden können. In den Sozialwissenschaften ist eine rege Diskussion darüber entbrannt, welchem Verfahren an dieser Stelle Vorzug zu geben ist. Während einige Autoren, wie beispielsweise Miles und Hubermann, die Konstruktion von Vergleichsdimensionen bzw. Merkmalschemas *ex ante* empfehlen, um der Datenmenge bei qualitativen Verfahren „Herr zu werden", argumentieren Glaser und Strauss ebenso vehement, dazu qualitatives Datenmaterial offen, d. h. ohne Vorannahmen, *ad hoc* zu kodieren (vgl. Kelle und Kluge 2010, S. 69). Während *ex ante* entwickelte Merkmalschemas die Gefahr bergen, dass durch die gesetzten Merkmale vielleicht andere relevante, von den Befragten genannte Aspekte überdeckt werden, betonen Kelle und Kluge, in Kritik zu einem rein induktiven Vorgehen, auch die Wichtigkeit von theoretischem Vorwissen zu Beginn der Analyse „[…] für die Entwicklung von Konzepten, Kategorien, Hypothesen und Typologien […]" (Kelle und Kluge 2010, S. 21). So benötigen Forscher*innen nach Kelle und Kluge das Vorwissen und „die Linse" bereits bekannter und vorhandener theoretischer Konzepte, um überhaupt „relevante Daten" aus ihrem Material herausfiltern bzw. „diese überhaupt sehen" zu können (vgl. Kelle und Kluge 2010, S. 108). Kelle und Kluge schlagen in Bezug auf die Entwicklung eines Merkmalschemas damit quasi eine Art Mittelweg vor: So betonen sie auf der einen Seite die Wichtigkeit von theoretischem Vorwissen, weisen jedoch auf der anderen Seite auch explizit auf die Notwendigkeit hin, diese im Rahmen des Forschungsprozesses an die Empirie „rückzukoppeln" (vgl. Kelle und Kluge 1999, S. 70). So sind Merkmale, die vom Forscher aus der Theorie abgeleitet sind, nach Kelle und Kluge zunächst „empirisch gehaltlos" und müssen daher erst durch das Datenmaterial weiter empirisch angereichert und präzisiert werden.[84] Neben der Verwendung eines solchen *ex ante* entwickelten Merkmalschemas, haben Forscher*innen

---

[84] So verweist die Literatur beispielsweise darauf, dass (1) materielle, (2) emotionale oder (3) traditionelle Gründe eine Rolle für eine Hochzeit spielen können. Nennen Paare in einer Studie

– nach Kelle und Kluge – zudem die Möglichkeit, weitere empirisch gehaltvolle Merkmale, die sich ggf. direkt aus dem Material ergeben, *ad hoc* mit in die Analyse einfließen zu lassen (vgl. Kelle und Kluge 2010, S. 72).

> *„Für ein ex ante entwickeltes Kategorienschema verwendet man als heuristischen Rahmen empirisch gehaltlose theoretische Kategorien und Alltagskonzepte, empirisch gehaltvolle Kategorien kann man bei der Kodierung ad hoc einführen, wenn man in den Daten spontane Zusammenhänge entdeckt, zu denen diese Kategorie passt."* *(Kelle und Kluge 2010, S. 70)*

Konkret benennen Kelle und Kluge vier (deduktive sowie induktive) Vorgehensweisen, wie solche relevanten Vergleichsdimensionen bzw. Merkmale erarbeitet werden können: *(1) Leitende Forschungsfragen und theoretisches Vorwissen (2) Einzelfallanalyse und Fallvergleich;* (3) *thematisches Kodieren* sowie (4) *Dimensionalisierung und Bildung weiterer relevanter Variablen* (vgl. Kluge 1999, S. 266). Diese vier Vorgehensweisen sind nach Kelle und Kluge miteinander kombinierbar und müssen auch nicht zwingend gleichermaßen bzw. überhaupt Anwendung bei Forschungsprojekten finden.[85] Die so identifizierten Merkmale werden dann – diese Stufe im Modell von Kelle und Kluge abschließend – in Form eines Merkmalsraumes, mitsamt den herausgearbeiteten Merkmalsausprägungen, beispielsweise im Rahmen einer Kreuztabelle festgehalten.

> *„Indem man die Kategorie (Merkmale) und ihre Subkategorie (Merkmalsausprägung) in einer ggf. mehrdimensionalen Kreuztabelle darstellt [...], erhält man einerseits einen Überblick über alle potentiellen [im Original hervorgehoben] Kombinationsmöglichkeiten. Andererseits wird es hierdurch möglich, für weitere vergleichende Analysen Fälle den entsprechenden Feldern zuzuordnen."* *(Kelle und Kluge 2010, S. 97)*

---

jedoch keinen dieser Heiratsgründe, sondern andere – z. B. Schutz vor Ausgrenzung oder Statuserhöhung – muss davon ausgegangen werden, dass dieses a priori entwickelte Analyseschema keinen empirischen Gehalt aufweist (vgl. Kelle und Kluge 1999, S. 69).

[85] Bei kritischer Betrachtung jedoch kann – in Anlehnung an Hahmann (2013) – an dieser Stelle diskutiert werden, ob es sich bei denen von Kelle & Kluge genannten Vorgehensweisen wirklich um vier distinkte Verfahren handelt oder ob die zuletzt behandelten Punkte (3) thematisches Kodieren und (4) Dimensionalisierung und Bildung von Variablen „lediglich" die Methode der Einzelfallanalyse spezifizieren. So nennen Kluge & Kelle beispielsweise die Einzelfallanalyse als den ersten Schritt des thematischen Kodierens, was bereits an dieser Stelle eine gewisse Abgrenzungsproblematik andeutet (vgl. Hahmann 2013, S. 170).

7.4 Empirische Typenbildung nach Kelle und Kluge

Im Folgenden sollen die vier Vorgehensweisen zur Erstellung eines Merkmalsraumes kurz skizziert werden:

(1) Leitende Forschungsfrage und theoretisches Vorwissen

Zur Erarbeitung relevanter Merkmale für die Typenbildung können Forscher*innen auf theoretisches Vorwissen zurückgreifen und diese deduktiv aus diesem ableiten: Dieses theoretische Vorwissen kann nach Kelle und Kluge mehr oder weniger explizit vorliegen, so z. B. in Form von (1) „soziologischen Großtheorien"; (2) „Alltagskonzepten" und/oder (3) Theorien „mittlerer Reichweite" (vgl. Kelle und Kluge 2010, S. 62). (1) *Soziologische Großtheorien* (z. B. strukturfunktionalistische Systemtheorien, Rational-Choice-Theorie o. Ä.) unterliegen dabei einem hohen theoretischen Allgemeinheitsgrad, sodass meist erst eine Konkretisierung auf den Anwendungs- bzw. Forschungsbereich notwendig ist, um von ihnen Merkmale für die Analyse abzuleiten. Will man beispielsweise rationales Handeln nach dem Rational-Choice-Ansatz in einem Handlungskontext untersuchen, muss zunächst konkretisiert werden, um welches soziale Handlungsfeld es sich überhaupt handelt oder welchen Handlungsalternativen bzw. -beschränkungen das Individuum unterliegt etc. (vgl. Kelle und Kluge 2010, 36f.).

Zur Entwicklung von Merkmalen kann auch das vorhandene (2) *Alltagswissen* von Forscher*innen herangezogen werden – beispielsweise über das Aus- und Weiterbildungswesen im Handwerk. Dies findet meist schon früh im Forschungsprozess – z. B. im Rahmen von Leitfadenthemen – Eingang in die Untersuchung: So weisen Kelle und Kluge darauf hin, dass Alltagskonzepte häufig als Teil der Interviewleitfäden einen Orientierungsrahmen für den/die Forscher*in bilden (vgl. Kelle und Kluge 2010, S. 66). Eine weitere Möglichkeit nach Kelle und Kluge, um theoretisches Vorwissen in den Forschungsprozess einzubeziehen, ergibt sich aus der Ableitung von Untersuchungskategorien aus (3) *soziologischen Theorien „mittlerer Reichweite"*. Meist existieren in einem Forschungsfeld eine Reihe von Untersuchungen (anderer Forscher*innen), aus denen sich empirisch gehaltvolle Konzepte und validierte Aussagen für die eigene Studie übernehmen lassen (vgl. Kelle und Kluge 2010, S. 68). So gibt es z. B. für den Bereich Weiterbildung eine Reihe von Arbeiten bzw. Ansätzen, die das Weiterbildungsverhalten von Betrieben unter Rückbeziehung auf vorliegende theoretische Arbeiten auf unterschiedliche Weise rekonstruieren. Forscher*innen können sich zu Beginn des Forschungsprozesses all dieser Zugänge bedienen und diese als „[…] ‚Achse' der Kategorienbildung bzw. als ‚theoretisches Skelett' […]" verwenden, „[…] zu dem das Fleisch [Hervorhebung im Original] empirisch gehaltvoller Beobachtungen […]" (Kelle und Kluge 2010, S. 40) dann im Zuge der weiteren Analyse nach und nach hinzugefügt wird: „Auf diese Weise wird bereits ein Teil der Merkmale vor der Datenerhebung und -auswertung bestimmt. Es handelt sich also nicht um ein rein induktives Vorgehen […]" (Kluge 1999, S. 267).

(2) Einzelfallanalyse und Fallvergleich bzw. -kontrastierung

Einzelfallanalysen und Fallvergleich bzw. -kontrastierung bieten nach Kelle und Kluge die Möglichkeit, (induktiv aus dem Material heraus) relevante Vergleichsdimensionen zu identifizieren.

> *„Dazu wird zunächst der Einzelfall für sich ausgewertet, um das Geschehen im Einzelfall zu verstehen und die charakteristischen Grundzüge jedes Falles in Form von Falldarstellungen, Kurzbeschreibungen, biographischen Verlaufstabellen oder – schaubildern etc. zu rekonstruieren. Dabei können inhaltliche Zusammenhänge erkannt und in Form von Memos festgehalten werden." (Kluge 1999, S. 267)*

Um jedoch hier später zur Typenbildung und damit zu „[…] einer validen und methodisch kontrollierten Beschreibung und Erklärung sozialer Strukturen […]" (Kelle und Kluge 2010, S. 11) zu kommen, ist es notwendig, über eine Einzelfallanalyse hinauszugehen und die Fälle miteinander zu vergleichen (vgl. Kluge 1999, S. 268). So können zwar auch Einzelfallstudien aus Forscher*innensicht sehr aufschlussreich sein, es besteht in Bezug auf die angestrebte Typenbildung bei einer rein einzelfallorientierten Methodologie jedoch die Gefahr, dass Erklärungsmuster für soziales Verhalten übersehen werden bzw. nicht alle Merkmale und Phänomene, die am Einzelfall entdeckt werden müssen, für die Typen- bzw. Theoriebildung relevant sein können (vgl. Kelle und Kluge 2010, S. 11).

7.4 Empirische Typenbildung nach Kelle und Kluge

(3) Thematisches Kodieren des qualitativen Datenmaterials

Die Vorgehensweise des thematischen Kodierens entstand angelehnt an die Arbeiten zur Grounded Theory von Glaser und Strauss (vgl. Glaser und Strauss 1999, 1967) und eignet sich nach Kelle und Kluge ebenfalls zur Entwicklung relevanter Vergleichsdimensionen. Dabei handelt es sich um ein mehrstufiges induktives Verfahren, zu dessen Beginn zunächst eine Einzelfallanalyse steht, in der wichtige Aussagen sowie weitere relevante z. B. soziodemografische Merkmale vermerkt werden. In einem nächsten Schritt wird dann das vollständige Datenmaterial mittels thematischer Stichworte systematisch verkodet. Als Resultat entsteht dann ein Index des gesamten Themenspektrums, welches von den Befragten angesprochen wurde. Anschließend ist eine fallvergleichende Analyse möglich, in der sich Gemeinsamkeiten bzw. Differenzen zwischen den Fällen hinsichtlich einzelner Themen feststellen lassen. Aus diesem lassen sich dann in einem weiteren Schritt Merkmale und Vergleichsdimensionen für die angestrebte Typologie erarbeiten (vgl. Kluge 1999, S. 268).

(4) Dimensionalisierung und Bildung von Variablen

Als ein weiteres deduktives Vorgehen, um relevante Vergleichsdimensionen zu entwickeln, schlagen Kelle und Kluge die Dimensionalisierung, d. h. die „Quantifizierung" des qualitativen Datensatzes vor[86]. Ziel dieses Vorgehens ist nach Kelle und Kluge, das ganze empirische Spektrum dessen zu erschließen, was von den anfangs festgelegten Vergleichsdimensionen bzw. Merkmalen aufgespannt wird,

---

[86] An dieser Stelle zeigen sich deutliche Diskrepanzen zwischen den frühen Werken, namentlich dem ersten Buch zur empirisch begründeten Typenbildung von Kluge aus dem Jahr 1999, sowie dem aktuellsten Buch von Kelle & Kluge aus dem Jahr 2010: Während in der Ausgabe von 1999 an dieser Stelle hauptsächlich auf die Quantifizierung von qualitativem Material und dem Einsatz von rechnergestützten Gruppierungsverfahren nach dem Vorbild von Kuckartz eingegangen wird, setzen sich Kelle & Kluge in ihrem Buch von 2010 auch mit der Möglichkeit auseinander, theoretisch relevante Subkategorien bzw. Merkmalsausprägungen für den Merkmalsraum zu erarbeiten (vgl. Kelle und Kluge 2010, S. 73). Anzumerken ist jedoch, dass der Begriff Quantifizierung bei Kuckartz dabei leicht fehlleitend ist. So geht es Kuckartz nicht darum, qualitative Daten quantitativ „greifbar" bzw. „zählbar" machen zu können, sondern „[…] um eine angemessene Transformation [Hervorhebung im Original] der verbalen Daten in ein numerisches Relativ [Hervorhebung im Original], bei der die Qualität [Hervorhebung im Original] der Daten, also ihre inhaltliche Aussagekraft, soweit wie möglich erhalten bleibt." (Lehmann 1999, S. 178)

„[…] und diese damit zu konkretisieren bzw. empirisch anzureichern" (Kelle und Kluge 2010, S. 73).

In der Literatur auch häufig als „Dimensionalisierung" bezeichnet, geht es an diesem Punkt quasi darum, alle möglichen Ausprägungen eines Merkmales zu erarbeiten, die theoretisch auftreten könnten. Nimmt man beispielsweise das soziodemografische Merkmal „Bildungsabschluss", könnten als mögliche Merkmalsausprägungen „kein Schulabschluss", „Hauptschulabschluss", „Realschulabschluss", „Abitur" etc. ausgewiesen werden. Bei qualitativen Analysen geht es nun aber vielmehr darum, Merkmalsausprägungen zu identifizieren, die für die inhaltliche Fragestellung von Relevanz sind (vgl. Kelle und Kluge 2010, S. 74). Dies erfordert nach Kelle und Kluge eine „[…] begrifflich-analytische Explikation des theoretischen und empirischen Vorwissens" (Kelle und Kluge 2010, S. 74). Grundsätzlich bietet sich dem/r Forscher*in auch hier wieder die Möglichkeit eines zweigleisigen Vorgehens:

> *„Die Subkategorien bzw. Dimensionen können vor der Analyse des empirischen Materials, durch eine rein begriffliche Explikation des Vorwissens über die betreffenden Kategorien entwickelt werden. Das qualitative Datenmaterial kann für eine empirisch begründete Konstruktion von Subkategorien und Dimensionen herangezogen werden."* *(Kelle und Kluge 2010, S. 74)*

So sind in vielen Fällen die wesentlichen Ausprägungen eines Merkmals aus wissenschaftlichen bzw. theoretischen Vorarbeiten schon bekannt und können von dort übernommen werden. Jedoch müssen diese bei der weiteren Analyse des Materials ähnlich des Umganges mit aus theoretischen Vorarbeiten abgeleiteten Merkmalen (s. o.) ergänzt, präzisiert und auf ihren empirischen Gehalt hin überprüft werden. In anderen Fällen lassen sich Merkmalsausprägungen fallbezogen bzw. fallvergleichend entwickeln. So werden beispielsweise zunächst die anhand eines Falles auftretenden Merkmalsausprägungen erfasst und dann systematisch mit denen anderer Fälle verglichen (vgl. Kelle und Kluge 2010, S. 78).[87]

---

[87] An diesem Schritt zeigt sich jedoch erneut eine gewisse Inkonsistenz bzw. unpräzises Vorgehen in der Beschreibung des Verfahrens seitens Kelle & Kluge. So wird die Dimensionalisierung und Bildung neuer Merkmalsausprägungen von den Autoren auf der einen Seite für die Erarbeitung von relevanten Merkmalen bzw. Vergleichsdimensionen (Stufe 1) vorgeschlagen, während gleichzeitig deren Entwicklung als Teil der Analyse (Stufe 2) formuliert wird.

7.4 Empirische Typenbildung nach Kelle und Kluge

Stufe 2: Gruppierung der Fälle und Analyse empirischer Regelmäßigkeiten

Basierend auf dem erarbeiteten Merkmalsraum erfolgt in einem zweiten Schritt des Stufenmodells nach Kelle und Kluge dann die Zuordnung bzw. Gruppierung der Fälle und die Analyse empirischer Regelmäßigkeiten: Hierzu werden Fälle anhand des definierten Merkmalsraums bzw. der Merkmalsausprägung zusammengefasst und die so ermittelten Gruppen hinsichtlich ihrer empirischen Regelmäßigkeit untersucht (vgl. Kelle und Kluge 2010, S. 96). Hier kann es jedoch zu Problemen kommen, wenn z. B. die Merkmalsausprägungen nicht genau bestimmt werden oder auf Seiten der Befragten z. B. keine Angaben zu der entsprechenden Vergleichsdimension gemacht wurden. Hier raten die Autoren zunächst zu einer gemeinsamen Interpretation, beispielsweise im Rahmen einer Interpretationsgruppe und/oder der Zuordnung des Falles unter Vorbehalt zu einem Typen, deren Merkmalskombination er am nächsten steht (vgl. Kluge 1999, S. 274).

Ist eine Zuordnung der Fälle erfolgt, geht es nun darum die empirische Verteilung auf alle theoretisch möglichen Merkmalskombinationen zu untersuchen, d. h. zu ermitteln welche Felder in der Mehrfeldertafel stark besetzt oder aber auch unbesetzt geblieben sind. Auch können sich hier überraschende Merkmalskombinationen ergeben, die von Forscher*innenseite vorher nicht absehbar gewesen wären, da sie beispielsweise theoretischen Vorannahmen wiedersprechen und an dieser Stelle neue Fragestellungen aufwerfen können (vgl. Kluge 1999, 274f.). Sollten sich Merkmalskombinationen nicht im Sample zeigen bzw. schlagen Kelle und Kluge in ihrem Verfahren an dieser Stelle die Reduktion des Merkmalsraums vor. Des Weiteren sollte vom/von der Forscher*in untersucht werden, welche anderen Eigenschaften die gruppierten Fälle aufweisen, die beispielsweise noch nicht vom entwickelten Merkmalsraum abgedeckt wurden.

„Auf diese Weise erhält man nicht nur einen Überblick über die weiteren Gemeinsamkeiten und [Hervorhebung im Original] Divergenzen zwischen den Fällen innerhalb einer Gruppe, sondern auch über die weiteren Ähnlichkeiten und [Hervorhebung im Original] Unterschiede zwischen den Gruppen. Dieser Überblick über die Charakteristika der einzelnen Gruppen ist von zentraler Bedeutung, um auf der nächsten Stufe die inhaltlichen Sinnzusammenhänge innerhalb und zwischen den Gruppen möglichst umfassend untersuchen zu können." (Kluge 1999, S. 275)

Stufe 3: Analyse inhaltlicher Sinnzusammenhänge

Sollen die untersuchten sozialen Phänomene nicht nur beschrieben, sondern in Anlehnung an Weber auch „verstehend erklärt" werden, müssen in einer nächsten Stufe des Verfahrens die inhaltlichen Zusammenhänge analysiert werden, die den empirisch gefundenen Merkmalskombinationen zugrunde liegen. Es geht also darum, die *sozialen Strukturen*, die sich hinter den Merkmalskombinationen bzw. Typen verbergen, zu identifizieren und deren Sinnhaftigkeit (Sinnadäquanz) zu deuten. Klassischerweise reduziert sich in dieser Phase der Merkmalsraum und damit auch die Anzahl der Gruppen bzw. Merkmalskombinationen bis schlussendlich wenige Typen übrigbleiben (vgl. Kelle und Kluge 2010, S. 102). Ziel ist dabei, die höchstmögliche interne Homogenität bzw. externe Heterogenität zu fördern, an derer sich schlussendlich auch das Ergebnis der Typenbildung messen lassen muss (vgl. Hahmann 2013, S. 175). Kelle und Kluge halten dazu fest, dass

> *„[...] die Konstruktion eines Merkmalsraums immer gefolgt bzw. begleitet sein muss von der Suche nach inhaltlichen Sinnzusammenhängen [Hervorhebung im Original] zwischen den Merkmalen bzw. Kategorien und dass hierzu bestimmte Vorannahmen [...] getroffen werden müssen, die ein unverzichtbares heuristisches Werkzeug zur Konstruktion „sinnvoller" und „verständlicher" soziologischer (Handlungs-)Typen bilden." (Kelle und Kluge 2010, S. 175).*

Um hier etwaige inhaltliche Sinnzusammenhänge zu identifizieren bzw. analysieren zu können, bedarf es nach Kelle und Kluge erneut der Kontrastierung bzw. des Vergleichs von Fällen, sowohl innerhalb der einzelnen Gruppen (Fällen mit ähnlichen Merkmalskombinationen) als auch zwischen den unterschiedlichen Gruppen. In dieser Phase des Verfahrens kann es dazu kommen, dass Fälle erneut anderen Gruppen zugeordnet, verschiedene Gruppen zusammengefasst, einzelne Gruppen weiter ausdifferenziert oder stark abweichende Fälle isoliert bzw. anschließend einzeln betrachtet werden (vgl. Kelle und Kluge 2010, S. 102). Grundsätzlich gibt es zwei Möglichkeiten für den Vergleich bzw. die Kontrastierung bzw. die anschließende Zusammenfassung von Fällen: So können Forscher*innen zum einen vom Einzelfall ausgehend nach und nach ähnliche Fälle zusammenfassen (agglomerativ) oder man untergliedert die Gesamtgruppe schrittweise (divisiv), bevor der Vergleich über die Fälle erfolgt. Gerade bei größeren Untersuchungssamples bzw. komplexeren Merkmalsräumen kann ersteres leicht dazu führen, dass der „Überblick verloren geht". Daher schlagen Kelle und Kluge – unter

7.4 Empirische Typenbildung nach Kelle und Kluge

Verweis auf eine Arbeit von Gerhardt (1986) – vor, eine erste grobe Unterteilung, d. h. ein divisives Verfahren, gleich zu Beginn vorzunehmen, um die Fülle der Fälle zu reduzieren.

> *„Deshalb erleichtert sich auch Gerhardt [Hervorhebung im Original] diesen Auswertungsschritt, indem sie die Gesamtgruppe bei der Analyse der Familienrehabilitationsform gleich zu Beginn in Fälle mit beruflich gleichberechtigten Frauen [Hervorhebung im Original] (Gerhardt 1986a, S. 116 ff.) und Fälle mit beruflich dominanten Männern [Hervorhebung im Original] (ebd., S. 141 ff.) aufteilt, bevor sie dann jeweils nur die Fälle, die zu einer Teilgruppe gehören, miteinander vergleicht. Auf diese Weise verringert sich der Umfang der Fälle, die miteinander verglichen werden müssen, auf ca. die Hälfte der Gesamtgruppe."* (Kluge 1999, S. 276)

Durch den Vergleich bzw. die Kontrastierung können jedoch auch weitere Merkmale auftreten, die bis dato beispielsweise noch nicht im Merkmalsraum erfasst waren und um diese er ggf. erweitert werden kann. Dies hat zur Folge, dass die Typologie zwar genauer, jedoch aber auch komplexer wird. Solche „neuen Merkmale" (beispielsweise die Überrepräsentanz einer bestimmten Betriebsgröße in einem Typ) müssen dann anschließend anhand neuer zusätzlicher theoretischer Ansätze erklärt werden (vgl. Hahmann 2013, S. 175).

Stufe 4: Charakterisierung der gebildeten Typen

Der Prozess der Typenbildung schließt dann mit einer möglichst konkreten und umfassenden Beschreibung der gebildeten Typen ab. Diese sollte neben den relevanten Vergleichsdimensionen die Merkmalskombinationen sowie die rekonstruierten Sinnzusammenhänge beinhalten. Kelle und Kluge weisen an dieser Stelle darauf hin, dass der Schritt der Charakterisierung der gebildeten Typen als eigener Analyseschritt häufig übersehen wird (vgl. Kelle und Kluge 2010, S. 105). Da die Fälle innerhalb der Typen nie „identisch", sondern maximal „ähnlich" sind, schlagen Kelle und Kluge eine Darstellung anhand von „Prototypen" vor: „[...] das sind reale Fälle, die die Charakteristika jedes Typus am besten repräsentieren [Hervorhebung im Original]" (Kelle und Kluge 2010, S. 105) bzw. „[...] man kann an ihnen das Typische aufzeigen und die individuelle Besonderheiten dagegen abgrenzen [Hervorhebung im Original] (Kuckartz 1988 zit. nach Kelle und Kluge 2010, S. 105). Hervorzuheben ist an dieser Stelle jedoch, dass der Prototyp nicht

„der Typ ist", sondern diesem lediglich „entspricht". Ist ein Typus sehr heterogen, ist eine Darstellung anhand mehrerer Fälle sinnvoll, die den Typus hinsichtlich möglichst vieler Merkmalsausprägungen repräsentieren. Kelle und Kluge schlagen dann als Alternative die Bildung eines „idealtypischen Konstrukts" vor (vgl. Kelle und Kluge 2010, S. 106). Häufig unterschätzt im Rahmen der Charakterisierung ist auch die Vergabe einer Kurzbezeichnung (Name) für die einzelnen Typen. So kann es an dieser Stelle schnell zu einer einseitigen Verkürzung bzw. Verzerrung kommen, welche der Komplexität der gebildeten Typen nicht gerecht wird (vgl. Kelle und Kluge 2010, S. 105). Problematisch ist dies, wie Hahmann (2013) anmerkt, vor allem, wenn Merkmale der Typendifferenzierung, die im Laufe des Verfahrens von dem/der Forscher*in hinzugefügt wurden, an dieser Stelle ggf. überbetont werden, weil sie beispielsweise einer Stereotypisierung unterliegen (Bsp. Geschlecht, Ethnie etc.) (vgl. Hahmann 2013, S. 176).

7.5 Kritische Reflexion und Erweiterung des Modells von Kelle und Kluge

Von vielen Forscher*innen als Vorzug gepriesen, erlaubt die Methode von Kelle und Kluge die „Verbindung" zwischen einem *deduktiv theoriegeleiteten Vorgehen* und einer gewissen *induktiven Offenheit* gegenüber dem Material. Die Analyse bleibt so – im Idealfall – „offen" für Anstöße direkt aus dem Material, während gleichzeitig verhindert wird, dass es sich bei den gebildeten Typen um theoretische Konstrukte handelt, die keinerlei Wirklichkeitsbezug aufweisen (vgl. Kelle und Kluge 2010, S. 39). Im Kontext dieses Vorgehens ergeben sich jedoch auch einige Probleme, die im Folgenden diskutiert werden sollen.

Während Kelle und Kluge auf die Möglichkeit der deduktiven und induktiven Verfahrensweisen bei der Erstellung eines Merkmalsraumes hinweisen, explizieren sie nicht, in welchem Verhältnis die aus den verschiedenen Herangehensweisen erarbeiteten Merkmale zueinanderstehen. So seien „theoretische Merkmale" zwar grundsätzlich auf ihren empirischen Gehalt zu testen, eine Rückkopplung an theoretische Bezüge gilt jedoch nicht für Merkmale, die sich direkt aus dem empirischen Material ergeben. Zwar sollen diese – im Idealfall – im Anschluss an die Auswertung mit anderen, bis dahin nicht in der Analyse berücksichtigen, theoretischen Konstrukten in Bezug gesetzt werden, jedoch muss dann penibel auf die Güte der Daten geachtet werden. Ist mit einer Verzerrung im empirischen Material zu rechnen, könnte diese Vorgehensweise beispielsweise zum Problem werden. Zwar weisen Kelle und Kluge im Rahmen der Datenerhebung darauf hin, dass das zentrale Kriterium für die Auswahl der untersuchten Fälle in qualitativen Studien nicht deren Repräsentativität ist, sondern deren theoretische Relevanz. D.h. eine Stichprobe, die „disproportional" zum Untersuchungsfeld ist, kann trotzdem die Bedingungen einer *unverzerrten Stichprobe* erfüllen, wenn sichergestellt ist, dass unter den Befragten hinreichend Träger*innen von *theoretisch relevante Merkmalskombinationen* vertreten sind (vgl. Kelle und Kluge 2010, S. 40). Im Sinne des „Theoretical Samplings" wird die Erhebung mit einer an die Fragestellung orientierten (Betriebs-)Fallauswahl begonnen, auf deren Basis dann maximal bzw. minimal kontrastierende Fälle hinzugezogen werden (vgl. Fischer et al. 2015, S. 31 sowie Glaser und Strauss 2009, S. 63).

Jedoch haben verschiedene Autoren*innen in der Vergangenheit darauf hingewiesen, dass bei Betriebsbefragungen im Allgemeinen und bei Befragungen zum Weiterbildungsverhalten im Speziellen hier besondere Rücksicht geboten ist, will man ein möglichst unverzerrtes Untersuchungssample generieren: So werden in der Regel – und so auch hier im Rahmen der qualitativen Interviews geschehen – einzelne Personen zu den Weiterbildungsaktivitäten eines gesamten Betriebes befragt. Wenngleich dies im Kontext der überschaubaren Größe von KMU weniger problematisch sein dürfte, muss doch darauf hingewiesen werden, dass „[…] die Güte der Daten in diesen Befragungen auf einzelne Menschen und deren Wissen und Angaben über das Weiterbildungsengagement des gesamten Unternehmens […]" (Widany 2009, S. 38) beruhen. Ein weiteres Problem, was in qualitativen Studien auftreten kann, ist durch die Art und Weise des Feldzugangs bedingt, der sich insbesondere auf der betrieblichen Ebene häufig als problematisch herausstellt (vgl. Bonin und Zierahn 2012, S. 37 sowie Fischer et al. 2015, S. 31). Das folgende Unterkapitel verdeutlicht diese Problematik am Beispiel des für die folgende Analyse zugrunde gelegten Betriebsfallsamples.

7.5.1 Zur Verzerrung der eigenen Datengrundlage

Zunächst ist anzumerken, dass die Kontakte zu den Handwerksbetrieben durch die in das Forschungs- und Entwicklungsprojekt „In-K-Ha" (Integrierte Kompetenzentwicklung im Handwerk) als Projektpartner eingebundene (1) Handwerkskammer Braunschweig-Lüneburg-Stade sowie (2) das Berufsbildungs- und Servicezentrum des Osnabrücker Handwerks (BUS GmbH) sichergestellt wurden. Zwar wurde im Zuge des Auswahlprozesses festgelegte Kriterien beachtet, z. B. (1) ausreichende Repräsentanz aller vier Fokusgewerke bzw. (2) verschiedene Betriebsgrößengruppen sowie (3) regionale Verortung in den zwei zentralen Forschungsgebieten in Niedersachsen, jedoch ist auch davon auszugehen, dass seitens der Projektpartner insbesondere solche Betriebe angesprochen wurden, die sich in der Vergangenheit als „besonders fortschrittlich" bzw. „innovativ" hervorgetan haben und die im Kontext des Themenkomplexes „Weiterbildung und alternde Belegschaften" einen gewissen Handlungsdruck verspüren. Ein solches Vorgehen kann – wie bereits Autoren*innen anderer Studien angemerkt haben – ebenfalls zu einer Verzerrung im Betriebssample führen und damit zwar robuste aber nicht quantifizierbare Aussagen produzieren (vgl. Frerichs et al. 1997, 82f. sowie Bonin und Zierahn 2012, 37ff.). Konkret ist für diese Studie zu vermuten, dass das hier untersuchte Betriebssample ein tendenziell positiveres Bild der Weiterbildungstätigkeiten in der handwerksbetrieblichen Betriebslandschaft darstellen dürfte. Um einer u. U. systematischen „Positiv-Verzerrung" entgegenzuwirken, wird im Folgenden der Prozess der Typenbildung nach Kelle und Kluge entsprechend um eine fünfte Stufe erweitert.

Stufe 5: Erweiterung des Modells von Kelle und Kluge und idealtypische Darstellung des Verfahrens

Anstelle die gerade skizzierte potentielle Sampleverzerrung – wie viele andere Studien – lediglich als „Einschränkung" bzw. „Limitation" der Studie zu begreifen, soll im Rahmen dieser Arbeit hier eine aktive Auseinandersetzung mit der Problematik angestrebt werden. So ermöglicht die Methode von Kelle und Kluge, – wie bereits angesprochen – durch den „Einbezug von theoretischem Vorwissen" und insbesondere der „Dimensionalisierung" theoretisch begründete Merkmale und deren Ausprägungen *ex ante* abzuleiten, auch wenn sich diese sich zunächst nicht im konkreten Sample wiederfinden. Nach Kelle und Kluges sollten diese „empirisch nicht besetzten" Merkmale eigentlich in der zweiten Stufe des Verfahrens aus der Analyse gestrichen werden. Im Rahmen dieser Arbeit soll jedoch ein

7.5 Kritische Reflexion und Erweiterung des Modells von Kelle und Kluge

anderes Vorgehen vorgeschlagen werden – die nicht „besetzten aber theoretisch möglichen Merkmale bzw. Merkmalskombinationen" zunächst beizubehalten – und damit eine Erweiterung des Modells von Kelle und Kluge anzustreben: Die These dahinter ist, dass, begründet durch „eine verzerrte" Fallauswahl, gewisse Merkmalskombinationen im Material u. U. nicht auftreten, obwohl abgeleitet aus dem theoretischen Vorwissen durchaus die Möglichkeit dazu bestehen würde. Im Rahmen der neu eingeführten 5. Analysestufe *„Analyse der empirisch leer gebliebenen Merkmale bzw. –kombinationen"* soll daher noch einmal detailliert die Auftrittswahrscheinlichkeit der empirisch im Sample nicht aufgetretenen Merkmalskombination eingegangen werden. Die folgende Abbildung 8 gibt einen Überblick über den idealtypischen Ablauf des Verfahrens.

Abbildung 8: Abgewandelter Prozess der Typenbildung in Anlehnung an Kelle und Kluge[88]

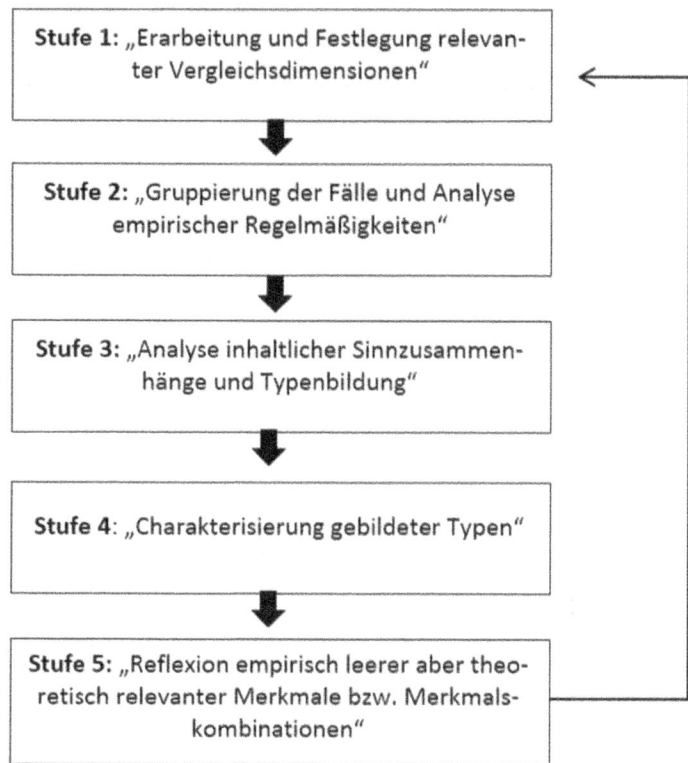

---

[88] Quelle: eigene Darstellung in Anlehnung an Kelle und Kluge (2010).

8 Ergebnisdarstellung der qualitativen Typenbildung

Zur Verdeutlichung des weiteren Vorgehens werden die einzelnen Stufen des Verfahrens jeweils zu Beginn der folgenden Unterkapitel noch einmal kurz abgehandelt und direkt mit der Ergebnisdarstellung verknüpft. Dabei widmen sich Kapitel 8.1 – 8.5 den 5 Verfahrensstufen nach Kelle und Kluge, während Kapitel 8.6 die Ergebnisse der empirischen Typenbildung diskutiert. Abschließend diskutiert Kapitel 8.7 mit Blick auf die gestellten Forschungsfragen dieser Arbeit, die Tragfähigkeit des erarbeiteten heuristisch-analytischen Theorierahmens sowie die identifizierten Unterschiede der identifizierten (Begründungs-)Parameter bzw. Determinanten des BKMs im Handwerk.

8.1 Stufe 1: Erarbeitung und Festlegung relevanter Vergleichsdimensionen

Für Stufe 1 des Verfahrens müssen relevante Vergleichsdimensionen bzw. Merkmale erarbeitet bzw. definiert werden, mit deren Hilfe Fälle hinsichtlich ihrer Ähnlichkeiten bzw. Unterschiede erfasst und charakterisiert werden können. Dazu können laut Kelle und Kluge verschiedene Verfahren herangezogen werden, um entsprechende Vergleichsdimensionen zu erarbeiten: *(1) Leitende Forschungsfragen und theoretisches Vorwissen, (2) Einzelfallanalyse und Fallvergleich, (3) thematisches Kodieren sowie (4) Dimensionalisierung und Bildung weiterer relevanter Variablen.*[89] Nach Kelle und Kluge sind diese Vorgehensweisen beliebig miteinander kombinierbar und müssen im Rahmen einer Analyse auch nicht alle Anwendung finden.

Im Folgenden wurde sich für die Erarbeitung relevanter Vergleichsdimensionen primär auf das Verfahren *„(1) Leitende Forschungsfragen bzw. theoretische Vorwissen"* bezogen. Jede der aus den drei Theoriebezügen abgeleitete Vergleichsdimension (im Sinne von Kelle und Kluge folgend als „Merkmal" bezeichnet) wurde dabei zunächst im Rahmen einer Auseinandersetzung an und mit dem Material und der Literatur für den konkreten Untersuchungsgegenstand „Betrieb-

---

[89] Für eine detailliertere Beschreibung zur Erarbeitung des Merkmalsraums, mit all seinen möglichen Vorgehensweisen, siehe auch Kapitel 7 in dieser Arbeit.

liches Kompetenzmanagement (BKM) im Handwerk" heruntergebrochen. In einem weiteren Schritt wurden dann literaturbasiert theoretisch mögliche Merkmalsausprägungen abgeleitet. Dieser Schritt ist lose an die von Kelle und Kluge angedachte *„(4) Dimensionalisierung und Bildung weiterer relevanter Variablen"* angelehnt und hat zum Ziel, das ganze empirisch mögliche Spektrum dessen zu erschließen, was „theoretisch im Feld möglich wäre". Um dem Material gegenüber eine gewisse Offenheit zu garantieren, wurde im Rahmen der Erstellung, Bearbeitung und Zuordnung der Fälle im Weiteren darauf geachtet, ob sich weitere Vergleichsdimensionen im Material zeigen (induktives Vorgehen), wie dies im Rahmen des (3) *thematischen Kodierens* nach Kelle und Kluge vorgesehen ist. Dieser Schritt ist dabei explizit auch von Kelle und Kluge angedacht und ermöglicht dem/r Forscher*in, dem eigenen Material gegenüber einen „offenen Blick" zu behalten. Die von Kelle und Kluge eingebrachte *(2) Einzelfallanalyse* und der anschließende *Fallvergleich* spielen für die vorgelegte Arbeit eher eine untergeordnete Rolle, da es sich bei den erhobenen Fallstudien nicht um Einzelfall- sondern um vergleichende Fallstudien handelt. Diese sind schon bei der Erhebung auf eine gewisse Vergleichbarkeit ausgerichtet und daher hinsichtlich einer etwaigen Kontrastierung – wie bei Kelle und Kluge angedacht – nur bedingt, d. h. beispielsweise im Falle von Unklarheiten der Zuordnung, geeignet.

Folgend werden die drei Merkmale sowie deren theoretisch mögliche Ausprägungen vorgestellt und im Anschluss im Rahmen einer tabellarischen Darstellung präzisiert. Dazu wird die Merkmalsdarstellung – wenn möglich – durch Interviewausschnitte aus den Betriebsfällen (gekennzeichnet durch das Kürzel „BF" sowie mit Zeitangaben dargestellt) oder mit Passagen aus den Betriebsfalldarstellungen (gekennzeichnet durch das Kürzel „BFD") illustriert.[90] Etwaige weitere im Rahmen der Analyse relevant gewordenen induktiven Merkmale werden im Rahmen der dritten Stufe des Verfahrens „Analyse inhaltlicher Sinnzusammenhänge und Typenbildung" diskutiert.

---

[90] Hier ist anzumerken, dass die verwendeten Interviewpassagen gezielt zur Illustration der Merkmalsausprägung ausgewählt wurden. Die Entscheidung darüber, ob ein Fall einer bestimmten Merkmalsausprägung am Ende zuzuordnen ist, wurde jedoch auf Basis der Gesamtheit des Materials entschieden. D. h. im Einzelfall ist es möglich, dass die hier präsentierten Interviewpassagen andere Merkmalsausprägungen illustrieren, als der Fall aus dem sie stammen schlussendlich zugeordnet wurde.

8.1 Stufe 1: Erarbeitung und Festlegung relevanter Vergleichsdimensionen

8.1.1 Darstellung Merkmale der Vergleichsdimensionen

Explizit sind drei theoretische Bezüge, die Erklärungsansätze für unterschiedliches betriebliches Kompetenzmanagement[91] bieten können, für die Entwicklung relevanter Vergleichsdimensionen bzw. Vergleichsmerkmale im Rahmen dieser Arbeit herangezogen worden. Vorab ist jedoch darauf hinzuweisen, dass zwischen den theoretischen Ansätzen eine Reihe von Überschneidungen existieren, Trennlinien nicht immer scharf zu ziehen sind und in Bezug auf mögliche theoretische Zugängen hier kein Anspruch auf Vollständigkeit zugrunde gelegt wird. Zu den ausgewählten Ansätzen zählen:

- die *„Humankapitaltheorie"* nach G. S. Becker;
- der *„Ansatz der segmentierten Arbeitsmärkte"* nach W. Sengenberger;
- sowie das von E. Witte entwickelte *„Promotorenmodell"*.

Für das aus der Humankapitaltheorie abgeleitete Merkmal „Kosten-Nutzen-Abwägung" wird im Folgenden von zwei (theoretisch) möglichen Merkmalsausprägungen ausgegangen: So wird seitens der Literatur argumentiert, dass Betriebe in Bezug auf die Ausgestaltung ihres betrieblichen Kompetenzmanagements eine Kosten-Nutzen-Abwägung vornehmen. Überwiegt der Nutzen die Kosten, wird im Rahmen des betrieblichen Kompetenzmanagements in das Humankapital der (älteren) Mitarbeiter*innen investiert. Überwiegen im Gegensatz dazu die Kosten den Nutzen einer Investition, investieren Betriebe nicht in die Kompetenzentwicklung ihrer (älteren) Mitarbeiter*innen. Einen Überblick über das Merkmal und die beiden theoretisch gebildeten Ausprägungen („überwiegend Nutzen" bzw. „überwiegend Kosten") gibt die folgende Tabelle 13.

---

[91] Für eine detailliertere Darstellung der theoretischen Grundlage der abgeleiteten Merkmale siehe Kapitel 6 in dieser Arbeit.

Tabelle 13: Darstellung des Merkmals "Kosten-Nutzen-Abwägung"[92]

Merkmal (HK)	„Kosten-Nutzen-Abwägung" (Humankapitaltheorie)	
Definition des Merkmals	Die Literatur legt nahe, dass seitens der Betriebe in Bezug auf das betriebliche Kompetenzmanagement eine Kosten-Nutzen-Abwägung vorgenommen wird. Überwiegt der Nutzen die Kosten, wird im Rahmen des betrieblichen Kompetenzmanagements in das Humankapital der (älteren) Mitarbeiter*innen investiert. Überwiegen die Kosten den Nutzen der Investition, investieren Betriebe nicht in die Kompetenzen ihrer (älteren) Mitarbeiter*innen.	
Merkmalsausprägung	überwiegend Nutzen (HK +)	überwiegend Kosten (HK -)
Definition der Merkmalsausprägung	Kosten für Investition in das Humankapital lohnen sich aus Sicht des Betriebes.	Kosten für Investition in das Humankapital lohnen sich *nicht* aus Sicht des Betriebes
Beispiele	„[Mitarbeiter*innen nicht auf Schulungen zu schicken; A. d. A.] das ist der falsche Weg, total falsch in meinen Augen." (BF_02: #00:55:31-7#) „Ich bin auch bereit, die Weiterbildung zu bezahlen, und wir haben im internen so eine [Regelung; A. d. A.], wenn die jetzt auf so einen Lehrgang fahren, dann zahle ich den Lehrgang und die rechnen keine Arbeitszeiten dafür an." (BF_02: #00:55:47-48#) „Aber letztendlich müssen wir unsere Mitarbeiter ja schulen, dann wird das kein umfangreicher, über Samstag oder am besten noch mit Lernen übers Wochenende, sondern tatsächlich dann in der Arbeitszeit." (BF_10: #00:18:24-2#)	„Mal angenommen, ich würde den Betrieb weiter führen wollen, muss ich sehr viel ändern oder der Nachfolger hat eine Menge umzustrukturieren. Das Problem, was ich habe, ist, dass ich gar nicht richtig weiß, wo ich ansetzen soll, weil ich mich persönlich schon zu sehr mit dem Verkauf beschäftigt habe und für Änderungen einfach auch keine Energie mehr habe. Innerlich ist der Zug für mich schon abgefahren." (BF_01: #00:16:41-3#)

---

[92] Quelle: eigene Darstellung.

8.1 Stufe 1: Erarbeitung und Festlegung relevanter Vergleichsdimensionen

Mit Blick auf das Merkmal „Segmentierte Teilarbeitsmärkte" (Segmentationstheorie) wird im Folgenden von drei Merkmalsausprägungen ausgegangen: Hier stützt sich die Differenzierung auf die Frage, welchem Teilarbeitsmarkt bzw. welchem Tätigkeitsspektrum der Betrieb zuzuordnen sind. Damit verbunden ist die Frage, wie schwer es für einen Betrieb ist, im Falle einer Abwanderung eines/r Mitarbeiter*in Ersatz für diesen zu finden. Dabei legt die segmentationstheoretische Literatur hier nahe, dass sich sowohl Häufigkeit des Angebots als auch die angebotenen Formate vom betrieblichen Kompetenzmanagement (BKM) dahingehend unterscheiden, in welchem Teilarbeitsmarkt ein Betrieb agiert bzw. welchem Tätigkeitsspektrum die Arbeitsplätze zuzuordnen sind. Mitarbeiter*innen, deren Tätigkeitsspektrum beispielsweise primär in den Bereich des Jedermannarbeitsmarkts fallen, sind demnach Personen, deren Tätigkeiten mit wenig bis kaum gewerk- oder betriebsspezifischen Kompetenzen auskommen. Diese Mitarbeiter*innen sind auf dem freien Markt leichter zu ersetzen und in der Konsequenz sollte sich betriebsseitig eine insgesamt geringere Bereitschaft zeigen, überhaupt Angebote des BKM für diese Mitarbeiter*innen zu machen. Dieses Verständnis kann in Teilen soweit gehen, dass Betriebe, die auf dem Jedermannarbeitsmarkt agieren, mit Angeboten des BKMs eine implizite Erhöhung der Personalfluktuationswahrscheinlichkeit verbinden. Konträr dazu sollten sich bei Betrieben, die aufgrund ihrer Teilarbeitsmarktpositionierung stärker auf gewerk- bzw. betriebsspezifische Kompetenzen bei ihren Mitarbeitern*innen angewiesen sind, insgesamt eine höhere Bereitschaft bzw. ein differenzierteres Angebot des BKMs finden lassen. Für das Merkmal wird daher – in Anlehnung an die Differenzierung von Sengenberger[93] – von den drei Merkmalsausprägungen „Jedermannarbeitsmarkt BKM", „gewerkspezifisches BKM" sowie „betriebsspezifisches BKM" ausgegangen. Ein detaillierter Überblick über das Merkmal ist der folgenden Tabelle 14 zu entnehmen.

---

[93] Während Sengenberger, bezogen auf den deutschen Kontext, hier lediglich von (1) unstrukturierten Arbeitsmärkte, d. h. sog. „Jedermannarbeitsmärkten", (2) „berufsfachlichen Arbeitsmärkten" sowie (3) „betriebsinternen Arbeitsmärkten" spricht (vgl. Becker und Hecken 2011, S. 368 sowie Sengenberger 1987, S. 118), wurden die Teilarbeitsmarktbezeichnungen im Rahmen dieser Arbeit an die Gegebenheiten im Handwerk angepasst. Für eine detaillierte Diskussion hierzu siehe Kapitel 6 in dieser Arbeit.

8 Ergebnisdarstellung der qualitativen Typenbildung

Tabelle 14: Darstellung des Merkmals "Segmentierte Teilarbeitsmärkte"[94]

Merkmal (SA)	„Ausprägung des betrieblichen Kompetenzmanagements (BKM)" (Segmentierte Teilarbeitsmärkte nach W. Sengenberger)		
Definition des Merkmals	Die Literatur legt nahe, dass sich sowohl Häufigkeit des Angebots als auch die angebotenen Formate vom betrieblichen Kompetenzmanagement (BKM) dahingehend unterscheiden, in welchem Teilarbeitsmarkt ein Betrieb agiert. Je spezifischer diese Kompetenzen sich gestalten, desto zentraler ist es für Betriebe, Mitarbeiter*innen gezielt an das Unternehmen zu binden, betriebsspezifische Kompetenzen auszubilden und damit verbunden spezielle Personengruppen individuell zu fördern.		
Merkmalsausprägung	Jedermannarbeitsmarkt BKM (SA -)	gewerkspezifisches BKM (SA +/-)	betriebsspezifisches BKM (SA +)
Definition der Merkmalsausprägung	Das Tätigkeitsspektrum des Betriebs ist insgesamt an einem geringen Kompetenzniveau orientiert. Mitarbeiter*innen lassen sich in diesem Kontext relativ beliebig austauschen. Ein über das Minimum ausgeprägtes BKM fördert in diesem Verständnis die Personalfluktuation (Abwanderung).	Das Tätigkeitsspektrum des Betriebes verlangt nach gewerk- und in geringem Maße betriebsbezogenen Kompetenzen. Mitarbeiter*innen sind schwerer ersetzbar. Maßnahmen des BKMs werden primär entlang gewerkbezogener Standards und Anforderungen durchgeführt.	Das Tätigkeitsspektrum des Betriebes verlangt nach stark betriebs- und z. T. personengruppenbezogenen Kompetenzen bei den Mitarbeitern*innen. Weiterbildungen werden als Mittel dazu eingesetzt, um Mitarbeiter*innen langfristig ans Unternehmen zu binden, da diese nur äußerst schwer zu ersetzen sind. Maßnahmen des BKMs sind stark betriebsbezogen und beziehen spezielle Personengruppe (z. B. Ältere) gezielt ein.

[94] Quelle: eigene Darstellung.

8.1 Stufe 1: Erarbeitung und Festlegung relevanter Vergleichsdimensionen

Beispiel			
	„Dies könnte auch damit zusammenhängen, dass der Inhaber insbesondere in Bezug auf das Fachwissen wenig Entwicklungsbedarf bei seinen Mitarbeitern sieht. So macht die betriebliche Fokussierung auf Restaurationsarbeiten weniger die Verwendung neuer Technologien notwendig, sondern besteht primär aus für das Metallhandwerk klassischer Handarbeit." (BFD_01) „Wir haben auch verpflichtende Schulungen, um gewisse Zertifizierungen aufrecht zu erhalten, dann muss man da halt diese regelmäßigen, wiederholenden Schulungen. Das sind sowieso Pflichtveranstaltungen, dessen kann man sich nicht entziehen, sonst kann man seinen Job nicht mehr machen." (BF_08: #00:16:09-9#)	„Wir haben häufig Produktschulungen, dass die Vertrieb'ler zum einen ins Haus kommen, zum anderen werden einige Schulungen auch angeboten von den Großhändlern, die machen sehr viel auf Messen und ja, vieles lernt man halt auch on-the-job." (BF_10: #00:16:37-2#) „Durch die Novellierung des Berufsbildes ist viel Grundwissen über Schweißen inzwischen weggefallen, die jetzt nachgeschult werden muss. Es geht hier wirklich um Aspekte der Grundprinzipien des Schweißens, richtiges Beibringen ist hier jedoch eigentlich nur über Praxis im Alltag möglich. Es gibt Unterweisungen bei den Handwerkskammern, wo die Technologien gezeigt werden, aber Erfahrungswissen sammeln geht halt anders." (BF_15: #00:15:57-7#)	„Ein erster Schritt war das Feststellen etwaiger Schwachstellen, diese sind ja im Betriebsalltag durchaus bekannt. Das passiert meist in Form von regelmäßigen Team- und Leitungssitzungen. Der Prozess hat dazu geführt, dass zum Teil ganz kleine Baustellen aufgedeckt wurden, die relativ einfach zu lösen waren, was langfristig auch zur Zufriedenheit im Betrieb beigetragen hat. Der nächste Schritt in dem Prozess war die Ansprache eines Trainers, mit dem entsprechend größere Probleme besprochen wurden, auf Basis dessen wurde dann ein entsprechendes Schulungskonzept entwickelt. In der Regel handelt es sich um 3-4 Trainingseinheiten mit 8-9 Stunden. Zeitlicher Gesamtumfang war etwa 4-5 Jahre." (BF_12: #00:04:21-4#)

Das Merkmal „Promotor*in" speist sich primär aus der Frage, ob in einem Betrieb eine Person bzw. ein Akteur agiert, die die Durchführung von Maßnahmen des betrieblichen Kompetenzmanagements aktiv fördert. Die Literatur legt dabei nahe, dass die Durchführung von Maßnahmen des betrieblichen Kompetenzmanagements immer auch mit der Überwindung möglicher „Innovationsbarrieren" einhergehen. Promotor*innen stellen in diesem Kontext eine innerbetriebliche personelle Ressource dar, welche die Durchführung von Maßnahmen in Betrieben ermöglichen kann. Dabei tun sie dies entweder auf Basis der hierarchischen Position (Machtpromotor*in) oder auf Basis vorhandenen Fachwissens (Fachpromotor*in). Für kleine und mittelständische Betriebe ist es dabei nicht untypisch, dass die Position des/r Fach- und des/r Machtpromotor*in von ein und dergleichen Person ausgeübt wird, dies muss jedoch nicht immer der Fall sein. Zentral an dieser Stelle ist dabei nach Witte die Frage, ob sich innerhalb der eigenen innerbetrieblichen Belegschaft ein/e Promotor*in finden lässt, was im Folgenden als striktes Kriterium der Merkmalszuschreibung festgelegt wird. Für das Merkmal soll daher im Weiteren von zwei möglichen Ausprägungen ausgegangen werden („Promotor*in *im* Betrieb vorhanden" bzw. „Promotor*in *nicht im* Betrieb vorhanden"), wenn möglich sollen Differenzen zwischen Macht- und Fachpromotor*innenrollen diskutiert werden. Tabelle 15 gibt einen konkreten Überblick über das Merkmal.

8.1 Stufe 1: Erarbeitung und Festlegung relevanter Vergleichsdimensionen

Tabelle 15: Darstellung des Merkmals "Promotor*in"[95]

Merkmal (PM)	„Promotor*in" (Promotorenmodell nach Witte)	
Definition des Merkmals	Die Literatur legt nahe, dass die Durchführung von Maßnahmen des betrieblichen Kompetenzmanagements mit der Überwindung möglicher „Innovationsbarrieren" in Betrieben einhergeht. Promotor*innen stellen in diesem Kontext eine innerbetriebliche personelle Ressource dar, die zum einen die Durchführung von Maßnahmen des BKMs in Betrieben ermöglicht, zum anderen deren Ausgestaltung nachhaltig beeinflussen kann. Dabei tun sie dies entweder auf Basis der hierarchischen Position oder auf Basis vorhandenen Fachwissens.	
Merkmalsausprägung	Promotor*in *im* Betrieb vorhanden (PM+)	Promotor*in *nicht im* Betrieb vorhanden (PM-)
Definition der Merkmalsausprägung	Im Betrieb ist ein/e Promotor*in vorhanden.	Im Betrieb ist kein/e Promotor*in vorhanden.
Beispiel	*„Also eine der grundlegenden Dinge, die immer da waren, ist lebenslanges Lernen. Das war in diesem Unternehmen immer schon so. Wir haben immer irgendwas lernen müssen, um uns an irgendwas anzupassen. Das wurde auch immer gefördert. Zu Herrn F. Zeiten und zu meinen Zeiten genauso."* (BF_11: #00:40:51-0#)	*„Eigentlich [läuft die Weiterbildung; A. d. A.] eher in Eigenregie, ansonsten ist es eher Zufall, dass ich darauf komme, dass da irgendwas Interessantes ist. Den einen Gesellen habe ich einfach mal zu so einer Infoveranstaltung zu Edelstahlverarbeitung hingeschickt. Die war zwar kommerziell von einem Fachhändler aus, aber auch das habe ich durch Zufall erfahren. Ansonsten ist da eigentlich keine Zeit für."* (BF_1: #00:47:56-5#)

---

[95] Quelle: eigene Darstellung.

8.1.2 Darstellung des gemeinsamen Merkmalsraums

Für die weitere Analyse wurden die verschiedenen Merkmale zu einem ersten vorläufigen gemeinsamen Merkmalsraum zusammengefasst. Dieser ist der folgenden Tabelle (Tab. 16) zu entnehmen.

Tabelle 16: Darstellung des gemeinsamen Merkmalsraums[96]

„Kosten-Nutzen-Abwägungen" (HK +) Kosten für Investition in das Humankapital älterer Arbeitnehmer*innen lohnen sich aus Sicht des Betriebes			
"Segmentierte Teilarbeitsmärkte" (SA)	**SA –** Das Tätigkeitsspektrum des Betriebs ist insgesamt an einem geringen Kompetenzniveau orientiert. Mitarbeiter*innen lassen sich in diesem Kontext relativ beliebig austauschen. Ein über das Minimum ausgeprägtes BKM fördert in diesem Verständnis die Personalfluktuation (Abwanderung).	**SA +/ –** Das Tätigkeitsspektrum des Betriebes verlangt nach gewerk- und in geringem Maße betriebsbezogenen Kompetenzen. Mitarbeiter*innen sind schwerer ersetzbar. Maßnahmen des BKMs werden primär entlang gewerkbezogener Standards und Anforderungen durchgeführt.	**SA +** Das Tätigkeitsspektrum des Betriebes verlangt nach stark betriebs- und z. T. personengruppenbezogenen Kompetenzen bei den Mitarbeitern*innen. Weiterbildungen werden als Mittel dazu eingesetzt, Mitarbeiter*innen langfristig ans Unternehmen zu binden, da diese nur äußerst schwer zu ersetzen sind. Maßnahmen des BKMs sind stark betriebsbezogen und beziehen spezielle Personengruppe (z. B. Ältere) gezielt ein.
"Promotor*in" (PM)			
PM – Promoter *nicht im* Betrieb vorhanden			
PM + Promoter *im* Betrieb vorhanden			

---

[96] Quelle: eigene Darstellung.

8.2 Stufe 2: Gruppierung und Analyse empirischer Regelmäßigkeiten

„**Kosten-Nutzen-Abwägungen**" (HK -)
Kosten für Investition in das Humankapital älterer Arbeitnehmer*innen lohnen sich *nicht* aus Sicht des Betriebes

	SA -	SA +/ -	SA +
"Segmentierte Teilarbeitsmärkte" (SA)	Das Tätigkeitsspektrum des Betriebs ist insgesamt an einem geringen Kompetenzniveau orientiert. Mitarbeiter*innen lassen sich in diesem Kontext relativ beliebig austauschen. Ein über das Minimum ausgeprägtes BKM fördert in diesem Verständnis die Personalfluktuation (Abwanderung).	Das Tätigkeitsspektrum des Betriebes verlangt nach gewerk- und in geringem Maße betriebsbezogenen Kompetenzen. Mitarbeiter*innen sind schwerer ersetzbar. Maßnahmen des BKMs werden primär entlang gewerkbezogener Standards und Anforderungen durchgeführt.	Das Tätigkeitsspektrum des Betriebes verlangt nach stark betriebs- und z. T. personengruppenbezogenen Kompetenzen bei den Mitarbeitern*innen. Weiterbildungen werden als Mittel dazu eingesetzt, um Mitarbeiter*innen langfristig ans Unternehmen zu binden, da diese nur äußerst schwer zu ersetzen sind. Maßnahmen des BKMs sind stark betriebsbezogen und beziehen spezielle Personengruppe (z. B. Ältere) gezielt ein.
"Promotor*in" (PM)			
PM + Promotor*in *im* Betrieb vorhanden			
PM - Promotor*in *nicht im* Betrieb vorhanden			

8.2 Stufe 2: Gruppierung und Analyse empirischer Regelmäßigkeiten

Auf Basis des im ersten Schrittes erarbeiteten Merkmalsraumes erfolgte in der zweiten Analysestufe eine erste Zuordnung der 15 in die Analyse eingeflossenen Betriebsfälle auf den gebildeten Merkmalsraum. Dazu wurden die einzelnen Betriebsfälle jeweils zunächst entlang der 12 möglichen Merkmalskombinationen geprüft und einer ersten Zuordnung unterzogen. In einem zweiten Analyseschritt wurden die so innerhalb einer Merkmalskombination gruppierten Betriebsfälle noch einmal jeweils miteinander verglichen. Ziel war es dabei, – im Sinne des

Vorgehens von Kelle und Kluge – eine möglichst hohe interne Homogenität bzw. externe Heterogenität zwischen den Merkmalskombinationen zu erreichen. Auf Basis dieses Analyseschrittes wurden drei Fälle im Anschluss einer anderen Merkmalskombination zugeordnet. Eine detailliertere Begründung der Zuordnung der einzelnen Fälle auf den Merkmalsraum erschließt sich im Rahmen der Analysestufe 3: „Analyse inhaltlicher Sinnzusammenhänge und Typenbildung". Neben der Zuordnung der untersuchten Betriebsfälle geht es in dem folgenden Schritt auch um die Analyse der empirischen Verteilung auf alle theoretisch möglichen Merkmalskombinationen. Die folgende Tabelle 17 gibt zunächst einen Überblick über die vorgenommene Zuordnung der 15 Fälle innerhalb des erarbeiteten Merkmalsraums.

8.2 Stufe 2: Gruppierung und Analyse empirischer Regelmäßigkeiten

Tabelle 17: Zuordnung der Fälle zum Merkmalsraum [97]

„Kosten-Nutzen-Abwägungen" (HK +)			
"segmentierte Teilarbeitsmärkte" (SA)	SA -	SA +/ -	SA +
"Promotor*in" (PM)			
PM +		BF_02 BF_03 BF_05 BF_10 BF_13 BF_14 *(MK II)*	BF_04 BF_08 BF_11 BF_12 BF_15 *(MK I)*
PM –			BF_07 BF_09 *(MK III)*

„Kosten-Nutzen-Abwägungen" (HK -)			
"segmentierte Teilarbeitsmärkte" (SA)	SA -	SA +/ -	SA +
"Promotor*in" (PM)			

---

[97] Quelle: eigene Darstellung.

8 Ergebnisdarstellung der qualitativen Typenbildung

PM +			
PM –	BF_01	BF_06	
	(MK V)	*(MK IV)*	

Die Zuordnung zeigt, dass von den theoretisch 12 möglichen Merkmalskombinationen nur 5 im Sample auftreten (MK I – V). Ebenfalls wird deutlich, dass sich der Großteil der Fälle der „positiven" Kosten-Nutzen-Abwägung (HK+) zuordnen lässt. Es fällt auf, dass das Vorhandensein von Promotoren*innen (PM+) im Betrieb lediglich bei vier der untersuchten Fälle nicht festzustellen war, d. h. diese verfügen über keine/n betriebsinterne/n Promotoren*in. Promotoren*innen traten darüber hinaus insbesondere in denjenigen Betrieben auf, die betriebs- und personengruppenbezogene Kompetenzen (SA+) bei ihren Mitarbeitern*innen ausbilden und die z. T. darüber hinaus auch noch Maßnahmen speziell für ihre älteren Beschäftigten anbieten. Empirisch leer blieben größtenteils jene Felder, wo die Betriebe den Nutzen einer Investition in das BKM als niedriger einschätzten als den daraus erwachsenden Nutzen. Ob dieses geringe Auftreten als ein allgemeines Merkmal der Branche zu interpretieren ist, d. h. die soziale und betriebliche Realität im Handwerkssektor abdeckt, oder ob dieses Ergebnis auf die spezielle Stichprobe[98] zurückzuführen ist, muss die weitere Analyse klären.

Im regulären Verfahren nach Kelle und Kluge würde an dieser Stelle eine Verdichtung der auftretenden Merkmalskombinationen bzw. die Reduktion des Merkmalsraums anstehen. Mit Blick auf die geplante Erweiterung des Verfahrens in Analysestufe 5: „*Reflexion empirisch leerer aber theoretisch relevanter Merkmale bzw. Merkmalskombinationen*" wird der Wegfall „empirisch leer gebliebenen" Merkmalskombinationen hier zunächst hintenangestellt und dann im Rahmen der Darstellung der Analysestufe 5 wieder aufgegriffen. Faktisch zeigen sich

---

[98] Zur Problematik einer potentiell verzerrten Stichprobe siehe auch Kapitel 7 in dieser Arbeit.

8.3 Stufe 3: Analyse inhaltlicher Sinnzusammenhänge und Typenbildung

also im Material fünf dominante Kombinationen von Merkmalsausprägungen, die im Folgenden als „Merkmalskombinationen" bezeichnet werden:

I.	Merkmalskombination 1:	HK+	SA+	PM+
II.	Merkmalskombination 2:	HK+	SA+/-	PM+
III.	Merkmalskombination 3:	HK+	SA+	PM-
IV.	Merkmalskombination 4:	HK-	SA+/-	PM-
V.	Merkmalskombination 5:	HK-	SA-	PM-

Die folgenden Kapitel widmen sich der Analyse der inhaltlichen Sinnzusammenhänge, der finalen Typenbeschreibung sowie im Anschluss der Diskussion der „empirisch leer gebliebenen" Felder bzw. Merkmalskombinationen.

8.3 Stufe 3: Analyse inhaltlicher Sinnzusammenhänge und Typenbildung

In Anlehnung an Webers Typenbildung müssen, wenn soziale Phänomene „verstehend erklärt" werden sollen, nicht nur deren Struktur bzw. Merkmalsausprägungen beschrieben, sondern auch deren inhaltliche Zusammenhänge analysiert werden. Ziel dieses Analyseschritts nach Kelle und Kluge ist es also, die „sozialen Strukturen", die sich hinter den Merkmalskombinationen bzw. Typen verbergen, zu identifizieren und deren Sinnhaftigkeit (Sinnadäquanz) zu deuten. Dazu sollen im Folgenden im Rahmen der dritten Analysestufe die fünf empirisch gefüllten Merkmalskombinationen näher beschrieben und deren inhaltliche Zusammenhänge dargestellt werden. Die Darstellung erfolgt dafür für jede Merkmalskombination getrennt und wird jeweils von einer Kurzzusammenfassung eingeleitet. Zur besseren Strukturierung folgt für jede Merkmalskombination (1-5) auf die Kurzbeschreibung (1) eine kurze *Einordnung der sozio- und wirtschaftsstrukturellen Merkmale* der dort zu verortenden Betriebe, (2) eine kurze *Erläuterung über die existierenden Kompetenzanforderungen und die Ausgestaltung des betrieblichen Kompetenzmanagements*, (3) eine ausführliche *Auseinandersetzung mit der vorgefundenen Situation für die älteren Beschäftigten im Betrieb* sowie (4) die *Rückkopplung der (Begründungs-)Parameter des BKMs an den heuristisch-analytischen Theorierahmen*.

8.3.1 Beschreibung Merkmalskombination 1: (HK+ | SA+ | PM+)

> *Kurzzusammenfassung:*
>
> *Die insgesamt fünf Betriebe, die der MK 1 zugeordnet wurden, zeichnen sich als investitionsbereit in das Humankapital ihrer (älteren) Beschäftigten, als Anbieter von betriebs- und z. T. personen- bzw. gruppenbezogenen Angeboten des betrieblichen Kompetenzmanagements und in ihren Handlungen durch eine/n betriebsinterne/n Promotor*in geleitet, aus.*
>
> *Hierzu gehören: BF_04, BF_08, BF_11, BF_12 und BF_15*

(1) Sozio- und wirtschaftsstrukturelle Merkmale der Betriebe

Drei der insgesamt fünf Betriebe im MK 1 sind dem Elektrohandwerk zuzuordnen und jeweils einer kommt aus dem Metall- bzw. dem SHK-Handwerk. Hinsichtlich der Betriebsgröße finden sich im MK 1 vor allem – in Relation zum Gesamtsample – größere Betriebe, wobei zum Zeitpunkt der Betriebsfallstudie der größte der Betriebe im MK 1 190 und der kleinste 36 Mitarbeiter*innen beschäftigte. Vier der Betriebe bezeichnen die eigene Altersstruktur der Belegschaft als „durchmischt", lediglich einer der Betriebe als relativ „jung". Hinsichtlich der Arbeits- und Tätigkeitsschwerpunkte der Betriebe fällt auf, dass es sich bei keinem der fünf Betriebe um einen „klassischen Handwerksbetrieb" handelt. So verfügen fast alle Betriebe über diverse Standbeine, die stark betriebsspezifisch ausgebildet sind und zum Teil weit über die gewerkspezifisch üblichen Tätigkeitsbereiche hinausreichen. Einer der Elektrobetriebe nennt auf Nachfrage beispielsweise fünf Geschäftsbereiche, zu denen (1) Energieoptimierung/ Energieeinsparung inkl. Blockheizkraftwerksverkauf- und Installation (2) Sicherheitstechnik, (3) Wartung und Facilitymanagement bei Industriekund*innen, (4) Elektro- und Wartungsinstallation sowie (5) Kund*innendienst und Kleinaufträge zählen. Der Bereich der „Energieoptimierung" beinhaltet dabei ein Angebotsportfolio rund um eine Reihe neuer und innovativer Technologien, die in der Breite des Elektrohandwerks so noch keine Verbreitung gefunden haben. Darüber hinaus fällt auf, dass viele der Betriebe der MK 1 über einen gewissen Spezialisierungsgrad in Richtung Industrie verfügen,

8.3 Stufe 3: Analyse inhaltlicher Sinnzusammenhänge und Typenbildung 221

d. h. eine gewisse „Sparte" (z. B. Großbaustellen oder Industrie- bzw. gewerbliche Kund*innen) bedienen und sich damit vom im Handwerk dominierenden Privatkund*innengeschäft abgrenzen. Zwei der Betriebe verfügen darüber hinaus über eigene Produktreihen, ein weiteres Alleinstellungsmerkmal im Handwerkssektor. Ein Blick auf die Vertriebswege zeigt, dass viele der Betriebe der MK 1 überregional, z. T. auch international agieren. Sie verfügen teilweise über mehrere Standorte, ein Betrieb sogar über eine Tochterfirma im europäischen Ausland. Angesprochen auf die wirtschaftliche Lage der Betriebe, geben alle Betriebe im MK 1 diese im Rahmen der Selbstauskunft als „sehr gut" an.

(2) Kompetenzanforderungen und Ausgestaltung des betrieblichen Kompetenzmanagements

In Bezug auf die Kompetenzanforderungen an die Mitarbeiter*innen zeigt sich, dass alle Betriebe der MK 1 sehr betriebsspezifische Anforderungen an ihre Beschäftigten stellen, die in der Regel weit über das hinausgehen, was in den respektiven Gewerken an Kompetenzen an Mitarbeiter*innen vermittelt werden. Vereinzelt lässt sich sogar das Herausbilden betriebsspezifischer (Fach-)Positionen beobachten, welche die betriebsspezifische Ausrichtung von Tätigkeitsbereichen mit über lange Jahre erworbenen Kompetenzen auf sich vereinen. Letzteres immense Erfahrungswissen ist notwendig, um diese betriebsspezifischen Positionen im Betrieb überhaupt ausüben zu können. Insgesamt sind die Kompetenzanforderungen – und damit verbunden die Ausrichtung des betrieblichen BKMs – von einer gewissen proaktiven und langfristigen Orientierung geprägt, d. h. die Betriebe im MK 1 bemühen sich, Wissen und Kompetenzen von Mitarbeiter*innen mit Blick auf zukünftige Anforderungen zu entwickeln. So berichten die Betriebe im MK 1, dass – insbesondere mit Blick auf die hochtechnologisierten Standbeine der Betriebe – es zudem teilweise eine relativ lange Vorlaufzeit braucht, bis Mitarbeiter*innen mit entsprechenden innovativen Technologien umgehen können und das damit verbundene Angebotsportfolio somit als gewinngenerierende Geschäftsbereiche im Betrieb etabliert werden können:

„Also es gibt Sachen, die kann ich nicht einfach so. Da kann ich nicht einfach ein Blockheizkraftwerk bestellen und das irgendeinem Kollegen unter den Arm klemmen. Diese ganze Geschichte ist nicht ganz ohne. [...] und man

braucht gerade in den Technologien einen sehr sehr langen Atem. Also, wie man da wirklich vernünftig arbeiten kann, das ... ich sag mal, wenn heute jemand neu einsteigt, bestimmt braucht man 2, 3 Jahre bis er dann wirklich sauber arbeiten kann." (BF_04: #00:07:26-1#)

Ein weiteres Indiz für eine langfristige Orientierung des BKMs zeigt sich auch darin, dass die Betriebe im MK 1 häufig die Notwendigkeit betonen, aktiv zukünftige Trends im Markt im Blick behalten zu wollen, um dann – wenn notwendig – ihre Mitarbeiter*innen frühzeitig an die dafür notwendigen Kompetenzen heranzuführen. Diese können neben Fachkompetenzen aber auch überfachliche Kompetenzen betreffen, welche beispielsweise im Rahmen des Erschließens neuer Geschäftsbereiche im Dienstleistungsbereich (z. B. Beratung bei der Planung und Umsetzung alter(n)sgerechter Badewelten) notwendig werden. Im Rahmen der Trendermittlung beschreiben die Betriebe im MK 1 häufig eine Art Scouting-Vorgehen. So versuchen die Betriebe, sich zunächst eine Art Überblick über die Marktsituation zu verschaffen (z. B. durch Fachlektüre, Messebesuche oder Herstellerschulungen), und wenn eine Technologie bzw. ein Trendthema dann aus ihrer Sicht für den Betrieb von Interesse ist, werden die Kompetenzen von Mitarbeiter*innen daraufhin gezielt geschult. Weitere Trends ergeben sich für die Betriebe im MK 1 auch organisch aus den jetzigen Tätigkeitsbereichen heraus, wenn sich beispielsweise aus dem Verbau spezifischer Technologien im Nachgang „neue" Service- oder Wartungsleistungen ergeben. Ziel dieser proaktiven Bemühungen ist es, so zum einen innovative und neue Geschäftsfelder für den Betrieb zu eröffnen und gleichzeitig über einen längeren Zeitraum gezieltes Spezialistenwissen im Betrieb aufzubauen, um diese antizipierten Absatzmärkte auch bedienen zu können.

„Und wenn man merkt, das ist was, da steht man hinter, ich glaube, das ist ganz entscheidend, dass man hinter einem Produkt steht, dann spezialisiert man sich und dann geht man halt weiter in die Technik. Dass man anfängt, sich auszubilden, denn solche Sachen müssen halt vom Büro auch erst geplant werden. Ich kann ja nicht sagen "ich hab hier das, das spart Strom und ich bau euch das hin." Ich muss mir vorher ganz viele Sachen im Vorfeld angucken. Ist das überhaupt möglich bei denen, wird es das bringen, was es verspricht, und so weiter. Und erst dann kommt irgendwann Schule raus, dann fährt der Techniker, der auch eine Schulung besucht hat, und baut das auf. Dann ist es natürlich learning-by-doing. Diese Schulungen der Herstellerfirmen, das ist einfach erstmal ein Startschuss. Richtig gut wird ein Techniker,

8.3 Stufe 3: Analyse inhaltlicher Sinnzusammenhänge und Typenbildung

wenn er die ersten 10 Anlagen gebaut hat. Dann weiß er, wo der Hammer hängt."
(BF_04: #00:10:35-5#)

Ein anderer Betrieb im MK 1 reagierte mit der Anpassung des eigenen BKMs beispielsweise auf den für das Metallhandwerk geltenden „Trend zur Kleinserienproduktion", insofern als er die eigenen Produktionsabläufe digitalisierte. Diese „digitale Umgestaltung" ließ der Betrieb dabei durch eine Vielzahl langfristig angelegter Kompetenzentwicklungsmaßnahmen für die eigenen Mitarbeiter*innen begleiten. Zunächst wurden dazu in Zusammenarbeit mit den Mitarbeiter*innen Probleme im Einsatz der neuen digitalen Arbeitsmittel (z. B. Umgang mit dem iPad oder der neuen digitalen Auftragsmappe etc.) eruiert, die dann in einem zweiten Schritt mit Hilfe eines externen Trainers betriebs- und personengruppenspezifisch angegangen wurden. Im Ergebnis steht ein Betrieb, der mit kompetenten Mitarbeiter*innen so aufgestellt ist, zukünftig auch vermehrt Dienstleistungen im Bereich der Kleinserienproduktion in das eigene Angebotsportfolio aufnehmen zu können.

„Ein erster Schritt war das Feststellen etwaiger Schwachstellen, diese sind ja im Betriebsalltag durchaus bekannt. Das passiert meist in Form von regelmäßigen Team- und Leitungssitzungen. Der Prozess hat dazu geführt, dass zum Teil ganz kleine Baustellen aufgedeckt wurden, die relativ einfach zu lösen waren, was langfristig auch zur Zufriedenheit im Betrieb beigetragen hat. Der nächste Schritt in dem Prozess war die Ansprache eines Trainers, mit dem entsprechend größere Probleme besprochen wurden, auf Basis dessen wurde dann ein entsprechendes Schulungskonzept entwickelt. In der Regel handelt es sich um 3-4 Trainingseinheiten mit 8-9 Stunden. Zeitlicher Gesamtumfang war etwa 4-5 Jahre." (BF_12: #00:04:21-4#)

Neben den Anforderungen im Bereich der (technischen) Fachkompetenzen, die an Mitarbeiter*innen gestellt werden, betonen die Betriebe des MK 1, wie bereits angesprochen, auch häufig die Wichtigkeit von überfachlichen Kompetenzen, die sich beispielsweise in den betriebsspezifisch ausgebildeten Fachpositionen widerspiegeln. Ein Betrieb im MK 1 verfügt beispielsweise über eine Spezialisierung im Bereich Großbaustellen, wo sich Mitarbeiter*innen in der betriebsintern ausgebildeten Position des/r Projektleiter*in bzw. des bauleitenden Obermonteur*in (BOM) sehr betriebsspezifischen und damit verbunden auch überfachlichen Kompetenzanforderungen gegenübersehen. Hier zu nennen sind z. B. Aspekte der Personalführung, Systemkompetenz, Qualitätssicherung und -kontrolle und/oder der organisatorischen bzw. betriebswirtschaftlichen Abwicklung von Großbaustellen.

Vereinfacht gesagt, benötigt der Betrieb Mitarbeiter*innen, die mehr oder weniger selbstständig ganze Baustellen im Sinne des Betriebs „führen können", eine Position, die sich so nicht in vielen anderen Handwerksbetrieben finden lässt.

> *„Wirklich wie so ein kleiner Firmenchef, der wirklich auch so agiert. Auch mit der Verantwortungsübernahme und allem [...]. Das Projekt wird übergeben an den Projektleiter und dann an die Auftragsabwicklung. Der Projektleiter stimmt sich mit der Auftragsabwicklung bei dem Projekt ab und sagt, ich möchte die und die Waren einkaufen. Dann wird das strategisch abgeglichen. Wir haben strategische Einkäufe. Und dann werden die Waren entsprechend freigegeben und die sagen ja, kannst du bestellen." (BF_11: #00:35:31-7#)*

Die hier skizzierten (betriebsspezifischen) Kompetenzen werden jedoch größtenteils nicht von den allgemeinen Ausbildungsinhalten in der handwerklichen Lehre bzw. Grundausbildung abgebildet. In der Konsequenz liegt ein starker Fokus der Kompetenzentwicklungsbemühungen dieses Betriebs auf der Ausbildung betriebsbezogener Kompetenzen wie z. B. – grob gesagt – dem eigenverantwortlichen Arbeiten. Zukünftige Projektleiter*innen bzw. BOMs durchlaufen dann in der Praxis, neben betriebswirtschaftlichen Schulungen, Maßnahmen im Bereich der Mitarbeiter*innenanleitung und –führung sowie der gelungenen Kommunikation mit eigenen/externen Beschäftigten sowie mit Kund*innen.

> *„Hier geht es ganz klar um die Fähigkeit der Kommunikation. Das heißt, derjenige, der sich gut ausdrücken kann, der Informationen auf einer verständlichen Ebene weitergeben kann, der ist ganz klar im Vorteil. Der Handwerker tritt hier dem Kunden gegenüber auch als vermittelnde Instanz auf, da man ja nicht erwarten kann, dass dieser über das notwendige Fachwissen verfügt. Häufig ist es gerade im Kundenkontakt so, dass man mit Personen aus der mittleren Führungsebene zu tun hat, die dann mit dem Wissen, was vom Handwerker an sie herangetragen wurde, dem Vorgesetzten gegenüber argumentieren, um zum Beispiel Gelder für die Umrüstung von Anlagen zu bekommen." (BFD_15)*

In Bezug auf die organisationale Verankerung bzw. die Ausgestaltung des betrieblichen Kompetenzmanagements (BKM), fällt auf, dass alle der im MK 1 zu verortenden Betriebe über einen für das Handwerk unüblich hohen Institutionalisierungsgrad verfügen. So finden sich bei einigen Betrieben Personen, die z. T. sogar hauptberuflich (beispielsweise in der Rolle eines/r Personalentwickler*in) für das betriebliche Kompetenzmanagement verantwortlich sind, während in anderen Fäl-

8.3 Stufe 3: Analyse inhaltlicher Sinnzusammenhänge und Typenbildung

len dieser Aufgabenbereich von dem/r Geschäftsführer*in bzw. dem/r Betriebsinhaber*in mitverantwortet wird. Neben einer zugeschriebenen personellen Verantwortung für das BKM finden sich in allen Betrieben des MK 1 mehr oder weniger ausgeprägte organisationale Strukturen, in denen das BKM verankert bzw. verortet ist. Die Bandbreite, wie Betriebe ihr BKM organisieren, läuft dabei von strukturierten Mitarbeiter*innengesprächen über zu semi-standardisierte Besprechungen bzw. Routinen des Führungspersonals bis hin zu langfristig orientierten Entwicklungsplänen.

> *„Wir haben drei Abteilungen und mit allen drei Abteilungen in regelmäßigen Abständen Besprechungen. Mit der Abteilung Sicherheits- und Kommunikationstechnik einmal die Woche, mit der Automatisierungstechnik ist einmal in der Woche eine feste Besprechung, im Bereich des Elektroanlagenbaus sind es meistens alle 3-4 Wochen, etwas längeren Abstand. Dort werden halt Projekte, Personal, Finanzen, alles durchgesprochen, Personalplanung, Personalentwicklung, auch das Thema Schulungen, wen schicken wir los? Also das sind so alle Themen, die dann da die Tage betreffen, werden dann da besprochen." (BF_08: #00:52:37-7#)*

Flankiert werden diese Bemühungen durch unterschiedliche Managementtools, die die Betriebe im MK 1 im Rahmen ihres BKMs einsetzen. Während einzelne Betriebe hier noch „händisch", d. h. in Papierform, agieren, haben die meisten der Betriebe des MK 1 bereits (oder befinden sich zum Zeitpunkt der Betriebsfallstudie gerade in der Umstellung) auf ein digitales Tool (z. B. Excel, Warenmanagementtools bzw. teilweise eigens für den Betrieb entwickelte Programme etc.) umgestellt. Ziel dieser Tools ist es meist, den Überblick über die von den Mitarbeitern*innen absolvierten Schulungen und Zertifizierungen etc. zu behalten. In einzelnen Fällen nutzen die Betriebe die Tools auch, um betriebsspezifische bzw. zukunftsorientierte Kompetenzanforderungen abzubilden und darauf basierend Maßnahmen des betrieblichen Kompetenzmanagements oder im Falle eines anstehenden Betriebsausscheidens (z. B. im Falle eines Übergangs in den Ruhestand) eine Nachfolgeregelung anzustoßen.

Hinsichtlich der Ausgestaltung des betrieblichen Kompetenzmanagements in den Betrieben, zugehörig zum MK 1, findet sich hier die im Sample größte Bandbreite an angebotenen Formaten. Neben denen im Handwerk typischen z. T. verpflichtenden Herstellerschulungen berichten die Betriebe von regelmäßigen externen und internen (Hersteller-)Schulungen, Messe- und Ausstellungsbesuchen, Kooperationen mit Hochschulen und Weiterbildungsträgern, aber auch von umfassenderen betriebsbezogenen Maßnahmen, wie die bereits für den einen Betrieb geschilderten Kompetenzentwicklungsformate, die im Rahmen der Umstellung auf digitalisierte Produktionsweisen (s. o.) über einen Zeitraum von 4-6 Jahren durchgeführt wurden.

Besonders auffällig sind die zahlreichen maßgeschneiderten und oftmals in Eigenregie durchgeführten Maßnahmen, die stark betriebs- und personengruppenbezogene Kompetenzanforderungen der Betriebe im MK 1 abbilden. Ein Betrieb bietet beispielsweise Französisch- und Englischkurse an, um Mitarbeiter*innen auf Montageaufträge im europäischen Ausland vorzubereiten. Ein anderer Betrieb berichtet von initiierten Kompetenzentwicklungsmaßnahmen, die in Zusammenarbeit mit einer regional verorteten Fachhochschule das Ziel haben, die Kompetenzen der Mitarbeiter*innen im Bereich der Elektrotechnik und des Ingenieurwesens weiterzubilden. Diese, z. T. deutlich über das im Handwerk typischerweise vermittelte (Fach-)Wissen herausgehenden, Kompetenzanforderungen ergeben sich dabei nach Aussage des Betriebs direkt aus dem bestehenden Kund*innenportfolio und dem Wunsch für zukünftige technologische Entwicklungen gerüstet zu sein. Interessant ist auch, dass viele der Betriebe im MK 1 hinsichtlich des BKMs überbetriebliche Kooperationen anstreben bzw. diese bereits durchführen. So finden sich mehrere Beispiele, wo sich Betriebe im MK 1 im Rahmen von Kompetenzentwicklungsbemühungen zusammengeschlossen haben, mit dem Ziel, insgesamt die Qualität bzw. das Angebot des eigenen BKMs zu verbessern. So schildert ein Betrieb beispielsweise, dass er vor einigen Jahren zusammen mit einigen weiteren Betrieben aus seinem Gewerk eine sog. „Ausbildungsakademie" ins Leben gerufen hat. Dort werden Auszubildende, zusätzlich zu den Angeboten der Handwerkskammern und Aus- und Weiterbildungszentren im Handwerk, geschult. Überbau dieser Einrichtung ist die sogenannte „Denkfabrik", ein Zusammenschluss von Geschäftsführer*innen von Elektrohandwerksbetrieben, die es sich zum Ziel gesetzt hat, Ideen auszutauschen und Problemlösungsansätze gemeinschaftlich zu erarbeiten.

> *„Da hat sich unter den Gesellschaftern ein kleiner Kreis zusammengetan, der ja auch ein bisschen wechselt, der sich Denkfabrik nennt. Das heißt, da werden Ideen und Probleme aufgenommen und versucht, relativ kurzfristig Lösungen zu finden. Das heißt, da sperren sich 10,12 Geschäftsführer für 2 Tage wirklich ein in einem Hotel und versuchen irgendwas durchzuorganisieren. Vorab gibt es Mailverkehr, es gibt*

8.3 Stufe 3: Analyse inhaltlicher Sinnzusammenhänge und Typenbildung 227

Videokonferenzen, alles Mögliche, um das Thema schon zu konkretisieren. Ziel ist es immer, wenn wir ein Thema auf der Agenda haben, dieses in den 2 Tagen abzuschließen." (BF_04: #00:43:14-8#)

Es findet sich auch eine Reihe personengruppenbezogener Maßnahmen, wobei am gängigsten dabei spezielle, die berufliche Erstausbildung begleitende, Maßnahmen für Auszubildende sind (z. B. Lerninseln, Hausaufgabenbetreuung, Benimm-Schulungen o. Ä.).

„Wir machen das mit allen Mitarbeitern, aber speziell auch für die Auszubildenden. Wir haben einen Auftrag für die Ausbildung, der mit denen einmal in der Woche Schulungen macht. Die haben ja die 40 Stunden Woche und die kommen ja nicht ganz auf die 40 Stunden durch die Berufsschule. Und wir bieten das, ist eigentlich keine freiwillige, eher eine Pflichtveranstaltung, wenn einer mal nicht kann, dann kann er halt nicht, aber da wird zum Beispiel Nachhilfe für die Schule gemacht, wenn einer in einem bestimmten Fachbereich Probleme hat. Es wird Vorbereitung auf Klassenarbeiten gemacht, es werden Prüfungsvorbereitungen gemacht, sowohl im theoretischen als im praktischen Bereich. Es werden so auch bestimmte Themen angesprochen, die so in der Ausbildung nicht vermittelt werden. Also in der Berufsschule, bzw. auf den Lehrgängen, die wir aber als wichtig erachten. Zum Beispiel das Thema Brandmeldeanlagen, Videoüberwachungsanlagen, sowas halt." (BF_08: #00:17:30-8#)

Aber, so zeigt sich, finden sich in den Betrieben zugehörig zu MK 1 auch Ansätze des betrieblichen Managements mit Fokus auf die Personengruppe der älteren Beschäftigten. Zu nennen sind hier beispielsweise arbeitsintegrierten Maßnahmen wie „Kompetenz- oder Lerntandems", in denen Mitarbeiter*innen verschiedener Altersgruppen – mit dem Ziel einer systematischen Kompetenzentwicklung – über einen längeren Zeitraum hinaus gemeinsam eine Maßnahme durchlaufen.

„Im Moment versuchen wir das [die Förderung älterer MA] so, dem einen an die Hand zu geben, der ihm das Wissen weitergibt, der dann praktisch an ihm vorbeimarschiert. Das ist dieser Tandempunkt, worüber wir gesprochen haben. Das ist so die Idee. Dann haben wir einmal das Wissen, das greifen wir für den Lehrling oder dem jungen Monteur ab. Der lernt auf der einen Seite und er ist nicht mehr alleine, hat jemanden, den er mitnehmen kann." (BF_11: #01:15:06-6#)

Im folgenden Abschnitt wird die Situation der älteren Beschäftigten noch einmal detailliert behandelt.

(3) Die Situation der älteren Beschäftigten

Legt man den Fokus auf die Personengruppe der älteren Beschäftigten, fällt auf, dass alle Betriebe im MK 1 über eine überdurchschnittlich lange Betriebszugehörigkeit bei ihren älteren Mitarbeiter*innen berichten. So ist es nicht unüblich, dass einzelne der älteren Mitarbeiter*innen ihr komplettes Berufsleben bei dem gleichen Betrieb verbracht haben und so quasi mit den Betrieben im MK 1 „mitgealtert sind". Aus dieser langen Zugehörigkeit ergeben sich eine Reihe von Vorteilen, jedoch auch Herausforderungen, die aber auch stark von der individuellen Betriebsausrichtung abhängig sind. Neben positiven Aspekten älterer Mitarbeiter*innen (z. B. Erfahrungswissen und langfristig gewachsene Kund*innenkontakte) berichten die Betriebe auch über die Herausforderung mit leistungsgewandelten Mitarbeiter*innen, d. h. Personen, die aufgrund gesundheitlicher (physischer oder psychischer Art) Einschränkungen gewisse Tätigkeiten nicht mehr ausüben können. Im Folgenden werden die Vorteile bzw. die Herausforderungen, von denen die Betriebe im MK 1 berichten, getrennt voneinander diskutiert.

Geschätzt an den älteren Mitarbeiter*innen wird von den Betrieben im MK 1 vor allem ihr breites Erfahrungs- und Fachwissen, welches nach häufiger Aussage der Betriebe bei dem absehbaren Renteneintritt des/r Mitarbeiter*in nur sehr schwer zu ersetzen sein wird. Zu Teilen berichten die Betriebe davon, ältere Mitarbeiter*innen noch über Jahre hinaus „hin und wieder" aus dem Ruhestand zurückzuholen, um eine bestimmte Tätigkeit auszuführen, da sie auf die spezifischen Kompetenzen dieser Mitarbeiter*innen angewiesen sind. Dies gilt insbesondere mit Blick auf die Bandbreite des Fachwissens, welches diese Mitarbeiter*innen abdecken. So avancieren ältere Mitarbeiter*innen mit ihrem Erfahrungs- und Fachwissen, insbesondere im Bereich der (Alt-)Technologien zu einer Art Schlüsselperson im Betrieb. Ihre Erfahrung mit einzelnen Technologien stellt häufig die einzige Möglichkeit dar, Kundenaufträge in diesem Kontext abzuwickeln.

„Es ist ein herber Verlust [wenn ein/e Mitarbeiter*in in die Rente geht; A. d. A.]. Es geht immer irgendwie weiter. Erfahrung ist... Es tut immer weh, wenn jemand geht, aber irgendwo geht es immer weiter. Das ist zum Beispiel bei den beiden Kollegen, die standen letztes Jahr vor der Tür und haben gesagt `wir haben beide 45 Jahre voll, sind 63 und wir würden dann gerne...` und dann musste man viel Bitte Bitte machen und ein paar Sonderregelungen schaffen, um die doch zu motivieren, noch ein Jahr länger zu machen. Weil wir es da wirklich nicht hinbekommen haben, Ersatz zu besorgen. [...] Aber den Erfahrungsschatz von einem Herrn O., der 45 Jahre in der

8.3 Stufe 3: Analyse inhaltlicher Sinnzusammenhänge und Typenbildung 229

> *Firma ist und davon bestimmt 30 oder 35 Jahre Sicherheitstechnik gemacht hat. Also der die ersten Anlagen noch mit Relais und Klappertechnik noch kann, der ging bis letztes Jahr bei uns auch noch. Da gab es schon den Hersteller seit 20 oder 25 Jahren nicht mehr. Das sind so Sachen, die man nicht ersetzen kann."* (BF_04: #00:20:41-5#)

Neben den hohen Fachkompetenzen, die die Älteren auf sich vereinen, heben die Betriebe des MK 1 auch die Wichtigkeit gewachsener, d. h. langjährig bestehender, Kund*innenbeziehungen, die diese älteren Mitarbeiter*innen aufgebaut und unterhalten haben, hervor. Viele Kund*innen wünschen beispielsweise nur den/die eine/n Ansprechpartner*in, den/die sie bereits seit Jahrzehnten kennen, was den Betrieben an dieser Stelle am Markt einen strategischen Vorteil verschafft. So können zum einen Aufträge schnell und problemlos abgearbeitet und Mehrkosten verhindert werden. Dies führt schlussendlich dazu, dass auch die Kund*innen dem Betrieb „treu bleiben", weil ihnen schnell und problemlos geholfen wird.

> *„Das Gleiche ist mit dem anderen Mitarbeiter K., der hat auch seine Stammkunden sich geschaffen, der kennt die Anlagen da besser als die Kunden, weil er länger an so einem Gebäude rumläuft oder er hat das Gebäude mitgebaut zum Teil, saniert und umgebaut zum Teil. Das heißt, er kennt die Anlagen alleine in und auswendig und weiß, wo was sitzt, wo die Techniker vor Ort einfach vollkommen aufgeschmissen sind."* (BF_04: #00:21:03-5#)

Ein Betrieb des MK 1 schränkt an dieser Stelle jedoch ein, dass diese enge Verknüpfungen einzelner älterer Mitarbeiter*innen mit Kund*innen meist nur auf kleinere Handwerksbetriebe zutrifft. Finden sich in einem Betrieb beispielsweise ausdifferenzierte Fachabteilungen, verringert sich die Bedeutung einer persönlichen Bindung zwischen einzelnen Mitarbeiter*innen und Kund*innen. So werden dann die Anliegen (z. B. Wartung, Neugerätekauf, Beratung o. Ä.) von unterschiedlichen Ansprechpartner*innen im Betrieb vertreten. Es ist also davon auszugehen, dass insbesondere die Betriebsgröße und arbeitsorganisationelle Abläufe an dieser Stelle einen großen Einfluss ausüben können.

Angesprochen auf die Herausforderungen, die sich u. U. durch einen steigenden Anteil von älteren Beschäftigten in einem Betrieb ergeben, weisen die Betriebe im MK 1 geschlossen auf die starken körperlichen Belastungen hin, denen Mitarbeiter*innen im Handwerk oftmals über Jahre ausgesetzt sind. Diesen müssten ältere Mitarbeiter*innen hier im Sinne von einem Leistungswandel häufig

"Zoll zahlen". Letzteres wird von den Betrieben im MK 1 häufig als „normaler Teil" bzw. „regulärer Gang" des Berufslebens von Handwerker*innen konzeptualisiert, mit denen Betriebe umzugehen haben. Ein Vorgang dem jedoch betriebsseitig auch mit konkreten Maßnahmen zu begegnen ist.

> *„Der Mitarbeiter, wenn sie auf dem Bau sind, ab einem gewissen Alter können sie nicht mehr, es ist ja auch zum Teil schwere körperliche Arbeit, da können sie nicht mehr gewisse Arbeiten machen. Da gucken wir dann schon, dass die älteren Mitarbeiter eher im Bereich der Industrie arbeiten, z. B. einen Schaltschrank bauen und solche Sachen. Also nicht so körperlich ganz anstrengende Arbeiten." (BF_08: #00:29:18-3#)*

Einer der Betriebe merkt an, dass in der Regel versucht wird, leistungsgewandelte ältere Mitarbeiter*innen auf andere Positionen bzw. in andere Tätigkeitsbereiche „weiterzuentwickeln". Diese Bemühungen stoßen jedoch, insbesondere in kleineren Handwerksbetrieben, häufig auf strukturellen Schwierigkeiten (z. B. wenig Laufbahnperspektiven, keine Möglichkeit, veränderte Tätigkeitszuschnitte aufzufangen bzw. Positionen personell anderweitig zu besetzen). Auch handelt es sich bei den „neuen" Positionen häufig nicht um (Aufstiegs-)Positionen, die gezielt die vorhandenen Kompetenzen von älteren Mitarbeiter*innen fordern und fördern, sondern größtenteils lediglich um Positionen, wo seitens der Betriebe versucht wird, die körperlichen Belastungen zu reduzieren. Es ist zu vermuten, dass sich ältere Mitarbeiter*innen dann häufig in perspektivlosen und z. T. dequalifizierenden Tätigkeitsbereichen wiederfinden.

> *„Diese Überlegungen [mit Blick auf Laufbahngestaltung; A. d. A.] sind sicherlich mehr für ganz große Betriebe in Richtung Industrie. Wie wollen Sie, wenn Sie einen Handwerksbetrieb haben, einer ist 50 oder 55, so du machst jetzt nur noch Ausbildung. Das rechnet sich ja gar nicht in dem Bereich. Oder wenn ich sag, du gehst jetzt mit 55, ist zu schwer für dich auf der Baustelle, du machst jetzt Programmierarbeiten. Dann sagt der, programmieren? Ich kann gar keinen PC bedienen. So ungefähr. Es muss natürlich auch, was da geht, da sind sicherlich die Möglichkeiten schon durchaus auch eingeschränkt. Es gibt Möglichkeiten, aber es ist schon schwierig." (BF_08: #00:31:37-5#)*

Angesprochen auf die Kompetenzentwicklung bzw. die Weiterbildungsbereitschaft ihrer älteren Mitarbeiter*innen zeichnen die Betriebe ein tendenziell positives Bild. So berichten die Betriebe des MK 1, dass sie die häufige Annahme, dass Ältere nicht mehr so lernbereit sind, aus ihrer eigenen betrieblichen Praxis so

8.3 Stufe 3: Analyse inhaltlicher Sinnzusammenhänge und Typenbildung 231

nicht bestätigen können. Zwar gäbe es innerhalb der Belegschaft immer mal wieder Ausnahmen von Mitarbeiter*innen, die kategorisch jegliche Maßnahmen der Kompetenzentwicklung ablehnen würden, dies sei jedoch nicht zwingend altersabhängig und würde auch auf jüngere Mitarbeiter*innen zutreffen. Darüber hinaus berichten die Betriebe durchaus von Erfolgen hinsichtlich der Kompetenzentwicklung ihrer älteren Beschäftigten, die diese in der Regel mit Einsatz und Interesse verfolgen und auch vor Herausforderungen nicht zurückschrecken.

> *„Und der eine der Älteren ist übrigens der Mann in der Sicherheitstechnik im Moment, dem keiner das Wasser reichen kann. Immer hoch interessiert und ist sicherlich hier jetzt mit neueren Geschichten nicht mehr ganz so schnell. Aber der beißt sich durch alles durch. Also immer wenn es schwierig wird, er wird es sicherlich hinkriegen. Das ist so ein schönes Beispiel. Grundsätzlich haben die sich ihren Posten irgendwo erarbeitet und sind da kaum wegzudenken."* (BF_04: #00:19:02-0#)

Mit Blick auf die Maßnahmen des BKMs, in denen ältere Mitarbeiter*innen involviert sind, finden sich überdurchschnittlich häufig Maßnahmen des Wissenstransfers (Lern- und Kompetenztandems, interne bzw. externe Schulungsangebote o. Ä.), d. h. die Betriebe im MK 1 versuchen gezielt, das bereits angesprochene enorme (und geschätzte) Erfahrungs- und Spezialistenwissen ihrer älteren Mitarbeiter*innen auf jüngere Generationen zu übertragen. Es bleibt jedoch fraglich, ob die Kompetenzen der älteren Mitarbeiter*innen im Rahmen dieser Wissenstransfermaßnahmen gleichberechtigt weiterentwickelt werden oder ob hier eine einseitige Kompetenzentwicklung von alt nach jung stattfindet. Jedoch ist auch darauf hinzuweisen, dass insbesondere arbeitsintegrierte und arbeitsplatznahe Kompetenzentwicklungsformate in der Regel förderlich für alle Beteiligten sind, d. h. auch ältere Mitarbeiter*innen können aus Wissenstransfermaßnahmen mit jüngeren Kollegen*innen eigenen Nutzen ziehen.

Abschließend lässt sich festhalten, dass die Betriebe im MK 1 – wenn auch mit graduellen Unterschieden – durchaus sensibilisiert sind für die Belange ihrer älteren Mitarbeiter*innen. So findet sich im MK 1 kein Betrieb, der sich nicht in der einen oder anderen Form mit der Frage der demografischen Alterung der eigenen Belegschaft auseinandergesetzt hat.

> *„Es gab einen Vortrag zu dem Thema Demografie und der hat mich tief beeindruckt. Und da hab ich für unser Unternehmen einfach mal ein paar Rechnungen angestellt, hier komm. Daraus ergaben sich dann Maßnahmen, bestimmte Sachen zu machen.*

Und zwar das waren so tolle Titel, die Herr E. dafür gefunden hat: "Alte Knochen, neue Männer." (BF_11: #00:20:35-3#)

Auf Grund der unterschiedlichen Altersstrukturen der Betriebe stellt sich das Thema jedoch aus Sicht der Betriebe als unterschiedlich „dringlich" dar. Bestätigen lässt sich jedoch auch nicht, dass nur Betriebe mit einer älteren Altersstruktur in diesem Bereich bereits aktiv geworden sind. So berichten auch verhältnismäßig „junge" Betriebe im MK 1 von Bemühungen, sich aktiv mit den Folgen der demografischen Alterung der eigenen Belegschaft auseinanderzusetzen, und geben an, zukünftig die Maßnahmen in diesen Bereichen weiter ausbauen zu wollen. Einschränkend zu sagen ist, dass auf die besonderen Lern-und Kompetenzentwicklungsbedürfnisse von Älteren von den Betrieben im MK 1 zum Zeitpunkt der Untersuchung nur zum Teil bereits eingegangen wird.

(4) Rückkopplung der (Begründungs-)Parameter des BKMs an den heuristisch-analytischen Theorierahmen

Ganz in der Tradition der Humankapitaltheorie nach Becker zeigt sich, dass die Betriebe im MK 1 eine Kosten-Nutzen-Abwägung durchführen, an deren Ende die Überzeugung steht, dass sich eine Investition in die (älteren) Mitarbeiter*innen lohnt (Merkmalsausprägung „überwiegend Nutzen"). So betonen eine Vielzahl der Betriebe im MK 1, dass ihnen bewusst ist, dass gute Kompetenzentwicklung bzw. ein auf ihre Anforderungen und die Bedürfnisse der (älteren) Mitarbeiter*innen angepasstes BKM Kosten verursacht, die sie jedoch bereit sind zu tragen. Dieses Bewusstsein spiegelt sich beispielsweise in einem fest eingeplanten Budget für das BKM wider, über das alle Betriebe im MK 1 verfügen, bzw. darin, dass die Arbeitsfreistellung eines/r Mitarbeiter*in für eine Kompetenzentwicklungsmaßnahme grundlegende Akzeptanz findet. Auch finanzieren alle Betriebe im MK 1 entweder vollständig oder in Teilen anfallende Kosten sowohl für interne als auch für externe und langfristig angelegte Weiterbildungen (z. B. Meister*innen- bzw. Techniker*innenkurse).

„In dem Bereich [betriebliches Kompetenzmanagement; A. d. A.] sind wir sehr sehr viel unterwegs. Wir haben auch ein sehr großes Budget für Fort- und Weiterbildungsmaßnahmen. Ist natürlich auch von den Mitarbeitern gewünscht. Gefordert nicht,

8.3 Stufe 3: Analyse inhaltlicher Sinnzusammenhänge und Typenbildung 233

aber natürlich lassen sie sich auch gerne weiterbilden. Das muss man ganz klar sagen." (BF_08: #00:13:49-2#)

Fragt man nach dem konkreten Nutzen, den die Betriebe als Rendite aus ihrer Investition erwarten, wird neben dem Ausbau eines zukunftsorientierten Kompetenzportfolios der eigenen Mitarbeiter*innen insbesondere die Möglichkeit der langfristigen Mitarbeiter*innenbindung von den Betrieben betont. So fungiert das Anbieten, Durchführen und die aktive Unterstützung von Mitarbeiter*innen bei dem Wunsch, Kompetenzentwicklungsmaßnahmen zu besuchen, aus Sicht der Betriebe zum einen der Ausbildung von zukunftsorientierten Kompetenzen und damit verbunden – im Sinne der Humankapitaltheorie – einer höheren Produktivität der einzelnen Mitarbeiter*innen. Viele der Betriebe im MK 1 weisen beispielsweise auf die Notwendigkeit hin, dass man mit den technologischen Weiterentwicklungen am Markt „Schritt halten muss", möchte man weiterhin erfolgreich sein.

„Das ist ein entwickelnder Markt. Und jetzt das Ganze [Investitionen in BKM; A. d. A.] auch hier letztendlich Megatrends, [...] der gesamten Marktfolge [folgend; A. d. A.]. Mehr kann ich jetzt auch nicht dazu sagen, weil dann gehen wir in Betriebsgeheimnisse rein und wenn Sie sie nur verwenden." (BF_11: #00:03:42-3#)

Darüber hinaus ist an dieser Stelle auch noch einmal auf die Notwendigkeit der Betriebe hingewiesen, die Kompetenzen der eigenen Mitarbeiter*innen „up-to-date" zu halten. So ist der Erhalt des jetzigen Spezialisierungsgrades der Betriebe im MK 1 aus Sicht der Befragten, nur mit der langfristigen Sicherstellung von kompetenten Mitarbeiter*innen zu bewerkstelligen. Auf der anderen Seite sehen die Betriebe Investitionen in das BKM auch als Mittel, die eigene Arbeitgeberattraktivität zu erhöhen und Mitarbeiter*innen länger im Betrieb zu halten bzw. ihnen auch langfristig eine Perspektive bieten zu können.

„Ein Ziel ist es hier, Mitarbeiter von der Ausbildung bis in höhere Aufgaben zu entwickeln, wodurch auch eine gewisse Betriebsbindung erreicht wird. Dazu gehören auch Gespräche, die nach Stärken und Schwächen geführt werden, um die Leute in entsprechenden Bereichen zu entwickeln." (BF_15: #00:18:28-8#)

Dazu gehört auch, dass Investitionen in die Kompetenzen der eigenen Mitarbeiter*innen als wertschätzende Geste gegenüber den eigenen Mitarbeitern*innen konzeptualisiert werden, die zu einem guten Betriebsklima beitragen und ebenfalls zu langfristigen Beschäftigungsverhältnissen beitragen.

> *„Aber wir versuchen eben halt auch, ich sag mal, die Weiterbildung, so sehe ich das zumindest, erfährt der Mitarbeiter ein gewisses Stück Wertschätzung. "Du bist es mir wert, dass ich dich jetzt..." Es kostet ja erst mal, in der Regel Schulungsgebühren, die oft auch nicht ganz unerheblich sind. Und natürlich auch klar, Arbeitszeit. Die Mitarbeiter finden das in unserer Erfahrung immer sehr positiv, wenn sie geschult werden."* (BF_08: #00:16:09-9#)

Ausgehend von der Segmentationstheorie sind die Betriebe im MK 1 – und deren Mitarbeiter*innen – dem dritten Teilarbeitsmarkt und damit der Merkmalsausprägung „betriebsspezifisches BKM" zuzuordnen. Wie bereits beschrieben, stellen die Betriebe im MK 1 stark betriebsspezifische Kompetenzanforderungen an ihre Mitarbeiter*innen. Teilweise haben sich in den Betrieben sogar betriebsspezifische Positionen herausgebildet, die sich so in wenigen Handwerksbetrieben finden lassen. Personen, die momentan diese Positionen ausfüllen, verfügen nicht nur über betriebsspezifisches, sondern sogar über personenbezogenes Wissen, d. h. Wissen, das konkret an eine/n Mitarbeiter*in gebunden ist. Der Logik der Segmentationstheorie folgend, sind solche Mitarbeiter*innen nur schwer zu ersetzen, da keine Personen mit einem äquivalenten Kompetenzportfolio auf dem „freien Markt" zur Verfügung stehen. Dies gilt folgernd auch für die älteren Beschäftigten, die – wie bereits dargelegt – in den Betrieben des MK 1 häufig gewisse „Schlüsselpositionen" bekleiden. Eine gezielte Förderung dieser Personengruppe, mit dem Ziel, Ältere länger im Betrieb zu halten, lohnt sich daher aus Sicht der Betriebe im MK 1 mehrfach. So erhalten sie nicht nur die Arbeitskraft einer schwer zu ersetzenden Person, sondern profitieren auch noch von dem z. T. über Jahrzehnte kumulierten Erfahrungs- und/oder kund*innenbezogenen Wissens, welches diese Mitarbeiter*innen auf sich vereinen.

Mit Blick auf Promotoren*innen in den Betrieben im MK 1 fällt auf, dass alle Betriebe über eine, z. T. mehrere, Personen verfügen, die im Sinne Wittes als Promotoren*innen zu konzeptualisieren sind (Merkmalsausprägung: „Promotor*in im Betrieb vorhanden"). In einigen der Betriebe im MK 1 handelt es sich dabei um den Inhaber bzw. Geschäftsführer, der diese Rolle bekleidet, während in den anderen Betrieben diese Verantwortung bei Personen außerhalb der Geschäftsführung (Prokurist bzw. Personalentwickler) liegt, jedoch in enger Abstimmung mit dieser. Letzteres ist eine für das Handwerk recht ungewöhnliche Personalie, da nur

8.3 Stufe 3: Analyse inhaltlicher Sinnzusammenhänge und Typenbildung

wenige Betriebe hier über entsprechende personelle Ressourcen verfügen. Schaut man auf den Prozess der Einführung und Umsetzung von Maßnahmen des BKMs, zeigt sich jedoch die Wichtigkeit des Vorhandenseins eines/r Promotor*in. So berichten die Betriebe des MK 1, dass etwaige Initiativen häufig alleine auf den Wunsch/Willen des/r jeweiligen Promotor*in zurückzuführen sind. Dies gilt beispielsweise auch für Bemühungen, das BKM in den Betrieben zu professionalisieren.

> *„Ich [die Personalentwicklerin; A. d. A] bin seinerzeit hier reingekommen, weil Herr E. dieses Thema gesehen hat. Es gab eine externe Untersuchung auch, demografische Zusammenhänge hier, also wer geht wann. Da gab es bestimmte Ergebnisse und dann [wurde meine Einstellung angestoßen, A. d. A.]."* (BF_11: #00:18:42-0#)

In den meisten Betrieben des MK 1 spiegelt sich an dieser Stelle erneut die besondere Rolle des/r Betriebseigner*in wider, welche sich hier auch unmittelbar auf das BKM auswirkt. So ist die Organisations- und Weisungsstruktur in den Betrieben des MK 1 – wie in den meisten Handwerksbetrieben – zwar relativ flach, jedoch stark auf diese Position orientiert. In den Betrieben des MK 1 fällt zudem auf, dass sich hier Macht- und Fachpromotor*innenrollen bündeln. So legen die Promotoren*innen nicht nur häufig den Inhalt und die Zielgruppe der Maßnahmen fest, sondern entscheiden in Personalunion auch allein über deren Finanzierung und organisatorische Umsetzung. Zwar ist im Sinne von Witte auch hier von etwaigen „Umsetzungshürden" auszugehen, welchen die Promotoren*innen jedoch entweder durch ihre Fachkompetenz (in den Betrieben des MK 1 beispielsweise unterstützt durch den Prokuristen bzw. die Personalentwicklerin) oder durch ihre alleinige Weisungsbefugnis entgegentreten. Sie wirken somit auch nachhaltig auf die Umsetzung einer förderlichen Lern- und Kompetenzentwicklungskultur in den Betrieben ein.

> *„Also eine der grundlegenden Dinge, die immer da waren, ist lebenslanges Lernen. Das war in diesem Unternehmen immer schon so. Wir haben immer irgendwas lernen müssen, um uns an irgendwas anzupassen. Das wurde auch immer gefördert. Zu Herrn F. Zeiten und zu meinen Zeiten genauso. Aber wir haben das nie gesteuert."* (BF_11: #00:40:51-0#)

8.3.2 Beschreibung Merkmalskombination 2: (HK+ | SA+/- | PM+)

> *Kurzzusammenfassung:*
>
> *Die insgesamt sechs Betriebe, die der MK 2 zugeordnet wurden, zeichnen sich als investitionsbereit in das Humankapital ihrer (älteren) Beschäftigten, als Anbieter von gewerk- und in kleinem Maße betriebsbezogenen Angeboten des betrieblichen Kompetenzmanagements und in ihren Handlungen durch eine/n betriebsinterne/n Promotor*in geleitet aus.*
>
> *Hierzu gehören: BF_02, BF_03, BF_05, BF_10, BF_13 und BF_14*

(1) Sozio- und wirtschaftsstrukturelle Merkmale der Betriebe

Vier der insgesamt sechs Betriebe im MK 2 sind dem SHK-Handwerk zuzuordnen, jeweils einer kommt aus dem Elektrohandwerk und einer aus dem Metallhandwerk. Mit Blick auf die Betriebsgröße finden sich im MK 2 vor allem kleinere Handwerksbetriebe. So beschäftigt der kleinste der fünf Betriebe im MK 2 sieben, der größte 30 Mitarbeiter*innen. Drei der Betriebe bezeichnen die eigene Altersstruktur als „durchmischt", einer als „durchmischt bis jung" und zwei der Betriebe als „jung". Hinsichtlich der Tätigkeitsschwerpunkte der Betriebe fällt auf, dass es sich bei allen Betrieben um „klassische Handwerksbetriebe" handelt, die teilweise schon seit Generationen im Familienbesitz und stark regional verankert sind. Es finden sich in allen Betrieben die für das jeweilige Gewerk „typischen" gewerkspezifischen Tätigkeitsbereiche (z. B. Badsanierung im SKH-Gewerk oder Elektroinstallation bei Endkund*innen für das Elektrohandwerk). Vereinzelnd weisen die Betriebe zudem – jedoch im Verhältnis zu den Betrieben im MK 1 in deutlich kleinerem Umfang – eine leichte betriebliche Spezialisierung im Rahmen ihres Angebotsportfolios auf. Das heißt, sie haben sich im Kleinen auf spezielle Dienstleistungen bzw. Technologien spezialisiert (z. B. Dienstleistungen im Bereich des Facility-Managements, eine eigene kleine Produktreihe im Bereich des Fenster- und Türenbaus oder eine Spezialisierung im Bereich der Energiespartechnologie), um ihre Absatzmöglichkeiten zu vergrößern. Die Betriebe des MK 2 agieren fast

8.3 Stufe 3: Analyse inhaltlicher Sinnzusammenhänge und Typenbildung 237

ausschließlich im näheren regionalen Umfeld, mit vereinzelten Aufträgen, die sie in andere Bundesländer führen. Die wirtschaftliche Lage ist bei allen Betrieben des MK 2 – nach eigenen Angaben – insgesamt als „gut" zu bezeichnen.

(2) Kompetenzanforderungen und Ausgestaltung des betrieblichen Kompetenzmanagements

In Bezug auf die Kompetenzanforderungen an die Mitarbeiter*innen lässt sich mit Blick auf das MK 2 festhalten, dass – im Gegensatz zu den Betrieben des MK 1 – alle Betriebe über reguläre gewerktypische Kompetenzanforderungen an ihre Mitarbeiter*innen berichten. So decken alle Betriebe im MK 2 die für ihre Gewerke typischen Tätigkeitsbereiche (z. B. Elektroinstallation, Badsanierungen und o. Ä.) im Privatkund*innenbereich und vereinzelt im Industriesektor ab. Wie bereits angesprochen haben sich die Betriebe im MK 2 vereinzelt spezialisiert und sich damit im eigenen Gewerkes ein kleines Alleinstellungsmerkmal erarbeitet (z. B. Fensterbau, Energiespartechnologie, Leuchtmittel für den Einzelhandel), was sie von der unmittelbaren Konkurrenz absetzt und sich z. T. auch in (betriebs-)spezifischen Kompetenzanforderungen an die eigenen Mitarbeiter*innen äußert.

„Das eigene Dachschiebefenster hat ein Alleinstellungsmerkmal, bei dem durch die Exklusivität als einzelner Hersteller auch die Konkurrenzsituation nicht gegeben ist."
(BF_13: #00:05:12-8#)

Dieser Spezialisierungsgrad ist jedoch keinesfalls soweit ausgeprägt bzw. in der organisationalen Struktur verankert, wie dies bei den Betrieben des MK 1 zu beobachten war. So existieren beispielsweise keine unabhängig voneinander agierenden Abteilungen (mit eigenem Personal) oder betriebsspezifische Positionen, sondern Mitarbeiter*innen werden in der Regel in allen Geschäftsbereichen der Betriebe eingesetzt. Eine systematische Ausbildung von betriebsspezifischen Kompetenzen oder spezifischen betriebsbezogenen Fachpositionen findet sich daher nicht bei den Betrieben des MK 2. Sollte – im Einzelfall – spezifisches Expertenwissen gefragt sein, z. B. im Bereich der Bauphysik, wie einer der Betriebe im MK 2 berichtete, wird dieses Wissen – anders als bei den Betrieben im MK 1 – über externe Dienstleister*innen je nach konkreter Auftragslage „eingekauft".

Dies passiert entweder über das konkrete Erteilen eines Auftrags bzw. die Zusammenarbeit mit entsprechenden Anbieter*innen (z. B. einem Architekt*innenbüro) oder bei einem anderen Betrieb im MK 2 durch den Rückgriff auf ein betriebliches Netzwerk. So ist dieser Betrieb als hundertprozentige Tochterfirma Teil eines größeren Betriebsnetzwerkes, bei dem er – bei Bedarf – Fachexpertise und –unterstützung erbitten kann, sollten die Kompetenzanforderungen eines Auftrags die im eigenen Betrieb vorhandenen Kompetenzen übersteigen. Vielmehr als die Betriebe im MK 1 legen die Betriebe des MK 2 bei der Kompetenzentwicklung ihrer Mitarbeiter*innen auf die Ausbildung von sog. „Allroundern" wert und es ist davon auszugehen, dass – in weiten Teilen – die Kompetenzanforderungen von den jeweilig gewerkspezifischen Aus- und Weiterbildungsinhalten abgedeckt werden. Weniger zentral ist in diesem Zusammenhang auch das Herausbilden innovations- bzw. zukunftsorientierter Kompetenzen, wobei an dieser Stelle nicht gesagt werden soll, dass dies bei den Betrieben im MK 2 überhaupt nicht passiert, wie am Beispiel des Betriebes gesehen werden kann, der eine leichte Spezialisierung im Bereich der Energiespartechnologie aufweist.

Auffällig ist im Weiteren, dass alle Betriebe im MK 2 sich in dem Bereich der (Stamm-)Kund*innenpflege und der Serviceorientierung in besonderer Weise hervortun. Dies geht einher mit dem Befund, dass fast alle Betriebe im MK 2 von einer Zunahme der Beratungsleistung berichten, die sich unmittelbar auf die Anforderungen an die Beratungskompetenz der Mitarbeiter*innen auswirkt. Diese zunehmende Dienstleistungsorientierung weiß die Mehrheit der Betriebe im MK 2 jedoch für sich zu nutzen und so konnten einzelne Betriebe in der Vergangenheit – unter dem Stichwort „Alles-aus-einer-Hand" – neue Kund*innen für sich generieren und diese auch langfristig an sich binden. Ein Betrieb bietet beispielsweise neben dem Verbau verschiedener Heizungs- und Lüftungstechnologien auch die dazu gehörigen Service-, Wartungs-, Messdienst- und Verwaltungsdienstleistungen an.

> *„[...] wir decken das alles ab und man hat nur einen Ansprechpartner. Und das ist der Vorteil, den ich bisher so sehe, auch der Firma [...] halt eben, die Leute wollen nicht so viele Ansprechpartner haben, denen ist das lieber, ich habe einen, der kümmert sich um alles, der kann das, der kann das, der kann das, und dann ist das gut."*
> *(BF_02: #00:06:28-3#)*

Ein anderer Betrieb im MK 2 hat sich, im Gegenzug dazu, durch den Ausbau der

8.3 Stufe 3: Analyse inhaltlicher Sinnzusammenhänge und Typenbildung 239

Beratungsleistung im Bereich der alternsgerechten Badsanierung ein kleines Alleinstellungsmerkmal in der Region erarbeitet und berichtet ebenfalls davon, dass die Kund*innen zunehmend die hohen von seinem Betrieb erbrachten Serviceleistungen schätzen.

> *„Wir leisten quasi eine Beratungsmischung aus technischer Machbarkeit sowie auch für die Ausstattung." (BF_03: #00:10:18-9#)*

> *„Wir bieten unserem Kunden gern das Rundum-Sorglos-Paket an, aber jeder für sein Gewerk, also müssen wir uns mit z. B. Fliesenlegern oder mit Elektrikern ordentlich abstimmen. Also wir machen das klassische SHK-Arbeit im privaten Bereich." (BF_03: #00:06:52-4#)*

Dieses Vorgehen hat für die Betriebe mehrfach Vorteile. Zum einen wird eine langfristige Bindung der Kund*innen an den Betrieb erreicht, was ein stetiges Geschäft mit diesen Kund*innen verspricht. Auch entzieht man sich durch gewachsene Kund*innenbeziehungen dem starken Preisdruck auf den Markt und eröffnet zudem noch neue Absatzfelder im Service- und Dienstleistungsbereich.

Mit Blick auf die konkrete Ausgestaltung des betrieblichen Kompetenzmanagements lässt sich für die Betriebe des MK 2 ein insgesamt mittleres Ausprägungsniveau feststellen. So nutzen die Betriebe regelmäßig formalisierte Angebote seitens der Aus- und Weiterbildungsträger im Handwerk (z. B. Handwerkskammern oder Berufsbildungszentren des Handwerks), schicken ihre Mitarbeiter*innen zu den für das Handwerk typischen Herstellerschulungen oder zu Schulungen bei regionalen Großhändlern. Überdurchschnittlich häufig sind die Inhalte dieser Maßnahmen gewerkspezifisch, z. T. auch obligatorisch. Letzteres ist der Fall, wenn Betriebe zum Besuch herstellerspezifischer Schulungen verpflichtet werden, um überhaupt befähigt zu sein, bestimmte Technologien bzw. Anlagen dieses Herstellers beim Endkunden verbauen zu dürfen. Darüber hinaus führen einzelne Betriebe im MK 2 betriebsinterne Maßnahmen wie beispielsweise Mitarbeiter*innengespräche oder Auftragsvor- und Nachbesprechungen durch.

> *„Wir gehen auch bei den Großhändlern, da werden auch zum Teil Leute eingeladen, da sind wir immer vertreten, immer. [...] auch wenn ich der Meinung bin, ich weiß alles, ich habe das noch nie erlebt, dass nicht irgendwas was da vorgebetet wird, [...] [gut zu gebrauchen ist; A. d. A.]." (BF_02: #00:55:14-4#)*

Stellt man die Frage, wie konkret neues Wissen bzw. neue Techniken in einen

Betrieb des MK 2 kommt, beschreibt das folgende Bespiel eines SHK-Betriebs dieses exemplarisch recht gut: Zunächst informiert sich der Betrieb über die neue Technologie, z. B. durch Fachzeitschriften, Messebesuche oder Besuche bei Großhändlern. Wenn diese sich als für den Betrieb interessant herausstellt, werden von ausgewählten Mitarbeiter*innen vereinzelte Herstellerschulungen besucht oder auch die Unterstützung seitens der Hersteller auf der Baustelle angefordert. Idee ist hier, dass die Mitarbeiter*innen direkt vor Ort mit dem Kund*innenbetreuer des Herstellers bzw. des Großhandels zusammen die neue Technologie verbauen. Manchmal fährt der Inhaber mit einzelnen Mitarbeiter*innen auch zu bekannten Handwerksbetrieben und lässt sich vor Ort von diesen den Umgang mit dieser neuen Technologie/Technik beispielhaft zeigen. Die ersten Male, wo diese Technik dann im eigenen Haus verbaut wird, kommt der Inhaber mit und überprüft vor Ort die Arbeiten. Ist die Technologie/Technik ein paar Male erfolgreich verbaut worden, wird der/die zu diesem Zeitpunkt bereits etwas erfahrene Mitarbeiter*in angehalten, das Wissen an andere Mitarbeiter*innen im Betrieb, z. B. den aktuellen Auszubildenden weiterzugeben.

> *„Dieser Mitarbeiter, der dann sehr sehr gut ist, der das also sich auch angeeignet kann und gut kann. Dann sag ich, gut, was machen wir jetzt? Decke? Jo gut, ok, machen wir Decke. Dann fahr ich mit ihm zusammen, gucken uns das an, lass uns das zeigen, wie das geht. Dann weiß ich Bescheid und der Mitarbeiter weiß Bescheid. So und dann geht es halt. die erste Decke wird eingebaut beim Kunden und dann fahr ich noch mit raus, mach die Decke noch mit. Dann haben wir drei Decken zusammen eingebaut. Dann sag ich so, öh, heute kann ich nicht. Musst mal das mit einem anderen machen. Dann wird ein Lehrling mit reingenommen oder wie auch immer. Dann wird es dem gezeigt und so, wenn es dann mehr wird, weil man es dann nicht mehr schafft, muss der eine dem anderen das zeigen." (BF_05: #00:24:40-0#).*

Während dieser „typische Ablauf" primär technologische Neuerungen zum Thema hat, richten sich die Angebote der handwerklichen Weiterbildungsträger, die von den Betrieben des MK 2 genutzt werden, neben technischen Schulungen auch an die Ausbildung überfachlicher Kompetenzen. So berichtet ein Betrieb im MK 2 beispielsweise, dass seine Mitarbeiter*innen einen Zertifizierungskurs zur „alternsgerechten Badsanierung" besucht haben, der neben den technischen Aspekten auch die adäquate Beratung von (älteren) Kund*innen zum Inhalt hatte. Dies weist erneut auf den bereits angesprochenen gestiegenen Stellenwert der Dienst- und Serviceleistungen im Handwerk hin, aber auch auf den Aufgabenwandel der sich

8.3 Stufe 3: Analyse inhaltlicher Sinnzusammenhänge und Typenbildung

auf Seiten der Aus- und Weiterbildungsträger (Stichwort „Kompetenzzentren des Handwerks") im Handwerk finden lässt.

> *„Wie breit müssen Türen sein, damit man da mit einem Rollstuhl oder Rollator gut durchkommt? Wie hoch oder tief müssen Sanitäreinrichtungen aufgehängt sein? Etc. Solche Arbeiten gehören jedoch zum Tagesgeschäft der Betriebe dazu, insbesondere dann, wenn man viel mit Wohnungsgesellschaften kooperiert."* (BF_14: #00:04:09-4#)

Explizit betriebsspezifische oder arbeitsintegrierte Angebote des BKMs finden sich nur in geringem Maße bei den Betrieben des MK 2, dies gilt insbesondere für die Personengruppe der älteren Beschäftigten. Lediglich zwei der Betriebe berichten, dass sie diesbezüglich für ihre Mitarbeiter*innen spezielle Angebote machen. So behält der eine Betriebsinhaber beispielsweise alte, defekte Geräte, die er bei Kund*innen ausgebaut bzw. ersetzt hat, zurück, anstelle diese zu verschrotten. Diese werden dann – unter Aufsicht – mit den Mitarbeitern*innen sowie den Auszubildenden auseinandergenommen bzw. repariert. Dahinter liegt das Bestreben, die eigenen Mitarbeiter*innen und Auszubildenden an diesen meist älteren Techniken – die oft im Rahmen der schulischen Ausbildung nicht mehr erlernt werden – zu schulen und so ihr „technisches Repertoire" zu erweitern. Aus Sicht des Inhabers kommen diese Techniken in der schulischen Ausbildung „zu kurz". Diese Anstrengungen sind daher als Bemühen dahingehend zu verstehen, dass fehlendes Wissen und Erfahrung im Umgang mit bestimmten Technologien, welche Mitarbeiter*innen aus Sicht des Inhabers brauchen, um ihren Job erledigen zu können, nachzuliefern. Dieses Angebot hat sich inzwischen schon in der Innung herumgesprochen, sodass auch andere SHK-Betriebe ihre Mitarbeiter*innen und Auszubildenden zu diesen Privatschulungen „vorbeischicken". Ein anderer Betrieb greift in diesem Kontext erneut auf die Mitgliedschaft in einem Betriebsnetzwerk zurück. So schickt er beispielsweise die eigenen Auszubildenden zu speziellen Maßnahmen des BKMs (z. B. Hausaufgabenbetreuung, Benimm-Schulung), die zwar von anderen Betrieben innerhalb des Netzwerkes organisiert werden, aber für ihn und seine Auszubildende offenstehen. Darüber hinaus holt sich dieser Betrieb Anregungen über den Austausch mit anderen Unternehmen ähnlicher Größenordnung und hat auch schon einmal eine Unternehmensberatung im Haus gehabt. So besucht der Inhaber in unregelmäßigen Abständen ein organisiertes Angebot eines privatwirtschaftlichen Anbieters, der sich auf betriebsübergreifenden Austausch spezialisiert hat und Treffen überregional angesiedelter (Handwerks-)Betriebe organisiert. Dort besteht dann die Möglichkeit, mit Führungspersonen aus anderen Handwerksbetrieben zusammenzukommen und sich, außerhalb einer Konkurrenzsituation, auszutauschen.

> *„Man macht dann ne Betriebsbesichtigung, man kann sich das ein oder andere auch abgucken oder auch nicht [...] dieser Termin ging auch über zwei Tage, unter anderem war da auch noch ne Schulung am zweiten Tag und das war schon sehr interessant. Also zum einen Lagerhaltung, zum Anderen-, was hatte ich noch mitgenommen-, an sich gibt's sehr viele unterschiedliche Systeme auf dem Markt-, was ist jetzt das Beste, ob unser das non-plus-ultra ist, wage ich ja noch zu bezweifeln, aber wir haben's halt und damit arbeiten wir auch und ansonsten -, die Prozesse, wie die Arbeiten, von der Auftragsannahme und so und wo's einigermaßen zu vergleichen ist, haben wir's auch schon mit umgesetzt, die App-Geschichte, die kam auch mit auf und ja-, wie Mitarbeitergewinnung ist, was der ein oder andere anstellt-, das ist immer so 'ne Abwägen dann auch, aber interessant zu sehen, was machen andere Betriebe."*
> (BF_10: #01:15:21-1#)

Trotz dieser Beispiele ist darauf hinzuweisen, dass das BKM bei den Betrieben des MK 2 im Vergleich zu den Betrieben im MK 1 wenig organisational verankert erscheint. So gibt es zwar in der Regel eine Person, bei der die verschiedenen Maßnahmen, Ansätze und Bemühungen hinsichtlich des BKMs zusammenlaufen, jedoch steht dahinter wenig organisationale Struktur. So wird beispielsweise nur selten systematisch festgehalten, welche/r Mitarbeiter*in welche Schulung bzw. Maßnahme des BKMs besucht, und auch eine langfristige Planung der Entwicklung von Mitarbeiter*innenkompetenzen findet sich nur ansatzweise. Bei allen Betriebe des MK 2 handelt es sich bei dieser Person zudem um den Geschäftsführer bzw. den Betriebsinhaber, was an dieser Stelle noch einmal auf die Rollenhäufung auf Seiten der/s Betriebsinhaber*in im Handwerk hinweist. Falls vorhanden, richten sich betriebsspezifische Angebote primär an die Personengruppe der Auszubildenden und weisen insgesamt auch eine eher reaktive als proaktive Ausrichtung auf. Das heißt, die Betriebe des MK 2 scheinen mit ihren Kompetenzentwicklungsbemühungen vielmehr auf eine – aus ihrer Sicht – nicht ausreichende Ausbildung seitens der handwerklichen Aus- und Weiterbildungsträger zu reagieren. In den meisten Fällen ist es also nicht das Ziel, die langfristige Ausbildung von betriebsspezifischen Fachkompetenzen bzw. Expertenwissen voranzutreiben, sondern vielmehr um das „up-to-date" Bleiben bzw. das Nachreichen von gewerkspezifischen Kompetenzen an die Mitarbeiter*innen. Angestrebtes Resultat des

8.3 Stufe 3: Analyse inhaltlicher Sinnzusammenhänge und Typenbildung

BKMs ist es also, dass Mitarbeiter*innen die Kompetenzen an die Hand bekommen, die es ihnen ermöglichen, in den jeweiligen Gewerken die üblichen d. h. typischen Tätigkeitsbereiche auszuüben und damit auch für den Betrieb langfristig einsatzfähig zu bleiben. Kompetenzanforderungen, die über dieses Maß hinausgehen, werden nur selten im Rahmen des BKMs betriebsintern bedient, sondern durch Kooperationen mit anderen Handwerksbetrieben oder handwerksnahen Dienstleistern abgedeckt. Im Folgenden wird noch einmal detailliert die Situation der älteren Beschäftigten diskutiert.

(3) Die Situation der älteren Beschäftigten

Angesprochen auf die Situation für ältere Beschäftigte sprechen die Betriebe des MK 2 positive als auch negative Aspekte an, die sich größtenteils mit den Argumenten der Betriebe des MK 1 decken. Auch bei den Betrieben des MK 2 zeigt sich die für das Handwerk typische überdurchschnittlich lange Betriebszugehörigkeit einzelner Mitarbeiter*innen, die teilweise seit mehreren Jahrzehnten in den Betrieben tätig sind. Interessant ist, dass einzelne Betriebe des MK 2 davon berichten, von den Auswirkungen des im Jahre 2014 verabschiedeten Rentenpakets („Rente mit 63")[99] überrascht worden zu sein. So haben eine Reihe der älteren Mitarbeiter*innen durch den oftmals sehr frühen Berufseinstieg die 45 Beitragsjahre, die es ihnen ermöglichen, abschlagsfrei in die Rente zu gehen, entweder sofort oder in sehr naher Zukunft. Diese Mitarbeiter*innen würden nun zunehmend bei den Betriebsinhabern*innen vorstellig werden und – relativ unerwartet für diese – ihren zeitnahen Rentenübergang ankündigen. Es zeigt sich an dieser Stelle auf Betriebsseite ein gewisses „Unvorbereitetsein", was erneut als ein Hinweis auf das wenig strukturierte BKM in den Betrieben des MK 2 zu interpretieren ist. So ist den meisten Betrieben des MK 2 zwar klar, an welchen Stellen ihre

---

[99] Die unter dem Schlagwort „Rente mit 63" bekannt gewordene Rentenreform besagt, dass Personen, welche die 45 Pflichtbeitragsjahre voll haben, unabhängig vom angehobenen Renteneintrittsalter, abschlagsfrei in die Altersrente gehen können (vgl. Deutsche Rentenversicherung, 2014 o. S.). Für mehr Informationen siehe auch: https://www.deutsche-rentenversicherung.de/Allgemein/de/Inhalt/5_Services/rententipp/rente_mit_45_beitragsjahren.html, zuletzt geprüft am 15.04.2019.

älteren Mitarbeiter*innen eingesetzt sind, jedoch wird wenig über deren anstehende Abgänge (in den Ruhestand) nachgedacht. Es fällt auf, dass keine langfristigen Personalprojektionen existieren (z. B. als Ergebnis einer Demografieanalyse).

In der Praxis stellt das Ausscheiden älterer Mitarbeiter*innen aus dem Betrieb (unabhängig davon, ob dieser kurz- oder mittelfristig antizipiert ist) die Betriebe insbesondere vor die Schwierigkeit, den Wissens- aber auch den Kund*innentransfer organisieren zu müssen. So berichten die Betriebe des MK 2, ähnlich der Betriebe im MK 1, von der Herausforderung, das hohe Erfahrungs- und Praxiswissen von ausscheidenden älteren Mitarbeiter*innen zu ersetzen. Dies gilt insbesondere für die sog. Alttechnologien, d. h. handwerkliche Tätigkeiten, die heute in der Berufsschule nicht mehr gelehrt werden und die dann über die Zeit ins „Vergessen geraten" (z. B. Schweißen von Bleirohren). Deutlich wird dies erneut am Beispiel des Vorgehens eines Betriebes, der in besonderen Fällen oder zur Abfederung besonders hoher Arbeitsspitzen, für einige Stunden den eigenen Vater und ehemaligen Betriebsinhaber „aus dem Ruhestand" holt.

„Manchmal sind es so Sachen, so Schweißarbeiten, das sind natürlich auch handwerkliche Fähigkeiten, die verloren gehen, aber da muss man halt sagen. Früher hat man auch Bleirohr noch gelötet, hab' ich auch schon nicht mehr gemacht. Ich krieg das vielleicht noch zugeklebt, aber es gehen auch gewisse Arbeitsqualifikationen mit den Älteren dann verloren. Also mein Vater, der kann im Prinzip im Schlaf noch schweißen [...]. Und mein Vater war natürlich insofern noch eine große Hilfe, weil es meistens Rohrbrüche waren im Herbst. Wusstest eh nicht wohin, und dann so "Vattern, du musst jetzt nochmal den Blaumann anziehen und dann dahin". Die bereiten alles vor, er fährt hin, nimmt den Brenner in die Hand, schweißt die Naht und..." (BF_05: #00:36:29-0#)

„Die Leute, die jetzt frisch von der Schule kommen, die dürfen ja mehr, als jemand der 20 Jahre gearbeitet [hat; A. d. A.]. [...] aber glauben Sie bloß nicht, dass die das beherrschen. Aber sie dürfen. Sie dürfen. Also da ist auch was falsch, meiner Meinung nach." (BF_02: #01:04:08-7#).

Ähnlich des MK 1 sind auch für die Betriebe des MK 2 gewachsene Kund*innenbeziehungen von großer Bedeutung. Durch die starken Bemühungen, insbesondere Stammkund*innen weiterhin an den Betrieb zu binden, dürften personelle Beziehungen zwischen einzelnen älteren Mitarbeiter*innen und Kund*innen bei

8.3 Stufe 3: Analyse inhaltlicher Sinnzusammenhänge und Typenbildung 245

den Betrieben des MK 2 u. U. sogar stärker ins Gewicht fallen, als dies bei den Betrieben des MK 1 der Fall ist.

> *„Also wir hatten jetzt die Situation, also grundsätzlich ist natürlich toll, wenn ältere Mitarbeiter da im Haus sind [beim Kunden; A. d. A.], die kennen alles und jeden. Und das ist dann noch 'ne ganz andere Ebene, da kommt man auch erst gar nicht hin, das muss man auch gar nicht versuchen. Die sind nämlich dann teilweise genauso alt und arbeiten seit 40 Jahren miteinander, das ist dann ok, deren Baby und dann sollen sie's auch so machen, das ist schon mehr als hilfreich, wirklich, der Kundenkontakt. Nicht nur die Nähe, die wir hier haben, sondern dass die Leute sich dann auch kennen. [...] Wir hatten jetzt die Situation gehabt, dass wir im Kundendienst-, da hatten wir einen sehr Erfahrenen, der auch über 20 Jahre bei uns gewesen ist, der hat uns verlassen und den muss man dann ersetzen."* (BF_1: 0#01:00:00-4#)

Mit Blick auf die negativen Aspekte, über die Betriebe mit Blick auf ihre älteren Mitarbeiter*innen berichten, fällt die Sorge um die Leistungsfähigkeit aufgrund zunehmender gesundheitlicher Einschränkungen im Alter auf. So berichtet ein Betrieb des MK 2 beispielsweise über die – aus seiner Sicht – höheren Krankheitsquoten und Verletzungsrisiken und die längere Regenerationszeit ältere Mitarbeiter*innen.

> *„Das heißt, dass es z. B. so ist, dass ältere Mitarbeiter im Betrieb bei gewissen körperlich sehr anstrengenden Aufgaben diese durchführen und dann am Abend oder nächsten Tag sich über Schmerzen o. Ä. beschweren. Es ist problematisch, dass die älteren Mitarbeiter nicht direkt nach Beginn der Tätigkeit auf die Betriebseigenen zukommen und sagen, dass sie es aufgrund ihrer Verletzung(en) nicht mehr können oder nicht mehr möchten. Der Auftrag wird dann durchgeführt und später folgt die Beschwerde. Gleichzeitig sind diese Mitarbeiter die teuersten Mitarbeiter, die wir haben, die auch viel leisten, aber auch sehr anfällig sind."* (BF_14: #00:21:29-3#)

Der gleiche Betrieb fährt weiterhin fort, dass sich der „Wert" einer/s älteren Mitarbeiter*in nicht stetig linear weiterentwickelt. So ist ein/e Mitarbeiter*in, der/die vielleicht erst Mitte vierzig ist, aber ebenfalls schon über 20 Jahre Berufserfahrung im Betrieb verfügt, aus seiner Sicht „genauso gut" wie ein/e ältere/r Mitarbeiter*in mit Mitte 50; letzterer jedoch aufgrund des Senioritätsprinzips deutlich teurer und z. T. aufgrund arbeitsrechtlicher Belange „fast unkündbar".

> *„Es stellt sich für den Betriebseigenen folgende Problematik auf, dass sie diese nicht loswerden können, weil sie schon so lang im Betrieb sind. Gleichzeitig muss man sagen, dass 45-jährige Personen, die 20 Jahre im Betrieb arbeiten, genauso gut wären*

[wie die noch Älteren; A. d. A.] und weniger krankheits- und gesundheitsanfällig."
(BF_14: #00:21:29-3#)

Obwohl diese Aussagen ein wenig diametral zu dem im Handwerk oftmals geschätzten Erfahrungs- und Praxiswissen älterer Mitarbeiter*innen steht, sollten diese auch vor dem Hintergrund der Betriebsgröße diskutiert werden. So wiegt der Ausfall einer/s Mitarbeiter*in (z. B. aus gesundheitlichen Gründen) für einen kleinen Betrieb – die sich mehrheitlich im MK 2 finden – deutlich schwerer, als dies bei einem größeren Betrieb der Fall wäre, der die notwendige Personaldecke hat, einen Ausfall entsprechend zu kompensieren. Unabhängig davon scheint die Einstellung gegenüber älteren Mitarbeiter*innen bei den Betrieben des MK 2 jedoch tendenziell etwas negativer auszufallen, als dies bei den Betrieben des MK 1 der Fall ist. Dies zeigt sich auch mit Blick auf die Frage nach der Lernfähigkeit bzw. des Lernwillens älterer Mitarbeiter*innen. So berichten mehrere Betriebe im MK 2 über schlechte Erfahrungen hinsichtlich der Bereitschaft älterer Mitarbeiter*innen, an Maßnahmen des betrieblichen Kompetenzmanagements teilzunehmen. Ein anderer Betrieb berichtet, dass er mit Blick auf die für die nähere Zukunft geplante Umstellung der Produktionsprozesse auf digitalisierte Arbeitsweisen (und die damit verbundenen Weiterbildungen) mit Reaktanz seitens seiner älteren Mitarbeiter*innen rechnet. Es ist zu vermuten, dass diese grundsätzliche Einstellung sich auch auf die Angebotsseite des BKMs auswirkt, denn spezielle Angebote des BKMs für die Personengruppe der älteren Beschäftigten gibt es in den Betrieben des MK 2 nicht, dies gilt insbesondere mit Blick auf den Bereich der Weiterbildung bzw. der Kompetenzentwicklung.

„[...] für die älteren Mitarbeiter gab's in dem Sinne jetzt nichts, nee." (BF_10: #00:32:10-9#)

Lediglich ein Betrieb berichtet davon, eine Maßnahme im Bereich der Arbeitszeitanpassung durchgeführt zu haben, die sich jedoch auf eine einzige Person bezog und zum Ziel hatte, auf die zunehmenden gesundheitlichen Einschränkungen dieses einen Mitarbeiters zu reagieren.

„Im SHK werden Mitarbeiter häufig nicht sehr alt, da es eine sehr körperlich belastende Arbeit ist. Mein ältester Mitarbeiter ist 46. Da er bereits einige körperliche Beschwerden hat, braucht er keine körperlich harten Arbeiten mehr machen, sondern ist eher für Wartungen etc. zuständig. Das Potential an Wissen und Können, was dieser

8.3 Stufe 3: Analyse inhaltlicher Sinnzusammenhänge und Typenbildung 247

Mann hat, kann nicht einfach fehlen. Ich muss noch genau überlegen, wie es mit ihm weitergehen kann." (BF_03: #00:49:38-2#)

Angesprochen auf die Möglichkeit, aktiv Laufbahnen von älteren Mitarbeiter*innen zu entwickeln, zeigt sich, dass den Betrieben im MK 2 die dahinterliegende Idee durchaus bewusst ist, jedoch die konkrete Umsetzbarkeit häufig in Frage gestellt wird. So zeigt das folgende Beispiel, dass der Betrieb zwar durchaus Ideen hätte, Laufbahnen zu entwickeln, aber die dazugehörigen Maßnahmen der Kompetenzentwicklung nicht im Rahmen der eigenen Machbarkeit sieht.

„Problematisch ist an diesem Punkt vor allem, dass, wenn vorher sehr monotone Tätigkeiten ausgeübt wurden, die vielleicht auch eher zum groben Bereich des SHK-Handwerks gehören, wie z. B. Rohre verlegen, natürlich große Schwierigkeit bestehen darin, diese Personen mit Hilfe von Adaption in andere Bereiche zu entwickeln. Beispielsweise im Kundendienst, wo es wirklich darum geht, Kleinigkeiten auszubessern oder Beratungsgespräche zu führen. Diese Fähigkeit ist häufig bei Personen, die vorher klassische Rohrverleger waren, nicht vorhanden und auch nur schwer anzulernen. Kurzgefasst ist es schwierig, dass der Kundendienstler auf einmal Montagearbeiten macht, weil er aufgrund seines höheren Alters häufig auch eher mit gesundheitlichen Problemen konfrontiert ist. Genauso ist es andersherum, es ist schon fast ausgeschlossen, dass ein ehemaliger Installateur, der viel im Bereich der Montage gemacht hat, plötzlich den Kundendienst betreut. Das sind zwei unterschiedliche Welten." (BF_14: #00:25:06-0#)

Zusammenfassend ist festzustellen, dass die Betriebe im MK 2 sich nur in Teilen mit der Frage der demografischen Alterung ihrer Belegschaft auseinandergesetzt zu haben scheinen. Dies zeigt sich zum einen darin, dass selten Maßnahmen für ältere Beschäftigte existieren, zum anderen durch das Fehlen eines strukturierten Vorgehens diesbezüglich. Es ist jedoch an dieser Stelle darauf hinzuweisen, dass die Betriebe im MK 2 von einer relativ jungen Altersstruktur in ihren Betrieben berichten, das heißt, dass die älteren Beschäftigten vielleicht erst in den kommenden Jahren als Zielgruppe des BKMs bzw. der Personalentwicklung in den Fokus rücken könnten.

(4) Rückkopplung der (Begründungs-)Parameter des BKMs an den heuristisch-analytischen Theorierahmen

Ähnlich der Betriebe im MK 1 führen die Betriebe des MK 2 eine – in der Tradition der Humankapitaltheorie nach Becker stehende – Kosten-Nutzen-Abwägung durch, an deren Ende eine positive Bewertung hinsichtlich der Investitionskosten steht (Merkmalsausprägung „überwiegend Nutzen"). Dies begründen die Betriebe des MK 2 interessanter Weise nicht nur ausschließlich damit, dass auch in den gewerkbezogenen Tätigkeitsbereichen immer neue Technologien auf den Markt kommen, die eine stetige berufsbegleitende Kompetenzentwicklung notwendig machen. Vielmehr betonen sie, dass Investitionen in die Kompetenzen bzw. in das Humankapital Teil eines verantwortungsvollen betrieblichen Umgangs mit den eigenen Mitarbeitern*innen ist.

> *„Das, was ich eingangs gesagt habe, wenn ich irgendwo was mache, dann mach ich's auch vernünftig oder ich mach's gar nicht. Wenn ich was vernünftig mache, dann brauch ich auch das Fachwissen. Und das Fachwissen wechselt ja permanent und wächst anders, also, wenn ich verantwortungsbewusst bin, dann muss ich ja Schulungen machen und muss auch meine Leute auf Schulungen schicken. Das ist bei der Verwaltung genau dasselbe. Auf Tagungen [Herstellerfachtagungen; A. d. A] sind wir meistens die einzigen hier aus Braunschweig. Da ist keine Braunschweiger Firma."* (BF_02: #00:52:01-2#)

Die dafür anfallenden Kosten nehmen sie in Form von Arbeitszeitfreistellung bzw. anfallenden Seminar- bzw. Weiterbildungskosten in Kauf, wobei diese in einzelnen Fällen auch – implizit – von beiden Seiten (Betriebe und Mitarbeiter*innen) getragen werden.

> *„Ich bin auch bereit, die Weiterbildung zu bezahlen und wir haben im internen so eine [Regelung; A. d. A.], wenn die jetzt auf so einen Lehrgang fahren, dann zahle ich den Lehrgang und die rechnen keine Arbeitszeiten dafür an."* (BF_02: #00:55:47-48#)

Der Nutzen, d. h. die Rendite, welche die Betriebe aus ihrer Investition erwarten, ist – ähnlich wie bei den Betrieben im MK 1 – mannigfaltig. So gilt es zum einen, wie bereits angesprochen, die Kompetenzen der Mitarbeiter*innen „up-to-date" zu halten hinsichtlich sich wandelnder gewerkspezifischen Anforderungen, zum

8.3 Stufe 3: Analyse inhaltlicher Sinnzusammenhänge und Typenbildung 249

anderen sehen viele Betriebe des MK 2 die Angebote, die sie im Rahmen des betrieblichen Kompetenzmanagements an ihre Mitarbeiter*innen machen, als Möglichkeit, diese langfristig an den Betrieb zu binden. So betont ein Betrieb beispielsweise, dass er schon mehrfach den Fall gehabt hat, dass Mitarbeiter*innen zu einem anderen Betrieb abgewandert seien, weil ihnen dort bessere Weiterbildungs- bzw. Kompetenzentwicklungsmöglichkeiten geboten werden. Ähnlich der Betriebe im MK 1 zeigt sich die Bedeutung des BKMs als „Kitt" für langfristige Betrieb-Mitarbeiter*innen-Beziehungen.

Ausgehend von der Segmentationstheorie, sind die Betriebe im MK 2 – und ihre Mitarbeiter*innen – dem zweiten Teilarbeitsmarkt und damit der Merkmalsausprägung „gewerkspezifisches BKM" zuzuordnen. So sind – wie bereits ausführlich beschrieben – die in den Betrieben anfallenden Tätigkeitsbereiche – und damit auch die Kompetenzanforderungen an die Mitarbeiter*innen – meist den regulären und typischen Aufgabenfeldern der jeweiligen Gewerke zuzuordnen und nur in kleinen Teilen (z. B. im Falle einer leichten betrieblichen Spezialisierung) betriebsbezogen. Letzteres wird zudem von den Betrieben meist nicht durch betriebsinterne Kompetenzentwicklung aufgefangen, sondern auftragsbezogen über externe Anbieter in den Betrieb geholt. Maßnahmen des betrieblichen Kompetenzmanagements werden von den Betrieben des MK 2 daher in der Regel dann durchgeführt, wenn es darum geht, die Kompetenzen von Mitarbeiter*innen auf einem gewissen Stand zu halten, der es ihnen erlaubt, ihren angestammten Tätigkeitsbereich auch weiterhin auszuüben. Es geht im engeren Sinne also nicht darum, betriebsspezifische Expert*innenpositionen im Betrieb langfristig besetzen zu können oder auf etwaige zukünftige Trends zu reagieren, sondern darum, die für das Gewerk typischen Tätigkeiten auszuüben, auch wenn sich diese durch neue Technologien immer auch weiterentwickeln können.

„Neu für die Gesellen im Bereich des Heizungsbaus ist, dass vorher Strom eher selten eine Rolle gespielt hat. Das heißt, es gibt einen neuen Werkstoff. Der Mitarbeiter muss in die Lage versetzt werden, im Umgang mit diesem neuen Werkstoff befähigt zu werden und die anfallenden Aufgaben mit zu bearbeiten." (BF_14: #00:11:10-9#)

„Es müssen die Gesellen in meiner Firma All-Rounder sein, also alle Stellen besetzen können. Und ca. jedes Jahr kommt ein Lehrgang dazu, den die Lehrlinge machen müssen." (BF_03: #32:23-9#)

Dies bestätigt sich auch noch einmal darin, dass eine Vielzahl der durchgeführten

Maßnahmen des BKMs bei den Betrieben im MK 2 oftmals obligatorischer Natur sind (z. B. obligatorische Herstellerschulungen). Weigern sich Betriebe bzw. Mitarbeiter*innen – im schlimmsten Fall – diese Schulungen durchzuführen, wird es schwierig für die Betriebe des MK 2, diese überhaupt noch einzusetzen. Letzteres gilt insbesondere für Betriebe, die aufgrund fehlender Spezialisierungen von ihren Mitarbeiter*innen eine gewisse Allround-Einsatzfähigkeit abverlangen.

„So lehnen einige Mitarbeiter Schulungen ab, was dazu führt, dass sie in den letzten paar Jahren erheblich abbauen, weil sie gewisse technische Fähigkeiten einfach nicht mehr haben. Das ist ein wirkliches Muster im Verhalten dieser Personen, dass sie einfach nicht bereit sind, an Weiterbildungen teilzunehmen und Pflichtveranstaltungen z. B. durch Krankmeldungen zu umgehen. Anzumerken an dieser Stelle, dass es auch jüngere und mitteljüngere Personen gibt, die relativ lernresistent sind. Dieses Verhalten zieht dann auch nach sich, dass sie entsprechend eingesetzt werden. In dem Fall: klassische Rohrverleger." (BF_14: #00:23:07-4#)

Der Argumentation der Segmentationstheorie folgend, sind Mitarbeiter*innen, deren Tätigkeitsspektrum dem zweiten Teilarbeitsmarkt mit primär gewerkspezifischen Kompetenzanforderungen zuzuordnen ist, leichter ersetzbar, als dies beispielsweise für die Mitarbeiter*innen im MK 1 der Fall ist, die im dritten Teilarbeitsmarkt über stark betriebsspezifisches und personengruppenbezogenes Wissen und Kompetenzen verfügen müssen. Mitarbeiterfluktuation, auch wenn für viele Betriebe des MK 2 aufgrund des anhaltenden Fachkräftemangels im Handwerk ebenfalls eine problematische Situation, stellen daher bei den Betrieben des MK 2 keine Seltenheit dar. Die Sorge vor der Abwanderung hindert diese jedoch nicht daran, die Kompetenzentwicklung ihrer Mitarbeiter*innen aktiv zu betreiben. Weiterhin wird das Nichteinbinden von Mitarbeiter*innen in Maßnahmen des BKMs von den Betrieben explizit auch nicht als Fluktuationsprävention angesehen.

*„[Mitarbeiter*innen nicht auf Schulungen zu schicken; A. d. A.] das ist der falsche Weg, total falsch in meinen Augen."* (BF_02: #00:55:31-7#)

„Ich hatte einen jungen Mann, den hab ich komplett von Nichts aufgebaut und der ist inzwischen bei einer anderen Firma [...] im Kundendienst, weil ich hab den ja gut ausgebildet und die lachen sich kaputt. Ich hab einen von den Meistern gesprochen, mit dem ist alles gut. Damit muss man aber rechnen, das ist einfach so." (BF_02: #00:56:34-1#)

8.3 Stufe 3: Analyse inhaltlicher Sinnzusammenhänge und Typenbildung 251

Bei der Frage nach möglichen Promotoren*innen in den Betrieben im MK 2 ist festzuhalten, dass alle Betriebe über mindestens eine Person im Betrieb verfügen, die im Sinne Wittes als Promotoren*innen zu konzeptualisieren sind (Merkmalsausprägung: „Promotor*in im Betrieb vorhanden"). Dabei handelt es sich in der Regel – wie bereits angesprochen – um den Geschäftsführer bzw. den Betriebsinhaber, was sich nahtlos an die bereits diskutierte Rollendopplung bzw. Verantwortungshäufung auf Seiten der/s Betriebsinhaber*in im Handwerk anfügt. Dies gilt in besonderer Weise für Betriebe, die der Betriebsgrößengruppe der Klein- bzw. Kleinstbetriebe zuzuordnen sind, denen auch die meisten der Betriebe im MK 2 angehören. Hier ist die Personaldecke, insbesondere in den Leitungspositionen, häufig nicht „dick" genug, als dass personelle Ressourcen alleine für das BKM bereitgestellt werden können. Im Resultat verbleibt diese, neben einer Vielzahl anderer, auf den Schultern des/r Betriebsinhaber*in. Diese Verantwortungszuschreibung passiert jedoch nicht nur ausgehend vom/von der Inhaber*in, sondern lässt sich auch bei den Mitarbeiter*innen nachvollziehen. So zeigt sich, dass oftmals „alles", was im Betrieb dem Kontext BKM bzw. Aus- und Weiterbildung zuzuordnen ist, seitens der Mitarbeiter*innen bei der Person im Betrieb mit dem Meistertitel verortet wird. Per Qualifikation wird er/sie für viele Aspekte der betrieblichen (Aus-)Bildung verantwortlich gemacht, was unmittelbar das BKM miteinschließt. Bei den Betrieben des MK 2 ist diese Person in der Regel – erneut – deckungsgleich mit den Betriebsinhabern bzw. den Geschäftsführern.

Neben den drei, im Rahmen der Untersuchung, bereits eingeführten theoretischen Merkmalen (und ihren Ausprägungen) fällt bei der Analyse der von den Betrieben im MK 2 genannten Determinanten bzw. (Begründungs-)Parametern des BKMs ein weiterer Einflussfaktor auf, der im Folgenden diskutiert werden soll. Dieser ergibt sich induktiv aus dem Material und tritt in dieser Form nicht bei den Betrieben der MK 1, 3, 4 und 5 auf. So zeigt die Analyse der Fälle, dass – wenn nach dem konkreten Moment zum Anstoß einer Maßnahme des BKMs gefragt wird – häufig gesetzliche Novellierungen bzw. die Änderung von rechtlichen Rahmenbedingungen auf nationaler oder EU-Ebene von den Betrieben des MK 2 genannt werden. Diese Novellierungen agieren dann – im Sinne eines exogenen Schocks[100] – als Treiber hinter den durchgeführten Maßnahmen des betrieblichen

---

[100] Unter exogenen Schocks versteht man in der Makroökonomik nach Keynes ein plötzlich auftretendes Ereignis, welches sich unmittelbar auf die Angebots- bzw. Nachfrage auf ein Gut auswirkt. Conrad (2017) beschreibt diese wie folgt: „Exogene Nachfrage- oder Angebotsschocks

Kompetenzmanagements in den Betrieben. In der praktischen Umsetzung heißt dies beispielsweise, es kommt seitens des Gesetzgebers zu Änderungen, welche ganze Gewerke betreffen können, z. B. die vielfach von den SHK-Betrieben im MK 2 angeführte Neuerung der Trinkwasserverordnung mit ihren weitreichenden Auswirkungen auf das SHK-Handwerk oder für die neue Fassung der DIN-EN 1090, die sich vor allem auf die nahtlose Berichtspflicht der Produktionsketten im Metallhandwerk auswirkte.[101] In Folge dieser Änderungen werden den Betrieben eine Reihe von Vorgaben gemacht, die z. B. in Form von obligatorischen Schulungen erhebliche Auswirkungen auf das betriebliche BKM haben. In der Praxis agieren diese „exogenen Schocks" somit als Treiber für den Anstoß von Maßnahmen des BKMs, welchem sich Betriebe – wollen sie weiterhin am Markt erfolgreich sein – nicht entziehen können.

„Darüber hinaus müssen gesetzliche Vorgaben in der Weiterbildung eingehalten werden. Dazu zählt neben technischen Schulungen wie z. B. dem „Schweißerschein" auch Schulungen die aufgrund von gesetzlichen Novellierungen z. B. im Bereich die CE-Zertifizierung EN 1090 notwendig werden. Hier geht es beispielsweise darum, dass alle metallverarbeitenden Betriebe Schulungen absolvieren müssen, welche die Dokumentation von Produktionsabläufen behandelt. Letztere Nachweise sind insbesondere für den Bereich der öffentlichen Aufträge notwendig." (BFD_13)

Will man diesen Befund anschlussfähig an den für diese Arbeit gebildeten heuristisch-analytischen Theorierahmen machen, ließe sich das Merkmal „exogener

---

stören das Marktgleichgewicht und bewirken die Rationierung der entgegengesetzten Angebot- oder Nachfrageseite, ohne dass die Preise bzw. Löhne sofort einen Ausgleich herbei führen können." (Conrad 2017, S. 233). Patterson und Amati (1998) systematisieren vier verschiedene Arten von Schocks (1) *temporäre* und *permanente* (2) *länderspezifische* und *sektorspezifische* (3) *reale* und *finanzielle* Schocks (4) *exogene* und *politikbedingte* Schocks (vgl. Patterson und Amati 1998, S. 14). Obwohl die beiden Autoren ihre Überlegungen primär im Kontext von Geldpolitik und Wechselkursen anstellen, bieten sich hier einige interessante Anknüpfungspunkte für die vorliegende Arbeit. So können Gesetzesnovellierungen die beispielsweise eine ganze Branche bzw. Region betreffen (z. B. Novellierung EU-weit geltender DIN-Normen), oder politisch bedingte Marktankurbelungen (z. B. im Kontext der sog. „Abwrackprämie" im Kfz-Gewerk oder Verbraucheranreize, die unter dem Stichpunkt „Energiewende" den Absatz von Technologien der erneuerbaren Energien ankurbeln sollen) als sog. „Schocks" in die aktuelle Marktlage eingreifen und so auf Betriebsebene auch auf die Ausgestaltung des BKMs wirken (vgl. Patterson und Amati 1998, 15ff.).

[101] Für einen detaillierteren Überblick über aktuelle, das Handwerk betreffende, gewerk- und gewerkübergreifende Trends und Novellierungen siehe Kapitel 3 in dieser Arbeit sowie: Naegele et al. 2015.

8.3 Stufe 3: Analyse inhaltlicher Sinnzusammenhänge und Typenbildung 253

Schock" mit seinen beiden Merkmalsausprägungen (1) „exogener Schock vorhanden" bzw. (2) „exogener Schock *nicht* vorhanden" bestimmen. Den Einfluss von sog. „exogenen Schocks" lässt sich jedoch im Material so nur für die Betriebe im MK 2 nachvollziehen (Merkmalsausprägung: exogener Schock vorhanden) und tritt in dieser Form nicht in den anderen MK auf. Für diese würde dann theoretisch die Merkmalsausprägung „exogene Schocks *nicht* vorhanden" zutreffen. Was dieses induktive, d. h. direkt aus dem Material abgeleitete, Merkmal für die Tragfähigkeit des herausgearbeiteten heuristisch-analytischen Theorierahmens dieser Arbeit insgesamt bedeutet, soll noch einmal detailliert im Ergebnisteil zur Typenbildung diskutiert werden und wird daher an dieser Stelle zunächst zurückgestellt. Abschließend lässt sich an dieser Stelle festhalten, dass sich auch die Beobachtung um „exogene Schocks" einreiht in den Befund, dass die Betriebe im MK 2 ihr BKM eher reaktiv als proaktiv ausgerichtet haben. So reagieren die Betriebe erneut an dieser Stelle auf an sie gestellte Kompetenzanforderungen, anstelle diese im Sinne einer gewissen Zukunftsorientierung zu antizipieren.

8.3.3 Beschreibung Merkmalskombination 3: (HK+ | SA+ | PM-)

Kurzzusammenfassung:

Die zwei Betriebe, die der MK 3 zugeordnet wurden, zeichnen sich als investitionsbereit in das Humankapital ihrer (älteren) Beschäftigten, als Anbieter von betriebs- und z. T. personen- bzw. gruppenbezogene Angeboten des betrieblichen Kompetenzmanagements und in ihren Handlungen nicht durch eine/n betriebsinterne/n Promotor*in geleitet aus.

Hierzu gehören: BF_07 und BF_09

(1) Sozio- und wirtschaftsstrukturelle Merkmale der Betriebe

Die Betriebe des MK 3 kommen aus dem Kfz- bzw. dem Elektrohandwerk und sind mit jeweils 42 bzw. 100 Mitarbeiter*innen zu den mittleren bzw. größeren Betrieben im Sample zu zählen. Hinsichtlich der Altersstruktur geben die Betriebe diese nach eigenen Angaben mit „gemischt" bzw. „jung" an. Der Kund*innenstamm der beiden Betriebe besteht primär aus Industriekund*innen mit Aufträgen, die Mitarbeiter*innen z. T. bis ins außereuropäische Ausland zu Montagetätigkeiten führen können. Ein Blick auf die Tätigkeitsbereiche der Betriebe zeigt, dass diese in einem Nischenbereich des eigenen Gewerks agieren und damit sehr spezialisiert sind und z. T. überregional in ihrem Marktsegment auch als Marktführer gelten. So agiert der eine Betrieb beispielsweise im Bereich der erneuerbaren Energien (Windenergie) und verfügt über eine eigene Produktreihe im Bereich des Schaltschrankbaus, die er (inklusive Montagedienstleistungen) als einer von zwei am Markt existierenden Anbietern bis ins außereuropäische Ausland vertreibt. Dabei agiert er als Teil eines größeren Betriebsnetzwerks, was ihm erlaubt, durch Rückgriff auf die anderen Betriebe im Netzwerk – trotz der eigenen Spezialisierung – den Kund*innen ein umfängliches Angebots-portfolio zu bieten.

Der andere Betrieb ist – obwohl dem Kfz-Gewerk zuzuordnen – auf Gabelstapler und deren Verleih bzw. Reparatur und Wartung spezialisiert. Dabei arbeitet er primär mit einem einzigen (Gabelstapler-)Hersteller zusammen und gehört inzwischen bundesweit zu einem der größten Vertriebsdienstleister dieses Herstellers. Beide Betriebe bewegen sich mit ihren Tätigkeitsschwerpunkten an den Grenzen dessen, was als typisch für das jeweilige Gewerk (Elektro bzw. Kfz) zu bezeichnen ist. Auffällig ist, – wie bereits angesprochen – dass beide Betriebe in ihrer Struktur und Handlungsweisen an eine/n bestimmte/n Partner*in (Hersteller bzw. Holding des Betriebsnetzwerks) gebunden sind. So agieren die Betriebe im Grunde eigenständig, jedoch finden sich im Unterschied zu den Betrieben im MK 1 hier in der Praxis eine Reihe von Abhängigkeiten zu den genannten externen Partner*innen. Diese wirken sich unmittelbar und nachhaltig nicht nur auf die gesamte Betriebsausrichtung aus, sondern insbesondere auf die Ausgestaltung und das Angebotsportfolios des BKMs.

(2) Kompetenzanforderungen und Ausgestaltung des betrieblichen Kompetenzmanagements

In Bezug auf die Kompetenzanforderungen zeigt sich bei den Betrieben des MK 3, dass aufgrund der starken Spezialisierung beide stark betriebs- und gruppenspe-

8.3 Stufe 3: Analyse inhaltlicher Sinnzusammenhänge und Typenbildung 255

zifische Anforderungen an ihre Mitarbeiter*innen stellen (Gabelstapler / Technologien der erneuerbaren Energie). Dazu kommt, dass das Angebotsportfolio beider Betriebe jeweils recht breit aufgestellt ist, d. h. die Betriebe bieten im Grunde die gesamte Bandbreite der in ihrer „Nische" möglichen Dienst- und Serviceleistungen (Verkauf, Wartung, Service, eigene Produktreihe, Schaltschrankbau) an. Dieses Vorgehen begründen beide Betriebe mit der Absicht, mögliche Wirtschaftsschwankungen ausgleichen zu wollen. Dabei sind – im Rückblick – die verschiedenen Geschäftsbereiche, nach Angaben der Betriebe des MK 3, über die Jahre stetig gewachsen und parallel dazu auch die Kompetenzanforderungen an die Mitarbeiter*innen. In der Konsequenz reichen diese – insbesondere in den Spezialisierungsbereichen oder in den eigenen Produktreihen – deutlich über die in der handwerklichen Ausbildung vermittelten „üblichen Kompetenzen" hinaus. Dies gilt beispielsweise für das technologiespezifische Hintergrundwissen oder die Materialkunde, beides Bereiche, in denen sich die Mitarbeiter*innen – nach Aussage der Betriebe – die notwendigen Kompetenzen erst über die Zeit aneignen müssen. So berichtet einer der Betriebe, dass neue Mitarbeiter*innen – nach eigener Einschätzung – ca. 20 % des notwendigen Wissens mitbringen (wenn sie nicht im eigenen Betrieb gelernt haben), die weiteren 80 % müssten seitens des Betriebs „nachgeliefert" werden. Dieses Heranführen an betriebs- bzw. nischenspezifisches Wissen kann dann nach Einschätzungen bei diesem Betrieb bis zu ½ Jahr dauern.

„Also es fängt an bei den Materialien, die da eingesetzt werden. Das sind ganz andere, als die man im Installationshandwerk hat. Es geht darum um die Arbeitsabläufe. Es geht darum um die um das technische Hintergrundwissen, was man hat. Wie setze ich was ein, wozu ist das zugelassen und und und da müssen sie Hintergrundwissen sammeln und eben auch dann weiterführend über die Lehrgänge, die wir haben müssen. eben um den Richtlinien unsere Kunden zu entsprechen. da muss man wirklich von 20 % auf 100 kommen. 20 % bringen die vielleicht mit. Wenn ich einen Standardinstallateur bei uns einstelle, muss man 80 % dann noch drauflegen, damit er dann bei uns einsatzbar ist. Und da sprechen wir ungefähr." (BF:09: #00:15:54-9#)

Ähnliches ist aus dem zweiten Betrieb des MK 3 zu berichten, wo das „Nachliefern" notwendiger betriebsspezifischer Kompetenzen pro Mitarbeiter*in, nach eigenen Angaben, bis zu 1 Jahr dauern kann. So gehört der Betrieb zwar formal zum Kfz-Gewerk (so eingetragen in der Handwerksrolle), jedoch existieren innerhalb der Ausbildungswege des Kfz-Handwerks keine spezifischen gabelstaplerbezogenen Aus- und Weiterbildungen. In der Konsequenz haben die meisten Mitarbeiter*innen ihren Berufsabschluss in einem der angrenzenden technischen Gewerke (z. B. Kfz-Mechatroniker, Landmaschinen-Mechatroniker etc.) erworben, der dann insbesondere mit herstellerspezifischem Wissen bzw. Kompetenzen ergänzt werden muss.

Neben den Konsequenzen für das BKM, welche die starke betriebliche Spezialisierung mit sich bringt, berichten die Betriebe im MK 3 darüber hinaus, dass die Wünsche der Kund*innen immer individueller werden und auch zunehmend neue Technologien Einzug in das Gewerk halten. So müssen sich Mitarbeiter*innen beider Betriebe beispielsweise zunehmend mit Batterie- und Brennstoffzellentechnologie auskennen, da diese Technologien aus Sicht der Betriebe im MK 3 in den kommenden Jahren an Bedeutung gewinnen werden. Neben den technischen Bereichen berichten beide Betriebe im MK 3 über die stark gestiegenen Kompetenzanforderungen an die Mitarbeiter*innen im Bereich der Beratung, Vertrieb oder dem Bereich der überfachlichen Kompetenzen (z. B. Zusammenwirken verschiedener betriebseigener Komponenten mit anderen Systemen vor Ort). So ist beispielsweise das Verleihen von Geräten in großen Rahmen – und die damit verbundenen Dienst- und Serviceleistungen – nicht klassischer Bestandteil des Kfz-handwerklichen Tätigkeitsspektrums, bei dem einen Betrieb im MK 3 jedoch zentraler Bestandteil des Angebotsportfolios. Für den einen Betrieb macht die Entwicklung und Förderung dieser primär „überfachlichen Kompetenzen" sogar ein Gros des Budgets aus, was er pro Mitarbeiter*in im Jahr einplant (ca. 1.000 Euro pro Mitarbeiter*in/Jahr). Im Mittel – so berichtet der andere Betrieb – kann von ca. 5 Tagen/Jahr pro Mitarbeiter*in an Schulungsbedarf ausgegangen werden. Dies kann jedoch – je nach Tätigkeitsbereich bzw. Einarbeitungsphase – auf bis zu 15 Tage/Jahr hochschnellen. Diese Einschätzung bezieht sich dabei lediglich auf formalisierte Angebote.

Mit Blick auf die Ausgestaltung des betrieblichen Kompetenzmanagements findet sich in beiden Betrieben des MK 3 eine relativ große Bandbreite. Hierzu gehören zum einen eine ganze Reihe von formal notwendigen Qualifikationen, die beispielsweise von den Aus- und Weiterbildungszentren des Handwerks verantwortet werden. Diese können in der praktischen Umsetzung dann von kleineren Befähigungsscheinen (z. B. für den Umgang mit Hochspannung) über obligatorische Sicherheitsschulungen bzw. –zertifikate bis hin zu Meister*innen- und Tech-

8.3 Stufe 3: Analyse inhaltlicher Sinnzusammenhänge und Typenbildung 257

niker*innenschulungen reichen, welche die Betriebe im MK 3 ihren Mitarbeiter*innen ermöglichen bzw. finanzieren. Darüber hinaus findet sich in den Betrieben des MK 3 eine überdurchschnittlich hohe Anzahl von händler*innen-, kund*innen- bzw. herstellerspezifischen Schulungen, die an dieser Stelle auch noch einmal die Bedeutung der bereits angesprochenen „externen Partner*innen bzw. Akteur*innen" für diese Betriebe hervorhebt. So müssen Mitarbeiter*innen die Schulungen / Maßnahmen der Kompetenzentwicklung, die dem Betrieb seitens beispielsweise der Hersteller auferlegt werden, besuchen, um überhaupt mit speziellen Technologien umgehen zu dürfen bzw. diese bei Endkund*innen verbauen zu dürfen. Grundsätzlich nimmt der Betrieb diese Schulungs- und Kompetenzentwicklungsmöglichkeiten seitens des Herstellers dankend an, da die Aus- und Weiterbildungszentren im Handwerk für seine „Nische" in der Regel keine passenden Angebote machen. Teilweise werden auch in Absprache mit dem Hersteller spezielle – auf die Bedürfnisse einzelner Personengruppen (z. B. Innendienst) angepasste – Angebote organisiert.

„Gut, auf der Produktseite, was die Geräte betrifft, nehmen wir regelmäßig teil an der Schulung unserer Hersteller. Die Vertriebler sowieso. Ich habe ja zwei Kollegen im Außendienst. ich nehme auch meinen Innendienst mit. Ich habe auch speziell eine Innendienstschulung eingefordert [...] für meine Innendienstkräfte, wo die dann auch zwei Tage nach Köln gefahren sind. Ich nehme aber auch mal Frau X. mit nach Dänemark, zu unserem Hersteller, weil sie dieses Produktportfolio betreut. Also da investieren wir auch Zeit." (BF_07(1): #00:46:29-8#)

Neben diesem starken Einfluss von Herstellern, die sich in beiden Betrieben des MK 3 finden lassen, kommt für den einen Betrieb ein weiterer betriebsexterner Akteur – das Betriebsnetzwerk – dazu, der nachhaltig das Angebot des BKMs (mit-)beeinflusst. So werden in regelmäßigen Abständen für alle Beschäftigten des Betriebsnetzwerks Angebote des BKMs durchgeführt, von denen die Mitarbeiter*innen des Betriebs im MK 3 regelmäßig Gebrauch machen. Zwar kann der Betrieb auch hier einen gewissen Einfluss auf Ausgestaltung, Inhalt etc. der Maßnahmen nehmen, jedoch wird in der Praxis die Agenda dieser Maßnahmen meist von den größeren Betrieben im Netzwerk dominiert.

Neben den bereits skizzierten Maßnahmen finden sich bei den Betrieben im MK 3 Maßnahmen des BKMs, die auf Kooperationen mit Hochschulen aus der Region basieren und meist die hochtechnologisierten Tätigkeitsfelder der Betriebe fokussieren. Hierzu werden entweder einzelne Mitarbeiter*innen zu den Hochschulen entsandt (z. B. Hochspannungslabor an einer regionalen Fachhochschule mit Technikschwerpunkt) oder Vertreter*innen der Hochschule werden im Rahmen von Vorträgen in den Betrieb geladen. Letzteres wäre ein typisches Beispiel für eine der bereits angesprochenen betriebsnetzwerkübergreifenden Maßnahmen, an dem dann ausgewählte Mitarbeiter*innen, die in einem Betrieb im Betriebsnetzwerk beschäftigt sind, teilnehmen können. In der Vergangenheit kam es darüber hinaus bereits vor, dass kleinere Forschungsaufträge an eine Hochschule vergeben wurden, um beispielsweise kooperativ an Lösungen, für im Betriebsalltag häufig auftretende technische Probleme, zu arbeiten. Dazu kommen eine Reihe von formalisierten Online-Qualifizierungsmodulen, Telefontrainings und die Teilnahme an einer Benimmschule für die eigenen Azubis im Netzwerk.

Neben diesen stark formalisierten Angeboten des BKMs finden sich in den Betrieben des MK 3 auch eine Reihe von arbeitsintegrierten Maßnahmen, die sich – nach Angaben der Betriebe – unter dem Stichwort „Learning-by-Doing" zusammenfassen lassen. Hier zeigen sich jedoch auch einige Differenzen zwischen den Betrieben im MK 3, die primär die Struktur und organisationale Aufhängung dieser non-formalen Angebote des BKMs betreffen. Während der eine Betrieb entsprechende Maßnahmen zwar für seine Mitarbeiter*innen bereitstellt, sind diese oft wenig strukturiert bzw. nicht nachhaltig zielorientiert.

„Meistens ist es so. Learning-by-Doing. D.h. wir haben einen bestandenen Gesellen, der kriegt jemanden an die Hand, der wird da mitgenommen und wird geguckt, wo sind da Defizite, wo muss man nachbessern. Das ergibt sich dann durch die Arbeit einfach." (BF_09: #00:16:36-6#)

Im Gegenzug dazu hat der andere Betrieb hier einen deutlich strukturierteren und auf Langfristigkeit angelegten Umgang mit seinen arbeitsintegrierten Maßnahmen. Zum einen sind die im Betrieb durchgeführten Maßnahmen personell an der Person des Werkstattleiters aufgehängt, zum anderen folgt der Betrieb – im Sinne eines Rotationsverfahren – einer gewissen didaktischen Strategie.

„Also wir wollen im Grunde genommen, ich sage mal, mit einer leichten Differenz die Leute rausschicken und sagen: das kannst du. Da ist vielleicht ein bisschen mehr gefordert, als das, was wir jetzt vermittelt haben, aber, die Leistung entsteht aus der Differenz, man muss auch ein bisschen fordern, dann ergibt das auch ein Fördern, und diese Strategie hat sich sehr bewährt und so haben wir in den letzten Jahren, die

8.3 Stufe 3: Analyse inhaltlicher Sinnzusammenhänge und Typenbildung 259

Werkstatt, wo wir also auch einen eigenen Werkstattleiter haben, als Plattform, als Ausbildungsplattform genutzt, intern für uns, um die Leute darauf vorzubereiten, dass sie dann zum Schluss selbstständig den ganzen Tag rausfahren." (BF_07(2): #00:11:39-7#)

"Das ist mit Sicherheit eine interne Fortbildungsstrategie, weil wir das gemerkt haben, aus früheren Jahren, dass wir teilweise Leute zu früh rausgeschickt haben, verbrannt haben, schlechte Response bekommen haben von unseren Kunden, Unzufriedenheit, Kulanz, auf Geld verzichten mussten [...]. Und es ist halt so, wir haben jetzt seit eineinhalb Jahren einen Werkstattleiter mit einem Stamm an Mitarbeitern in der Werkstatt, die die Werkstattaufträge abwickeln, also das Aufbereiten der Gebrauchtgeräte, das Fertigmachen der Neugeräte, Mietgeräte vorbereiten, die unser Kundendienstleiter notfalls als Springer verwenden kann. [...] Und in diesem Springerstamm bauen wir diese jungen Leute langsam auf. [...] Und diese Strategie hat sich sehr bewährt. [ein neuer Mitarbeiter beispielsweise; A. d. A.] kam auch aus dem PKW-Bereich, der hatte mit Gabelstaplern noch nicht viel Erfahrung, das merkt heut keiner mehr." (BF_07(2): #00:13:43-4#)

Fasst man die Bemühungen der Betriebe im MK 3 zusammen, erscheint der Wunsch, langfristig das notwendige Wissen bzw. die Kompetenzen in den eigenen Betrieb zu holen, als zentrales Ziel des BKMs. Im Vergleich zu den Betrieben vom MK 1 ist das Ziel, gewissen zukünftigen Trends zu folgen, bei den Betrieben im MK 3 ein wenig schwächer ausgeprägt. Vielmehr geht es darum, durch betriebs- und personengruppenbezogenen Maßnahmen langfristig kompetente Mitarbeiter*innen für Betriebe, die sich in einer Nische des eigenen Gewerks etabliert haben, herauszubilden. Zentral ist der Einfluss der externen Partner*innen bzw. Akteur*innen der Betriebe im MK 3, welche in hohem Maße das Angebot des BKMs (mit-)strukturieren und inhaltliche Akzente setzen. Die besondere Situation der älteren Beschäftigten soll im Folgenden noch einmal detailliert diskutiert werden.

(3) Die Situation der älteren Beschäftigten

Angesprochen auf die Situation für ältere Beschäftigte fallen neben der – wie häufig im Handwerk anzutreffen – überdurchschnittlich langen Betriebszugehörigkeit der Mitarbeiter*innen die Bemühungen beider Betriebe auf, die Belegschaft nicht „überaltern" zu lassen, bzw. die Betonung der Wichtigkeit einer gemischten Altersstruktur. Einer der Betriebe ist – nach eigenen Angaben – stolz darauf, im Betrieb „aus jedem Jahrzehnt" Mitarbeiter*innen zu beschäftigen. Der andere Betrieb

– der auch insgesamt über eine jüngere Altersstruktur verfügt – verweist hingegen – nach eigenen Angaben – darauf:

> *"[...] dieser demografische Wandel, der ist von uns schon längst vollzogen worden."* (BF_09: #00:23:42-8#)

Diese Aussage ist aus Sicht des Betriebs jedoch durchaus auch problematisch, da die Betriebe im MK 3, ähnlich der Betriebe des MK 1 und 2, insbesondere das Erfahrungswissen älterer Beschäftigter schätzen. So gehe eine relativ junge Altersstruktur aus Sicht des Betriebs häufig mit dem Fehlen von Erfahrungswissens sowie einem hohen Fluktuationsrisiko auf Seiten der jüngeren Mitarbeiter*innen einher. Vor diesem Hintergrund würde der eine Betrieb im MK 3 gerne mehr Mitarbeiter*innen höheren Alters beschäftigen, was sich in der Praxis jedoch angesichts des eklatanten Mangels an erfahrenen Fachkräften am Markt oftmals nicht so einfach darstellt. Konkret angesprochen auf die eigene Rekrutierungsstrategie, fährt der Betrieb fort, dass er hier keine Altersgrenzen zieht, sondern neue Mitarbeiter*innen primär auf Basis ihrer Qualifikationen und damit unabhängig von ihrem Alter ausgesucht werden. Jedoch fällt auf Nachfrage auf, dass der Betrieb mit der Bezeichnung „ältere Mitarbeiter*innen" vielmehr Mitarbeiter*innen meint, die seitens der Forschung meist dem „mittleren Erwerbsalters" zuzuordnen sind.

> *"Und deswegen versuchen wir auch teilweise Leute zu nehmen, die ein Alter haben zwischen 35, 40, 50, die eine gewisse Erfahrung haben. Die keine Flausen im Kopf haben, die jetzt sich nicht unbedingt noch weiterbilden wollen, Techniker, Meister, noch was. Die gerne im Handwerk als Geselle arbeiten, die auch schon eine gewisse handwerkliche Kreativität haben, sich erlernt haben im Laufe der Zeit, die mit Werkzeug umgehen können, die einfach zufrieden sind mit dem, was sie machen. Die 100 % bei uns sind. Die Erfahrung haben, auch wenn sie schon 40 oder 50 sind. Das sind die für mich persönlich, die liebsten Leute, die ich habe."* (BF_09: #00:31:10-9#)

Neben den fachlichen Kompetenzen, die durch langjährige Arbeitserfahrungen kommen, und der Tatsache, dass ältere Mitarbeiter*innen seltener den Arbeitsplatz wechseln, schätzen die Betriebe des MK 3 vor allem die Ruhe/Besonnenheit, aber auch die Führungs- und Anleitungskompetenzen ihrer älteren Beschäftigten, was an dieser Stelle auch noch einmal auf die wachsende Bedeutung von überfachlichen Kompetenzen hinweist.

8.3 Stufe 3: Analyse inhaltlicher Sinnzusammenhänge und Typenbildung

> *„Das ist der eine Boden. Der andere Boden ist, dass reifere Menschen viel mehr Ruhe in bestimmte Sachen mit reinbringen, indem sie Erfahrungen haben. Deswegen, das pragmatischer und besser fertigmachen können [...]."* (BF_09: #00:35:45-3#)

> *„[...] die innerhalb von so einem Team dann auch eher eine anleitende Funktion übernehmen würden oder ist das eher so ein ruhiger Pol, der sozusagen mit dem ganzen jungen Gemüse ganz gut zu sagen mal durchmischt."* (BF_09: #00:35:59-5#)

Ähnlich der Betriebe im MK 1 und MK 2 teilen die Betriebe des MK 3 die Sorgen um die gesundheitliche Leistungsfähigkeit ihrer älteren Beschäftigten und – als Reaktion darauf – investieren auch aktiv in den Bereich der Gesundheitsprävention. So wurden beispielsweise in einem der Betriebe des MK 3 in den letzten zehn Jahren drei Hebekräne angeschafft (ca. 35.000 Euro Investitionskosten), welche die Mitarbeiter*innen beim Heben schwerer Lasten unterstützen und so langfristig deren Gesundheit schonen sollen. Wenn bei einer/m älteren Mitarbeiter*in gesundheitliche Einschränkungen dazu führen, dass er/sie seinen angestammten Tätigkeitsbereich nicht mehr ausüben kann, wurde in der Vergangenheit seitens der Betriebe im MK 3 auch schon einmal versucht, den/die Betroffene*n in anderen – weniger körperlich belastenden – Bereichen (z. B. den Vertrieb) einzusetzen. Der Weggang eines älteren Beschäftigten, aufgrund körperlicher Einschränkungen, wird von den Betrieben im MK 3 in der Regel als großer Verlust konzeptualisiert, konträr dazu die Ermöglichung eines gesunden „Durchalterns" im Betrieb als etwas, worauf man als Betrieb „stolz" sein kann.

> *„Wir haben 20-jährige, 30-jährige, 40-jährige, 50-jährige. Das ist auch wichtig. Und ich habe nur einen über 60. Das ist wie gesagt der 64-jährige. Und da ist es so. Da bin ich auch stolz drauf, der wird genau bis 16. Juli nächsten Jahres arbeiten, weil nämlich dann genau bei uns 25 Jahre ist und das ist ihm persönlich wichtig. Und er ist fit. Er möchte auch gerne arbeiten. Das ist eine große Ausnahme, weil die meisten. Wir haben jetzt nächste Woche Freitag eine Verabschiedung, der musste mit 62 schon aufhören aus gesundheitlichen Gründen."* (BF_07: #00:21:47-9#)

Vereinzelt finden sich bei den Betrieben des MK 3 auch spezielle personen- bzw. gruppenbezogene Kompetenzentwicklungsangebote für ältere Beschäftigte, die meist das Ziel des Wissenstransfers verfolgen, d. h. explizit darauf ausgerichtet sind, dass das bei den älteren Mitarbeitern*innen vorhandene Fach-und Erfahrungswissen auch nach dem Ausscheiden dieser aus dem Berufsleben für den Betrieb erhalten wird. Wie bereits im Kontext der gesundheitspräventiven Maßnahmen angedeutet, finden sich bei den Betrieben des MK 3 Ansätze der Laufbahnentwicklung, die jedoch in der Regel lediglich vereinzelt für einzelne Personen angeboten werden, wenig strukturiert ablaufen und – ähnlich der gefundenen Ansätze der Laufbahngestaltung bei den Betrieben im MK 1 – nur z. T. den Kriterien von alter(n)sgerechter Laufbahngestaltung gerecht werden. So schildert beispielsweise der eine Betrieb, dass zwei eigentlich schon pensionierte Mitarbeiter*innen über ihren Ruhestand hinweg weiterhin tageweise im Betrieb tätig sind. Allerdings zeigt ein genauerer Blick auf das „neue Tätigkeitsspektrum" dieser Mitarbeiter*innen, dass diese nur teilweise im Rahmen von Wissenstransfermaßnahmen oder auf ihren angestammten Positionen eingesetzt werden, sondern vielmehr als betriebliche Flexibilisierungsreserve agieren und ansonsten „Aushilfstätigkeiten" (z. B. Lager organisieren etc.) ausüben. Eine strategische Entwicklung oder Einsatz der Kompetenzen der älteren Beschäftigten findet sich hier nicht.

„Und das find ich halt sehr interessant, weil ich dort natürlich erfahrene Leute habe, die ich nicht operativ nutze und aus dem operativen Bereich keinen für so eine Nebentätigkeit vergeude, weil der mir ja einen ganz anderen Umsatz bringt und die Rentner natürlich wissen, worauf es ankommt, motiviert sind, weil sie auch nicht ganze Woche arbeiten müssen, mitdenken, sozusagen voll selbstständig arbeiten und eben die Dinge tun, die wir machen müssen, wofür aber eigentlich mit dem festen Stamm keine Zeit bleibt." (BF_07(2): #00:26:25-2#)

„Genau, die fahren auch mal los, holen mal Sachen oder sonst wie, und das finde ich gut, weil zum einen, was ja viele Betriebe nicht interessiert, biete ich natürlich denen, die daran Interesse haben, und die, wo ich das auch will, also ich nehme nicht jeden, nochmal einen ganz sanften Ausstieg aus dem Berufsleben, für viele ist das ja auch furchtbar, wenn sie da jeden Tag die To-Do Liste hingelegt kriegen, und ist auch ne Motivation für die Jüngeren zu sehen, dass die Alten noch was können. Also im Grunde genommen, ja, ein bisschen hochtituliert, so ne Mehrgenerationensituation." (BF_07(2): #00:27:36-0#)

Zusammenfassend zeigt sich also, dass die Betriebe im MK 3, im Grundsatz, durchaus für die Belange ihrer älteren Beschäftigten sensibilisiert sind. Durch ihre Nischenorientierung schätzen diese Betriebe in besonderer Weise Erfahrungs- und Anwendungskompetenzen, die ältere Mitarbeiter*innen auf sich vereinen. Als Folge der Auseinandersetzung mit der Alterung der eigenen Belegschaft finden sich einzelne Maßnahmen, die versuchen, präventiv insbesondere das „gesunde" Altern im Betrieb zu ermöglichen. Deutlich weniger Maßnahmen existieren bei

8.3 Stufe 3: Analyse inhaltlicher Sinnzusammenhänge und Typenbildung

den Betrieben im MK 3 mit Blick auf die konkrete Förderung und Entwicklung von Kompetenzen von älteren Mitarbeiter*innen. Ähnlich der Betriebe im MK 1 finden darüber hinaus auch die besonderen Lern- und Kompetenzentwicklungsbedürfnisse Älterer bis dato relativ wenig Beachtung in den Betrieben des MK 3.

(4) Rückkopplung der (Begründungs-)Parameter des BKMs an den heuristisch-analytischen Theorierahmen

In der Tradition der Humankapitaltheorie nach Becker stehend, zeigt sich, dass aus Sicht der Betriebe im MK 3 ebenfalls der Nutzen die Kosten einer Investition in das Humankapital ihrer Beschäftigten überwiegt (Merkmalsausprägung „Nutzen überwiegt"). So berichten die Betriebe von einer Reihe von zum Teil sehr langfristigen Investitionen, die sie in ihre (älteren) Mitarbeiter*innen tätigen und die sich in der Summe im niedrigen bis mittleren vierstelligen Bereich pro Mitarbeiter*in bewegen können. Neben finanziellen Ausgaben investieren die Betriebe des MK 3 vor allem in Form der Zeit, die ihre Mitarbeiter*innen benötigen, um an den entsprechenden Schulungen / Maßnahmen des BKMs teilzunehmen. Darüber hinaus wird in Reisekosten, aber auch in formalisierte Angebote mit Trainer*innen oder in Online- und Telefonkurse investiert. Dabei agieren die Betriebe im Rahmen eines kalkulierten Budgets, was – je nach Bedarf – jedoch auch flexibel pro Mitarbeiter*in erhöht werden kann. Zentral ist der Gedanke, dass für jede/n neue/n Mitarbeiter*in, wenn nicht im eigenen Betrieb ausgebildet, eine Investition zwangsweise notwendig wird, weil die Kompetenzanforderungen der Betriebe im MK 3 stark von der betriebsspezifischen Ausrichtung der Tätigkeitsbereiche abhängen. So sind potentielle neue Mitarbeiter*innen in der ersten Zeit kaum gewinnbringend, d. h. im Sinne der Humankapitaltheorie produktiv und gewinnmaximierend, an den Arbeitsplätzen einzusetzen, für die sie eingestellt wurden. Dies weist erneut auf die enge Verknüpfung der Kosten-Nutzen-Evaluation mit der Frage nach dem spezifischen Teilarbeitsmarktsegment hin, in dem die Beschäftigten tätig sind.

> *„Die müssen sicherlich ein halbes Jahr bei uns tätig sein, bevor wir sie dann wirklich alleine laufen lassen können. Die schon ausgebildeten Leute, halbes Jahr nochmal weiterbilden, dann sind sie für uns wirklich einsetzbar und auch profitbringend. Vorher schiebt man mehr rein, als das man rauskriegt."* (BF_09: #00:15:54-9#)

Greift man hier die Argumentation der Segmentationstheorie auf, finden sich hier deutliche Parallelen zu den Betrieben im MK 1. Auch hier zeigt sich, dass Mitarbeiter*innendurch die hohen betriebs- und nischenspezifischen Kompetenzanforderungen, die an diese gestellt werden, auf dem „freien Markt" nur schwer zu ersetzen wären und als Resultat sozusagen zum „prekären Gut" avancieren. Gleichermaßen ist es das selbsterklärte Ziel des BKMs der Betriebe des MK 3, „Mitarbeiter*innen überhaupt einsatzfähig" zu machen und das Spezialwissen der erfahrenen und älteren Mitarbeiter*innen langfristig im Betrieb zu halten. Die Betriebe des MK 3 sind damit mehrheitlich dem dritten Teilarbeitsmarkt und damit dem Merkmal „betriebsspezifisches BKM" zuzuordnen. An dieser Stelle sei darauf hingewiesen, dass „mehrheitlich" an dieser Stelle ein bewusst gewählter Terminus ist und sich auch hier argumentieren ließe, dass die Betriebe verschiedene Aspekte der Teilarbeitsmärkte 2 und 3 auf sich vereinen. So sind die Anforderungen der Betriebe des MK 3 zwar sehr nischenspezifisch, jedoch nicht so betriebsspezifisch bzw. personengruppenbezogen, wie dies bei den Betrieben im MK 1 der Fall ist. So gibt es beispielsweise keine betriebsintern ausgebildeten Positionen, die es in anderen nischenspezialisierten Betrieben so nicht geben würde. Es könnte also gesagt werden, dass sich die Betriebe des MK 3 zwischen den Teilarbeitsmärkten 2 und 3 bewegen. Im Vergleich zu den Betrieben des MK 2 bleiben die Strukturen, Arbeitsweisen und Kompetenzanforderungen zwar deutlich mehr auf ihre betriebsspezifische Nische orientiert, jedoch anders als die Betriebe im MK 1 auch deutlich weniger betriebsspezifisch bzw. trendorientiert und damit in der Konsequenz stärker in den traditionellen Gewerken verwurzelt.

Mit Blick auf die Frage, ob Promotoren*innen in den Betrieben des MK 3 zu finden sind, ist zunächst erneut auf die relative Abhängigkeit dieser an einen bestimmten externen Partner bzw. Akteur hinzuweisen. So kooperieren beide Betriebe des MK 3 eng (z. T. auch exklusiv) mit einigen wenigen Herstellerfirmen bzw. Partner*innen aus einem bestehenden Betriebsnetzwerk. Da eine Vielzahl der in den Betrieben des MK 3 durchgeführten Maßnahmen des betrieblichen BKMs mehr oder weniger seitens eben dieser externen Akteur*innen „vorgegeben" wird, sinkt der Einfluss interner Personen bzw. Promotoren*innen auf die Ausgestaltung des BKMs (Merkmalsausprägung: Promotor*in nicht im Betrieb vorhanden). So gibt es zwar in beiden Betrieben des MK 3 Personen, die sich um das BKM kümmern, bzw. dieses betriebsintern „verwalten", jedoch ließe sich argumentieren, dass diese im Sinne von Witte nicht zwingend als betriebsinterne

8.3 Stufe 3: Analyse inhaltlicher Sinnzusammenhänge und Typenbildung

Promotoren*innen zu bezeichnen wären. Weder aufgrund ihrer machtstrukturellen Position im Betrieb noch aufgrund ihrer fachlichen Expertise üben sie nachhaltig Einfluss auf die Umsetzung des BKMs in den Betrieben aus, da diese Verantwortlichkeit größtenteils außerhalb der Betriebe bei den bereits genannten externen Akteur*innen verortet wird. An dieser Stelle ließe sich darüber nachdenken, ob das Modell von Witte um das Vorkommen von sog. „externen Promotoren*innen" bzw. „externalsierten Promotorenstrukturen" zu erweitern wäre. Diese wären dann – abweichend von Wittes Grundgedanken – nicht im Betrieb selber zu finden, sondern üben eine ähnliche Funktion bezüglich des BKMs aus einer betriebsexternen Position heraus aus. Zwar agieren in der Praxis bei den angeführten externen Akteur*innen auch einzelne Personen, da jedoch die Verantwortlichkeit – je nach Technologie und –anbieter – hier auch wechseln könnte, ist wohl eher von einer deutlich diffuseren externalisierten Promotor*innenstruktur auszugehen.

Im Fall der Betriebe im MK 3 wird eine solche externalisierte Promotor*innenstruktur jedoch nicht als ungewollte Fremdbestimmung bzw. Eingreifen in betriebliche Belange wahrgenommen, sondern reiht sich vielmehr in ein spezifisches Verständnis von Führung und Verantwortlichkeitsvorstellung der Betriebe ein. So finden sich teilweise Hinweise, dass die an der Führungsspitze der Betriebe im MK 3 stehenden Personen mit der handwerkstypischen Organisationsstruktur brechen und die häufig zu beobachtende Rollenhäufung beim Geschäftsführer*in bzw. dem Betriebsinhaber*in gänzlich ablehnen. D.h. die oftmals auf eine Person konzentrierte Führungsverantwortung im Handwerk wird von den Betrieben bewusst diffundiert und auf mehrere Verantwortliche verteilt. Im Folgenden wird die Verantwortung für das BKM dann nicht als „betriebsinterne" Aufgabe gesehen, sondern wird lediglich auf „externe Schultern" übertragen.

„Das sehe ich nicht ein, weil letztendlich ist ja auch die Gefahr, sie ziehen dann alles auf sich und das ganze System gerät in immer größere Abhängigkeit vom Chef. Und das ist ja falsch. Das muss ja so sein, wenn der Chef nicht da ist, läuft die Firma noch besser." (BF_07(1): #00:49:16-8#)

„Schönstes Beispiel ist doch, wenn Sie mal im Handwerk fragen, ich habe keinen Urlaub. Dann sage ich, ihr seid doch alle bekloppt. ich habe 30 Tage Urlaub und die nehme ich. Wenn Sie das als Unternehmer im Handwerk nicht schaffen, Ihren Urlaub zu nehmen, tun Sie was falsch. Weil wer braucht denn nicht den größten Anteil der Erholungszeit als der Chef?" (BF_07(1): #00:50:24-4#)

Um im Duktus des Promotorenmodells nach Witte zu bleiben, lässt sich für die Betriebe im MK 3 zusammenfassend feststellen, dass obwohl keine betriebsinternen Promotor*innen identifiziert werden konnten, diese nicht gänzlich nicht existieren. Vielmehr finden sich Hinweise für eine Externalisierung dieser Position, d. h. das BKM läuft nicht rein willkürlich von statten, sondern es liegt „in den Händen einer diffusen externalisierten Promotor*innenstruktur". Diese besteht im Beispiel der Betriebe im MK 3 sowohl aus einer Reihe von Herstellern als auch von den Verantwortlichen im angesprochenen Betriebsnetz.

8.3.4 Beschreibung Merkmalskombination 4: (HK- | SA+/- | PM-)

Kurzzusammenfassung:

*Der Betrieb, der dem MK 4 zugeordnet wurde, zeichnet sich als nicht investitionsbereit in das Humankapital seiner (älteren) Beschäftigten, als Anbieter gewerk- und in kleinem Maße betriebsbezogener Angebote des betrieblichen Kompetenzmanagements und in seinen Handlungen nicht durch eine/n betriebsinterne/n Promotor*in geleitet aus.*

Hierzu gehört: BF_06

(1) Sozio- und wirtschaftsstrukturelle Merkmale des Betriebs

Der Betrieb, der dem MK 4 zugeordnet ist, kommt aus dem Kfz-Gewerk und ist mit 15 Mitarbeiter*innen den kleineren Betrieben im Sample zuzuordnen. Die eigene Altersstruktur gibt der Betrieb mit „jung" an. Ein Blick auf die Tätigkeitsbereiche des Betriebs zeigt, dass diese größtenteils den klassischen Tätigkeitsbereichen im (freien) Kfz-Bereich (Verkauf, Reparatur, Service und Wartung) entsprechen. Vor ca. 10 Jahren hat der Betrieb einen massiven Strukturwandel erlebt, als nach über 40 Jahren die vertragliche Gebundenheit zu einem namenhaften deutschen Autoherstellers aufgelöst wurde. Seitdem ist der Betrieb nicht mehr Vollhändler, sondern über einen sog. „Servicevertrag" als Service-Partner an den Hersteller gebunden. Service-Partner stellt im Kfz-Gewerk eine Art Zwischenweg dar:

8.3 Stufe 3: Analyse inhaltlicher Sinnzusammenhänge und Typenbildung 267

Der Betrieb bietet zwar nicht mehr alle Dienstleistungen des (Auto-)Herstellers an, kann den Kund*innen aber immer noch ein breites Angebot von Verkauf bis Reparatur bieten; ein Geschäftsmodell, welches jedoch mit einem erheblichen Aufwand/Kosten für den Betrieb verbunden ist. So sind die Grundkosten (durch die vertraglich geregelten Abgaben, die als Vollvertragshändler zu zahlen, bzw. die Margen/Arbeitsmittel, die abzunehmen sind) zwar jetzt geringer, als dies bei einem Vollhändler der Fall ist, aber – so berichtet der Betrieb – ist der Umsatz durch einen erlebten Imageverlust ebenfalls gesunken. Ähnliches berichtet der Betrieb mit Blick auf die Arbeitgeber*innenattraktiviät.

> *„Auch der Mitarbeiter fühlt sich ja schon gehoben, das haben wir ja ganz stark gemerkt, wo das [Markenzeichen; A. d. A.] [...] nicht mehr da war. Auf einmal ist, das nennt man dann den Sog der Marke oder das Image der Marke war dann weg."* (BF_06: #00:18:53-7#)

Der jetzige Kund*innenstamm besteht daher vor allem aus Altkund*innen und ist primär regional zu verorten. Insgesamt kämpft der Betrieb mit der starken Konkurrenz, insbesondere zu anderen Vollhändlern in der Region, was sich in einer – nach eigenen Angaben – durchwachsenen bis schlechten wirtschaftlichen Lage des Betriebs äußert.

(2) Kompetenzanforderungen und Ausgestaltung des betrieblichen Kompetenzmanagements

In Bezug auf die Kompetenzanforderungen an die Mitarbeiter*innen zeigt sich, dass die Tätigkeitsbereiche des Betriebs im MK 4 größtenteils im Rahmen der regulären Tätigkeiten eines „modernisierten" Kfz-Betriebs zu verorten sind. Modernisiert, weil insgesamt im Kfz-Gewerk ein starker Strukturwandel in den vergangenen Jahrzehnten zu beobachten war. So sind Fahrzeuge beispielsweise zunehmend „digital", was sich nachhaltig auf die Arbeitsweisen und Kompetenzanforderungen an Mitarbeiter*innen im Kfz-Handwerk ausgewirkt hat. Vereinfacht gesagt, sehen sich Mitarbeiter*innen beispielsweise seltener mit mechanischen Arbeitsanforderungen konfrontiert, dafür umso mehr mit Aspekten, die den Bereich der Mechatronik bzw. Elektronik betreffen. Deutlich ist dieser Strukturwandel auch an der erfolgten Neustrukturierung des Berufsbilds Automechatroniker*in nachzuvollziehen, welches 2003 aus den Berufen Kfz-Mechaniker*in, Kfz-Elektriker*in und Automobilmechaniker*in neu entstanden ist. Zwar existieren auch heute noch Kfz-Werkstätten, in denen die Arbeitsweisen nicht digitalisiert (z. B. computergestützte Fehleranalyse) sind, jedoch nimmt der Anteil dieser Betriebe zunehmend ab. Der Betrieb im MK 4 ist insbesondere durch die immer noch vorhandene Anbindung an einen namenhaften Hersteller dem modernisierten Kfz-Gewerk zuzuordnen. Der Betrieb weist keine bestimmte Spezialisierung auf, hat seinen Schwerpunkt jedoch in den Bereichen Verkauf und Service mit Fokus auf Altkund*innen.

Der Bereich der betrieblichen Kompetenzentwicklung läuft fast ausschließlich über die Angebote des Herstellers und ist damit ebenfalls größtenteils fremdbestimmt (im Schnitt 6 Schulungen/Jahr/Mitarbeiter*in). Anders als bei den Betrieben im MK 3, die Angebote der sog. „externen Akteur*innen" noch durch eigene Angebote ergänzen, finden sich beim Betrieb im MK 4 nur sehr vereinzelt weitere betriebliche Maßnahmen des BKMs, die jedoch auch alle formalisiert stattfinden und über externe Anbieter*innen abgewickelt werden. In der praktischen Umsetzung heißt dies, dass der externe Akteur im Falle des Betriebs im MK 4 faktisch im Alleingang über die gesamte Agenda und die Ausgestaltung des betrieblichen Kompetenzmanagements entscheidet. Die meisten der im Betrieb durchgeführten Maßnahmen des BKMs sind daher solche, die als obligatorisch zu bezeichnen sind. Das heißt, wenn Mitarbeiter*innen bestimmte Schulungen seitens des Herstellers nicht besuchen, kann dies stark negative Konsequenzen für den Betrieb haben. Träte beispielsweise der Fall ein, dass Mitarbeiter*innen keine Schulungen besucht hätten, dann aber an einem Fahrzeug arbeiten, kann dies die Herstellergarantie bei Neufahrzeugen beeinflussen, und der Betrieb bliebe auf Kosten, die normalerweise noch unter den Garantieschutz des Herstellers fallen, sitzen. Worst-Case-Szenario ist, dass – werden die obligatorischen Schulungen etc. seitens des Betriebs vernachlässigt – die Aufrechterhaltung des Service-Vertrags mit dem Hersteller gefährdet würde.

> *„Es gibt ja da auch noch genügend Auflagen, die noch erfüllt werden müssen. Wir müssen zertifiziert sein, wir müssen das Spezialwerkzeug haben, wir müssen viele viele Sachen erfüllen, um diesen Vertrag aufrecht zu erhalten, oder überhaupt, damit man den Vertrag bekommt. Das ist schon eine große Hürde." (BF_06: #00:02:55-1#)*

8.3 Stufe 3: Analyse inhaltlicher Sinnzusammenhänge und Typenbildung 269

> *„Und wenn ich hinterher noch einen Garantie- oder Kulanzanspruch noch habe, guckt der Hersteller wieder, wer hat die Wartung durchgeführt." (BF_06: #00:07:55-8#)*

Die vorgefundene Regelung ist dabei aus Sicht des Betriebs im MK 4 durchaus als ambivalent anzusehen. So bietet diese enge Bindung an die Angebote des Herstellers auf der einen Seite wenig bis keine Flexibilität bzw. Spielräume für den Betrieb, andererseits werden so neue Technologien meist relativ schnell Bestandteil der Schulungen und die Kompetenzen der Mitarbeiter*innen sind als Resultat immer „up-to-date". Gleichzeitig ist jedoch auch davon auszugehen, dass die Schulungen, welche die Mitarbeiter*innen besuchen, z. T. völlig losgelöst von den eigentlichen betrieblichen Bedarfen sind.

> *„Weil die natürlich da alles abdecken. Kommen jetzt für die Karosserie, wenn man es da nimmt, wo feste Stähle oder da ein neues Schweißverfahren oder kleben oder irgendwas, dann hat man natürlich durch [den Hersteller; A. d. A.] da schon einen Vorteil. Meistens haben die sowas als relativ früh... Da ist man eigentlich gut ausgebildet. Und die Auszubildenden haben ihre Lehrgänge, die die auch im Rahmen der Ausbildung durchlaufen." (BF_06: #00:42:09-0#)*

Abschließend lässt sich also für den Betrieb im MK 4 eine Ausprägung des BKMs „mittleren Grades" konstatieren, die jedoch durch ein hohes Maß an Fremdbestimmtheit geprägt ist. So besuchen die Mitarbeiter*innen regelmäßig gewerkspezifische Angebote des BKMs, jedoch ist die Gesamtsituation nicht mit den Betrieben des MK 3 zu vergleichen, bei denen trotz hoher Abhängigkeit zu einem externen Dritten auch eine Reihe von in Eigenregie durchgeführten Maßnahmen des BKMs identifiziert werden konnten. Letzteres ist beim Betrieb im MK 4 nicht der Fall. Darüber hinaus finden sich keine betriebsspezifischen oder gruppenbezogen Angebote oder Maßnahmen, die arbeitsintegriert ablaufen und speziell auf die Personengruppe der älteren Beschäftigten fokussieren. Letzteres soll im Folgenden noch einmal detailliert diskutiert werden.

(3) Die Situation der älteren Beschäftigten

Angesprochen auf die Situation für ältere Beschäftigte ist zunächst auf die relativ junge Altersstruktur im Betrieb, der dem MK 4 zuzuordnen ist, hinzuweisen. So ist keiner der in der Werkstatt Beschäftigten älter als 40 Jahre. Ähnlich der Betriebe im MK 1, MK 2 und MK 3 teilt der Betrieb im MK 4 die Sorgen um die gesundheitliche Leistungsfähigkeit älterer Beschäftigter, es finden sich jedoch auch keine Bemühungen, dieser Entwicklung beispielsweise durch gesundheitspräventive Maßnahmen im Betrieb entgegenzuwirken. Vielmehr wird das Ausscheiden von Mitarbeiter*innen aus dem Betrieb, aufgrund gesundheitlicher Einschränkungen, als „der normale Gang im Handwerk" konzeptualisiert, dem aus Betriebssicht wenig bis nichts entgegenzusetzen sei. Zur Validierung dieser Einschätzung gibt der Betrieb an, dass eben genau das in der Vergangenheit mehrfach bereits der Fall war und ältere Mitarbeiter*innen den Betrieb verlassen hätten. Als einen weiteren Grund, warum Mitarbeiter*innen im Betrieb nicht „durchaltern" nennt der Betrieb im MK 4, dass viele der Beschäftigten frühzeitig in andere Beschäftigungsverhältnisse abwandern, weil sie ein attraktiveres Angebot (z. B. besser bezahltes bzw. Anstellung bei einem namenhaften Hersteller oder in der Industrie) bekommen und dieses auch wahrnehmen. Erneut zeigt sich, dass der Betrieb diesem Vorgang aus eigener Kraft wenig entgegen zu setzen weiß und Möglichkeiten der Mitarbeiter*innenbindung bis dato für den eigenen Betrieb nicht angegangen ist. Fallen (ältere) Mitarbeiter*innen aus den genannten Gründen aus bzw. verlassen den Betrieb, fällt im Weiteren auf, dass der Betrieb dieses Ausscheiden wenig bis überhaupt nicht strukturiert angeht. So war der Wegfall des letzten älteren Altgesellens nach eigenen Angaben im Betrieb deutlich (negativ) merkbar gewesen, insbesondere mit Blick auf das verloren gegangene Erfahrungswissen.

„Erfahrener. Das war das Erfahrungswissen, dem brauchte man das nicht... Wenn einer das 30 Jahre lang gemacht hat... Der weiß, wie das geht und wie ich da eine Mauer maure." (BF_06: #00:52:33-0#)

Ein weiterer Aspekt, den der Betrieb im MK 4, ähnlich der Betriebe in den anderen MK, mit Blick auf seine älteren Beschäftigten anführt, sind die Vorteile von langfristig gewachsenen Kund*innenbeziehungen, die diese häufig auf sich vereinen. So nehmen ältere Kunden*innen zum einen gerne die Dienste von Mitarbeiter*innen in Anspruch, die sie schon lange kennen, zum anderen fühlen sie sich im Umgang mit Mitarbeiter*innen der gleichen Altersklasse in ihren Bedürfnissen besser verstanden. Letzteres ist ein interessanter Fakt, der an dieser Stelle auch noch ein-

8.3 Stufe 3: Analyse inhaltlicher Sinnzusammenhänge und Typenbildung 271

mal das Potential eines auf die Bedürfnisse älterer Kund*innen angepasste Angebotsportfolio hinweist, welches sich beispielsweise vereinzelt Betriebe im MK 2 in der Vergangenheit bereits zur Nutze machen konnten.

> „Aber auch im Umkehrschluss, einige Kunden gucken da auch schon kritisch und sagen, was ist das denn, wo ist der denn, ich will aber zu dem." (BF_06: #00:55:21-0#)

> „Sind das dann auch eher ältere Kunden, die sagen, eigentlich möchte ich lieber von jemandem bedient werden, der wenigstens nicht halb so alt ist wie ich." (BF_06: #00:55:30-8#)

Insgesamt zeigt sich, dass der Betrieb im MK 4 ein geringes Bewusstsein für die Belange und Bedürfnisse seiner älteren Mitarbeiter*innen verfügt und darüber hinaus auch die Möglichkeiten, ein besseres „Durchaltern" im Betrieb zu ermöglichen, nicht in seinem Verantwortungsbereich sieht. Dies liegt sicherlich zum einen daran, dass es zum Zeitpunkt der Studie wenig Ältere im Betrieb gab, jedoch scheint der Betrieb auch wenig aus vorhergegangenen Erfahrungen gelernt zu haben, was insgesamt den Eindruck eines wenig sensibilisierten Betriebs unterstreicht. So existieren (auch zukünftig) – wie bereits angesprochen – seitens des Betriebs keine Bemühungen, im Bereich der Gesundheitsprävention oder im Bereich der Laufbahngestaltung bzw. des Wissenstransfers tätig zu werden.

(4) Rückkopplung der (Begründungs-)Parameter des BKMs an den heuristisch-analytischen Theorierahmen

In Anlehnung an die Humankapitaltheorie nach Becker lässt sich für den Betrieb im MK 4 feststellen, dass dieser den Nutzen in eine Investition in das Humankapital der eigenen Mitarbeiter*innen als gering einschätzt. So investiert der Betrieb zwar faktisch in Maßnahmen des betrieblichen Kompetenzmanagements für seine Mitarbeiter*innen, jedoch passiert dies nicht aus freien Stücken. Vielmehr wird der Betrieb durch die obligatorischen Schulungen seitens des Herstellers zu einer Investition in das Humankapital seiner Mitarbeiter*innen gezwungen. Tut er dies nicht, gefährdet sein Verhalten langfristig die Möglichkeit, weiterhin mit dem Hersteller zu kooperieren, z. B. in Form einer Verlängerung des laufenden Servicevertrags bzw. der Übernahme von Garantie- und Kulanzschäden.

> *„Der Hersteller hat da schon eine unglaubliche Macht, das ist schon richtig [...]. Es gibt ja heute nur noch viele Große, weil die Kleinen es gar nicht mehr können oder aus dem Netz gefallen sind und gar nicht mehr machen."* (BF_06: #00:24:59-1#)

Im Rahmen einer engen Auslegung des Humankapitalgedankens könnte die hier aufgestellte Rechnung (entweder Investition oder Gefährdung der Kooperation) auch im Sinne der individuellen Nutzenmaximierung interpretiert werden, was diesen Fall mit Blick auf die Merkmalszuordnung nicht ganz eindeutig macht. In einem engen Verständnis Beckers wäre das Ziel, die Kooperation mit dem Hersteller beizubehalten, als mögliche Rendite einer Investition in das Humankapital der Mitarbeiter*innen zu interpretieren. Demnach wäre eine Einordnung zur Merkmalsausprägung „Nutzen überwiegen" notwendig. Stellt man jedoch eine – wie von Kelle und Kluge auch angeregte – Fallkontrastierung an, werden die Differenzen zwischen den Betrieben des MK 2 und des Betriebs im MK 4 deutlich, die sich – rein formal – lediglich hinsichtlich der Merkmalsausprägung „Kosten-Nutzen-Abwägung" unterscheiden. So zeigt sich, dass konträr zu den Betrieben im MK 2 beim Betrieb des MK 4 insgesamt keine förderliche Kultur für Investitionen in Maßnahmen des BKMs finden lässt, es werden außerhalb der obligatorischen auch keine weiteren Kompetenzentwicklungsmaßnahmen für die Beschäftigten angeboten. Was durchgeführt wird, passiert auf unfreiwilliger Basis, und es lässt sich davon ausgehen, dass die momentan getätigten Investitionen – wenn es möglich wäre – seitens des Betriebs auf Basis von Kostengründen eingeschränkt werden würden. Deutlich wird diese Grundhaltung auch nochmal mit Blick auf die Frage, ob der Betrieb über das Anstoßen neuer Maßnahmen nachdenkt. So zeigt sich, dass – wenn dies überhaupt in Erwägung gezogen wird – neue Maßnahmen des BKMs aus Sicht des Betriebes keine hohen Kosten verursachen sollten. Vor diesem Hintergrund erfolgte hier die Einordnung zur Merkmalsausprägung „Kosten überwiegen".

> *„Das war halt mein Schwerpunkt, um zu sagen, ok, was kann ich den Mitarbeitern, ich sag mal, nicht kostenneutral, aber dass man sagt, gibt es da irgendein Modell oder wo man sagen kann [da können die Mitarbeiter*innen geschult werden, aber das kostet nichts; A. d. A.]."* (BF_07: #01:00:04-6#)

Eindeutiger ist die Zuordnung des Betriebs mit Blick auf die Annahmen der Segmentationstheorie. So ist an dieser Stelle klar von einer Positionierung im zweiten

8.3 Stufe 3: Analyse inhaltlicher Sinnzusammenhänge und Typenbildung 273

Arbeitsmarktsegment (Merkmalsausprägung „gewerkspezifisches BKM") auszugehen. So sind die im Betrieb des MK 4 anfallenden Kompetenzanforderungen an die Mitarbeiter*innen dem regulären und typischen Aufgabenfeld des Gewerks zuzuordnen. Zwar gibt es eine Bindung an einen bestimmten Hersteller, Mitarbeiter*innen können – und tun dies auch – jedoch relativ unproblematisch zwischen den Betrieben innerhalb und außerhalb des Gewerks fluktuieren, was auf ein geringes Maß an betriebsspezifischen und personengruppenbezogen Kompetenzen hinweist. Es handelt sich bei den Mitarbeitern*innen jedoch auch nicht um Personen, die im Sinne des Jedermannarbeitsmarkt mit sehr geringem Aufwand zu ersetzen wären. Letzteres verhindert an dieser Stelle ebenfalls die Bindung an den Hersteller mit den damit verbundenen Vorgaben über absolvierte Schulungen. Darüber hinaus konzeptualisiert der Betrieb Maßnahmen des BKMs auch nicht als Mittel, um Mitarbeiter*innen langfristig an den Betrieb zu binden, vielmehr wird versucht, die hohe Fluktuation von Mitarbeiter*innen durch hohe Ausbildungszahlen und stetiges Recruiting auszugleichen.

Zieht man die Argumentationen des Promotorenmodells nach Witte heran, fällt auf, dass – ähnlich der Betriebe im MK 3 – eine eindeutige Fremdbestimmtheit zu konstatieren ist, d. h. es findet sich innerhalb der Belegschaft des Betriebs keine Person, welche die Rolle des/r Promotor*in übernommen hat (Merkmalsausprägung: „Promotor*in nicht im Betrieb vorhanden"). Erneut finden sich jedoch Hinweise für das Existieren eines/r sog. „externen Promotor*in" bzw. „externalisierten Promotor*innenstruktur", was an dieser Stelle noch einmal für eine notwendige Erweiterung des Promotorenmodells nach Witte sprechen würde. Im Falle des Betriebs im MK 4 wird diese „diffuse Promotor*innenstruktur" von einem einzigen Hersteller ausgefüllt, der aus einer externen Machtposition heraus auf die Ausgestaltung des betrieblichen Kompetenzmanagements wirkt. Anders als im MK 3, wo der/die externe Promotor*in aufgrund der Nischenpositionierung der Betriebe oftmals alleiniger Anbieter möglicher Maßnahmen des BKMs ist (und diese auch aktiv und „gerne" von den Betrieben in Anspruch genommen werden), wird die Machtposition des Herstellers vom Betrieb im MK 4 als Belastung und hohes Maß an unerwünschter Fremdbestimmtheit wahrgenommen. Es geht an dieser Stelle also nicht um ein (begrüßtes) Verlagern bzw. Diffundieren von Verantwortlichkeit für das BKM auf die „Schultern eines externen Akteurs" oder gar um eine gewollte Abgabe von Führungsverantwortlichkeit seitens des/r Betriebsinhaber*in. Vielmehr fühlt sich der Betriebsinhaber in alleinigen Führungsanspruch gestört und die externe Promotor*innenstruktur wird im Ganzen als etwas den Betriebsablauf Störendes wahrgenommen, von dem man (Betrieb) sich jedoch aufgrund der angesprochenen Abhängigkeit nicht „befreien" kann.

8.3.5 Beschreibung Merkmalskombination 5: (HK- | SA- | PM-)

Kurzzusammenfassung:

Der Betrieb, der dem MK 5 zugeordnet wurde, zeichnet sich als nicht investitionsbereit in das Humankapital seiner (älteren) Beschäftigten, als Anbieter von allein statuserhaltenden Maßnahmen des betrieblichen Kompetenzmanagements und in seinen Handlungen nicht durch eine/n betriebsinterne/n Promotor*in geleitet aus.

Hierzu gehört: BF_01

---

(1) Sozio- und wirtschaftsstrukturelle Merkmale des Betriebs

Der Betrieb, der dem MK 5 zugeordnet wurde, kommt aus dem Metallgewerk und ist/war mit nur 5 Mitarbeiter*innen einer der kleinsten Betriebe im Sample. Der Betrieb existierte bereits seit mehreren Jahrzehnten im Familienbesitz, befand sich jedoch zum Zeitpunkt der Betriebsfallstudie (01/2015) in den Überlegungen, den Betrieb in naher Zukunft aufzugeben.[102] Die eigene Altersstruktur gibt der Betrieb mit „durchmischt" an, wobei hier jedoch eine gewisse Stratifizierung zu beobachten ist. So gibt es zwei Personen im Betrieb, die über 50 Jahre alt sind, während die anderen Beschäftigten (insbesondere aufgrund des Auszubildendenanteils) deutlich jünger sind (20-30 Jahre). Ein Blick auf die Tätigkeitsbereiche des Betriebs zeigt, dass diese größtenteils dem – nicht industrienahen – klassischen Metallhandwerk zuzuordnen sind. An dieser Stelle soll darauf hingewiesen sein, dass

---

[102] Zum Zeitpunkt der Verschriftlichung dieses Kapitels (12/2018) existiert der Betrieb nicht mehr.

8.3 Stufe 3: Analyse inhaltlicher Sinnzusammenhänge und Typenbildung 275

im Metallhandwerk seit geraumer Zeit eine starke Binnendifferenzierung zu beobachten ist. So gibt es auf der einen Seite Metallhandwerksbetriebe, die stark in den industriezuliefernden Bereichen des Gewerks (z. B. Produktion von Kleinserien o. Ä.) tätig sind, wo Arbeitsweisen zunehmend auch digitalisiert bzw. automatisiert ablaufen, während andere Betriebe stärker den klassischen gewerktypischen Arbeiten nachgehen und oftmals noch Einzelteile (maschinell unterstützt) in Handarbeit herstellen. Der Betrieb im MK 5 ist eher der letzteren Gruppe an Metallhandwerksbetrieben zuzuordnen und stellt beispielsweise Geländer, Gitter und Türen her. Aus der eigenen Biographie des Inhabers ergibt sich zudem eine leichte Spezialisierung auf den Bereich der Restaurierung, die vor allem auf persönlichem Interesse des Inhabers beruht. Jedoch macht dieser Bereich eher einen kleinen Teil der Aufträge aus und wird zudem nur von einer einzigen Person im Betrieb durchgeführt. Die Mehrheit der Beschäftigten des Betriebs üben Tätigkeiten aus, die dem unteren Schwierigkeits- und Anforderungsgraden im Metallhandwerk zuzuordnen sind. Die wirtschaftliche Lage des Betriebs ist zum Zeitpunkt der Betriebsfallstudie – wie bereits angedeutet – als sehr schlecht zu bezeichnen. Eine Situation, die durch einen stetig wachsenden Konkurrenzdruck zum einen aufgrund von Mitanbieter*innen im unmittelbaren räumlichen Umfeld und zum anderen durch die steigende Bedeutung digitaler Vertriebswege im Metallhandwerk (Internetpräsenz der Betriebe, Möglichkeit, der Kund*innen sich online eine Reihe von Angeboten vorab erstellen zu lassen) zusätzlich erschwert wird. Problematisch – so weist der Betrieb des Weiteren darauf hin – ist auch die oftmals schwierige Vereinbarkeit von den Wünschen, Vorstellungen und Ansprüchen auf Kund*innenseite mit Kostenkalkulationen und statischen Erfordernissen auf der anderen Seite, welche Aufträge z. T. nicht kostenrentabel für den Betrieb machen.

(2) Kompetenzanforderungen und Ausgestaltung des betrieblichen Kompetenzmanagements

In Bezug auf die Kompetenzanforderungen an die Mitarbeiter*innen im MK 5 zeigt sich, dass diese wenig betriebsspezialisiert sind und größtenteils auf den sehr grundlegenden Kompetenzen des spezifischen Gewerks aufbauen. Bei näherer Betrachtung zeigt sich darüber hinaus, dass es innerhalb der Belegschaft eine leichte Stratifizierung der Tätigkeits- und Aufgabenbereiche gibt. So ist zu beobachten, dass lediglich einer der im Betrieb beschäftigten Personen (Eigner mit Meisterbrief) komplexere und gewerkspezifisch anspruchsvollere Arbeitsvorgänge durchführt, während die anderen Beschäftigten die einfacheren Tätigkeiten ausüben. Die anspruchsvolleren Tätigkeiten machen dabei jedoch nicht das Gros des Umsatzes des Betriebs aus, vielmehr besteht dieser aus einem weniger anspruchsvollen Tätigkeitsspektrum. Angemerkt sei jedoch, dass es sich bei den ausführenden Personen nicht um an- oder ungelernte Personen handelt, sondern vielmehr um Mitarbeiter, die über einen Gesellenbrief im Metallhandwerk verfügen. Diese Ungleichverteilung der Aufgabenstellung und der Kompetenzen, über die Mitarbeiter*innen verfügen, wurde dem Betrieb jedoch jüngst auch zum Verhängnis. So fiel der/die Eigner aufgrund eines Arbeitsunfalls über einen längeren Zeitraum aus, was dazu geführt hat, dass eine Vielzahl von Aufträgen nicht ausgeführt werden konnte und dem Betrieb so ein erheblicher Teil des Umsatzes weggebrochen ist. Letzteres war zum einen damit begründet, dass die verbliebenen Mitarbeiter*innen im Bereich der Auftragsakquise über keine bis wenig Kompetenzen verfügen, zum anderen weil bestimmte Kompetenzanforderungen die Mitarbeiter in der Produktion schlicht überforderten. Darüber hinaus resultierten die fehlenden Kompetenzen in Fehlern bei Kundenaufträgen, die dann im Nachhinein – auf Kosten des Betriebes – ausgebessert werden mussten.

> *„Die Gesellen mussten teilweise auch schon meine Arbeit übernehmen. Gut, dass sie es überhaupt gemacht haben, aber bei vielen Dingen waren sie einfach überfordert, weil sie dafür nicht ausgebildet sind. Alles hat dann entsprechend lange gedauert, somit konnten sie nicht für die Produktion eingesetzt werden, es gab einige Fehler, die danach wieder ausgeglichen werden musste. Die Rendite liegt aktuell bei uns unter 3 %, da darf nicht viel schief gehen bei der Arbeit." (BF_01: #00:04:27-0#)*

Dies gepaart mit einer Reihe ausstehender, d. h. nicht bezahlter, Rechnungen brachte den Betrieb in der Konsequenz in eine erheblich wirtschaftliche Schieflage. Letzteres spielt an dieser Stelle erneut auf ein im Handwerk, insbesondere mit Blick auf Kleinstbetriebe, häufig auftretendes Phänomen der geringen finanziellen Spielräume an. Durch die im Handwerk typische Auftragsgestaltung (Zahlung erst bei Auftragsende) müssen viele Betriebe häufig enorme Vorleistungen

8.3 Stufe 3: Analyse inhaltlicher Sinnzusammenhänge und Typenbildung

(z. B. Planungs- bzw. Personalkosten) aufbringen. Erfolgt eine in die Planung einkalkulierte Zahlung einer Rechnung nicht und kann dieser Ausfall nicht im Rahmen einer Querfinanzierung aus einem anderen Projekt kompensiert werden, kann dies relativ schnell zu einer finanziellen Schieflage führen.

> *„Also einen finanziellen Spielraum für einen kleinen Betrieb wie den meinen gibt es nicht. Wenn mehrere ihre Rechnungen nicht bezahlen, gerade nicht bei so großen Summen, dann können wir das nicht aussitzen." (BF_01: #00:03:21-7#)*

> *„Also wir gehen unheimlich viel in Vorleistungen inklusive Arbeitszeit, die nicht immer berechnet werden kann oder bezahlt wird, da die Kunden oftmals zu den günstigsten Angeboten neigen." (BF_01: #00:10:44-3#)*

Mit Blick auf die Ausgestaltung des betrieblichen Kompetenzmanagements ist dieses als „niedrig ausgeprägt" zu bezeichnen. So zeigt sich beim Betrieb des MK 5, dass insgesamt nur sehr wenige Angebote für die Mitarbeiter*innen existieren und es grundsätzlich auch an einer förderlichen Betriebskultur diesbezüglich fehlt. Wenn Kompetenzen von Mitarbeiter*innen entwickelt werden, passiert dies meist auf Basis gesetzlicher Vorgaben für Schulungsnachweise, die für alle Beschäftigten im Metallhandwerk obligatorisch sind und seitens der Aus- und Weiterbildungszentren im Handwerk angeboten werden. Dazu gehört beispielsweise der in der Umgangssprache häufig als „Schweißerschein" bezeichnete Befähigungsnachweis, wo Mitarbeiter*innen alle zwei Jahre – im Zuge einer sog. Wiederholungsprüfung – ihren kompetenten Umgang mit verschiedenen Schweißtechniken belegen müssen. Sollte dies betriebsseitig nicht durchgeführt werden, dürfen diese Mitarbeiter*innen – ähnlich wie beim Betrieb im MK 4 – gewisse Tätigkeiten nicht mehr ausüben bzw. erlöscht dann der betriebliche Haftungsschutz. In seltenen Fällen besuchen die Mitarbeiter*innen des Betriebs im MK 5 Angebote kommerzieller Weiterbildungs- bzw. Kompetenzentwicklungsanbieter (z. B. sog. Herstellerschulungen) und dies auch nur dann, wenn der Betrieb davon zufällig erfahren hat. Eine systematische Verankerung des BKMs existiert somit nicht.

> *„Eigentlich [läuft das BKM; A. d. A.] eher in Eigenregie, ansonsten ist es eher Zufall, dass ich darauf komme, dass da irgendwas Interessantes ist. Den einen Gesellen habe ich einfach mal zu so einer Infoveranstaltung zu Edelstahlverarbeitung hingeschickt.*

Die war zwar kommerziell von einem Fachhändler aus, aber auch das habe ich durch Zufall erfahren. Ansonsten ist da eigentlich keine Zeit für." (BF_1: #00:47:56-5#)

Ein einziges Mal wurde seitens des Betriebs im MK 5 versucht, in Eigenregie eine Kompetenzentwicklungsmaßnahme bei den Mitarbeitern*innen anzustoßen und damit einen Aufgabenbereich, der bisher allein bei dem Betriebsinhaber lag, auf mehrere Schultern zu verteilen (Angebotsschreiben bzw. technische Zeichnungen anfertigen). Nach einigen Schwierigkeiten, Fehlern und Unwillen auf Seiten des Mitarbeiters wurde dieses Anliegen jedoch schnell wieder aufgegeben. Zentral für die Analyse des BKMs im Betrieb, der dem MK 5 zugeordnet wurde, ist die Erkenntnis, dass der Betrieb insgesamt die Sinnhaftigkeit von Kompetenzentwicklungsmaßnahmen für seine Beschäftigten in Frage stellt. Dies gilt aus Betriebssicht insbesondere mit Blick auf das Fachwissen bzw. die Fachkompetenzen. So kommen im Kontext der betrieblichen Ausrichtung primär gewerkgrundständige „einfachere" Tätigkeiten und z. B. wenig bis keine neuen Technologien bzw. Verfahrensweisen zum Einsatz. Aus Sicht des Betriebs sollten daher die im Rahmen der handwerklichen (Erst-)Ausbildung erworbenen Kompetenzen für die Bewältigung dieser Kompetenzanforderungen ausreichen. Dies gilt auch für die Person des Betriebsinhabers der zwar in Teilen anspruchsvollere Tätigkeiten ausübt, jedoch auch hier für sich keinerlei Kompetenzentwicklungsbedarfe sieht.

(3) Die Situation der älteren Beschäftigten

Blickt man hier explizit auf die Personengruppe der älteren Beschäftigten, fällt – vergleichbar zu den anderen MKs – auf, dass auch im Betrieb des MK 5 den Älteren eine insgesamt hohe Wertschätzung auf Basis des kumulierten Erfahrungswissens und der hohen Fachkompetenzen entgegengebracht wird. So ist der Betrieb davon überzeugt, dass das Erfahrungswissen von älteren Beschäftigten eine zentrale Ressource für Unternehmen im Handwerk darstellt, die es langfristig in den Betrieben zu halten gilt und welche von Seiten der jüngeren Kollegen*innen auch geschätzt wird. Es kann davon ausgegangen werden, dass insbesondere im Bereich der Sonder- und Einzelteilanfertigung nicht nur handwerkliches Geschick der Mitarbeiter*innen gefragt ist, sondern auch Erfahrung im Bereich der Material- und Verarbeitungskunde. Durch die bereits diskutierte stark ungleich verteilte

8.3 Stufe 3: Analyse inhaltlicher Sinnzusammenhänge und Typenbildung

Aufgabenverteilung im Betrieb bleibt es allerdings fraglich, inwieweit die Kompetenzen älterer Beschäftigter im Betrieb überhaupt voll zum Einsatz kommen.

„Vom Fachwissen her sind Ältere wiederum ziemlich unschlagbar. Auf der Baustelle gibt es immer wieder Dinge, die relativ spontan entschieden werden müssen, mit der Erfahrung kommt dann natürlich auch die schnellere Lösung. Ein älterer Handwerker wird von seinen jüngeren Kollegen schon geschätzt" (BF_1: #00:44:06-5#).

Gleichzeitig teilt der Betrieb im MK 5 die Bedenken um die langfristige Belastbarkeit alternder Beschäftigter und den Rückgang der Arbeitskraft auf Basis gesundheitlicher Einschränkungen. So sind, nach Aussage des Betriebs im MK 5, trotz einer Reihe von inzwischen im Gewerk gängigen Hilfsmitteln viele der Arbeitsschritte und Tätigkeiten auch heute noch stark körperlich anstrengend und können von vielen Mitarbeiter*innen nicht bis ins höhere Alter geleistet werden. Dies gilt – im Vergleich zu den anderen im Sample untersuchten Gewerken – in besonderer Weise für das Metallhandwerk, welches nach wie vor zu denjenigen Gewerken des Handwerkssektors gehört, wo Mitarbeiter*innen besonders hohen physischen Belastungsspitzen ausgesetzt sind.

„Ja, das tut es. Wir haben zwar immer mehr Hilfsmittel, wie zum Beispiel einen Gabelstapler, aber immer noch viele Aufgaben, die mit Körperkraft gemacht werden müssen. Das wird zwar weniger, aber ist dennoch wichtig, das bringt der Beruf einfach mit sich." (BF_01: #00:44:06-5#)

Ein „Durchaltern" von Beschäftigten im Berufsleben des Metallhandwerks hält der Betrieb daher für höchst problematisch. Auch könnte man davon ausgehen, dass bei einem Betrieb mit einer solch dünnen Personaldecke die Sorge vor dem möglichen kurz- oder langfristigen Ausfall von Mitarbeiter*innen deutlich höher ausfallen dürfte als in einem Betrieb mit einer größeren Anzahl an Beschäftigten. Ansätze, leistungsgewandelte Mitarbeiter*innen im Rahmen von Laufbahngestaltung zu entwickeln bzw. im Sinne des Arbeitsschutzes und der Gesundheitsprävention aktiv zu werden, gibt es im Betrieb des MK 5 nicht. Weniger stark fallen beim Betrieb im MK 5 auch langfristig gewachsene Beziehungen zwischen älteren Mitarbeiter*innen und Stammkund*innen ins Gewicht, wenn es darum geht, Position und Stellenwert von älteren Mitarbeiter*innen im Betrieb zu ermitteln. So gibt es diese zwar, jedoch akkumulieren sich ein Großteil der Kund*innenkontakte im Betrieb des MK 5 auf der Ebene des Betriebsinhabers, was primär durch die kleine Betriebsgröße, aber auch die Fokussierung des gesamten betrieblichen Handelns auf die Rolle/Person des Betriebsinhabers erklären lässt. Mitarbeiter*innen treten daher nicht im direkten Kund*innenkontakt auf, sondern lediglich als ausführende Hand auf den verschiedenen Baustellen. Zusammenfassend lässt sich sagen, dass der Betrieb im MK 5 sich bis dato wenig mit den Konsequenzen von alternden Belegschaften auseinandergesetzt zu haben scheint. So teilt er zwar – in Teilen – die Ansichtsweisen der Betriebe in den anderen MKs, jedoch sind die Belange und Bedürfnisse älterer Beschäftigter noch nicht auf der Handlungsagenda des Betriebs angekommen. Dies könnte u. U. mit der geringen Anzahl von älteren Beschäftigten im Betrieb zusammenhängen, ist jedoch wahrscheinlich eher im Kontext eines insgesamt wenig ausgeprägten Personal- und Kompetenzmanagements des Betriebs zu verstehen. Das heißt, es existieren nicht nur keine Angebote für ältere Beschäftigte, sondern es existiert insgesamt eine wenig förderliche Betriebskultur mit Blick auf die Gesundheits- und Kompetenzentwicklungspotentiale aller Beschäftigten.

(4) Rückkopplung der (Begründungs-)Parameter des BKMs an den heuristisch-analytischen Theorierahmen

Auch in dem der MK 5 zuzuordnenden Betrieb lässt sich das Vornehmen einer – in der Tradition der Humankapitaltheorie nach Becker stehenden – Kosten-Nutzen-Abwägung nachvollziehen. An dessen Ende steht die deutliche Auffassung, dass die Kosten den Nutzen überwiegen (Merkmalsausprägung „überwiegend Kosten"). Dies ist zum einen mit der insgesamt geringen Bedeutung, die der Betrieb der Kompetenzentwicklung seiner Mitarbeiter*innen im Ganzen zuschreibt, zu erklären. So geht der Betrieb beispielsweise nicht davon aus, dass die im Rahmen einer möglichen Maßnahme des BKMs erlernten „neuen" Kompetenzen die Mitarbeiter*innen in die Lage versetzen, ihre jetzigen Tätigkeiten „besser" auszuführen, und damit – in der humankapitalistischen Tradition stehend – die individuelle Produktivität erhöht wird. Eine Investition macht aus dieser Perspektive für den Betrieb also keinen Sinn. Auf der anderen Seite sind sicherlich auch die beschränkten finanziellen Mittel des Betriebs im Rahmen einer möglichen Kosten-Nutzen-Abwägung zu bedenken. So existiert im Grunde kein Budget für Maßnahmen des BKMs und jegliche Investitionen in diesem Bereich müssten aus anderen

8.3 Stufe 3: Analyse inhaltlicher Sinnzusammenhänge und Typenbildung 281

Bereichen querfinanziert werden. Letzteres dürfte dem ohnehin wirtschaftlich stark angeschlagenen Betrieb nur schwer möglich sein, da andere Kostenposten (z. B. die Lohnfortzahlung der eigenen Mitarbeiter*innen) eine höhere Priorität besitzen.

> *„Dann bin ich immer mit einem halben Gedanken dabei, dass am Monatsende die Löhne überwiesen werden müssen und das geht irgendwann an die Substanz."*
> *(BF_01: #00:13:53-7#)*

Ausgehend von der Segmentationstheorie, sind der Betrieb und seine Mitarbeiter*innen im MK 5 dem ersten Teilarbeitsmarkt und damit der Merkmalsausprägung „Jedermannarbeitsmarkt BKM" zuzuordnen. So sind, Sengenberger folgend, Mitarbeiter*innen im Handwerk zwar in der Regel dem zweiten Arbeitsmarkt zuzuordnen, jedoch zeigt auch dieser Fall, dass diese idealatypische und strikte Trennung zwischen den segmentierten Arbeitsmärkten in der betrieblichen Praxis nicht immer so eindeutig zu finden ist. Zwei Argumente sprechen an dieser Stelle für die vorgenommene Merkmalszuordnung. Zunächst ist basierend auf den konkreten Tätigkeits- und Aufgabenbeschreibungen davon auszugehen, dass das Tätigkeitsspektrum, insbesondere auf der Mitarbeiter*innenebene, so ausgelegt ist, dass diese relativ beliebig ausgetauscht werden können. Zwar handelt es sich nicht direkt um an- oder ungelernte Personen, jedoch sind die gestellten Kompetenzanforderungen dem unteren Anforderungsgrad im Handwerk zuzuordnen. Gleiches gilt – mit leichter Differenzierung auch für den Betriebsinhaber, der/die zwar – ab und zu – anspruchsvollere Tätigkeiten ausübt, jedoch nicht ein völlig anderes Tätigkeits- bzw. Anforderungsspektrum bedient. Die zweite für die Segmentationstheorie zentrale Annahme besagt, dass Betriebe und ihre Mitarbeiter*innen in mehr oder weniger engen Bindungen bzw. einem Abhängigkeitsverhältnis zueinanderstehen und dass Maßnahmen des BKMs als „Kleber" bzw. „Bindungsmittel" dieser Beziehungen agieren können. Jedoch zeigt sich beim Betrieb im MK 5 ein fast gegenteiliger Effekt. So ist zu vermuten, dass der Betrieb durch eine Investition in Maßnahmen des BKMs eine höhere Personalfluktuation fürchtet. Anstelle, dass Maßnahmen des BKMs die Positionen der eigenen Mitarbeiter*innen im Teilarbeitsmarkt langfristig sichern, erhöht – in diesem Verständnis – eine Investition bzw. ein ausgeprägtes Angebot des BKMs aus Sicht des Betriebs die Abwanderungs- und Personalfluktuationswahrscheinlichkeit. Diese „Abwanderungsangst" verhindert schlussendlich eine Investition in das Humankapital der eigenen Beschäftigten. Ausgehend vom Promotorenmodell nach Witte, ist für den Betrieb des MK 5 das Fehlen einer/s Promotor*in im Betrieb zu konstatieren (Merkmalsausprägung: „Promotor*in nicht im Betrieb vorhanden"). So gibt es zwar einen Inhaber, der aus einer Macht- bzw. Hierarchieposition dazu beitragen könnte, innovative Konzepte des BKMs umzusetzen oder eventuelle Hürden (z. B. der bereits genannte Unwille einzelner Mitarbeiter*innen) zu überwinden, jedoch konzeptualisiert diese/r sich nicht in der Rolle eines Promotors. Vielmehr zeigt sich, dass er gewisse Aufgabenbereiche, die mit dieser Rolle einhergehen würden (z. B. betriebswirtschaftliche Aspekte), in der Vergangenheit kaum wahrgenommen hat bzw. sich von diesen überfordert fühlt. Insgesamt scheint auch eine gewisse Resignation gegenüber der Unveränderbarkeit der Situation eingesetzt zu haben, was sich unmittelbar auch auf die Ausgestaltung des BKMs auswirkt.

„Mein Verhängnis war einfach, dass ich zu viel Handwerker und zu wenig Betriebswirt war." (BF_01: #00:30:20-6#)

„Das Problem, was ich habe, ist, dass ich gar nicht richtig weiß, wo ich ansetzen soll, [...] und für Änderungen einfach auch keine Energie mehr habe. Innerlich ist der Zug für mich schon abgefahren." (BF_01: #00:16:41-3#)

Anders als bei den Betrieben im MK 4 und 3 findet sich beim Betrieb im MK 4 bzw. 5 jedoch auch kein „externer Promotor*in" bzw. eine „externalisierte Promotor*innenstruktur". Zwar besuchen die Mitarbeiter*innen die gesetzlich vorgeschriebenen Schulungen, dies jedoch so unregelmäßig und in zeitlich sehr großen Abständen, dass hier nicht vom Einfluss einer/s Promotor*in – im Sinne der bereits angesprochenen Erweiterung des Modells nach Witte – ausgegangen werden kann.

8.4 Stufe 4: Charakterisierung und Benennung der gebildeten Typen

Zurückkehrend zu den Verfahrensschritten nach Kelle und Kluge schließt der Prozess der Typenbildung mit einer möglichst konkreten und umfassenden Beschrei-

8.4 Stufe 4: Charakterisierung und Benennung der gebildeten Typen

bung bzw. Charakterisierung der gebildeten Typen. Diese sollte neben den relevanten Vergleichsdimensionen sowie deren Merkmalsausprägungen die rekonstruierten Sinnzusammenhänge beinhalten. Im Folgenden werden die im Rahmen dieser Arbeit und auf Basis des präsentierten Datenmaterials identifizierten fünf distinkten Typen (1) „Der Vorreiter", (2) „Der Gewissenhafte", (3) „Der Spezialist", (4) „Der Fremdbestimmte" sowie (5) „Der Resignierte" beschrieben bzw. charakterisiert.[103] Kelle und Kluge schlagen hier als Vorgehen die Verwendung bzw. Erstellung von idealtypischen Darstellungen vor. Mit dem Ziel einer strukturierten Darstellung soll daher jeweils zu Beginn der Typencharakterisierung eine Kurzzusammenfassung der sozio- und wirtschaftsstrukturellen Merkmale der Typen gegeben werden. Im Anschluss folgt die Rekonstruktion der identifizierten (Begründungs-)Parameter bzw. Determinanten des betrieblichen Kompetenzmanagements der jeweiligen Typen.[104]

8.4.1 Typ I: „Der Vorreiter"

Der Typ I „Der Vorreiter" zeichnet sich durch ein diverses und hochspezialisiertes Angebots-portfolio an handwerklich geprägten Dienstleistungen und Tätigkeitsbereichen aus. Die Kompetenzanforderungen an die eigenen Mitarbeiter*innen sind stark betriebs- bzw. personen- und gruppenbezogen und gehen in der Regel weit über die gängigen Kompetenzanforderungen im Handwerk hinaus. Ältere Mitarbeiter*innen werden als wichtiger Teil der Belegschaft konzeptualisiert, insofern als sie häufig Schlüsselpositionen in den Betrieben bekleiden und in schwer zu ersetzender Weise betriebsspezifische aber auch erfahrungsbezogene Kompetenzen auf sich vereinen. Vor diesem Hintergrund gilt es, sie zu halten und nachhaltig an den Betrieb zu binden. Auch lässt sich feststellen, dass der Typ I seine

---

[103] Es ist an dieser Stelle darauf hinzuweisen, dass sowohl Kelle und Kluge (2010) als auch Hahmann (2013) zu besonderer Vorsicht bei der Wahl der Typennamen rät. So könnten diese – wenn unbedacht gewählt – vorliegende Stereotypisierungen widerspiegeln bzw. einzelne Aspekte der Typen überbetonen (vgl. Hahmann 2013, S. 176 sowie Kelle und Kluge 2010, S. 105). Die folgenden (Typen-)Namen wurden daher mit Blick auf zentrale Differenzierungsmerkmale der Typen und in Relation zum vorliegenden Sample ausgewählt.

[104] Aufgrund dessen, dass einzelne Typen nur ein einziges Mal empirisch im Feld auftraten – und diese Arbeit explizit auf die Zusammenlegung einzelner Fälle im Sinne einer „Merkmalsreduktion" verzichte – stellen sich einzelne Typen weniger differenziert bzw. komplex dar als andere. Es ist jedoch davon auszugehen, dass dies z. T. auf das geringe Datenmaterial zurückzuführen ist.

älteren Beschäftigten nicht exkludiert, sondern diese – nach Möglichkeit – aktiv in Maßnahmen des betrieblichen Kompetenzmanagements einbindet bzw. spezielle Angebote des BKMs an diese Personengruppe macht. Teilweise finden sich auch Ansätze, die Kompetenzen älterer Mitarbeiter*innen nachhaltig weiter zu entwickeln. Der „Vorreitertyp" zeichnet sich durch ein sehr breit aufgestelltes BKM („hoher Ausprägungsgrad") aus. Es finden sich eine Vielzahl verschiedener Formate der Kompetenzentwicklung, die den unterschiedlichen Bereichen (z. B. formal, non-formal etc.) zuzuordnen sind und die in der Regel strukturell im Betrieb verankert sind. Auffällig ist hierbei der hohe Anteil von Maßnahmen, die explizit betriebsspezifische bzw. personen- und gruppenbezogene Kompetenzen ausbilden sollen. Neben der Sicherung des zukünftigen Bedarfs an (hoch-)kompetenten Mitarbeiter*innen ist dem Typ I daran gelegen, die Mitarbeiter*innen an innovative und zukunftsweisende Technologien heranzuführen, eine Orientierung, die alle betrieblichen Abläufe bestimmt. Die Ausgestaltung des BKMs spiegelt somit das proaktive und zukünftige Trends und Kompetenzanforderungen antizipierende Verhalten des „Vorreitertyps" wider.

Mit Blick auf die identifizierten (Begründungs-)Parameter bzw. Determinanten des BKMs lässt sich für den Typ I festhalten, dass Aspekte der Kosten-Nutzen-Abwägungen bei der Ausgestaltung des betrieblichen BKMs durchaus eine Rolle spielen. Jedoch fällt auf, dass weniger die individuelle Produktivitätssteigerung einzelner Mitarbeiter*innen als Renditeerwartung genannt wird. Vielmehr geht es dem Typ I im Sinne einer zukunftsorientierten Sicherung der eigenen Fachkräfte darum, kompetente Mitarbeiter*innen langfristig an den Betrieb zu binden. Die betriebliche Positionierung auf dem betriebsspezifischen Arbeitsmarkt, der insgesamt hohe Spezialisierungsgrad und die damit verbundenen betriebs- und personengruppenspezifischen Kompetenzanforderungen wirken beim Typ I ebenfalls stark auf die Bereitschaft der Betriebe, Maßnahmen des betrieblichen Kompetenzmanagements für (älteren) Mitarbeiter*innen zugänglich zu machen. So ist die Chance, Personen mit äquivalenten Kompetenzportfolios auf dem Markt zu finden, gering, dies gilt insbesondere für die personengebundenen Kompetenzen der älteren Mitarbeiter*innen. Die Rolle des/r Promotor*in ist im Typ I nicht zu unterschätzen. So geben diese in der Regel nicht nur den Anstoß für Maßnahmen des BKMs, sondern wirken auch maßgeblich auf deren Ausgestaltung und Beschäftigtengruppenbezogenheit ein. Sie agieren dabei z. T. aus einer Macht- aber auch aus einer Fachposition heraus, wobei auffällt, dass letztere häufig einen für das

Handwerk untypischen Professionalisierungs- bzw. Institutionalisierungsgrad aufweist. Der „Vorreitertyp" zeichnet sich darüber hinaus durch ein gewisses Maß an Proaktivität und Zukunftsorientiertheit aus, d. h. das BKM wird als aktive Möglichkeit gesehen, zukünftigen Trendentwicklungen und Marktanforderungen zu begegnen.

8.4.2 Typ II: „Der Gewissenhafte"

Der Typ II „Der Gewissenhafte" zeichnet sich durch ein breites, jedoch stark an den gängigen Tätigkeitsbereichen der jeweiligen Gewerke und z. T. an einer leichten betrieblichen Spezialisierung orientiertes Tätigkeitsspektrum aus. Die Kompetenzanforderungen, die vom Typ II an die eigenen Mitarbeiter*innen gestellt werden, sind stark gewerkbezogen und nur im Einzelfall betriebsspezifisch ausgerichtet. Ältere Mitarbeiter*innen werden wegen ihres Erfahrungs- und kund*innenspezifischen Wissens geschätzt, jedoch überwiegt häufig die Sorge um mögliche altersbedinge Einschränkungen. Diese können entweder körperlicher Natur sein (d. h. Angst vor längeren Ausfallzeiten von älteren Beschäftigten) oder das Lern- und Kompetenzentwicklungsverhalten dieser betreffen. Letzteres schätzt der Typ II weniger positiv ein, auch wenn hier von einer generalisierenden Einordnung aller älteren Mitarbeiter*innen abzusehen ist. Auch treten ältere Mitarbeiter*innen für den „gewissenhaften Typ" (noch) nicht als spezifische Zielgruppe des BKMs in Erscheinung, was sich beispielsweise deutlich an den fehlenden altersspezifischen Angeboten des BKMs äußert. Das betriebliche Kompetenzmanagement des „gewissenhaften Typs" ist in seiner Ausgestaltung als „mittel ausgeprägt" zu bezeichnen. Jedoch lässt sich auch festhalten, dass die Kompetenzentwicklung der eigenen Mitarbeiter*innen dem Typ II durchaus wichtig ist und er diese in seiner betrieblichen Verantwortung sieht und nach „bestem Gewissen" umzusetzen versucht. In der praktischen Umsetzung finden sich eine Reihe von Maßnahmen des BKMs, welche in der Regel externalisiert und in stark formalisierten Abläufen stattfinden, während betriebs- oder gruppenspezifische Angebote nur im Einzelfall existieren. Ziel des vom Typ II durchgeführten BKM ist es, dass die Kompetenzen der Mitarbeiter*innen mit den täglichen Kompetenzanforderungen „Schritt halten können", damit diese auch weiterhin in ihren angestammten Tätigkeitsbereichen eingesetzt werden können. Weniger angestrebt ist der Ausbau stark zukunfts- und innovationsorientierter Kompetenzen. Insgesamt ist das betriebliche Kompetenzmanagement beim Typ II daher, in Bezug auf den Status quo sowie die allgemeine Ausrichtung, eher als reaktiv als als zukunftsorientiert, d. h. proaktiv, zu bezeichnen.

Mit Fokus auf die (Begründungs-)Parameter bzw. Determinanten des BKMs lässt sich feststellen, dass die Kosten-Nutzen-Abwägung für den Typ II mit Blick auf die Ausgestaltung des BKMs durchaus eine Rolle spielen. Bezüglich der Renditeerwartung geht es dem „gewissenhaften Typ" primär um die Sicherstellung der aktuellen betrieblichen Handlungsfähigkeit, in deren Konsequenz dann Mitarbeiter*innenkompetenzen zu erhalten sind. So ist es mit Blick auf den herrschenden Fachkräftemangel im Handwerk zwar mühsam, jedoch für den Typ II aus seiner Positionierung auf dem zweiten, d. h. dem gewerkspezifischen, Teilarbeitsmarkt heraus, nicht unbedingt mit überdurchschnittlich hohen Investitionskosten (z. B. durch eine lange und komplexe Einarbeitungsphase) verbunden, neue Mitarbeiter*innen am freien Markt zu rekrutieren. Grundsätzlich wird vom „gewissenhaften Typ" jegliche Investition in die eigenen Mitarbeiter*innen auch als Teil eines verantwortungsvollen Umgangs mit der eigenen Belegschaft verstanden. Weiter konzeptualisiert der „gewissenhafte Typ" Personalfluktuation als einen „normalen" Vorgang im Handwerk, der sich sowohl negativ (Abgang von Mitarbeiter*innen) als auch positiv (Zugang von neuen Mitarbeiter*innen) für ihn auswirken kann. BKM als Mittel zur „Bindung" von Mitarbeiter*innen einzusetzen, spielt daher eine eher untergeordnete Rolle für den Typ II. Die Rolle des Promotor*in ist beim „gewissenhaften Typ" personifiziert in der Person des Betriebseigners bzw. dem Geschäftsführers, der hier – quasi idealtypisch – für die oftmals beschriebene Funktions- und Rollenhäufung im Handwerk steht. Betriebliches Kompetenzmanagement anzustoßen bzw. zu forcieren, wird vom Typ II als ein Teil seiner Aufgabenbereiche wahrgenommen, das als ein Puzzleteil unter vielen die akute betriebliche Handlungsfähigkeit sicherstellt. Weiterhin ist der „gewissenhafte Typ" in seinem Handeln bezüglich der Ausgestaltung des BKMs von sog. „externen Schocks" bestimmt. D.h. aus seiner Marktposition ergeben sich – mehr oder weniger häufig – plötzlich auftretende Ereignisse (z. B. Änderungen gesetzlicher Rahmenbedingungen), die unmittelbare Auswirkungen auf die Ausgestaltung und die Angebotshäufigkeit des BKMs haben.

8.4.3 Typ III: „Der Spezialist"

Der Typ III „Der Spezialist" ist mit Blick auf die Kompetenzanforderungen deutlich durch seine betriebsspezifische Teilarbeitsmarktpositionierung geprägt. Die in Bezug auf die Tätigkeitsbereiche und dem Angebotsportfolio zudem an der Grenze dessen liegt, was für das jeweilige Gewerk typisch ist, was sich in sehr betriebsspezifischen Kompetenzanforderungen an die eigenen Mitarbeiter*innen äußert. Dabei weicht der Typ III in seinen betrieblichen Abläufen nicht von den typischen Handwerksweisen ab und ist nur in Teilen als innovations- oder technologiegetrieben zu bezeichnen. Vielmehr hat sich der „Spezialist" eine Nische im eigenen Gewerk zu eigen gemacht und sich dort mit seinen Mitarbeitern*innen erfolgreich etabliert. Ältere Beschäftigte werden als Träger*innen und Quelle von Erfahrungswissen und als Flexibilisierungsreserve für die bestehende Belegschaft konzeptualisiert. Ersteres ist dabei vor dem Hintergrund der langen innerbetrieblichen Weiterbildungs- und Kompetenzentwicklungsbemühungen, die der Typ III grundsätzlich unternehmen muss, damit Mitarbeiter*innen überhaupt produktiv einzusetzen sind, von besonderer Bedeutung. Das Angebotsportfolio des BKMs zeichnet sich beim „spezialisierten Typ" durch eine große Bandbreite aus, wobei jedoch insbesondere den herstellerbezogenen Angeboten eine zentrale Bedeutung zukommt. Während diese zwar einen erheblichen Teil des BKMs ausmachen, finden sich in der Praxis jedoch auch eine Reihe von weiteren betriebsbezogenen Maßnahmen, die unabhängig von externen Dritten durchgeführt werden. Dies gilt beispielsweise für Angebote des BKMs welche explizit die Personengruppe der älteren Mitarbeiter*innen adressieren, die in der Regel jedoch primär auf den Erhalt des Wissens Älterer für den Betrieb ausgerichtet sind. Weniger geht es darum, die Kompetenzen von Mitarbeiter*innen höheren Alters langfristig, z. B. in Rahmen von Maßnahmen der Laufbahngestaltung, zu entwickeln. Insgesamt ist die Ausrichtung des BKMs des Typ III als proaktiv, jedoch weniger innovations- und technologiegetrieben zu bezeichnen.

Die (Begründungs-)Parameter bzw. Determinanten des BKMs beim „Spezialistentyp" sind durch eine – z. T. auch sehr langfristig angelegte – Kosten-Nutzen-Abwägung geprägt. So ist dem Typ III bewusst, dass er durch seine Nischenorientierung bzw. betriebsspezifische Teilarbeitsmarktpositionierung immer davon ausgehen muss, die notwendigen spezialisierten bzw. überfachlichen Kompetenzen von (neuen) Mitarbeiter*innen erst mal entwickeln zu müssen, bevor diese einsatzfähig sind. Der Investitionsgedanke ist daher an langfristig zu erwartende Renditen gekoppelt, was sich in einer allgemeinen Investitionsbereitschaft in die eigenen Mitarbeiter*innen äußert. Durch diese langen Investitionszeiträume spielt die Mitarbeiterbindung beim Typ III eine größere Rolle, was sich auch im Bemühen äußert, z. B. sich bereits im Ruhestand befindliche Personen auch weiterhin an sich zu binden. Die Rolle des/r Promotor*in ist beim Typ III zwar vorhanden, jedoch betrieblich externalisiert. D.h. Anstoß und Ausmaß des BKMs ist maßgeblich von betriebsexternen Akteur*innen (z. B. Hersteller oder externes Führungsgremium) bestimmt, die z. T. regulativ vorgeben, ob und welche Maßnahmen des betrieblichen Kompetenzmanagements durchgeführt werden. Dabei agiert diese „diffuse Promotor*innenstruktur" stark über die Fachlichkeit und wird seitens des Spezialistentyp wohlwollend als Bereitsteller von Wissen und Kompetenzentwicklungsmöglichkeiten konzeptualisiert.

8.4.4 Typ IV: „Der Fremdbestimmte"

Der Typ IV „Der Fremdbestimmte" orientiert sich mit Blick auf die Kompetenzanforderungen an seine Mitarbeiter*innen deutlich an den für seine gewerkspezifische Teilarbeitsmarktpositionierung typischen Tätigkeiten. Die Tätigkeitsbereiche und Arbeitsweisen im Typ IV weisen dabei keine betriebliche Spezialisierung auf, sind jedoch z. T. stark mitbestimmt durch eine/n externe/n Akteur*in (z. B. Hersteller). Ältere Mitarbeiter*innen finden sich in der Praxis beim Typ IV kaum, werden jedoch – wenn vorhanden – wegen ihres Umgangs mit und den langjährig bestehenden Beziehungen zu Kund*innen geschätzt. Altersbedingte Einschränkungen in der Leistungsfähigkeit werden als unaufhaltsamer Prozess, dem aus Betriebssicht wenig entgegen zu setzen ist, konzeptualisiert. Das frühzeitige Ausscheiden aus dem Berufsleben bzw. das Abwandern dieser (älteren) Mitarbeiter*innen in andere Sektoren stellen aus Sicht des „fremdbestimmten Typs" die logische Konsequenz einer längeren Handlungskette dar. Das Ausmaß des betrieblichen Kompetenzmanagements ist im Ganzen als „mittel ausgeprägt" zu bezeichnen und besteht fast ausschließlich aus für den Betrieb obligatorischen Schulungen/Maßnahmen des BKMs, die ihm seitens einer dritten Instanz auferlegt werden. Spezielle Angebote der Gesundheitsförderung bzw. –prävention oder andere Maßnahmen des betrieblichen Kompetenzmanagements finden sich in der Praxis nicht,

8.4 Stufe 4: Charakterisierung und Benennung der gebildeten Typen

auch ist die Personengruppe der älteren Beschäftigten nicht im Fokus der betrieblichen Kompetenzentwicklungsbemühungen. Es lässt sich insgesamt eine sehr reaktiv-passive Ausrichtung des BKMs konstatieren.

Schaut man auf die (Begründungs-)Parameter bzw. Determinaten des BKMs lässt sich ein Einfluss finanzieller Überlegungen bei der Entscheidungsfindung des Typs IV ausmachen. Dabei zeigt sich, dass der „fremdbestimmte Typ" zwar in das BKM investiert, dies jedoch nur bedingt aus freien Stücken tut. Intention der Investition ist in der Konsequenz auch nur in Teilen, die Kompetenzen der eigenen Mitarbeiter*innen zu entwickeln. Vielmehr geht es darum, durch das Erfüllen bestimmter Weiterbildungsauflagen bestehende geschäftliche Beziehung aufrechtzuhalten bzw. sich vor möglichen Restriktionen bzw. negativen Konsequenzen zu schützen. Weiter geht der „fremdbestimmte Typ" basierend auf seiner gewerkspezifischen Teilarbeitsmarktpositionierung davon aus, dass neue Mitarbeiter*innen am Markt zu finden seien, da diese über keine betriebs- oder personengruppenspezifischen Kompetenzen verfügen müssen. Durch Angebote des BKMs Mitarbeiter*innen gezielt zu fördern bzw. diese an den Betrieb zu binden, spielt in den Abwägungen des Typ IV daher keine Rolle. Die Rolle des/r Promotor*in ist beim Typ IV von einem/r betriebsexternen Akteur*in besetzt, d. h. Anstoß, Ausmaß des BKMs und Durchführung sind maßgeblich von den Vorgaben eines/r „externen Promotor*in bzw. „externen Promotor*innenstruktur" bestimmt, der/die zudem weniger aus einer Fach- als aus einer starken Machtposition heraus agiert. Diese Position wird vom „fremdbestimmten Typ" jedoch als ein unerwünscht hohes Maß an externer Machtausübung bzw. Fremdbestimmtheit wahrgenommen.

8.4.5 Typ V: „Der Resignierte"

Der Typ V „Der Resignierte" orientiert sich basierend aus seiner Positionierung im Jedermannarbeitsmarkt und mit Blick auf die Kompetenzanforderungen am unteren Ende des für das jeweilige Gewerk typischen Tätigkeitssegments. Arbeitsanforderungen verteilen sich zudem nicht gleichmäßig auf die Mitarbeiter*innen, sodass sich in der Konsequenz ein überdurchschnittliches Ungleichgewicht mit Blick auf die Kompetenzverteilung ergibt. Ältere Mitarbeiter*innen finden sich in der Praxis bei Typ V kaum wieder, werden jedoch – in Theorie – aufgrund ihres langjährigen Erfahrungswissens durchaus geschätzt. Als deutlich schwerwiegender werden vom Typ V jedoch altersbedingte Einschränkungen in der Leistungsfähigkeit konzeptualisiert, deren Eintreten als etwas verstanden wird, was nicht zu verhindern ist. Die Möglichkeit, hier (gesundheits-)präventiv einzugreifen, wird kaum gesehen und darüber hinaus nicht als Teil der betrieblichen Verantwortung gesehen. Das Ausmaß des betrieblichen Kompetenzmanagements ist als „niedrig ausgeprägt" zu bezeichnen. So wird nur das absolut notwendige Minimum an Maßnahmen des BKMs durchgeführt und darüber hinaus die Wirksamkeit solcher Maßnahmen insgesamt in Frage gestellt. Auch zeigt sich beim Typ V das Fehlen eines Verständnisses darüber, wie die jetzige Situation zu verändern sei, was die insgesamt resigniert-passive Ausrichtung des BKMs an dieser Stelle erneut unterstreicht.

Blickt man auf die identifizierten Determinanten bzw. (Begründungs-)Parameter des BKMs beim „resignierten Typ", dominiert mit Blick auf die Kosten-Nutzen-Abwägungen die Sorge vor Kosten auf der einen Seite sowie die Einschätzung, dass aus einer Investition in das Humankapital der eigenen Mitarbeiter*innen für den Betrieb langfristig kein Nutzen zu ziehen sei (Merkmalsausprägung: „Kosten überwiegen"). Die Bindung der eigenen Mitarbeiter*innen bzw. gezielte Förderung einzelner Personengruppen durch Angebote des BKMs spielt in den Abwägungen des Typ V keine Rolle, da die Mitarbeiter*innen (und ihre Kompetenzen) aus Sicht des „resignierten Typs" mit einem minimalen Aufwand am freien Markt ersetzbar sind. Typ V vertritt vielmehr die Meinung, dass die aktuell bei den Mitarbeitern*innen vorhandenen Kompetenzen ausreichen (müssen), um die ihnen zugeordneten niedrigen Kompetenzanforderungen zu bewältigen. Eine weitere Entwicklung wird nicht angestrebt, da diese aus Sicht des „resignierten Typ" zudem die Mitarbeiterfluktuation erhöhen würde. Die Rolle des/r Promotor*in ist beim „resignierten Typ" weder betriebsintern noch extern besetzt. Die Vorstellung, eine solche Rolle zu übernehmen, ruft beim Typ V ein Gefühl der Überforderung hervor, die Situation als Ganzes eine Form der Resignation.

8.5 Stufe 5: Reflexion empirisch leerer Merkmalskombinationen

Wie ausgeführt, sollen in der folgenden, das Verfahren von Kelle und Kluge erweiternden, Stufe 5 die empirisch leer gebliebenen aber theoretisch relevante

8.5 Stufe 5: Reflexion empirisch leerer Merkmalskombinationen 291

Merkmale bzw. Merkmalskombinationen einer kritischen Reflexion unterzogen werden. Idee dahinter ist es, dass nur, weil gewisse Merkmalsausprägungen bzw. –kombinationen empirisch im Feld nicht auftreten, diese nicht grundsätzlich nicht existieren müssen. Letzteres könnte sich beispielsweise – wie bereits mehrfach angedeutet – auch durch eine „verzerrte Fallauswahl" begründen. Es geht daher im folgenden Kapitel darum, die empirisch leergebliebenen Merkmalskombinationen kritisch zu hinterfragen bzw. diese – im Rahmen eines informierten Gedankenspiels – auf ihre Realitätsnähe im Feld (theoretisch) zu prüfen. Hier liegt – in Anlehnung an die empirisch im Feld gefundenen Typen – die These dahinter, dass das Auftreten von einigen Merkmalskombinationen weniger wahrscheinlich ist, als dies für andere der Fall ist. Vorab jedoch zunächst ein paar, das folgende Kapitel strukturierende, Gedanken.

Im Rahmen der in Kapitel 6 dieser Arbeit erfolgten Herausarbeitung der Vorteile eines heuristisch-analytischen Theorierahmens, welcher auch leitend für die vorliegende Analyse war, wurde bereits dargelegt, dass von einer Bandbreite von Determinanten und einem multi-perspektivischen Blick auf das betriebliche Kompetenzmanagement ausgegangen werden muss. Auch gehen Kelle und Kluge mit Bezug auf ihr typenbildendes Vorgehen von Typen als „Kombination theoretisch relevanter Merkmale" aus. Basierend darauf macht es im Folgenden wenig Sinn, die potentielle Existenz einzelner Merkmale bzw. deren Ausprägungen im Feld ohne das Auftreten anderer Merkmale zu diskutieren. Daher wird im Weiteren – ähnlich der weiter oben vollzogenen Beschreibung der empirisch aufgetretenen Merkmalskombinationen – der Blick vor allem auf die leergebliebenen Kombinationen von Merkmalsausprägungen gerichtet werden. Mit Blick auf eine sinnhafte Strukturierung des folgenden Kapitels werden die verschiedenen Merkmalskombinationen zunächst ausgehend vom Merkmal „Kosten-Nutzen-Abwägung" diskutiert. Es folgen dann die noch nicht diskutierten leeren Merkmalskombinationen der Merkmale „Segmentierte Arbeitsmärkte" bzw. „Promotor*in". Diese Strukturierung soll im Folgenden jedoch nicht im Sinne einer Wichtigkeitszuschreibung der einzelnen Merkmale verstanden werden.

Betrachtet man also zunächst die leer gebliebenen Merkmalskombinationen des Merkmals „Kosten-Nutzen-Abwägung", fällt auf, dass vier von sieben der Merkmalsausprägung „überwiegend Kosten (HK-)" zuzuordnen sind, d. h. dort zu verortende Fälle sehen keinen bis wenig Mehrwert in einer Investition in das Humankapital der eigenen (älteren) Mitarbeiter*innen. Sicherlich finden sich – wie ja auch am „resignierten Typ" zu sehen – in der Praxis Betriebe, die wenig bis überhaupt nicht bereit sind, in das betriebliche Kompetenzmanagement zu investieren. Jedoch lässt sich auf der anderen Seite für das Handwerk im Ganzen grundsätzlich eine relativ etablierte Weiterbildungs- und Kompetenzentwicklungskultur feststellen, die z. T. auch stark in gewerkspezifischen Traditionen und gesetzlichen Verordnungen verankert ist. D.h. Betriebe, die überhaupt nicht in die Kompetenzentwicklung für ihre Beschäftigten investieren, dürften sich im Handwerk nicht häufig finden lassen. Letzteres gilt insbesondere deswegen, da ein solches Verhalten teilweise auch mit starken Sanktionen bzw. Restriktionen verbunden ist; wie zu sehen am Typ III bzw. Typ IV. Darüber hinaus – wie bereits mehrfach andiskutiert – besitzen insbesondere formal qualifizierende und zertifizierte Maßnahmen einen hohen Stellenwert im Handwerk, der in Teilen so weit geht, dass in den Betrieben die Ansicht vertreten wird, dass Maßnahmen, die keine bzw. nur wenig Kosten verursachen, weniger Wert beigemessen wird. Dies führt dann beispielsweise dazu, dass es ungemein schwerer ist, in Betrieben die gleiche Anerkennung für informelle bzw. arbeitsintegrierte Maßnahmen der Kompetenzentwicklung zu erzeugen, obwohl diese implizit auch Kosten erzeugen. Dazu kommt, dass davon ausgegangen werden muss, dass der technologische Wandel heute eine Vielzahl der Handwerksbetriebe bereits „erreicht" hat. D.h. nicht nur die aktuelle Teilarbeitsmarktpositionierung macht Maßnahmen des BKMs notwendig für die Betriebe, sondern auch – mehr perspektivisch gesprochen – dass Wissen darum, dass zukünftig weitere neue Technologien in die Gewerke Einzug halten werden. Vor diesem Hintergrund lässt sich vorsichtig schließen, dass – außer in Ausnahmefällen – sich in der Praxis wenig Handwerksbetriebe finden lassen dürften, die im Rahmen einer Kosten-Nutzen-Abwägung zu dem Ergebnis kommen, es würde sich nicht lohnen, in das Humankapital der eigenen Mitarbeiter*innen zu investieren.

Diese Auffassung sollte sich zudem noch verstärken, wenn sich diese Betriebe in den Teilsegmenten des Arbeitsmarktes bewegen, wo höhere Kompetenzanforderungen – z. B. aufgrund eines gewissen Spezialisierungsgrades – an die eigenen Mitarbeiter*innen gestellt werden. Hier ist eine Investition in das Humankapital aus Betriebssicht dringend notwendig bzw. fast unumgänglich, da das gesamte Geschäftsmodell auf der Verfügbarkeit von kompetenten Mitarbeiter*innen aufbaut, die zudem über ein hohes Maß an betriebs- und personenbezogenem Wissen bzw. Kompetenzen verfügen müssen (z. B. beim „Spezialistentyp" oder dem

8.5 Stufe 5: Reflexion empirisch leerer Merkmalskombinationen 293

„Vorreitertyp"). Es ist in der Konsequenz daher nur logisch, dass die Merkmalsausprägung „überwiegend Kosten (HK-)" im Feld nicht mit der Merkmalsausprägung „betriebsspezifisches BKM (SA+)" des Merkmals „segmentierte Teilarbeitsmärkte" auftritt.

Gleiches gilt für den Befund, dass die Merkmalsausprägung „überwiegend Kosten (HK-)" im Feld empirisch nicht zusammen mit der Merkmalsausprägung „Promotor*in im Betrieb vorhanden (PM+)" auftritt. Zum einen ließe sich argumentieren, dass – wenn von einer grundsätzlich relativ gut ausgeprägten Kultur des betrieblichen Kompetenzmanagements im Handwerk ausgegangen werden kann (weswegen ein Auftreten der Merkmalsausprägung „überwiegend Kosten" nur in den seltensten Fällen sinnhaft erscheint) – diese in irgendeiner Form auch im Betrieb verankert bzw. organisiert sein müsste. D.h. es ist davon auszugehen, dass Promotor*innen – ob in interner oder externer Form – mit hoher Wahrscheinlichkeit immer in Handwerksbetrieben auftreten werden. Darüber hinaus, wie die Ausführungen zur besonderen Rolle von Betriebsinhaber*innen im Handwerk bereits gezeigt haben, entspricht die Promotoren*innenrolle in großen Teilen auch den etablierten bzw. tradierten Führungs- und Organisationsstrukturen im Handwerk; insbesondere mit Blick auf die häufig im Handwerk vorkommenden Kleinst- und Kleinbetriebe.

Wenig empirische Befunde (und viele leere Felder) finden sich im untersuchten Sample auch mit Blick auf die Merkmalsausprägung „Jedermannarbeitsmarkt BKM (SA-)" des Merkmals „Segmentierte Teilarbeitsmärkte". So bleiben drei von vier möglichen Feldern hier unbesetzt. Dies könnte jedoch durchaus durch die spezifische Gewerkauswahl begründet sein, auf der diese Arbeit beruht. So gehören die Gewerke SHK, Elektro, Metall und Kfz nicht nur zu den größten im Handwerkssektor, sondern sicherlich auch zu den technologie- und innovationsgetriebensten. Auch haben insbesondere diese vier Fokusgewerke in den vergangenen Jahrzehnten einen massiven Strukturwandel und enorme Digitalisierungsschübe erlebt, was nachhaltig die Arbeitsweisen und die Kompetenzanforderungen an die dort beschäftigten Personen verändert hat. Insgesamt ist für diese Gewerke also von gestiegenen Kompetenzanforderungen auszugehen, was jedoch nicht auf alle Gewerke des Handwerks so zutreffen muss. So könnte man argumentieren, dass in anderen Gewerken des Handwerks deutlich mehr Beschäftigte zu finden sein sollten, deren Tätigkeitsspektrum dem Jedermannarbeitsmarkt zuzuordnen ist, ohne dabei gleich von an- und ungelernten Personen auszugehen. Für diese Merkmalsausprägung ist daher von einer – theoretisch – grundsätzlich höheren Wahrscheinlichkeit des Auftretens im Feld auszugehen.

Bleibt man der bereits skizzierten Argumentation treu, dass komplexere Tätigkeitsfelder ein höheres Maß an BKM und damit eine unmittelbare Investitionsnotwendigkeit bedingen, könnte umgekehrt argumentiert werden, dass das Auftreten der empirisch leer gebliebenen Merkmalskombination „überwiegend Nutzen (HK+)" mit der Ausprägung „Jedermannarbeitsmarkt BKM (SA-)" im Feld weniger wahrscheinlich ist. Betriebe mit mehrheitlich weniger anspruchsvollen Tätigkeitsspektren verfügen – in der skizzierten Logik – durchaus über weniger Argumente für eine Rechtfertigung anfallender Investitionskosten in das Humankapital ihrer Mitarbeiter*innen. Dazu kommt bei Betrieben, die dem Jedermannarbeitsmarkt zuzuordnen wären, die Sorge dazu, dass eine Investition ins Humankapital die Fluktuationswahrscheinlichkeit der Mitarbeiter*innen erhöht, was erneut ein gemeinsames Auftreten mit der Merkmalsausprägung „überwiegend Nutzen (HK+)" unwahrscheinlich macht. In der Konsequenz lässt sich also festhalten, dass in der Praxis eine Kombination der Merkmalsausprägungen „überwiegend Kosten (HK-)" sowie „Jedermannarbeitsmarkt BKM (SA-)" deutlich wahrscheinlicher scheint und sich im Falle des „resignierten Typs" auch bereits einmal empirisch im Feld gezeigt hat. Konträr dazu ist hier erneut auf die bereits skizzierte förderliche Kultur für das BKM im Handwerk insgesamt hinzuweisen. So könnten sich durchaus auch Betriebe im Feld finden, die zwar grundsätzlich weniger Ansprüche an die Kompetenzen ihrer Mitarbeiter*innen stellen, jedoch auch bereit sein könnten, in diese zu investieren. Dazu kommt die grundsätzliche Frage bei der Merkmalsausprägung „Segmentierte Teilarbeitsmärkte", inwieweit – wie ja auch bereits am „Spezialistentyp" diskutiert – die strikten Grenzen zwischen den Teilarbeitsmärkten in der Praxis überhaupt aufrecht zu erhalten sind.

Zu guter Letzt bleibt die Diskussion des Merkmals „Promotor*in", welches in Teilen bereits im Kontext der anderen beiden Merkmale und ihrer leer gebliebenen Ausprägungen diskutiert wurde. Daher wird im Folgenden vor allem der mögliche Fall „Promotor*in nicht im Betrieb vorhanden (PM-)" durchgespielt. Grundsätzlich ist an dieser Stelle auf die im Rahmen der Analyse identifizierte Wichtigkeit von Promotoren*innen für das BKM hinzuweisen. So zeigt sich, dass empirisch mit Ausnahme des „resignierten Typs" in allen untersuchten Fällen ein/e Promotor*in, der/die entweder betriebsintern oder -extern agiert, zu finden

8.5 Stufe 5: Reflexion empirisch leerer Merkmalskombinationen

war. So konnte bei den anderen drei Betrieben, die der Merkmalsauprägung „Promotor*in nicht im Betrieb vorhanden (PM-)" zugeordnet wurden, gezeigt werden, dass diese Rolle in Form von „externen Dritten" bzw. einer „diffusen Promotor*innenstruktur" auch dort existiert. Letzteres weist an dieser Stelle erneut auf eine notwendige Ausdifferenzierung des Promotorenmodells nach Witte hin.

Geht man grundsätzlich der Frage nach, ob in der handwerklichen Praxis überhaupt Betriebe ohne Promotoren*innen existieren können, sollte man an dieser Stelle noch einmal die im Handwerk gängigen Organisations- und Führungsstrukturen bedenken. So ließe sich argumentieren, dass die organisationalen Strukturen im primär kleinst- bzw. klein- und mittelständisch geprägten Handwerkssektor die Existenz eines/r Promotor*in eher begünstigen, als verhindern. Wie am Beispiel des „gewissenhaften Typs" zu sehen, ist diese Rolle häufig personifiziert durch die Rolle des/r Eigner*in, einer Position, die sich in der einen oder anderen Form in jedem Handwerksbetrieb finden lässt. Im Falle der zulassungsbeschränkten Gewerke könnte man an dieser Stelle sogar so weit gehen, dass das Vorhandensein dieser Rolle (durch die Meister*innenpflicht) als eine notwendige Bedingung hinter einer Betriebsgründung zu sehen ist. Dafür spricht auch die bereits mehrfach angesprochene Verantwortungshäufung auf der Inhaber*innenebene, die neben den betriebswirtschaftlichen Belangen häufig auch die Aspekte der Ausbildung bzw. der Angebotsstruktur des BKMs beinhaltet. Ein Auftreten von Betrieben im Handwerk, die vollkommen ohne Promotor*in auskommen, ist daher zwar nicht unmöglich, aber eher unwahrscheinlich. Tritt dieser unwahrscheinliche Fall trotzdem auf – so zeigt die Analyse des „resignierten Typs" – hat dies immense negative Konsequenzen für das BKM.

Zusammenfassend lässt sich also festhalten, dass einzelne Kombinationen von Merkmalsausprägungen (theoretisch) weniger wahrscheinlich erscheinen, als dies für andere Kombinationen der Fall ist. Dies bedingt sich zum einen durch eine insgesamt BKM-förderliche Kultur im Handwerk, zum anderen durch spezifische Arbeitsmarktpositionierungen und tradierte organisationale (Führungs-)Strukturen, die sich auch heute noch in vielen Handwerksbetrieben nachvollziehen lassen. Gleichzeitig unterstreicht die Analyse der empirisch leer gebliebenen Felder an dieser Stelle auch noch einmal die Besonderheit des hier analysierten Samples. Letzteres gilt insbesondere mit Blick auf die Frage nach der Technologielastigkeit und Innovationskraft der vier Fokusgewerke dieser Arbeit. So lässt sich annehmen, dass Betriebe aus anderen Gewerken u. U. andere Kombinationen an Merkmalsausprägungen möglich gemacht hätten. Im Folgenden sollen die fünf identifizierten Typen abschließend diskutiert und zur Beantwortung der im Rahmen dieser Arbeit gestellten leitenden Forschungsfragen herangezogen werden.

8.6 Ergebnisdiskussion

Im Rahmen dieser Arbeit konnten auf Basis des präsentierten Datenmaterials fünf distinkte Typen (1) „Der Vorreiter", (2) „Der Gewissenhafte", (3) „Der Spezialist, (4) „Der Fremdbestimmte", (5) „Der Resignierte" sowie deren Sinnzusammenhänge in Bezug auf die drei im Rahmen des heuristisch-analytischen Theorierahmens zusammengeführten Theoriezugänge „Humankapitaltheorie", „Segmentationstheorie" und „Promotorenmodell " herausgearbeitet werden. Neben der Frage, welche Determinanten bzw. Parameter des betrieblichen Kompetenzmanagements sich im Zusammenhang mit der vorgefundenen Ausprägung des betrieblichen Kompetenzmanagements bei Handwerksbetrieben identifizieren lassen, war es im Kontext dieser Arbeit ein weiteres zentrales Anliegen, die Personengruppe der älteren Beschäftigten besonders zu betrachten.

Zunächst soll daher im Folgenden eine generelle Einordnung der Befunde aus der Untersuchung im Feld erfolgen. Besonderer Fokus liegt dabei auf den vorgefundenen Kompetenzanforderungen bzw. der identifizierten Ausgestaltung des betrieblichen Kompetenzmanagements (Kapitel 8.6.1) sowie dem Stellenwert, den ältere Beschäftigte bei den verschiedenen Typen haben (Kapitel 8.6.2). Kapitel 8.7 diskutiert dann noch einmal detailliert die Tragfähigkeit des herangezogenen heuristisch-analytischen Theorierahmens und widmet sich der Beantwortung der im Rahmen dieser Arbeit gestellten zentralen Forschungsfragen.

8.6 Ergebnisdiskussion

8.6.1 Zu den Kompetenzanforderungen und der Ausgestaltung des BKMs im Feld

Zunächst lässt sich festhalten, dass eine große Bandbreite von Maßnahmen des betrieblichen Kompetenzmanagements im Feld identifiziert werden konnte.[105] Diese spiegeln auch das breit gefächerte Set an Kompetenzanforderungen an Mitarbeiter*innen im Handwerk wider, welches z. T. weit über das hinausgeht, was in der handwerklichen Grundausbildung an die Beschäftigten im Handwerk vermittelt wird. Insbesondere der „Vorreitertyp" sowie der „Spezialist" sind darauf angewiesen, die Kompetenzen ihrer Mitarbeiter*innen, z. T. weit über die für die jeweiligen Gewerke üblichen Kompetenzanforderungen, zu entwickeln, möchten sie weiterhin erfolgreich am Markt agieren. So finden sich beim „Vorreitertyp" Betriebe, die mit ihren Tätigkeits- und Arbeitsbereichen stark zukunfts- und innovationsgetrieben aufgestellt sind, z. T. mit eigenen Produktreihen und international orientierten Absatzmärkten. Darüber hinaus wird das Antizipieren und Reagieren auf zukünftige Trends im Handwerk als konkrete Zielvorstellung des BKMs formuliert und z. T. konnten sogar betriebsspezifisch herausgebildete (Fach-)Positionen in der betrieblichen Praxis identifiziert werden; eine Besonderheit für das Handwerk.

In der Konsequenz finden sich beim „Vorreitertypen" unterschiedlichste Maßnahmen des BKMs, welche die ganze Bandbreite von den für das Handwerk typischen Herstellerschulungen über formalisierte Fort- und Weiterbildungen (z. B. zum/r Meister*in bzw. Techniker*in), Kooperationen mit Hochschulen aus der Region, Mitgliedschaft in betriebsübergreifenden Netzwerken (z. B. „Ausbildungsakademie" oder „Denkfabrik") bis hin zu maßgeschneiderten betriebsspezifischen Maßnahmen der Kompetenzentwicklung (z. B. „Kompetenz- und Lerntandems") abdecken. Der „Spezialist" hat sich in einer Nische seines eigenen Gewerks etablieren können, welche – wenn auch mit Abstrichen zum „Vorreitertyp" – ebenfalls stark betriebsspezifisch ausgebildete Kompetenzanforderungen an die eigenen Mitarbeiter*innen bedingt. Beispielhaft an der langen Einarbeitungszeit (z. T. ½ - 1 Jahr) dargestellt, zeigt sich, dass der „Spezialistentyp" kompetente und einsatzfähige Mitarbeiter*innen als „knappes Gut" konzeptualisiert. Im Resultat –

---

[105] Denkt man in diesem Kontext nun auch die im vorherigen Kapitel andiskutierten „theoretisch möglichen und im Feld auch wahrscheinlichen" Fälle bzw. Typen dazu, könnte sich dieser breite Pool an identifizierten Maßnahmen des BKMs u. U. auch noch erweitern.

um auf diese sehr betriebsspezifischen Kompetenzanforderungen zu reagieren bzw. Personen, die über eben diese verfügen, länger an den Betrieb zu binden – finden sich beim „Spezialistentypen" Beispiele für Maßnahmen betriebsspezifischer Kompetenzentwicklung (z. B. systematisches Rotationsverfahren über verschiedene betriebsinterne Bereiche) oder Ansätze, Mitarbeiter*innen sogar über den Eintritt in das Rentenalter an den Betrieb zu binden.

Aber auch die Typen, die mehrheitlich innerhalb der eigenen Gewerkgrenzen agieren (z. B. „Der gewissenhafte Typ" bzw. „Der fremdbestimmte Typ"), weisen insgesamt eine Steigerung der Kompetenzanforderungen an Mitarbeiter*innen im Handwerk auf. So stellen beide Typen zwar primär gewerkspezifische Kompetenzanforderungen an ihre Mitarbeiter*innen, jedoch berichten auch hier die Betriebe von zunehmend neuen Technologien (z. B. erneuerbare Energien, Elektromobilität o. Ä.), die Einzug in die Gewerke halten. Wichtig bleiben jedoch hier – nach wie vor – auch etablierte (Alt-)Technologien, die z. T. von den Betrieben des „gewissenhaften Typs" im Rahmen von Maßnahmen der betrieblichen Kompetenzentwicklung explizit aufgegriffen werden. Dazu kommen die immer wichtiger werdenden sog. überfachlichen Kompetenzen, die Mitarbeiter*innen beispielsweise im Kontext der gestiegenen Service- und Kund*innenorientierung im Handwerk zunehmend benötigen. So bilden Betriebe des „gewissenhaften Typs" ihre Mitarbeiter*innen in den Bereichen „altersgerechte Badsanierung" weiter, um alternden Kund*innen (als durch die demografische Alterung bedingte wachsende Zielgruppe) hier besseren Service bieten zu können. Während sich beim „gewissenhaften Typ" – wenn auch in kleinem Umfang – auch betriebsbezogene Maßnahmen identifizieren lassen, beschränkt sich das Angebot des „fremdbestimmten Typ" primär auf externe und formalisierte Angebote. Im Weiteren – so konnte hier gezeigt werden – kommt selbst der „resignierte Typ"– nicht ohne „kompetente Mitarbeiter*innen" aus. So besuchten selbst die Mitarbeiter*innen des „resignierten Typs" in Form von obligatorischen Pflichtveranstaltungen bzw. –schulungen (z. B. Schweißerschein) ein Minimum an Maßnahmen, die dem betrieblichen Kompetenzmanagement zugeordnet werden können.

All die hier skizzierten Entwicklungen weisen – wie bereits zu Beginn dieser Arbeit bereits herausgearbeitet – auf eine wachsende Bedeutung des betrieblichen Kompetenzmanagements für den Handwerkssektor hin, einem Sektor der – unabhängig von sich wandelnden und/oder gänzlich veränderten Kompetenzanforde-

8.6 Ergebnisdiskussion

rungen – insgesamt immer schon durch einen hohen Bedarf an Fachkräften bestimmt war. Es zeigt sich basierend auf der hier durchgeführten Analyse jedoch auch, dass Handwerksbetriebe – mit unterschiedlicher Ausprägung – bereits gute Ansätze des betrieblichen Kompetenzmanagements aufweisen und für den Handwerkssektor als Ganzes eine insgesamt gut ausgebildete Weiterbildungs- und Kompetenzentwicklungskultur diagnostiziert werden kann. Diese positive Einschätzung ist mit Blick auf die Zukunftsorientierung und die strukturelle Verankerung des BKMs in den Betrieben jedoch etwas einzuschränken. So spiegelt das Feld – erneut auch hier mit graduellen Unterschieden – das zu Beginn dieser Arbeit für das Handwerk bereits herausgearbeitete Bild eines Sektors mit oftmals wenig strukturell auf der Betriebsebene verankertem Personal- bzw. Kompetenzmanagement wider. Lediglich der „Vorreitertyp" verfügt über ein wirklich strukturiertes und proaktives Vorgehen bzw. eine Ausrichtung des BKMs, welche auch personell (z. B. in Form einer/s Personalentwickler*in) im Betrieb verankert sind. Der „Spezialistentyp" und der „fremdbestimmte Typ" sind im direkten Vergleich deutlich weniger proaktiv aufgestellt, dies zeigt sich insbesondere mit Blick auf zukünftige Trends- und Wandlungsprozesse, die an diese Typen in der Regel später und – wenn – durch externe Dritte herangetragen werden. Der „gewissenhafte Typ" zeigt sich in seiner Ausrichtung eher reaktiv, d. h. zum einen ist das BKM primär auf das „Nachreichen von fehlenden Kompetenzen" ausgerichtet, zum anderen zeigte sich, dass der Einfluss „externer Schocks" hier am deutlichsten zu Tage tritt. Der „resignierte Typ" steht ganz am unteren Ende dieses Trends und weist ein fast passiv ausgerichtetes Verhalten bzgl. der Ausrichtung des eigenen BKMs aus, was sich beispielsweise in der Überzeugung äußert, dass Inhalte, die in der handwerklichen Erstausbildung vermittelt wurden, als „ausreichend" für heutige und zukünftige Kompetenzanforderungen konzeptualisiert werden.

Interessant an dieser Stelle ist auch nochmal die Unterscheidung zwischen formalen und non-formalen Maßnahmen der Kompetenzentwicklung, wobei festzustellen ist, dass die ersteren, d. h. die formalisierten Angebote des Kompetenzmanagements, im Feld dominieren. Auch für die im Rahmen dieser Arbeit identifizierten Typen zeigt sich, dass alle von diesen formalisierten Angeboten Nutzen machen bzw. deren Besuch für die eigenen Mitarbeiter*innen ermöglicht wird. So stellt man typenübergreifend fest, dass Mitarbeiter*innen Meister*innen- und/oder Techniker*innenschulungen oder weniger langfristig angelegte Zertifikatskurse besuchen, deren Anbieter*innen sich im Kontext der bereits häufiger angesprochenen Aus- und Weiterbildungsakteur*innen des Handwerks (Aus- und Weiterbildungszentren bzw. Kompetenzzentren des Handwerks) finden lassen. Diese Maßnahmen bzw. Formate laufen innerhalb formalisierter Strukturen ab und schließen üblicherweise mit z. T. öffentlich-rechtlich geregelten und formal-qualifizierenden Abschlüssen ab. Daneben finden sich auf der Betriebsebene auch Angebote wie beispielsweise (Hersteller-)Schulungen (z. B. unter Beteiligung externer Fachexperten*innen oder Vertreter*innen von Herstellern), die von den Mitarbeiter*innen mit Teilnahmezertifikaten o. Ä. abgeschlossen werden und in der Regel in semi-strukturierten Abläufen verbleiben. In beiden Fällen haben die Betriebe selber nur begrenzten Einfluss auf die durchgeführten Angebote und stellen hier – überspitzt formuliert – häufig eher den „passiven Konsumenten" als den/die „gestaltende/n Akteur*in" der Maßnahme dar.

Konträr dazu finden sich bei einigen Typen jedoch auch Ansätze non-formalisierter und in Teilen auch arbeitsintegrierter Maßnahmen der Kompetenzentwicklung. Diese Formate heben die Bedeutung des Arbeitsplatzes als „Lernort" hervor und verbinden tägliche Arbeits- und Handlungsweisen mit Aspekten der Kompetenzentwicklung. Entsprechende Maßnahmen finden sich jedoch nur bei drei Typen („Vorreitertyp", „gewissenhafter Typ" sowie „Spezialistentyp"), zudem mit stark graduellen Unterschieden in Bezug auf deren Ausgestaltung und dem gezielten Einsatz dieser als Teil des BKMs. Während der „Vorreitertyp" entsprechende Maßnahmen („z. B. Lern- und Kompetenztandems") gezielt und strategisch im Kontext der Kompetenzentwicklung und des generationsübergreifenden Wissenstransfers einsetzt, sind etwaige Maßnahmen (z. B. „Rotationsverfahren") beim „Spezialistentyp" zwar ebenfalls strukturell verankert, jedoch deutlich weniger didaktisch „gerahmt". So wird das Lernen bei der Arbeit zwar angestoßen, es fehlen – im Vergleich zum Vorreitertyp – jedoch strukturierende Rahmenbedingungen z. B. festgelegte Lernziele bzw. eine Evaluation im Abschluss zur durchgeführten Maßnahme. Auch beim „gewissenhaften Typ" finden sich Ansätze der arbeitsintegrierten Kompetenzentwicklung. So werden Mitarbeiter*innen z. B. in Maßnahmen, die lose an das Konzept von „Lerninseln" erinnern, an spezifische (Alt-)Technologien herangeführt. Im Vergleich zum „Vorreiter- bzw. dem Spezialisten-Typ" müssen hier mit Blick auf den strategischen Einsatz von non-formalen Kompetenzentwicklungsmaßnahmen noch einmal Abstriche gemacht werden. Maßnahmen werden weder systematisch vor- bzw. nachbereitet bzw. strategisch

8.6 Ergebnisdiskussion

als Format des betrieblichen Kompetenzmanagements eingesetzt. Jedoch sollte – bevor ein Urteil über die Qualität der Ausgestaltung bei den jeweiligen Typen gefällt wird – der Einsatz von non-formalisierten und arbeitsintegrierten Kompetenzentwicklungsmaßnahmen auch noch einmal vor den tradierten Aus- und Weiterbildungsweisen des Handwerks thematisiert werden. So bauen entsprechende nonformale Maßnahmen auf der bereits angesprochenen sog. „Beistelllehre" auf, die bereits seit den Anfängen des 19. Jahrhunderts – überaus erfolgreich – den Kern der Kompetenzentwicklung im Handwerk (z. B. im Rahmen der dualen Ausbildung) bildet. Falsch wäre es daher, trotz u. U. auf den ersten Blick fehlender Systematisierung bzw. Strukturierung von durchgeführten non-formalen Maßnahmen diesen auch keine Erfolgschancen einzuräumen. Ein solches Denken würde Handwerksbetrieben in Gänze ihren Erfahrungsschatz mit der arbeitsintegrierten Weitergabe von Wissen bzw. Kompetenzentwicklung absprechen. Von generalisierender Bewertung sollte daher in diesem Kontext abgesehen werden und Forscher*innen sollten einen differenzierten Blick auf den Einzelfall bzw. auf die einzelne Maßnahme behalten.

Sucht man nach Erklärungsmuster für die Dominanz einzelner Formate über andere, lassen sich unterschiedliche Begründungen herausarbeiten. Die erste bezieht sich auf die segmentationstheoretischen Überlegungen und soll – da diese im Folgenden noch ausführlicher diskutiert werden – an dieser Stelle nur kurz angeschnitten werden. Wie schon mehrfach ausgeführt, machen unterschiedliche Teilarbeitsmarktpositionen unterschiedliche Kompetenzen notwendig. Diese – so der Segmentationstheorie folgend – bedingen u. U. auch unterschiedliche Kompetenzentwicklungsformate. Denkt man beispielsweise an die bei einem der Betriebe des „Vorreitertyp" vorkommende betriebsspezifische (Fach-)Position des bauleitenden Obermonteurs (BOM), dessen Kompetenzanforderungen, neben Kompetenzen, die sicherlich auch im Rahmen von formalisierten Schulungen vermittelbar sind, stark auf den sog. überfachlichen Kompetenzen aufbauen. Diese können – folgt man dem Kompetenzdiskurs – in der Regel nur arbeitsintegriert und damit im direkten Arbeitskontext vermittelt werden. Es zeigt sich also, dass spezifische Kompetenzbedarfe bestimmte Formate favorisieren. Jedoch machen arbeitsintegrierte Maßnahmen der Kompetenzentwicklung – wie das Beispiel des „gewissenhaften Typs" zeigt – nicht nur im betriebsspezifischen Teilarbeitsmarkt Sinn, und sollten sich daher auch in anderen Teilarbeitsmärkten finden lassen.

Eine ebenfalls lange Tradition im Handwerk haben aber auch – und das wäre an dieser Stelle ein Erklärungsansatz für die breite und intensive Nutzung von formalisierten Angeboten – die bereits angesprochenen überbetrieblichen Akteur*innen wie z. B. die Aus- und Weitebildungszentren des Handwerks. Durch die historisch bereits relativ frühe Ausdifferenzierung der sog. „3. Säule" der betrieblichen Ausbildung (z. B. im Rahmen der überbetrieblichen Lehrlingsunterweisung (ÜLU)) haben im Kontext der Aus- und Weiterbildungsweisen auch betriebsexterne Akteur*innen immer schon eine starken Einfluss auf das Weiterbildungs- und Kompetenzentwicklungsgeschehen im Handwerk gehabt.[106] Trotz sicherlich auch hoher praktischer Anteile sind die Angebote dieser Akteur*innen meist den formalisierten Angeboten der Kompetenzentwicklung zuzuordnen. Folgernd ließe sich argumentieren, dass neben der langen Tradition der arbeitsintegrierten Wissensvermittlung das Handwerk und seine Betriebe auch über eine lange Tradition darüber verfügen, externe – meist formalisierte – Angebote des BKMs in Anspruch zu nehmen. Dieses Argument wird zudem verstärkt, wenn man noch einmal an die Ursprünge dieser Entwicklung zurückdenkt. So wurden die ersten betriebsübergreifenden Aus- und Weiterbildungsangebote (beginnend mit den sog. „Zeichenschulen") entwickelt, um auf mögliche „Lücken" in der beruflichen Erstausbildung zu reagieren. Letzteres baut auf dem Verständnis auf, dass insbesondere Kleinst- und Kleinbetrieben oftmals die strukturellen Bedingungen und Ressourcen fehlen, um die ganze Bandbreite der handwerklichen Ausbildung eines Gewerks zu garantieren. Letzteres Argument trifft sicherlich auch noch heute auf Handwerksbetriebe zu und auch im Sample dieser Untersuchung finden sich entsprechende Hinweise: So zählen die Betriebe, die denjenigen Typen zugeordnet wurden, welche primär formalisierte Angebote des BKMs durchführen („der resignierte Typ", „der fremdbestimmte Typ" sowie – in Teilen – auch der „gewissenhafte Typ") häufig(er) zur Kategorie der Kleinst- bzw. Kleinbetriebe und seltener zu den Betrieben mittlerer bzw. größerer Betriebsgröße. Dies könnte – obwohl im Rahmen dieser Arbeit nicht systematisch untersucht – dahingehend interpretiert werden, dass aufgrund fehlender struktureller Bedingungen Betriebe dieser Betriebsgrößengruppen eher auf formalisierte Angebote externer Weiterbildungs- und Kompetenzentwicklungsakteur*innen zurückgreifen; ein Vorgehen

---

[106] Für eine detailliertere Diskussion der Aus- und Weiterbildungsweisen im Handwerk und seiner relevanten Akteur*innen siehe Kapitel 4 in dieser Arbeit.

8.6 Ergebnisdiskussion

welches aus der Betriebsperspektive heraus zudem über eine lange Tradition im Handwerk verfügt. Zusammenfassend lässt sich also festhalten, dass neben einer Vielzahl von externalisierten formalisierten Angeboten des betrieblichen Kompetenzmanagements auch eine Reihe von arbeitsintegrierten, betriebs- bzw. personenbezogener Maßnahmen in den Betrieben identifiziert werden konnte. Dabei verteilen sich die identifizierten Formate nicht gleichmäßig über die identifizierten Typen, was u. U. bedingt sein könnte durch die Teilarbeitsmarktpositionieren sowie – so die Vermutung hier – über historisch gewachsene Aus- und Weiterbildungskulturen des Handwerks. Die Breite der vorgefundenen Maßnahmen weist an dieser Stelle auch nochmal explizit auf die Notwendigkeit hin, Kompetenzentwicklung im Handwerk differenzierter zu betrachten. Das im Rahmen dieser Arbeit herausgearbeitete und breit angelegte „Modell zur Erfassung des betrieblichen Kompetenzmanagements"[107] erwies sich diesbezüglich als adäquat, da es eben neben formalisierten sowohl betriebsunabhängige, gewerkbezogene als auch betriebs- bzw. personenbezogene Maßnahmen berücksichtigte. Darüber hinaus konnten so auch etwaige „arbeitsintegrierte" Maßnahmen in den Blick genommen werden; Kompetenzentwicklungsformate, die fest verankert sind in den tradierten Ausbildungsweisen des Handwerks.

Auch fällt auf, dass kein Betrieb identifiziert wurde, der überhaupt keine Maßnahmen des betrieblichen Kompetenzmanagements für seine Beschäftigten angeboten hat (wenn auch nicht immer ganz freiwillig), was an dieser Stelle erneut Belege für eine insgesamt gut ausgeprägte Weiterbildungs- bzw. Kompetenzentwicklungskultur im Handwerk liefert. Dieser Befund lässt sich – im Rahmen einer sehr vorsichtigen gemeinsamen Interpretation der Ergebnisse – auch mit Daten aus der quantitativen Kurzstudie untermauern. So zeigte sich, dass selbst Betriebe, die im Rahmen der Clusteranalyse dem inaktivsten identifizierten Cluster („Limited-Cluster") zugeordnet wurden – wenn auch in geringem Maße – Maßnahmen des BKMs für ihre Beschäftigten anbieten bzw. zumindest Tendenzen dazu zeigen, dies in Zukunft vorzuhaben. Gleichzeitig scheint sich über die Cluster hinweg nicht nur die Angebotshäufigkeit bzw. –bereitschaft, sondern auch die Bandbreite der angebotenen Formate zu erhöhen. Über das „Mix-and-Match"-Cluster, mit einem differenzierten Angebot aus non-formal und semi-formalen Angeboten, bis

---

[107] Für eine differenzierte Darstellung des Modells zur Erfassung des betrieblichen Kompetenzmanagements (BKM) im Handwerk siehe Kapitel 4 in dieser Arbeit.

hin zum „Do-it-All"-Cluster mit einer insgesamt großen Bandbreite an Angeboten, u. a. aber auch mit Maßnahmen, die explizit auf die Personengruppe der Älteren bezogen sind.

Subsumierend lässt sich hier also feststellen, dass die oftmals für die kleinen und mittelständischen Betriebe diagnostizierte „Weiterbildungs- bzw. Kompetenzentwicklungsmüdigkeit" in beiden Studien nicht bestätigt werden konnte. Vielmehr präsentiert sich das Handwerk mit Blick auf das betriebliche Kompetenzmanagement als ein dynamischer Sektor, mit um die Kompetenzentwicklung ihrer eigenen Mitarbeiter*innen bemühten Betrieben. Auch zeigt die Analyse, dass die Erfassung der Ausprägung des BKMs im Handwerk – wie auch schon im Rahmen der Clusteranalyse angedacht – am sinnhaftesten in Form eines Stufen-Modells erfolgen kann, welches der allgemein gut ausgeprägten Kompetenzentwicklungskultur im Handwerk Rechnung trägt. Würde man ein solches Modell idealtypisch skizzieren, könnte man beispielsweise von einer „Sockelstufe" ausgehen. In dieser wären diejenigen Betriebe, die zwar das am geringsten ausgeprägte BKM vorweisen, jedoch auch nicht „nichts machen", zu verorten. Weitere Abstufungen nach oben wären dann jeweils entlang der im Feld identifizierten „Häufigkeiten" bzw. der „Bandbreite an Formaten" zu treffen. Im Ergebnis ergibt sich dann ein mehrstufiges Modell zur adäquaten Erfassung und Kategorisierung unterschiedlicher Ausprägungen des BKMs im Handwerk. Einschränkend sollte an dieser Stelle jedoch noch darauf hingewiesen werden, nicht den Fehler zu machen, die identifizierten Cluster mit den Typen gleichzusetzten (z. B. „Limited"-Cluster mit dem „resignierten Typ"). So geben die Cluster lediglich deskriptiv Auskunft über Angebotshäufigkeit bestimmter, entlang ihres Formalisierungsgrades differenzierten, Maßnahmen des BKMs. Demgegenüber befassen sich die gebildeten Typen – unabhängig von Häufigkeit und Maßnahmenformat – mit den Determinanten bzw. den (Begründungs-)Parametern des BKMs und wurden auf Basis einer Zuordnung dieser gebildet.

Das folgende Kapitel richtet den Blick noch einmal explizit auf die Gruppe der älteren Beschäftigten und hat zum Ziel, den im Rahmen der Analyse immer wieder aufgetauchten Stellenwert, den älteren Beschäftigten bei den verschiedenen Typen einnehmen, näher zu beleuchten.

8.6.2 Zum Stellenwert älterer Mitarbeiter*innen bei den identifizierten Typen

Mit Blick auf den Stellenwert, den ältere Beschäftigte bei den identifizierten Typen einnehmen, fallen typenübergreifend drei zentrale Argumentationslinien auf, die sich grob mit „geschätztem Erfahrungswissen", „Gewachsenen Kundenbeziehungen" bzw. „Sorge vor gesundheitlichen Einschränkungen" umschreiben lassen. Die Auslegung dieser Aspekte variiert jedoch deutlich zwischen den identifizierten Typen, was sich unmittelbar auch auf den Stellenwert, den ältere Beschäftigte bei den einzelnen Typen einnehmen, auswirkt. So sind sowohl der „Vorreitertyp" als auch der „Spezialistentyp" der Ansicht, dass ältere Beschäftigte häufig ein breites Spektrum betriebsspezifischen Wissens auf sich vereinen, dessen Entwicklung Betriebe oftmals über Jahre systematisch forciert bzw. unterstützt haben. Dieses akkumulierte Erfahrungswissen bzw. das spezifische Kompetenzprofil älterer Mitarbeiter*innen ermöglicht es diesen beiden Typen, diese Mitarbeiter*innen nahtlos im laufenden Betrieb bzw. im Falle des „Vorreitertyps" sogar auf sehr betriebsspezifischen Positionen einzusetzen. Eingeschränkt werden muss an dieser Stelle jedoch auch, dass diese Beobachtungen nicht immer nahtlos auf alle älteren Beschäftigten zutreffen. So finden sich auch beim „Vorreitertyp" Betriebe, die über weiterbildungsunwillige ältere Mitarbeiter*innen berichten, die über obsolete Kompetenzen und Qualifikationen verfügen und z. T. nur noch schwer von den Betrieben in den täglichen Arbeitsabläufen einzusetzen sind. Die im Folgenden geschilderten Beobachtungen repräsentieren daher immer ein gewisses Mittel des Stellenwerts, welchen ältere Beschäftigte bei den Typen einnehmen. So ist – sowohl im Positiven als auch im Negativen – immer wieder auch von „Ausreißern" aus den identifizierten Systematiken auszugehen.

Zurückkommend auf den „Vorreiter" und den „Spezialisten" zeigt sich, dass gewachsene Kund*innenbeziehungen für die beiden der genannten Typen ebenfalls von zentraler Bedeutung sind. Allerdings sind diese vielmehr als gewachsene Geschäftsbeziehungen zu bezeichnen und z. T. durch intern stark ausdifferenzierte Fachabteilungen weniger an eine einzige (ältere) Person gebunden, als dies beispielsweise beim „gewissenhaften Typ" der Fall ist. Nichtsdestotrotz werden diese gewachsenen Kund*innenbeziehungen als Möglichkeit verstanden, etwaig anfallende Kosten (z. B. mehrfache Anfahrtskosten oder langwierige Fehlersuche) zu minimieren. Mögliche gesundheitliche Einschränkungen Älterer und damit verbundene Beschäftigungsrisiken werden vom „Vorreiter-" bzw. „Spezialistentyp" typischerweise frühzeitig avisiert und ihnen – wenn möglich – im Rahmen von gesundheitsförderlichen bzw. –präventiven Maßnahmen begegnet. Erklärtes Ziel ist ein „gesundes Altern im Betrieb" und es finden sich auch entsprechende gesundheitspräventive Investitionen (z. B. Hebekräne o. Ä. bzw. Sport- und Aktivitätsförderungen). Mitarbeiter*innen mit gesundheitlichen Einschränkungen werden – wenn möglich – auf andere Positionen entwickelt. So berichtet einer der Betriebe hier beispielsweise von einer neu gegründeten Abteilung im Bereich des „Facility-Managements", welche von einem Mitarbeiter geleitet wird, der ehemals primär Montagetätigkeiten übernommen hat, dies aufgrund gesundheitlicher Einschränkungen nun jedoch nicht mehr kann. Im Ergebnis lässt sich bei diesen beiden Typen ein in den Grundzügen positives Bild der eigenen älteren Beschäftigten feststellen, was insbesondere auf einer Wertschätzung der besonderen Kompetenzstrukturen älterer Mitarbeiter*innen aufbaut. Mit Blick auf das BKM finden sich bei diesen beiden Typen neben einer konsequenten Einbeziehung Älterer in alle Maßnahmen des BKMs auch eine Reihe von Angeboten mit konkretem Altersbezug, die an dieser Stelle noch einmal den Stellenwert der älteren Beschäftigten unterstreicht. Einschränkend ist jedoch festzuhalten, dass diese in der Praxis nicht immer den besonderen Lern- und Kompetenzentwicklungsbedürfnissen älterer Mitarbeiter*innen entsprechen. Abschließend lässt sich also feststellen, dass beide Typen sich explizit mit der demografischen Alterung der eigenen Belegschaft befassen und versuchen, – in ihren Möglichkeiten – aktiv auf diese Entwicklung zu reagieren.

Auch der „gewissenhafte Typ" schätzt die Kompetenzen seiner älteren Mitarbeiter*innen – insbesondere mit Blick auf deren Fähigkeiten im Umgang mit Alttechnologien, jedoch nehmen die älteren Mitarbeiter*innen aufgrund ihrer Kompetenzstruktur seltener eine so spezifische Position im Betrieb ein, wie dies beispielsweise beim „Vorreitertyp" als auch beim „Spezialistentyp" der Fall ist. Dies begründet sich u. a. auch dadurch, dass der „gewissenhafte Typ" in seiner Ausrichtung grundsätzlich weniger an der Herausbildung von „Spezialistenwissen" interessiert ist, sondern die sog. „All-Rounder" als Mitarbeiter*innen präferiert. Prämisse ist, dass Mitarbeiter*innen möglichst auf den verschiedensten Gebieten einsatzbereit sind, die zudem auch primär gewerkspezifische Kompetenzen notwendig machen. Auch wird die Lern- und Kompetenzentwicklungsmotivation Älterer in Frage gestellt, was sich deutlich auch im fehlenden Angebot an spezifi-

8.6 Ergebnisdiskussion

schen Kompetenzentwicklungsmaßnahmen für Ältere zeigt. So berichtet der „gewissenhafte Typ" von älteren Mitarbeiter*innen, die sich zum Teil durch Unwillen, z. T. durch aktive Verweigerung (z. B. im Rahmen von Krankmeldungen) möglichen Kompetenzentwicklungsmaßnahmen entziehen. Jedoch ist auch hier das Bild differenziert zu betrachten, insofern als es auch beim „gewissenhaften Typ" ältere Mitarbeiter*innen gibt, die sich stark für innovative Technologien und/oder Arbeitsweisen interessieren und entsprechend gerne und erfolgreich an entsprechenden Maßnahmen der Kompetenzentwicklung teilnehmen.

Des Weiteren wird der Stellenwert der älteren Beschäftigten beim „gewissenhaften Typ" stark von der zweiten angesprochenen Komponente, der Sorge vor möglichen gesundheitlichen Einschränkungen aufgrund des fortgeschrittenen Alters, (mit-)geprägt. Hier überwiegt vor allem die Angst vor längeren Ausfall- und Krankheitszeiten, die – um hier erneut das Betriebsgrößenargument aufzugreifen – kleinere Betriebe, wie sie beim „gewissenhaften Typ" verstärkt zu finden sind, stärker treffen würden. So ist es bei geringer Personaldichte deutlich schwerer, entsprechende Ausfälle zu kompensieren. Gleichzeitig ist es aufgrund des merklichen Fachkräftemangels im Handwerk nicht möglich, ad hoc Ersatz für eine/n langfristig ausfallenden Kollegen*in zu finden. Hier präventiv tätig zu werden oder ältere leistungseingeschränkte Mitarbeiter*innen in anderen Geschäfts- bzw. Tätigkeitsbereichen einzusetzen, sieht der „gewissenhafte Typ" nur in Teilen als umsetzbar an, da dies die strukturellen Bedingungen der meist kleinen Betriebe überfordert. Konträr dazu zeigt sich, dass der Stellenwert der älteren Beschäftigten beim „gewissenhaften Typ" sichtbar positiv beeinflusst wird durch die gewachsenen personellen Beziehungen der eigenen Mitarbeiter*innen zu langjährigen Kund*innen. Diese werden seitens der Betriebe als gesetzte und gute Möglichkeit konzeptualisiert, um zum einen Aufträge für den Betrieb zu sichern, zum anderen aber auch um sich von dem harten Preiskampf im Handwerk zu distanzieren. So schätzen langfristige Kund*innen gewachsene Beziehungen und stellen den Komfort und das gegenseitige Vertrauen über den Kostenfaktor. In der Praxis heißt dies, dass die Kund*innen sich nicht Angebote von verschiedenen Handwerksbetrieben einholen, sondern darauf vertrauen, dass „der/die bekannte Mitarbeiter*in" nicht nur den Auftrag möglichst stressfrei abwickelt, sondern für die geleistete Arbeit auch einen fairen Preis in Rechnung stellt. Im Ergebnis kann für den „gewissenhaften Typ" ein ambivalentes Bild der eigenen älteren Mitarbeiter*innen konstatiert werden. So bedingt sich der Stellenwert Älterer auf der einen Seite positiv durch eine – zwar mit Abstrichen versehene – hohe Wertschätzung ihrer Kompetenzen, jedoch hier eher mit Fokus auf eine insgesamt „breite Einsatzfähigkeit" als in Bezug auf mögliches „Spezialistenwissen". Darüber hinaus ermöglichen die auf einer persönlichen Ebene gewachsenen Kund*innenbeziehungen dem „gewissenhaften Typ" im Kleinen einen willkommenen Wettbewerbsvorteil, was erneut positiv auf den Stellenwert älterer Mitarbeiter*innen in den Betrieben wirkt. Starken Einfluss hat aber auch die empfundene Ohnmacht gegenüber potentiellen gesundheitlichen Einschränkungen von Mitarbeiter*innen im höheren Alter. Hier präventiv eingreifen zu können, wird – konträr zum „Vorreitertyp" als auch dem „Spezialistentyp" – als außerhalb der betrieblichen Handlungsmöglichkeit gesehen. Dieses ambivalente Bild zeigt sich dann auch mit Blick auf das BKM, wo neben gesundheitspräventiven Maßnahmen insbesondere altersspezifische bzw. –sensible (Kompetenzentwicklungs-)Angebote gänzlich fehlen.

Noch einmal negativ besetzter erscheint das Bild der eigenen älteren Beschäftigten beim „fremdbestimmten Typ" bzw. beim „resignierten Typ". So spielen Kompetenzen bei der Frage nach dem Stellenwert Älterer bei beiden Typen nur eine untergeordnete Rolle. Eine bestimmte, u. U. sogar spezialisierte, Kompetenzstruktur wird der Personengruppe der älteren Beschäftigten nicht zugesprochen und sie nehmen im Kontext der Betriebsorganisation darüber hinaus auch keine besonderen Positionen oder Rollen ein. Dass im Falle eines Ausscheidens eines/r älteren Mitarbeiter*in dem Betrieb wertvolle Kompetenzen verloren gehen, sieht z. B. der „fremdbestimmte Typ" als unaufhaltsamen Prozess an. Hier in Form einer Wissenstransfermaßnahme aktiv einzugreifen, um das Erfahrungswissen für den Betrieb zu erhalten, wird und ist auch zukünftig nicht angedacht. Deutlichen Einfluss auf den Stellenwert der älteren Beschäftigten haben für beide Typen altersbedingte physische und psychische Einschränkungen. Auch diese werden als unaufhaltsamer Prozess gesehen, an dessen Ende ein oftmals verfrühtes Ausscheiden aus dem Berufsleben bzw. ein Abwandern in andere – weniger körperlich anstrengende – Arbeitssektoren steht. Maßnahmen, die hier möglicherweise entgegenwirken könnten, werden nicht als etwas verstanden, was die Betriebe zu verantworten haben. Dies gilt insbesondere für den „resignierten Typ", der jegliche Handlungsverantwortung für gesundheitspräventive und kompetenzentwickelnde Maßnahmen grundsätzlich ablehnt. Während der „fremdbestimmte Typ" Ältere im Kontext von Kund*innenbeziehungen zumindest noch als wertvolle Ressource im Service- und Beratungskontext konzeptualisiert (z. B. in Form eines besseren Verständnisses der Kund*innenbedürfnisse), findet sich diese Ansicht beim „resignierten Typ" so nicht wieder. Im Ergebnis findet sich bei beiden Typen ein stark durch das sog. Defizitmodel des Alterns geprägtes Bild auf die eigenen älteren Beschäftigten wieder. Dieses wirkt sich unmittelbar auch auf den Stellenwert der Älteren bei den Typen aus. Dieses Bild fügt sich ein, in ein insgesamt wenig auf die Bedürfnisse der Belegschaft ausgelegtes BKM. So sind es nicht nur die älteren Mitarbeiter*innen, die nicht als Zielgruppe für Maßnahmen der Kompetenzentwicklung bzw. Gesundheitsprävention gesehen werden, sondern dies gilt – insbesondere für den „resignierten Typ" gleichermaßen für alle Alters- und Beschäftigungsgruppen. Anzumerken ist an dieser Stelle jedoch auch, dass sich bei beiden Typen – im Vergleich zu den anderen diskutierten Typen – grundsätzlich wenig ältere Beschäftigte finden lassen, d. h., dass die Betriebe u. U. nicht für die Bedürfnisse dieser sensibilisiert sind. Dieses Argument geht an dieser Stelle jedoch nicht ganz auf. So finden sich – im Ganzen betrachtet – gerade in den Teilarbeitsmärkten, wo die beiden Typen agieren, überdurchschnittlich häufig körperlich stark belastende Tätigkeiten wieder, die langfristig auf die Gesundheit der Beschäftigten wirken. Dazu kommt jedoch, – und das muss an dieser Stelle hervorgehoben werden – dass auch die betriebliche Arbeitsplatzgestaltung und die Kompetenzentwicklungsbedingungen bei beiden Typen grundsätzlich nicht auf ein „gesundes bzw. erfolgreiches" Altern im Betrieb ausgerichtet sind. In der Konsequenz „altern" Mitarbeiter*innen schlicht nicht diesen Betrieben, eine Entwicklung, der jedoch – konträr zu den anderen Typen – von den Betrieben im Sinne der Gestaltung von alter(n)sgerechten Arbeitswelten überhaupt nicht entgegengewirkt wird.

8.7 Zur Tragfähigkeit des heuristisch-analytischen Theorierahmens

Betrachtet man den für diese Arbeit erarbeiteten heuristisch-analytischen Theorierahmen mit Blick auf die leitenden Fragestellungen dieser Arbeit,

> *F1:* *Welche (Begründungs-)Parameter bzw. Determinanten des betrieblichen Kompetenzmanagements lassen sich (mit Blick auf ältere Beschäftigte) bei Handwerksbetrieben identifizieren?*

F2: *Wie unterscheiden sich diese (Begründungs-)Parameter bzw. Determinanten in ihren Wechselbeziehungen zwischen Betrieben mit unterschiedlich ausgeprägtem betrieblichen Kompetenzmanagement?*

zeigt sich, dass sich dieser in großen Teilen als tragfähig erwiesen hat. Im Folgenden werden die beiden Fragestellungen nacheinander in den Blick genommen. Dazu sollen zunächst die drei gewählten theoretischen Zugänge sowie weitere im Rahmen der Analyse identifizierten theoretischen Determinanten auf ihre Erklärungskraft hinsichtlich des betrieblichen Kompetenzmanagements im Handwerk diskutiert werden. Der zweiten Fragestellung wird dann im Anschluss nachgegangen.

8.7.1 Zur Tragfähigkeit der gewählten theoretischen Zugänge

Mit Blick auf die erste Fragestellung dieser Arbeit ist zunächst festzustellen, dass das im Rahmen dieser Arbeit gewählte Vorgehen, ex ante, d. h. aus der Literatur vorab mögliche erklärende Merkmale für die Analyse abzuleiten, sich als sinnhaft erwiesen hat. So zeigte sich im Feld, dass alle drei gewählten theoretischen Zugänge eine hohe Erklärungskraft bezüglich der Ausgestaltung betrieblichen Kompetenzmanagements im Handwerk haben, insbesondere jedoch dann, wenn die Zugänge – wie im typenbildenden Verfahren geschehen – sinnhaft miteinander verknüpft bzw. deren Wechselbeziehungen in den Blick genommen werden.

Zunächst lässt sich festhalten, dass die aus der Humankapitaltheorie nach Becker abgeleiteten Kosten-Nutzen-Abwägungen bei Betrieben im Handwerk von hoher Bedeutung und mitentscheidend dafür sind, ob Maßnahmen des betrieblichen Kompetenzmanagements für (ältere) Beschäftigte angeboten werden. Konträr zur häufig in der Literatur dominierenden Meinung, dass kleine und mittelständische Betriebe oftmals Schwierigkeiten haben, eben diese anfallenden Investitionskosten den zukünftigen Renditeerwartungen gegenüberzustellen bzw. diese adäquat abzuschätzen, weisen die Betriebe in der Studie typenübergreifend diesbezüglich einen relativ guten Überblick auf. Dabei erwies sich insbesondere die Deckung betrieblicher Kompetenzbedarfe als zentrale Renditeerwartung der getätigten Investitionen in das Humankapital der eigenen Mitarbeiter*innen. Letzteres

8.7 Zur Tragfähigkeit des heuristisch-analytischen Theorierahmens 311

sollte dabei jedoch auch nochmal mit Blick auf die differenzierenden Renditehorizonte, d. h. dem Zeitpunkt, wann ein Betrieb eine Rendite aus einer Investition erwartet, diskutiert werden. Während beispielsweise der „gewissenhafte Typ" als auch der „fremdbestimmte" Typ insbesondere die kurz- und mittelfristige Deckung von Kompetenzbedarfen und damit die zeitnahe Einsetzbarkeit von Mitarbeiter*innen als Renditeerwartung formulieren, ist das Abschätzen des Nutzens aus einer Investition in die Kompetenzen der eigenen Mitarbeiter*innen für den „Vorreitertyp" bzw. den „Spezialistentyp" deutlich diffuser. Dies begründet sich vor allem dadurch, dass entsprechende Investitionen bei diesen beiden Typen in deutlich langfristigeren Perspektiven angelegt sind. So braucht es zum einen Zeit, um solch komplexe Kompetenzen auszubilden, d. h. eine Rendite ist nicht unmittelbar zu erwarten. Darüber hinaus wird als Zielvorstellung auch das Abschätzen zukünftiger Kompetenzbedarfe genannt, d. h. eine Investition erfolgt unter der diffusen und auch risikobelasteten Annahme, dass sich diese – in Form von potentiellen betrieblichen Absatzmärkten – zukünftig auszahlt. Der „resignierte Typ" stellt an dieser Stelle einen besonderen Fall dar. So ist er nicht nur der einzige der identifizierten Typen, der keinen Nutzen in einer Investition in das Humankapital sieht, sondern ein solches Verhalten sogar als (im Sinne einer Erhöhung der Abwanderungsbereitschaft der Mitarbeiter*innen) betriebsschädigend ansieht. Dazu kommt die Überzeugung, dass der „resignierte Typ" nicht daran glaubt, dass Maßnahmen des BKMs Mitarbeiter*innen dazu befähigen, ihren angestammten Tätigkeitsbereich besser bzw. produktiver auszuüben, was schlussendlich dazu beiträgt, nicht in diese zu investieren.

Als ein weiterer treibender „Nutzenfaktor" zeigte sich bei den Typen deutlich das Motiv der Mitarbeiter*innenbindung sowie damit gekoppelt der Wunsch nach einer Steigerung der eigenen Arbeitgeber*innenattraktivität. Da dieser Aspekt noch detailliert im Kontext der segmentationstheoretischen Überlegungen diskutiert wird, soll hier nur in Kürze darauf eingegangen werden. So berichten – konträr zu den Befürchtungen des „resignierten Typs" – Betriebe von der Sorge, dass Mitarbeiter*innen sich beim Fehlen eines „attraktiven Weiterbildungs- und Kompetenzentwicklungsprogramms" anderen Arbeitgeber*innen zuwenden würden. Dieses Anliegen ließ sich insbesondere bei dem „Vorreitertyp", dem „Spezialistentyp" sowie in Teilen auch beim „gewissenhaften Typ" nachvollziehen. Darüber hinaus konnte deutlich auch eine gewisse Form der Eigenverpflichtung gegenüber den eigenen Mitarbeiter*innen herausgearbeitet werden. So sahen die Betriebe es in ihrer Verantwortlichkeit, in die Kompetenzen der eigenen Mitarbeiter*innen zu investieren, d. h. Investitionen in das Humankapital wurden – so beschrieb es ein Betrieb, der dem „gewissenhaften Typ" zuzuordnen ist – als ein selbstverständlicher Teil im Rahmen eines verantwortungsvollen Umgangs eines „gut und seriös geführten Betriebes" mit dem eigenen Personal konzeptualisiert.

Mit Fokus auf die älteren Beschäftigten zeigt sich, dass die häufig im Kontext der Humankapitaltheorie formulierte Annahme, Investitionen in ältere Mitarbeiter*innen wären nicht nur kostspieliger („Senioritätsprinzip der Entlohnung"), sondern auch mit einer niedrigeren Rendite- bzw. Ertragserwartung besetzt („geringe Restnutzzeit"), so nicht zu bestätigen war. Insbesondere die durch einen baldigen Renteneintritt zu erwartenden potentielle kürzere Auszahlperiode wurde von keinem der identifizierten Typen als Hemmnis für eine Investition genannt. Dies könnte sich u. U. durch die bereits andiskutierte und deutlich beim „gewissenhaften Typ" zu beobachtende kurz- bzw. mittelfristig ausgerichtete Renditeerwartung erklären lassen. So weisen Handwerksbetriebe durch das auftragsbasierte Arbeiten einen oftmals relativ kurzen Planungshorizont auf. In der Konsequenz könnten im Rahmen einer Kosten-Nutzen-Abwägung potentiell anstehende – aber noch Jahre entfernte – Renteneintritte von Mitarbeiter*innen unabhängig davon, wie zielführend dieser fehlende Weitblick schlussendlich ist, weniger ins Gewicht fallen, insofern, als diese nicht die Deckung des unmittelbaren Kompetenzbedarfs betreffen. Beim „Vorreitertyp" bzw. beim „Spezialistentyp", die – wie bereits andiskutiert – über deutlich längere Renditehorizonte verfügen, könnte jedoch ein anderes Argument ausschlaggebender dafür sein, dass Alter bei der Investitionsentscheidung keine negative Rolle spielt. So könnte – wie bereits mehrfach im Rahmen dieser Arbeit argumentiert – davon ausgegangen werden, dass ältere Mitarbeiter*innen über besondere Kompetenzstrukturen und damit über besonders „wertvolles Humankapital" verfügen. Folgernd sollte sich eine Investition in das Humankapital dieser Personengruppe überdurchschnittlich lohnen, da es aus der betrieblichen Perspektive höhere Renditen hervorbringen sollte, als eine Investition in eine vergleichsweise jüngere Person. In dieser Perspektive erhöht der Faktor „höheres Alter" durch die damit verknüpften und von den Betrieben geschätzten Kompetenzen (wenn auch nicht für jede/n älteren Mitarbeiter*in zutreffend) den Nutzen. Eine Einschätzung, die sich zumindest in Teilen beim „Vorreitertyp" bzw. auch beim „Spezialistentyp" so nachvollziehen lassen kann, jedoch nicht beim „resignierten Typ". Dieser – davon ist auszugehen – würde durch seinen insgesamt

8.7 Zur Tragfähigkeit des heuristisch-analytischen Theorierahmens

negativen Blick auf ältere Beschäftigte den Faktor „höheres Alter" als etwas Nutzenverringerndes in die Kosten-Nutzen-Abwägung „einpreisen".

Insgesamt zeigt sich also, dass die betriebliche Kosten-Nutzen-Abwägung als valide Determinante betrieblichen Handelns in Bezug auf das BKM angesehen werden kann. Dabei ist die Kosten-Nutzen-Abwägung bei den Typen dominiert vom Bedürfnis, sowohl kurz-, mittel- als auch langfristig kompetente Mitarbeiter*innen für den eigenen Betrieb zur Verfügung stehen zu haben. Der Faktor „Alter" kann dabei – je nach typenspezifischem Stellenwert der älteren Mitarbeiter*innen – positiven oder negativen Einfluss auf die vorgenommene Kosten-Nutzen-Abwägung haben.

Als besonders fruchtbar hat sich im Rahmen dieser Arbeit auch der Ansatz der segmentierten Arbeitsmärkte nach Sengenberger erwiesen, jedoch muss zunächst die von Sengenberger vorgenommene allgemeine Einordnung des Handwerks in den zweiten, von ihm als „berufsfachlichen Arbeitsmarkt" betitelten, Teilarbeitsmarkt kritisch diskutiert werden. Wie bereits mehrfach in dieser Arbeit ausgeführt, ist davon auszugehen, dass eine strikte Zuordnung aller Handwerksbetriebe zum zweiten sog. berufsfachlichen, bzw. im Rahmen dieser Arbeit als „gewerkspezifisch" bezeichneten, Teilarbeitsmarkt nicht den betrieblichen Realitäten des Handwerks entspricht. Und auch die hier durchgeführte Analyse bestätigt diese in der Vergangenheit oftmals als idealtypisch kritisierte Annahme: So konnten lediglich zwei der identifizierten Typen (Der „gewissenhafte Typ" sowie der „fremdbestimmte Typ") dem zweiten sog. gewerkspezifischen Teilarbeitsmarkt zugeordnet werden. Vielmehr finden sich im Feld Handwerksbetriebe, die – mit ihren Tätigkeitsspektren und Kompetenzanforderungen an die eigenen Mitarbeiter*innen – dem betriebsspezifischen Teilarbeitsmarkt („Vorreitertyp") bzw. dem Jedermannarbeitsmarkt („resignierter Typ") zuzuordnen sind. Letzteres wird auch noch einmal durch die Analyse der „empirisch leer gebliebenen" Merkmalskombinationen unterstützt. So sind die vier Fokusgewerke dieser Arbeit stark technologiegetrieben, was eine Verortung der Betriebe im Jedermannarbeitsmarkt im Rahmen der vorliegenden Daten unwahrscheinlicher macht. Mit Blick auf die gesamte Breite des Handwerkssektors muss und sollte jedoch insgesamt schon vom Auftreten von Betrieben, die auf dem Jedermannarbeitsmarkt zu positionieren sind, ausgegangen werden.

Wirft man den Blick nun auf die Ausgestaltung des betrieblichen Kompetenzmanagements, zeigt sich, dass die betriebliche Teilarbeitsmarktpositionierung als einer der zentralen Determinanten bzw. (Begründungs-)Parameter benannt werden kann. Dabei beeinflusst die Teilarbeitsmarktpositionierung nicht nur die Häufigkeit bzw. die Wahrscheinlichkeit, mit der Maßnahmen des BKMs in den Betrieben durchgeführt werden, sondern explizit auch die Formate, in denen Kompetenzen an die Mitarbeiter*innen vermittelt werden. In Bezug auf die hier vorliegende Analyse zeigt sich, dass sich mit Blick auf Häufigkeit und Formatbreite das am breitesten aufgestellte Angebot beim „Vorreitertyp" sowie beim „Spezialistentyp" finden lässt. Ausgehend vom „gewissenhaften Typ" nimmt jedoch dann insbesondere die Angebotsbreite an Formaten über den „fremdbestimmten Typ" bis hin zum „resignierten Typ" stetig ab. Grundsätzlich entspricht dieser Befund den segmentationstheoretischen Annahmen.

Zur Erinnerung: Sengenberger geht zunächst davon aus, dass durch den insgesamt stärkeren Grad der Bindung von Betrieben im betriebsinternen bzw. im Rahmen dieser Arbeit als „betriebsspezifisch" bezeichneten Teilarbeitsmarkt an ihre Mitarbeiter*innen die Wahrscheinlichkeit steigt, dass seitens der Betriebe Maßnahmen des BKMs angeboten werden. Dies tun Betriebe aus dem primären Antrieb, Mitarbeiter*innen nachhaltig an den Betrieb zu binden. Maßnahmen des BKMs fungieren – wie schon im Rahmen der Humankapitaltheorie kurz andiskutiert – in diesem Verständnis im Sinne eines „Klebers", insofern als sie nachhaltig die Arbeitgeberattraktivität erhöhen. Die betriebliche Motivation, diese „Bindung" zu erhöhen, variiert – der Segmentationstheorie folgend – dabei in Abhängigkeit dazu, wie schwer es ist, Mitarbeiter*innen, die den Betrieb verlassen, auf dem freien Markt zu ersetzen. Auch die hier durchgeführte Analyse bestätigt diese Annahme: Ungleich des „Vorreitertyps" bzw. des „Spezialistentyps", die auf Mitarbeiter*innen mit z. T. stark betriebs- bzw. personengruppenspezifische Kompetenzen angewiesen sind, findet der „Gewissenhafte", der „Fremdbestimmte" und insbesondere der „resignierte Typ" (bezogen auf die betrieblichen Kompetenzanforderungen) schneller Ersatz für potentiell vakante Positionen. Betriebe dieser Typen sind daher weniger an ihre Mitarbeiter*innen gebunden und bieten in der Konsequenz weniger häufig Maßnahmen der Kompetenzentwicklung für ihre Beschäftigten an. Konträr dazu sind, hier aus Sicht der (älteren) Mitarbeiter*innen gesprochen, die Chancen, Maßnahmen der Kompetenzentwicklung seitens der Betriebe angeboten zu bekommen, umso höher, „je betriebsspezifischer" die Teilarbeitsmarktpositionierung des eigenen Betriebes ist.

8.7 Zur Tragfähigkeit des heuristisch-analytischen Theorierahmens

Daneben – und das ist die zweite Annahme der Segmentationstheorie – beeinflusst die Teilarbeitsmarktpositionierung auch die Formate, in denen die Inhalte des BKMs vermittelt werden, eine These, die auch im Rahmen dieser Analyse – wie bereits angedeutet – bestätigt werden kann. So finden sich mit Blick auf die identifizierten Typen unterschiedliche Formate des BKMs in der betrieblichen Praxis. Diese steigen entlang der bekannten Reihenfolge „resignierter Typ", „fremdbestimmter Typ", „gewissenhafte Typ", „Spezialistentyp" und schlussendlich „Vorreitertyp" graduell an. Das heißt, dass das – in Bezug auf die identifizierten Formate – am breitesten aufgestellte BKM sich beim „Vorreitertyp" finden lässt, das am geringsten ausgeprägte BKM beim „resignierten Typ". Dieser Befund lässt sich mit Blick auf die distinkten Kompetenzanforderungen, die die unterschiedlichen Typen an ihre Mitarbeiter*innen stellen, erklären. So machen – wie bereits im Rahmen der Diskussion um formale bzw. non-formale Maßnahmen der Kompetenzentwicklung angeklungen – verschiedene Kompetenzanforderungen unterschiedliche didaktische Formate der Vermittlung von Kompetenzen notwendig. Dabei muss an dieser Stelle jedoch erneut darauf hingewiesen werden, dass eine qualitative (Be-)Wertung der Kompetenzentwicklungsformate nach dem Motto: *„betriebs- bzw. personengruppenbezogene Formate des BKMs sind grundsätzlich als qualitativ hochwertiger zu bewerten, als Maßnahmen, die einem am gewerkspezifischen Teilarbeitsmarkt bzw. auf dem Jedermannarbeitsmarkt orientierten BKM entspringen"* an dieser Stelle nicht sinnvoll wäre. So kann beispielsweise ein BKM, welches insgesamt stark gewerkbezogen ausgerichtet ist (und größtenteils im Rahmen formalisierter Angebote externer Weiterbildungsträger*innen erfolgt), durchaus den betrieblichen Bedarfen entsprechen. Bei Betrieben, die dem „Vorreitertyp" zuzuordnen sind, sind Kompetenzbedarfe jedoch anders gelagert, was stärker betriebsbezogene, u. U. auch arbeitsintegrierte Maßnahmen der Kompetenzentwicklung notwendig macht.

Etwas anders verhält sich diese Einschätzung mit Blick auf die Personengruppe der älteren Beschäftigten. So zeigt sich in der Analyse, dass, wenn Maßnahmen mit speziellem Fokus auf ältere Beschäftigte angeboten werden, das gesamte BKM stärker betriebs- bzw. personengruppenspezifisch aufgestellt ist. Basierend auf der Allokationsthese ließe sich hier zum einen argumentieren, dass ältere Mitarbeiter*innen in einzelnen Teilarbeitsmärkten über- bzw. unterrepräsentiert sind und damit für die verschiedenen Typen unterschiedlich „sichtbar" sind. So ist beispielsweise davon auszugehen, dass sich insbesondere im Jedermannarbeitsmarkt Beschäftigungsbedingungen mit insgesamt hohen Belastungsstrukturen finden lassen. Ein „Durchaltern" in diesem Teilarbeitsmarkt ist in der Konsequenz deutlich erschwert, was zu niedrigeren Beschäftigungsquoten bzw. weniger Sichtbarkeit von Älteren führt. Schwerwiegender dürfte hier jedoch ein anderes Argument wiegen, welches im Kontext der Humankapitaltheorie schon kurz andiskutiert worden ist, hier im Weiteren jedoch nochmal vertieft werden soll.

So zeigte die durchgeführte Analyse der Stellung bzw. des betrieblichen Stellenwerts von älteren Mitarbeiter*innen, dass diese bei den Typen verknüpft sind mit einer positiven bzw. negativen Wahrnehmung der besonderen Kompetenzstrukturen von Älteren bzw. deren potentielle Leistungsfähigkeit. So zeigt die Analyse, dass ältere Mitarbeiter*innen insbesondere von Typen, die dem dritten d. h. dem betriebsspezifischen Teilarbeitsmarkt zuzuordnen sind, als Träger*innen von spezifischen und für die Betriebe wertvollen Kompetenzen wahrgenommen werden. Konträr dazu orientiert sich die Wahrnehmung älterer Mitarbeiter*innen bei den drei anderen Typen – mit Abstufungen – stark an einem auf die Defizite orientiertem Bild vom Altern (z. B. beim „resignierten Typ"), zum anderen wird jedoch auch das Herausbilden von „Spezialistenwissen" nicht präferiert und entsprechend wenig wertgeschätzt (z. B. beim „gewissenhaften Typ"). Es ließe sich im Folgenden also die These aufstellen, dass, wenn die betrieblichen Kompetenzanforderungen mit den besonderen Kompetenzen und Kompetenzstrukturen von Älteren einhergehen, nicht nur die Chancen auf Maßnahmen der Kompetenzentwicklung für ältere Beschäftigte steigen, sondern auch verstärkt auf deren besondere Lern- bzw. Kompetenzentwicklungsbedürfnisse (z. B. in Form von arbeitsintegrierten Maßnahmen) geachtet wird. Letzteres insbesondere deswegen, weil diese Mitarbeiter*innen – aus Betriebssicht – nur sehr schwer zu ersetzen sind und Betriebe diese daher nachhaltig an sich binden wollen. Gutes Beispiel hierfür ist der „Spezialistentyp", der – um das Wissen im Betrieb zu halten – explizit Maßnahmen anbietet, die sogar über den Ruhestand hinaus die älteren Mitarbeiter*innen an den Betrieb binden. Einschränkend ist jedoch auch zu sagen, dass die besonderen Lern- und Kompetenzentwicklungsbedürfnisse von Älteren – selbst beim „Vorreitertyp" – bis dato nur ganz vereinzelt bereits Beachtung gefunden haben und dies trotz einer eigentlich langen Tradition des arbeitsintegrierten Lernens im Handwerk.

8.7 Zur Tragfähigkeit des heuristisch-analytischen Theorierahmens 317

Insgesamt lässt sich im Rahmen dieser Analyse also feststellen, dass die teilarbeitsmarktspezifischen Kompetenzanforderungen zusammen mit der betrieblichen Einschätzung der Kompetenzstrukturen Älterer hier deutlich auf die (altersbezogene) Ausgestaltung des BKMs wirken. Im Sinne einer kritischen Reflexion der Tragfähigkeit des heuristisch-analytischen Theorierahmens könnte hier angemerkt werden, dass der hier abgeleitete Zusammenhang zwischen dem Stellenwert älterer Mitarbeiter*innen und den betrieblichen Kompetenzanforderungen (noch) expliziter in die Analyse hätte aufgenommen werden können. Hier böte beispielsweise die in der gerontologischen Forschung weitverbreitete Debatte um das Kompetenz- vs. Defizitmodell[108] des Alterns sicherlich fruchtbare Anknüpfungspunkte. So ließe sich der heuristisch-analytische Theorierahmen u. U. entlang eines Kontinuums „Vom Defizit- zum Kompetenzmodell" um ein weiteres Merkmal

---

[108] Die hier angesprochene Defizit- bzw. Kompetenzdebatte bezieht sich auf die Annahme, dass sich die gesellschaftlichen und damit verbunden auch die wissenschaftlich-gerontologischen Sichtweisen auf das Alter in der Vergangenheit mehrfach verändert haben. War das Altersbild zu Beginn des 20. Jahrhunderts primär an den Defiziten (z. B. körperlicher und psychischer Verfall und damit verbunden höhere Krankheitszeiten bzw. weniger innovations- bzw. leistungsfähig) orientiert (vgl. Pack et al. 2000, S. 14), wurde dies in den 1960er-Jahren durch das sog. Aktivitäts- bzw. Disengagementmodell abgelöst (vgl. Prezewowsky 2007, S. 65). Während die Aktivitätstheorie primär die „[...] Interaktion zwischen biologisch vorprogrammierten Alterungsprozessen, individueller Aktivität und anregender Umgebung [...]" (Prezewowsky 2007, S. 65) und damit auch die Lernfähigkeit im höheren Alter adressiert, geht das Disengagementmodell von einem zunehmenden eingeschränkten Aktionsradius im Alter aus. Ältere Menschen ziehen sich diesem Verständnis nach aus sozialen, gesellschaftlichen oder arbeitsweltlichen Verpflichtungen zurück und reduzieren damit gleichzeitig die Möglichkeit, Neues zu lernen bzw. Bestehendes nachhaltig zu trainieren (vgl. Prezewowsky 2007, 66f.). Seit den 1990er Jahren gilt das Defizitmodell – unabhängig wie nachhaltig es noch in den Köpfen der Personalverantwortlichen o. Ä. verankert ist – als empirisch widerlegt (vgl. Lehr und Kruse 2006, S. 241) und wurde schlussendlich vom Kompetenzmodell ersetzt. Hintergrund des Kompetenzmodells ist die u. a. von Baltes & Baltes (1989) sowie die von Baltes, Mittelstrass (1992) formulierte Annahme, dass das Alter nicht als ein kontinuierlicher Prozess der Leistungsabnahme verstanden werden kann. Vielmehr handelt es sich um einen stark individualisierten und multi-faktoriell bedingten Prozess, der „[...] von einem Wechselspiel zwischen Auf- und Abbauprozessen bzw. zwischen Gewinn und Verlust begleitet wird. Hierbei spielen nicht nur biologische Faktoren eine Rolle, sondern es wird zwischen intra- und interindividuellen Unterschieden hinsichtlich der Lebensbedingungen und Erfahrungen sowie zwischen sozialen und kulturellen Faktoren differenziert" (Lanhoff 2015, S. 15). Folgernd geht das Kompetenzmodell davon aus, dass sich das Individuum an altersbedingte Beeinträchtigungen anpassen kann und es nicht zwangsläufig zu einer Abnahme der individuellen Leistungsfähigkeit kommt. In diesem Verständnis tritt auch die Wertigkeit der Kompetenzen Älterer zunehmend in den Fokus des Interesses (vgl. Baltes et al. 1989, S. 85ff.; Baltes und Mittelstrass 1992, o. S. sowie Lanhoff 2015, S. 15). Für eine detailliertere Diskussion um die Kompetenzen Älterer siehe Kapitel 4 in dieser Arbeit.

erweitern, welches explizit die herausgearbeiteten Stellenwerte und damit verbunden die Fokussierung auf Defizite bzw. Kompetenzen in den Blick nimmt. Auch nicht unproblematisch – im Rahmen dieser Arbeit jedoch nicht lösbar und daher im Folgenden nur kurz andiskutiert – ist die große Nähe einzelner segmentationstheoretischer Argumente zur Humankapitaltheorie und damit einer gewissen theoretischen Unschärfe des heuristisch-analytischen Theorierahmens. So ließe sich beispielsweise das segmentationstheoretische Argument von der Prämisse der Mitarbeiter*innenbindung auch als Renditeerwartung im Rahmen einer humankapitaltheoretischen Kosten-Nutzen-Abwägung fassen, wie im Rahmen dieses Kapitels ja bereits kurz angedeutet wurde. Ähnliches gilt für die Dominanz einzelner Kompetenzentwicklungsformate, die aus der betrieblichen Perspektive auch als Formate mit einer höher zu erwartenden Kostenamortisierung erklärt werden könnten. So macht beispielsweise der Einsatz eines auf überfachliche Kompetenzen bezogenen Kompetenzentwicklungsformates beim „Vorreitertyp" um ein vielfaches mehr Sinn (und rentiert sich daher aus Betriebssicht mehr), als dies z. B. beim „fremdbestimmten Typ" der Fall wäre. Distinktes Differenzierungsmerkmal zwischen den beiden Ansätzen ist und bleibt jedoch die Annahme, dass nicht nur ein Arbeitsmarkt, sondern mehrere Teilarbeitsmärkte existieren. Wie bereits ausgeführt zu Beginn dieses Kapitels, hat sich dieser Zugang insbesondere im Rahmen der Auseinandersetzung mit dem Handwerkssektor als überaus fruchtbar erwiesen.

Auch das Promotorenmodell nach Witte hat sich im Rahmen dieser Analyse als tragfähiger theoretischer Zugang erwiesen. Geht man – wie im Rahmen dieser Arbeit geschehen – davon aus, dass Maßnahmen des BKMs als „Innovationen" im Sinne Wittes interpretiert werden können, zeigt sich, dass die Rolle des/der Promotor*in eine zentrale erklärende Determinante bzw. ein (Begründungs-)Parameter für die Umsetzung und die Ausgestaltung von Maßnahmen des betrieblichen Kompetenzmanagements darstellt. So stößt der/die Promotor*in nicht nur Maßnahmen des BKMs an, sondern ist – typenabhängig – teilweise stark an deren konkreter Ausgestaltung beteiligt. Geht Witte in seinen Ausführungen dabei noch primär von einem/r betriebsinternen Promotor*in aus, der/die – entweder auf Basis seiner/ihrer Fach- bzw. Machtposition – Hindernisse im Innovationsprozess überwinden kann, zeigt die hier durchgeführte Analyse auch Belege für das Vorhandensein von betriebsexternen d. h. externalisierten Promotoren*innen bzw. deut-

8.7 Zur Tragfähigkeit des heuristisch-analytischen Theorierahmens

lich diffuseren Promotor*innenstrukturen. So zeigen sich sowohl beim „Spezialistentyp" als auch beim „fremdbestimmten Typ" nachweislich Akteur*innen im Feld, die zwar nicht den Betrieben selbst zuzuordnen sind, jedoch ähnliche Aufgaben, wie die von Witte identifizierten Promotoren*innen, im Kontext der Ausgestaltung des betrieblichen Kompetenzmanagements im Handwerk übernehmen. Bei diesen Promotoren*innen muss es sich nicht um konkrete Personen handeln, sondern sie stellen sich als deutlich diffusere Promotor*innenstruktur(en) mit wechselnden Akteur*innen (Herstellerbetrieben, Kund*innen bzw. betrieblichen Kooperationspartner*innen) dar. Zwar ließe sich hier argumentieren, dass einige dieser externen Akteur*innen auch bei denjenigen Typen auftreten, die über betriebsinterne Promotoren*innen („der gewissenhafte Typ", „der Vorreitertyp") verfügen, jedoch – so zeigt die Analyse – sind diese dort ein deutlich weniger institutionalisierter Teil des BKMs. D.h. sie beeinflussen dort die Ausgestaltung als auch die Durchführung nicht in dem Maße, wie sich dies bei dem „fremdbestimmten Typ" bzw. dem „Spezialistentyp" nachvollziehen lässt. Ähnlich der Überlegungen von Witte agieren diese sog. externen Promotor*innenstrukturen dann entweder aus einer Macht- (z. B. beim „fremdbestimmter Typ") oder aus einer Fachposition (z. B. beim „Spezialistentyp") heraus. Dieser Befund deutet an dieser Stelle auf eine notwendige Erweiterung des Promotorenmodells nach Witte hin.

Diesem Gedanken folgend – und in der Logik des hier aufgestellten heuristisch-analytischen Theorierahmens verbleibend – wäre dann in Wittes Modell von drei Merkmalsausprägungen auszugehen *(1) Promotor*in nicht vorhanden, (2) Promotor*in im Betrieb vorhanden* sowie als dritte neue Ausprägung *(3) externe/r Promotor*in/Promotor*innenstruktur vorhanden*. Dieser Erweiterung bietet gleichzeitig interessante Anknüpfungspunkte aus einer Personalentwicklungsperspektive: Wie bereits mehrfach im Rahmen dieser Arbeit diskutiert, limitieren die oftmals unzureichend ausgebildeten personellen bzw. finanziellen Ressourcen von kleinen und mittelständischen Betrieben deren Handlungsfähigkeit im Bereich des BKMs. Die Förderung externer Strukturen – im Sinne der hier in der Analyse identifizierten externen Promotor*innenstrukturen – könnte folgernd eine Möglichkeit darstellen, diese strukturellen Hindernisse im Handwerk zu überwinden.[109] Deutlich hervorgebracht hat die Analyse auch noch einmal die Passförmigkeit dieses theoretischen Zugangs speziell für den Handwerkssektor. Dies gilt insbesondere mit dem Blick darauf, dass das Promotorenmodell durchaus der im Rahmen dieser Arbeit bereits mehrfach diskutierten besondere Bedeutung bzw. Rolle des/r Betriebseigner*in gerecht wird. So zeigt sich im Feld beim „gewissenhaften Typ" beispielsweise nahezu eine Deckungsgleichheit des/r Betriebsinhaber*in mit der Promotor*innenrolle und auch die stark innovationsgetriebenen Typen („der Vorreitertyp") bzw. der („der Spezialistentyp") weisen konkrete Personen aus, die entsprechend als Promotor*innen auftreten und die gleichzeitig den Führungs- und Organisationslogiken des Handwerks entsprechen. Interessant ist an dieser Stelle auch der Fall des „resignierten Typs", welcher als einziger Typ keine/n Promotor*in – weder intern noch extern – aufweist. Jedoch findet sich dieser nicht nur nicht in der betrieblichen Realität des „resignierten Typs" wieder, sondern vielmehr lehnt dieser die gängigen Führungsstrukturen und -kulturen im Handwerk als Ganzes ab. In der Konsequenz stellen sich hier – die von Witte beschriebenen – Umsetzungshürden von Innovationen als für den Betrieb tatsächlich nicht überwindbar dar.

Noch nicht diskutiert im Rahmen dieser Arbeit – jedoch abzuleiten aus den Überlegungen zum typenspezifischen Stellenwert der älteren Beschäftigten – ist die Frage, inwieweit die Promotoren*innen selber sensibilisiert sind für die Personengruppe der Älteren. So ist beispielsweise mehrfach in Studien belegt worden, dass Vorwissen über Alterungsprozesse sowie eine durch die Führungsebene vorgelebte alterssensible Betriebskultur starken Einfluss auf die Arbeits- und Beschäftigungsbedingungen Älterer hat.[110] Auch gibt es Hinweise darauf, dass ältere Führungskräfte sensibilisierter sind für die Belange älterer Mitarbeiter*innen, was sich unmittelbar auch auf die Ausgestaltung des betrieblichen Kompetenzmanagements auswirken könnte. In Bezug auf das hier analysierte Sample finden sich einige Belege für diese Argumentation. So erwiesen sich beispielsweise die identifizierten Promotoren*innen des „Vorreitertyps" als durchaus sensibilisiert für das Thema der „demografischen Alterung der Belegschaft" und bauten z. B. in

---

[109] Wie dieser Gedanke konkret auf den Handwerkssektor übertragen werden kann wird im Folgenden noch detaillierter im Kapitel 9 dieser Arbeit diskutiert.
[110] Für eine detaillierte Diskussion zum Einfluss von Personen der Betriebsführung auf die Ausgestaltung von altersgerechten Arbeitswelten siehe: Naegele et al. 2018b, 73ff.

8.7 Zur Tragfähigkeit des heuristisch-analytischen Theorierahmens

Form von Veranstaltungsbesuchen dieses Wissen auch sukzessive aus. Überspitzt und im Modell Witte verbleibend formuliert, könnte dann der erfolgreiche Umgang mit alternden Belegschaften als „Innovation" inklusiver möglicher Innovationshürden interpretiert werden. Letztere zu überwinden, wäre dann die Aufgabe möglicher Promotoren*innen. Passend dazu könnte man die starke Fokussierung einiger Typen auf die „Defizite des Alterns" (z. B. den erwarteten Einbruch der Leistungsfähigkeit Älterer) auch als fehlendes Wissen um den Alterungsprozess interpretieren. So zeigt sich sowohl beim „gewissenhaften Typ", beim „fremdbestimmten Typ als auch beim „resignierten Typ", dass jegliches Wissen um (Gesundheits-)Prävention, alter(n)sgerechter Arbeitsgestaltung oder alterssensibler Kompetenzentwicklung fehlt. Mit Blick auf das Modell von Witte lässt sich also abschließend subsumieren, dass Promotoren*innen als Determinanten des BKMs in ihrem Einfluss nicht zu unterschätzen sind. Dazu entsprechen sie den etablierten Führungs- und Organisationskulturen des Handwerks und sind – wenn adäquat informiert – aus Sicht der älteren Beschäftigten durchaus förderlich für die Etablierung eines alterssensiblen BKMs.

Neben den bereits diskutierten drei theoretischen Zugängen zeigten sich jedoch noch andere (Begründungs-)Parameter des betrieblichen Kompetenzmanagements im Feld, die im Folgenden kurz diskutiert werden sollen. So lassen sich mit Blick auf den „gewissenhaften Typ" an dieser Stelle die sog. „exogenen Schocks" als eine weitere Determinante für die Ausgestaltung des BKMs bei Handwerksbetrieben anführen. Da diese weitere – induktiv aus dem Material heraus identifizierte – Dimension bereits detailliert im Zuge der Rückkopplung der (Begründungs-)Parameter des BKMs an den heurisitsch-analytischen Theorierahmens (Kapitel 8.4.2) diskutiert wurde, soll im Weiteren hier nur verkürzt darauf eingegangen werden. Anstoß dieser Überlegungen war, dass sich im Rahmen der Analyse des „gewissenhaften Typs" zeigte, dass, wenn Betriebe nach dem konkreten hinter einer Maßnahme des BKMs liegenden Moment des Anstoßes gefragt werden, häufig gesetzliche Änderungen auf nationaler oder europäischer Ebene genannt werden. Im Sinne eines sog. „exogenen Schocks" agieren diese Novellierungen dann als indirekter Treiber und wirken damit unmittelbar auf die Ausgestaltung des BKMs ein. So hatte in der Vergangenheit beispielsweise eine Änderung der Trinkwasserhygieneversorgung massive Auswirkungen auf das SHK-Handwerk, insofern als große Teile der Betriebe ein im Rahmen einer formalen Weiterbildung erworbenes Zertifikat nachweisen mussten, wollten sie weiterhin Dienstleistungen in diesem Bereich anbieten. In der Konsequenz konnte von einem wahren Weiterbildungs- bzw. Kompetenzentwicklungsschub im Feld gesprochen werden. Da entsprechende Novellierungen meist Gewerke als Ganzes betreffen, sollte – so wäre zu vermuten – sich dieser beschriebene Effekt – unabhängig von der individuellen Teilarbeitsmarktpositionierung – auch bei allen Betrieben eines Gewerks im Sample finden lassen. Interessant ist jedoch, dass lediglich der „gewissenhafte Typ" explizit diese Schocks als Initialmoment für Maßnahmen des BKMs nennt. Dies könnte zum einen durch das bereits beschriebene „eher reaktiv ausgerichtete" BKM bedingt sein, d. h. Betriebe mit deutlich proaktiver Ausrichtung sind ggf. durch ihr antizipierendes Verhalten weniger „überrascht" durch solche Entwicklungen. Auch könnte die bereits mehrfach im Rahmen dieser Arbeit diskutierte Verzerrung des Samples einen Einfluss auf diese Beobachtung ausüben bzw. dazu beitragen, dass dieser Befund nicht auf die anderen Typen zutrifft. Beispielsweise könnten entsprechend einflussreiche Novellierungen in einzelnen Gewerken bereits seit längerem nicht mehr passiert sein, oder grundsätzlich eher seltener vorkommen. Forscher*innen sollten bei der „Suche nach potentiellen exogenen Schocks" daher immer die Gewerkauswahl als auch u. U. der Beobachtungszeitraum berücksichtigen.

Würde man – wie bereits andiskutiert – diesen Befund jedoch anschlussfähig für den hier präsentierten heuristisch-analytischen Theorierahmen machen wollen, könnte man das Merkmal „exogener Schock" mit seinen beiden Merkmalsausprägungen (1) „exogener Schock vorhanden" bzw. (2) „exogener Schock *nicht* vorhanden" bestimmen. Vorteil eines solchen Vorgehens wäre hier im Rahmen des heuristisch-analytischen Theoriemodels, eine noch explizitere Berücksichtigung betriebskontextualer bzw. wirtschaftsmarktpolitischer Faktoren zu erzielen. So bewegen sich Betriebe, ihre Mitarbeiter*innen und damit verbunden betriebliche Entscheidungsprozesse nicht im „luftleeren Raum", sondern sind immer auch beeinflusst von sozio- und arbeitsmarktpolitischen Prozessen und den Akteur*innen, die diesen innewohnen. Obwohl im Zuge der diskutierten drei Theoriezugänge oftmals „implizit mitschwingend", könnte sich eine detailliertere Analyse kontextualer Einflüsse bzw. die Wirkungsweisen weiterer (politischer) Akteur*innen auf das betriebliche Kompetenzmanagement für spätere Analysen als fruchtbar erweisen.

8.7 Zur Tragfähigkeit des heuristisch-analytischen Theorierahmens 323

Anschließend an diesen Gedanken könnte man – um eine noch bessere analytische Schärfe des Theorierahmens zu erreichen – betriebsstrukturelle Merkmale stärker in die Analyse einbeziehen. Im Vergleich zu den theoretischen Zugängen wären diese eher querschnittlich anzulegen, jedoch – so zeigt die Analyse – können Strukturmerkmale wie beispielsweise die Betriebsgröße durchaus Auswirkungen auf die Ausgestaltung des BKMs haben. Am Beispiel unterschiedlicher Betriebsgrößen soll ein solches Vorgehen im Folgenden kurz andiskutiert werden, ohne das hier ein Anspruch auf Vollständigkeit eines solchen Analyseschritts erhoben wird.

Bezogen auf die Überlegungen zu Kosten-Nutzen-Abwägungen ist beispielsweise davon auszugehen, dass eine insgesamt geringe Investitionskraft, wie sie häufig bei Kleinst- und Kleinbetrieben zu beobachten ist und die sich im Fall des „resignierten Typs" ja auch im Feld gezeigt hat, Einfluss auf das BKM haben kann. D.h., das – im Vergleich zu größeren Betrieben – geringe finanzielle Investitionsvolumen könnte ausschlaggeben, ob die kleinsten unter den Handwerksbetrieben überhaupt in der Lage sind, Investitionen in das Humankapital ihrer Mitarbeiter*innen zu leisten. Dies gilt insbesondere mit Blick auf langfristige Renditeerwartungen. Andererseits ließe sich argumentieren, dass kleinere Betriebe ein noch höheres Interesse daran haben, ihre Mitarbeiter*innen langfristig an sich zu binden, bzw. dass ein „gesundes Durchalten" im Betrieb ermöglicht wird. Auch könnte man davon ausgehen, dass kleinere Betriebe kurz- oder langfristige Ausfälle, aufgrund der geringen Personaldecke nur schwer kompensieren können und im direkten Konkurrenzkampf um die wenigen am Markt verfügbaren Fachkräfte oftmals im Vergleich zu größeren Betrieben das Nachsehen haben könnten. Letzteres Argument zielt auf die Frage nach der eigenen Arbeitgeber*innenattraktivität ab, die zwischen Betriebsgrößen möglicherweise unterschiedlich von potentiellen Kandidaten*innen bewertet werden könnte. Es stellt sich darüber hinaus die Frage, inwieweit kleinere Betriebe im Handwerk überhaupt in der Lage sind, ihr BKM in großem Maße stark trend- und zukunftsorientiert aufzustellen. So finden sich weder beim „Vorreitertyp" als beim „Spezialistentyp" ganz kleine Betriebe, sondern – die These unterstützend – eine Reihe der größten Betriebe im Sample. Dies könnte, im Rahmen einer vorsichtigen Interpretation, als ein Hinweis für eine gewisse Allokation von Betriebsgrößengruppen in einzelnen Teilarbeitsmärkten gewertet werden. Weitergedacht – mit Blick auf das BKM – könnten dann grundsätzlich bessere Kompetenzentwicklungschancen bei größeren Betrieben vermutet werden. Bezogen auf die Überlegungen zu den Promotoren*innen ließe sich vermuten, dass die geringere Anzahl an Mitarbeiter*innen engere soziale Netzwerke zwischen Beschäftigten, der Führungsebene und möglichen Promotoren*innen begünstigt. Letztere könnten dann – basierend auf der Kontakthypothese – eher sensibilisiert sein für die Belange und Bedürfnisse alternder Belegschaften oder aufgrund dieser gewachsenen persönlichen Beziehungen eher dazu bereit sein, sich für die Kompetenzentwicklung der älteren Personen einzusetzen. Insgesamt ist an dieser Stelle jedoch auch noch einmal auf die generelle Entwicklung der Betriebsgrößen im Handwerk hinzuweisen. So weisen Studien hier seit längerem auf einen gewissen Stratifizierungseffekt hin, d. h. während auf der einen Seite die Anzahl der größeren Betriebe im Handwerk wächst, wachsen auch die Kleinstbetriebe bzw. die Anzahl der Soloselbständigen im Handwerk. Dazu kommt ein Trend zur sog. „Filialisierung" im Handwerk, d. h. immer mehr Handwerksbetriebe haben mehr als einen (Filial-)Standort. Dies trifft beispielsweise auf das Kfz-, aber auch auf das Fleischerhandwerk zu.[111] Wie sich diese Entwicklungen auf das betriebliche Kompetenzmanagement auswirken, bleibt abzuwarten.

Abschließend – die erste Forschungsfrage dieser Arbeit beantwortet – lässt sich für diese Arbeit festhalten, dass neben den drei ex ante gebildeten (Begründungs-)Parametern eine weitere induktive Determinante der Ausgestaltung des betrieblichen Kompetenzmanagements identifiziert werden konnte. Darüber hinaus zeigte sich in Teilen ein Einfluss betriebsstruktureller Faktoren, z. B. die Betriebsgröße. Mit Blick auf die Ausgestaltung ihres betrieblichen Kompetenzmanagements (für ältere Beschäftigte) sind für Handwerksbetriebe neben generellen Kosten-Nutzen-Abwägungen insbesondere die konkrete Teilarbeitsmarktpositionierung des Betriebs bzw. die damit verbundenen Kompetenzanforderungen ausschlaggebend. Darüber hinaus erwies sich das Vorhandensein eines/r Promotor*in – sowohl betriebsextern als –intern – als für das BKM förderlich. Im Weiteren zeigte sich im Feld, dass exogene Schocks, z. B. in Form von gesetzlichen Novellierungen, Einfluss auf die Ausgestaltung des betrieblichen Kompetenzmanagements im Handwerk haben und Maßnahmen konkret anstoßen können. Dazu wirken sowohl der Stellenwert, den die älteren Mitarbeiter*innen in den Betrieben einnehmen (eher anhand der Kompetenz- oder der Defizitperspektive auf das Al-

---

[111] Für eine detailliertere Diskussion um die Entwicklung der Betriebsgrößen im Handwerk siehe Kapitel 3 in dieser Arbeit.

8.7 Zur Tragfähigkeit des heuristisch-analytischen Theorierahmens 325

tern orientiert), als auch gewisse betriebsstrukturelle Merkmale (z. B. Betriebsgröße) u. U. auf das betriebliche Kompetenzmanagement ein. Im Folgenden soll das BKM mit Fokus auf die Personengruppe der älteren Beschäftigten noch einmal detailliert in den Blick genommen werden. Dazu wird – in gebotener Kürze – die zweite Forschungsfrage, unter besonderer Berücksichtigung von förderlichen bzw. hinderlichen Bedingungen des BKMs für ältere Beschäftigte diskutiert.

8.7.2 Zu den Unterschieden der (Begründungs-)Parameter bzw. Determinanten des BKMs

Mit Blick auf die fünf identifizierten Typen – und die zweite Forschungsfrage dieser Arbeit adressierend – lassen sich aus Sicht der älteren Beschäftigten im Handwerk günstigere bzw. weniger günstige Konstellationen der Wechselbeziehung zwischen den identifizierten (Begründungs-)Parametern konstatieren. So zeigt sich, dass Handwerksbetriebe insbesondere dann Maßnahmen des betrieblichen Kompetenzmanagements für ihre (älteren) Beschäftigten anbieten, wenn sie neben einer Positionierung im dritten sog. betriebsspezifischen Teilarbeitsmarkt über eine/n Promotor*in verfügen. Diese/r kann dabei betriebsinterner („der Vorreitertyp") oder auch betriebsexterner („der Spezialist) Natur sein. Kommt dann seitens der Betriebe – wie beim „Vorreitertyp" bzw. beim „Spezialistentyp" zu beobachten – noch die grundsätzliche Einschätzung dazu, dass sich die in Kompetenzentwicklung investierten Kosten langfristig für den Betrieb rentieren, finden sich die im Feld günstigsten Bedingungen für ein adäquat ausgestaltetes Kompetenzmanagement vor. Im Weiteren zeigt sich, dass sowohl beim „Vorreitertyp" als auch beim „Spezialistentyp" der betriebliche Stellenwert der älteren Beschäftigten stark geprägt ist durch eine positive Fokussierung auf deren besondere Kompetenzstrukturen. Letzteres begünstigt die Situation für ältere Arbeitnehmer*innen insbesondere dann, – so zeigt die Analyse – wenn Betriebe nicht nur um die besonderen Kompetenzstrukturen von Älteren wissen, sondern diese in Arbeits- und Tätigkeitsbereichen agieren, wo diese passförmig zu den betriebsseitig an die Mitarbeiter*innen gestellten Kompetenzanforderungen sind.

Mit Blick auf mögliche Umsetzungsbarrieren wird deren Überwindung durch das Vorhandensein einer/s Promotor*in bzw. einer externen Promotor*innenstruktur begünstigt. Dies sollte – mit Blick auf die älteren Mitarbeiter*innen – insbesondere dann der Fall sein, wenn die Promotoren*innen für die Belange der älteren Beschäftigten sensibilisiert sind. Im Vergleich zu den anderen Typen dürften die hier vorgefundenen Wechselbeziehungen zwischen den (Begründungs-)Parametern darüber hinaus auch nachhaltiger und zukunftsorientierter aufgestellt sein. So bringt diese Kombination eine proaktivere und an den zukünftigen Trends und Wandlungsprozessen orientierte Ausgestaltung des betrieblichen Kompetenzmanagements im Handwerk hervor. Diese sollte sich nicht nur mit Blick auf die immer kürzer werdenden Innovationszyklen in Zukunft bezahlt machen, sondern stellt ebenfalls eine gute Ausgangslage für einen wachsenden Anteil älterer Mitarbeiter*innen im Handwerk dar.

Positive Impulse für das BKM ergeben sich auch aus der gewerkspezifischen Teilarbeitsmarktpositionierung und auch hier zeigt sich der Einfluss der Promotorenrolle, jedoch z. T. mit einem ambivalenten Ergebnis: Während der „gewissenhafte Typ" hier positive Aspekte (auch aus der Perspektive der älteren Beschäftigten) aus dem Zusammenwirken dieser beiden Parameter ziehen kann, zeigt der Fall des „fremdbestimmten Typs", dass die im Kontext des BKMs zentrale Rolle eines/r Promotor*in bzw. einer Promotor*innenstruktur nicht immer im Interesse des Betriebs bzw. seiner Beschäftigten sein muss. So fördert das Vorhandensein eines/r Promotor*in an dieser Stelle faktisch zwar die Durchführung von Maßnahmen des BKMs, jedoch bleibt unklar, inwieweit seitens des/r Promotor*in bzw. der Promotor*innenstruktur betriebliche Bedarfe überhaupt berücksichtigt werden. Unklar bleibt in diesem Fall auch die Frage, inwieweit diese/r für die besonderen Belange der Personengruppe der älteren Beschäftigten sensibilisiert ist. Blickt man an dieser Stelle konkret auf die Differenzierungslinie zwischen diesen beiden Typen – die Einschätzung, ob Kosten bzw. Nutzen des BKMs überwiegen – wird hier auch nochmal die Bedeutung des Zusammenspiels mit dem dritten humankapitaltheoretischen Parameter deutlich. So zeigt sich, dass die Ansicht, ob eine Investition in das Humankapital als notwendig bzw. adäquat eingestuft wird oder nicht, maßgeblich das betriebliche Verhalten in die eine oder in die andere Richtung beeinflusst. Während eine positive Einschätzung beim „gewissenhaften Typ" nachhaltig zu Anstrengungen im Kontext des BKMs führt, zeigt sich trotz gleicher Arbeitsmarktpositionierung und dem Vorhandensein eines/r externen Promotor*in bzw. Promotor*innenstruktur beim „fremdbestimmten Typ" ein anderes – weniger kompetenzentwicklungsförderliches – Bild. Mit Blick auf die

8.7 Zur Tragfähigkeit des heuristisch-analytischen Theorierahmens

Nachhaltigkeit ist zunächst die stark im „Jetzt" verortete Orientierung des BKMs für beide Typen festzustellen. Auch der Einfluss der identifizierten „exogenen Schocks" beim „gewissenhaften Typ" spricht an dieser Stelle eher auf ein reaktiv als auf ein proaktiv aufgestelltes BKM. Langfristige demografische Entwicklungen und deren Auswirkungen auf die Altersstruktur in Handwerksbetrieben könnten hier u. U. ebenfalls ins Hintertreffen geraten.

Wie sich das Zusammenwirken aller drei skizzierten Parameter auch negativ auf die Ausgestaltung des betrieblichen Kompetenzmanagements im Handwerk auswirkt, kann am letzten, dem „resignierten Typ" nachvollzogen werden. So zeigt sich hier, dass eine Teilarbeitsmarktpositionierung im Jedermannarbeitsmarkt insgesamt weniger anregend ist, Maßnahmen des BKMs anzustoßen, dies gilt insbesondere für die Personengruppe der älteren Beschäftigten. Deren betrieblicher Stellenwert ist in diesem Fall zudem stark beeinflusst durch eine primär auf die Defizite des Alters orientierten Einschätzung der Leistungs- und Lernfähigkeit von älteren Mitarbeiter*innen. Verbinden sich diese Befunde dann im Weiteren noch mit dem Fehlen einer/s Promotor*in und der betrieblichen Überzeugung, aus Investitionen in das Humankapital Älterer sei keine zukünftige Rendite zu erwarten, stehen im Resultat die schlechtesten Ausgangsbedingungen für ein „erfolgreiches Gelingen" von betrieblichem Kompetenzmanagement im Handwerk. Dies geht mit Blick auf die Auswirkungen in der betrieblichen Praxis sogar so weit, dass nicht nur aktiv das absolute Minimum an Maßnahmen angeboten wird, sondern das BKM als Ganzes als etwas die betrieblichen Abläufe Bedrohendes (z. B. Erhöhung des Abwanderungsrisikos) angesehen wird. Die Aussichtschancen für ältere Mitarbeiter*innen, Maßnahmen des BKMs angeboten zu bekommen, stehen hier denkbar schlecht.

Das folgende – diese Arbeit abschließende – Kapitel gibt noch einmal (1) eine kondensierte Reflexion über die im Rahmen dieser Arbeit geleistete Untersuchung (Kapitel 9.1), reflektiert darüber hinaus (2) Beiträge der Arbeit zum Forschungsfeld vor (Kapitel 9.2) und diskutiert (3) Einschränkungen bzw. Limitationen der Arbeit (Kapitel 9.3). Im Rahmen des Ausblicks (Kapitel 9.4) der Arbeit wird dann – in gebotener Kürze – (4) das „Feld" bzw. Handwerkssektor adressiert. Dabei geht es jedoch mehr um grundsätzlich konzeptionelle Überlegungen bzw. Handlungsorientierungen und nicht um das Bereitstellen konkreter Maßnahmen zur Förderung des BKM im Handwerk.

9 Zusammenfassung und Reflexion der Arbeit

9.1 Kurzzusammenfassung der Arbeit

Ausgehend von den rasanten Wandlungsprozessen, die auch vor dem Handwerkssektor nicht Halt machen, adressierte diese Arbeit explizit die Herausforderungen, welchen sich Handwerksbetriebe vor dem Hintergrund der demografischen Alterung von Belegschaften, immer schneller werdenden Innovationszyklen des technologischen Wandels und, damit verbunden, veränderten oder gänzlich neuen Kompetenzanforderungen zukünftig stellen müssen. Von Interesse war dabei vor allem die Frage, inwieweit Handwerksbetriebe diesen Herausforderungen im Rahmen ihres betrieblichen Kompetenzmanagements (BKM) begegnen können. Besonderer Fokus der Arbeit lag dabei auf der Personengruppe der älteren Beschäftigten, einer Personengruppe, die nicht nur über besondere Kompetenzstrukturen verfügt, sondern auch bestimmten Beschäftigungsrisiken unterliegt, besondere Lern- und Kompetenzentwicklungsbedürfnisse hat und die – so die Prognosen – zukünftig zahlenmäßig auch im Handwerk noch weiter steigen wird. Angelegt im bis dato wenig untersuchten Handwerkssektor interessierte sich die Arbeit für zwei zentrale Forschungsfragen:

F1: *Welche (Begründungs-)Parameter bzw. Determinanten des betrieblichen Kompetenzmanagements lassen sich (mit Blick auf ältere Beschäftigte) bei Handwerksbetrieben identifizieren?*

F2: *Wie unterscheiden sich diese (Begründungs-)Parameter bzw. Determinanten in ihren Wechselbeziehungen zwischen Betrieben mit unterschiedlich ausgeprägtem betrieblichen Kompetenzmanagement?*

Hintergrund der hier untersuchten Fragestellungen ist die Beobachtung der im wissenschaftlichen Diskurs recht einseitig geführten Debatte, welche (Begründungs-)Parameter insbesondere kleine und mittelständische Betriebe an den Tag legen, wenn es darum geht, Maßnahmen des betrieblichen Kompetenzmanagements für ihre (älteren) Beschäftigten anzubieten. Oftmals (im Rahmen der forscherischen Auseinandersetzung) stark dominiert von humankapitaltheoretischen Überlegungen, hatte diese Arbeit daher zum einen auch das Ziel, weitere theoretische Zugänge auf ihre Tragfähigkeit bzw. Erklärungskraft bezüglich der Ausgestaltung von betrieblichem Kompetenzmanagement zu prüfen. Zum anderen war es ein Anliegen der Arbeit, die Ursachen für unterschiedlich ausgeprägtes Kompetenzmanagement – insbesondere mit Blick auf die Personengruppe der älteren Beschäftigten – in Handwerksbetrieben zu identifizieren. Diese könnten – so hier die These – im Weiteren Aufschluss darüber geben, ob und wie günstigere Bedingungen für die Kompetenzentwicklung älterer Mitarbeiter*innen im Handwerk entstehen.

Die Arbeit strukturierte sich dabei in zwei thematische Teile. Der erste thematische Teil (Kapitel 1 – 5) widmete sich zunächst einer ausführlichen Annäherung an den Untersuchungsgegenstand „Handwerk bzw. Handwerkssektor". Neben einer grundlegenden Einordnung dessen, was – im deutschen Kontext – unter Handwerk zu fassen ist, war es zentrales Anliegen dieser Arbeit, das Handwerk nicht nur entlang seiner (formalen) Strukturdaten bzw. aktueller (Trend-)Entwicklungen, sondern auch mit Blick auf spezifische Charakteristiken und Handlungsweisen von Handwerksbetrieben zu erfassen (Kapitel 3). So ist der Handwerkssektor nicht nur der zweitgrößte Wirtschaftssektor in Deutschland mit über 5 Millionen Beschäftigten, sondern ist auch durch die in seiner langen Historie verankerten tradierten Arbeits-, Organisations- und Führungsweisen bestimmt. Dies trifft in besonderer Weise auf die Aus- und Weiterbildungsweisen des Handwerks zu, die in ihren Anfängen bis zum 19. Jahrhundert und dem „Imitatio-Modell" bzw. der sog. „Beistelllehre" zurückreichen. Basierend auf einer ausführlichen Diskussion des Kompetenzbegriffs (Kapitel 4) entwickelte die Arbeit im Weiteren zunächst ein „Modell zur Erfassung des betrieblichen Kompetenzmanagements (für ältere Mitarbeiter*innen) in Handwerksbetrieben", welches diesen historisch gewachsenen Aus- und Weiterbildungsweisen des Handwerks Rechnung trägt. Dieses Vorgehen richtete sich in neuartiger Weise explizit gegen eine allein auf formalisierte Angebote orientierte Beschreibung des Kompetenzmanagements auf der Betriebsebene. Kompetenzen – dem Kompetenzdiskurs folgend – lassen sich eben nicht (nur) im Rahmen von formalisierten Weiterbildungen (z. B. Techniker*innen- bzw. Meister*innenkurse im Handwerk) entwickeln, sondern können betriebsnah, arbeitsintegriert und personengruppenbezogen Teil von explizit auf der Betriebsebene zu verortenden Maßnahmen des BKMs sein. Zentral dabei ist die Annahme, dass dem Arbeitsplatz eine Art „Lernfunktion" zukommen kann (und sollte), insbesondere mit Blick auf die besonderen Lern- und Kompetenzentwicklungsbedürfnisse älterer Beschäftigter. Als Resultat dieses Vorgehens fanden

9.1 Kurzzusammenfassung der Arbeit

in dieser Arbeit – und damit erstmalig in der wissenschaftlichen Auseinandersetzung mit dem Handwerk in Deutschland – auch non-formalisierte, arbeitsintegrierte und spezielle, auf die Personengruppe der älteren Beschäftigten bezogene, Maßnahmen der Kompetenzentwicklung eine systematische Berücksichtigung in der Analyse. Basierend auf quantitativen Befragungsdaten des Forschungs- und Entwicklungsprojektes „In-K-Ha" (Integrierte Kompetenzentwicklung im Handwerk), schloss der erste thematische Teil der Arbeit mit einer Kurzstudie zum betrieblichen Kompetenzmanagement in Handwerksbetrieben. Basierend auf Befragungsdaten von Inhaber*innen und Führungskräften im Handwerk (n=257) war es das Anliegen dieser Kurzstudie, Systematiken und Muster bezüglich der Ausgestaltung des betrieblichen Kompetenzmanagements in der handwerklichen Praxis zu identifizieren. Innovativer Moment dieser Kurzstudie war dabei, neben der Bereitstellung einer für das Handwerk belastbaren und aussagekräftigen Datengrundlage, vor allem die konsequente Berücksichtigung der verschiedensten – im Rahmen des entwickelten Erfassungsmodells ausgeführten – Kompetenzentwicklungsformate.

Im Ergebnis konnte die quantitative Kurzstudie hier drei distinkte Cluster identifizieren, die sich wie folgt betiteln lassen: *Cluster 1: „Limited", Cluster 2: „Mix 'n' Match"* sowie *Cluster 3: „Do-it-All"*. Zum einen berichteten die befragten Inhaber*innen bzw. Führungskräfte, die dem Cluster 1 zugeordnet wurden, von einem insgesamt weniger breit aufgestellten BKM, als dies für Befragte aus dem Cluster 2 bzw. Cluster 3 zutraf. Des Weiteren zeigte sich beim „Limited"-Cluster, dass Maßnahmen des BKMs zudem seltener flächendeckend, d. h. für alle Beschäftigten gleichermaßen angeboten werden, sondern – wenn überhaupt – lediglich im Rahmen von Einzelfalllösungen. Konträr dazu ließe sich – vorsichtig interpretiert – das Cluster 3 als jenes bezeichnen, wo sich das am breitesten aufgestellte BKM finden lässt. Gleichzeitig sind die Angebote im „Do-it-All"-Cluster flächendeckend auf der Betriebsebene implementiert und auch Maßnahmen mit konkretem Altersbezug lassen sich hier finden. Letzteres findet sich dagegen nicht nur selten bzw. überhaupt nicht bei den anderen beiden Clustern. Diese Ergebnisse jedoch frei nach dem Motto „je-mehr-Maßnahmen-desto-besser" zu interpretieren, wäre an dieser Stelle jedoch auch zu kurz gedacht. So lieferte die Analyse keine Belege über die Qualität der verschiedenen Maßnahmen, noch ob diese den spezifischen Kompetenzanforderungen der Betriebe oder den besonderen Lern- und Kompetenzentwicklungsbedürfnissen Älterer gerecht werden. Jedoch konnte die hier präsentierte Kurzstudie – neben einer ersten deskriptiven Beschreibung des Felds – belegen, dass es überhaupt Unterschiede in der Ausgestaltung des betrieblichen Kompetenzmanagements zwischen Handwerksbetrieben gibt, die es im Weiteren näher zu untersuchen galt.

Der Frage, wie diese differenzierenden Muster zustande kommen bzw. welche Determinanten sich hinter unterschiedlichem Verhalten auf der Betriebsebene finden lassen, widmete sich der zweite Teil dieser Arbeit. Basierend auf 15 Betriebsfallstudien standen im Folgenden vor allem die (Begründungs-)Parameter unterschiedlich ausgeprägten BKMs im Zentrum des Forschungsinteresses. Beginnend widmete sich der zweite Teil der vorgelegten Arbeit zunächst verschiedenen theoretischen Zugängen zum Weiterbildungs- und Kompetenzentwicklungsverhalten und wendete diese erstmalig konkret auf den Handwerkssektor, dessen inhärent kleine und mittelständischen Strukturen sowie die Personengruppe der älteren Beschäftigten, an (Kapitel 6). Während – wie bereits angedeutet – die Forschungslandschaft in diesem Diskurs lange von humankapitaltheoretischen Überlegungen dominiert war, bezog die hier vorliegende Arbeit neben der Humankapitaltheorie nach Becker explizit ex ante zwei weitere theoretische Zugänge, „Segmentationstheorie" nach Sengenberger bzw. „Promotorenmodel" nach Witte, mit in ihre Analyse ein. Dieses Vorgehen war u. a. durch das Ziel begründet, eine ganzheitliche(re) theoretische Erfassung möglicher Determinanten, die auf die Ausgestaltung des betrieblichen Kompetenzmanagements wirken, zu erreichen. Diese sollten dann im Weiteren auch den besonderen Charakteristiken und tradierten Handlungs- und Führungsweisen des Handwerks Rechnung tragen (Kapitel 7). Zum anderen wurde dieses Vorgehen gewählt, um dem in der qualitativen Forschung oftmals nur unzureichend adressierten Problem einer verzerrten Stichprobe zu begegnen.

Dazu wurde ein zweigleisiges Vorgehen gewählt: Basierend auf der Methode der empirischen Typenbildung nach Kelle und Kluge „dekliniert" der für die folgende qualitative Analyse gebildete heuristisch-analytische Theorierahmen zunächst ex ante alle theoretisch möglichen Vergleichsdimensionen (bzw. Merkmale und deren -ausprägungen) aus, unabhängig davon, ob diese im (potentiell verzerrten) Sample auftraten. Vor dem Hintergrund dieses „theoretisch maximal breit aufgespannten" Merkmalsraums wurden dann die 15 Betriebsfallstudien analysiert, was Rückschlüsse auf die Aussagekraft des untersuchten Samples bzw. der Verortung von diesem im Feld ermöglichte. Der im Rahmen dieser Arbeit neu

9.1 Kurzzusammenfassung der Arbeit

eingeführte, das Untersuchungsverfahren von Kelle und Kluge erweiternde, 5. Analyseschritt *„Analyse der empirisch leer gebliebenen Merkmale bzw. –kombinationen"* thematisierte abschließend noch einmal detailliert die Auftrittswahrscheinlichkeit der empirisch im Sample nicht aufgetretenen Merkmalskombination. In der Analyse zeigte sich, dass einzelne Kombinationen mit einer höheren (z. B. weitere Handwerksbetriebe, die dem Jedermannarbeitsmarkt zuzuordnen sind) bzw. einer geringeren (z. B. Betriebe, die keine Notwendigkeit sehen, in das Humankapital zu investieren, jedoch über eine/n Promotor*in verfügen) Wahrscheinlichkeit im praktischen Feld auftreten sollten. Abschließend lässt sich sagen, dass dieses Vorgehen eine kritische und reflektierte Einordnung des eigenen Untersuchungssamples und die Einführung einer weiteren Evaluierungsebene der Forschungsergebnisse erlaubte.

Im Ergebnis der empirischen Typenbildung konnte die hier vorliegende Arbeit fünf distinkte Typen identifizieren (Kapitel 8), die wie folgt benannt wurden: *(1) „der Vorreiter", (2) „der Gewissenhafte", (3) „der Spezialist", (4) „der Fremdbestimmte"* sowie *(5) „der Resignierte"*. Diese unterschieden sich nicht nur mit Blick auf die Kompetenzanforderungen, die Angebotshäufigkeit bzw. die angebotenen Formate des betrieblichen Kompetenzmanagements, sondern vor allem mit Blick auf die herausgearbeiteten (Begründungs-)Parameter bzw. den Stellenwert der Personengruppe der älteren Beschäftigten. Vorab ist jedoch festzuhalten, dass die in der handwerklichen Praxis identifizierten Kompetenzanforderungen an Mitarbeiter*innen z. T. weit über das hinausgehen, was in der handwerklichen Grundausbildung vermittelt wird, ein Befund der insbesondere auf den „Vorreitertyp" sowie den „Spezialisten" zutraf. Aber auch der „gewissenhafte Typ" bzw. der „fremdbestimmte Typ" berichteten über steig anwachsende Kompetenzanforderungen an die eigenen Mitarbeiter*innen und selbst der „resignierte Typ" kam – der Analyse zufolge – nicht ohne „kompetente Mitarbeiter*innen" aus. Letzteres unterstreicht an dieser Stelle auch nochmal die zu Beginn der Arbeit aufgestellte These der wachsenden Bedeutung des betrieblichen Kompetenzmanagements für den Handwerkssektor.

Mit Blick auf das betriebliche Kompetenzmanagement konnte zunächst eine große Bandbreite von Maßnahmen im Feld identifiziert werden, wobei sich hier auch typenabhängige Unterschiede finden lassen: So wiesen der „Vorreitertyp" und der „Spezialistentyp" im direkten Vergleich beispielsweise ein insgesamt breiter ausgebildetes Spektrum an Maßnahmen, aber auch an Formaten (u. a. auch mit speziellem Altersbezug) auf, als dies beim „gewissenhaften Typ" oder – der Extremfall – beim „resignierten Typ" der Fall war. Mit Blick auf die älteren Beschäftigten zeigte sich, dass deren Stellenwert typenübergreifend anhand drei zentraler Argumentationslinien beschrieben werden kann. Diese ließen sich grob mit *„geschätztes Erfahrungswissen"*, *„gewachsene Kundenbeziehungen"* bzw. *„Sorge vor gesundheitlichen Einschränkungen"* umschreiben. Wie die fünf identifizierten Typen diese Faktoren jedoch bewerteten, variierte zwischen Typen, was sich auch nachhaltig auf den Stellenwert der Älteren in den Betrieben auswirke: So bewerten sowohl der „Vorreitertyp" als auch der „Spezialistentyp" die Kompetenzstrukturen Älterer als auch den Aspekt der gewachsenen Kundenbeziehungen, mit leichten Variationen, als durchaus positiv und als etwas, was es seitens der Betriebe zu halten, zu pflegen und zu entwickeln gilt. Die Sorge vor gesundheitlichen Einschränkungen wird zwar auch von den beiden angesprochenen Typen geteilt, jedoch unter präventiven Gesichtspunkten als etwas betriebsseitig Veränder- bzw. Verhinderbares angesehen. Etwas ambivalenter stellt sich der Stellenwert der älteren Mitarbeiter*innen beim „Gewissenhaften Typ" dar, der zwar ebenfalls die Kompetenzen seiner älteren Beschäftigten schätzt, jedoch größere Sorge vor möglichen gesundheitlichen Einschränkungen und damit verbundenen personellen Ausfällen aufweist. Deutlich negativer besetzter erscheint das Altersbild und damit verknüpft der Stellenwert Älterer beim „Fremdbestimmten Typ" bzw. beim „Resignierten Typ". So spielen, neben den gewachsenen Kundenbeziehungen, die besonderen Kompetenzstrukturen älterer Mitarbeiter*innen bei beiden Typen nur eine untergeordnete Rolle. Vielmehr zeigte sich in der Wahrnehmung Älterer eine starke Dominanz der Sorge vor dem frühzeigen Ausscheiden von Mitarbeiter*innen, auf Grund gesundheitlicher Einschränkungen.

Mit Blick auf die identifizierten Parameter bzw. Determinanten des betrieblichen Kompetenzmanagements wurde zunächst die Tragfähigkeit des ex ante gebildeten heuristisch-analytischen Theorierahmen diskutiert. Hier zeigte sich, dass insbesondere der segmentationstheoretische Ansatz große Erklärungskraft für Ausmaß und Ausgestaltung des betrieblichen Kompetenzmanagements im Handwerk hat. Herausgearbeitet werden konnte vorab zudem auch, dass – entgegen Sengenbergers ursprünglicher Zuordnung des Handwerkssektors zum zweiten sog. berufsfachlichen bzw. gewerkspezifischen Teilarbeitsmarkt – von einer deutlich größeren Bandbreite der Teilarbeitsmarktpositionierungen im Handwerk aus-

9.1 Kurzzusammenfassung der Arbeit

zugehen ist. So finden sich im Handwerk auch Betriebe, die auf Grund ihres Tätigkeits- und Aufgabenspektrums dem ersten („Jedermannarbeitsmarkt") bzw. dem dritten („betriebsspezifisch") Teilarbeitsmarkt zuzuordnen sind. Ersteres konnte im Rahmen der Analyse auch noch einmal im Kontext der Reflexion der „empirisch leer gebliebenen Merkmale bzw. Merkmalskombinationen" bestätigt werden, was an dieser Stelle auch noch einmal die Sinnhaftigkeit der Erweiterung des Modells von Kelle und Kluge unterstreicht. Gleichzeit bewiesen die segmentationstheoretischen Überlegungen auch gute Anknüpfungspunkte für die Erklärung, warum Betriebe unterschiedliche Maßnahmen bzw. Formate des BKMs präferieren bzw. anbieten, ohne dabei eine qualitative Wertung unterschiedlicher Formate anstreben zu wollen. Lediglich der Hinweis, dass non-formalisierte, arbeitsintegrierte Maßnahmen des BKMs verstärkt den Lern- und Kompetenzentwicklungsbedürfnissen älterer Mitarbeiter*innen entsprechen, soll an dieser Stelle erlaubt sein. Des Weiteren konnte auch der Promotorenansatz nach Witte als tragfähig für die Analyse bestätigt werden. Dies gilt insbesondere mit Blick auf die besonderen Führungs- und Organisationsstrukturen im Handwerk. Die Arbeit regte an dieser Stelle jedoch auch eine Erweiterung des Modells nach Witte um sog. „externe Promotoren*innen" bzw. „externe Promotorenstrukturen" an. Letzteres basierte auf dem Befund, dass bei zwei Typen („Spezialistentyp" sowie „fremdbestimmter Typ") entsprechende Strukturen im Feld identifiziert werden konnten. All diese Befunde weisen erneut auf die Notwendigkeit hin, den Weiterbildungs- und Kompetenzdiskurs, der in der Vergangenheit häufig primär aus der Humankapitalperspektive geführt wurde, entsprechend zu erweitern.

Mit Blick auf die beiden leitenden Forschungsfragen dieser Arbeit sei abschließend gesagt: Es konnten eine Reihe von Determinanten bzw. (Begründungs-)Parameter auf der betrieblichen Ebene identifiziert werden. Dazu gehörte – neben den drei bereits genannten theoretischen Zugängen – im Weiteren auch noch der unter „exogener Schock" subsumierte Einfluss von sich veränderten Rahmenbedingungen betrieblichen Handelns (z. B. Novellierung in der Gesetzgebung) sowie weitere „betriebsstrukturelle Merkmale" (z. B. der Einfluss der Betriebsgröße). Darüber hinaus finden sich – im Zusammenspiel dieser verschiedenen Determinanten – unterschiedlich günstige bzw. ungünstige Bedingungen für ältere Beschäftigte. Fällt – wie beim „Vorreitertyp" bzw. beim „Spezialistentyp" – eine grundsätzlich positive Einschätzung über den Nutzen von Investitionen in das Humankapital der eigenen Mitarbeiter*innen, mit einer betrieblichen Positionierung im dritten sog. betriebsspezifischen Teilarbeitsmarkt sowie dem Vorkommen einer/s (internen oder externen) und auf die Bedürfnisse der Älteren sensibilisierten Promotor*in zusammen, finden sich mit Bezug auf die Kompetenzentwicklung Älterer im Feld günstigste Bedingungen. Dazu kommt, dass die spezifischen Kompetenzstrukturen älterer Mitarbeiter*innen zu den betriebsseitig an die eigenen Mitarbeiter*innen gestellten Kompetenzanforderungen passen und die betriebsstrukturellen Bedingungen für ein proaktives und zukunftsorientiertes BKM vorliegen. Konträr dazu steht ein Befund wie beim „resignierten Typ". Hier bilden eine Teilarbeitsmarktpositionierung im „Jedermannarbeitsmarkt", das Fehlen eines/r Promotor*in sowie die grundsätzliche Überzeugung, dass Investitionen in das Humankapital nicht nur nicht förderlich, sondern u. U. sogar betriebsschädlich sind, die schlechtmöglichsten Ausgangsbedingungen für eine erfolgreiche Kompetenzentwicklung Älterer im Handwerk. Dazu trägt auch ein, auf dem Defizitmodell und fehlendem Wissen über den Alterungsprozess begründeter, insgesamt wenig wertschätzender betrieblicher Stellenwert älterer Mitarbeiter*innen in diesen Betrieben bei.

In den folgenden Kapiteln soll noch einmal detailliert auf die Beiträge der Arbeit zum Forschungsfeld bzw. auf die festgestellten Limitationen eingegangen werden. Abschließend werden auf konzeptioneller Ebene mögliche grundlegende Handlungsorientierungen für die handwerkliche Praxis diskutiert.

9.2 Reflexion der Arbeit

9.2.1 Beiträge empirisch-methodologischer Art

Bezogen auf ein besseres Verständnis des Themenkomplexes „betriebliches Kompetenzmanagement im Handwerk" leistet die Arbeit zunächst einen ersten Beitrag zu einer besseren, d. h. empirisch belastbaren Deskription der Ausgestaltung des BKMs im Feld. So präsentiert die Arbeit mit dem Modell zur „Erfassung des betrieblichen Kompetenzmanagements" erstmalig eine auf die Arbeits- und Handlungswelten des Handwerks angepasste Systematisierung der im Feld zu findenden verschiedenen Kompetenzentwicklungsformate. Das Modell bricht darüber hinaus mit der in der Vergangenheit oftmals praktizierten Fokussierung allein auf

9.2 Reflexion der Arbeit

formalisierte Angebote der Kompetenzentwicklung, indem es explizit und systematisch den Blick für non-formale, arbeitsintegrierte und alterssensible Angebote des Kompetenzmanagements öffnet. Eine Sichtweise, die darüber hinaus den tradierten Aus-, Weiterbildungs- und Kompetenzentwicklungsgewohnheiten des Handwerks Rechnung trägt. Im Ergebnis stehen erstmalig belastbare Aussagen, die ein differenziertes Bild über das Ausmaß und die Ausgestaltung des betrieblichen Kompetenzmanagements im Handwerk zeichnen.

Auch wenn im Rahmen dieser Arbeit nur in Ansätzen verfolgt, zeigen die hier durchgeführten Studien das Potential einer multi-methodischen Betrachtung des Untersuchungsfelds „Handwerk" bzw. „Handwerksbetrieb". So weisen die Ergebnisse zum einen auf die Notwendigkeit hin, betriebliche und historisch gewachsene Organisations- und Betriebskulturen stärker mitzudenken, wollen Forscher*innen betriebliche Handlungsweisen im Handwerk ganzheitlich nachvollziehen. Eine Prämisse, die in besonderer Weise den Grundsätzen eines qualitativen Forschungszugangs entspricht. Nichtsdestotrotz drängt die an vielen Stellen immer noch recht „dünne Datenlage" auf eine verstärkt quantitativ orientierte Beschäftigung mit dem Handwerk. So geht es perspektivisch zum einen darum, für den zweitgrößten Wirtschaftssektor mit seinen ca. 5 Millionen Beschäftigten und 1 Million Betrieben repräsentative und belastbare Datengrundlagen zu generieren, zum anderen darum, die Erkenntnisse aus qualitativen Studien zu quantifizieren. Letzteres ist an dieser Stelle dabei nicht als Schmälerung der Aussagekraft qualitativer Studien zu verstehen, vielmehr geht es darum, die Vorteile eines aufeinander bezogenen multimethodischen Ansatzes gezielt zu nutzen, um ein tieferes und damit auch für die Praxis belastbares Verständnis der Handlungs- und Funktionsweisen von Handwerksbetrieben zu erlangen.

Abschließend leistet die Arbeit durch die Erweiterung des Modells nach Kelle und Kluge um die neu eingeführte 5. Analysestufe einen Beitrag zum bereits mehrfach diskutierten Umgang mit verzerrten Datensätzen. So zeigt das Beispiel dieser Arbeit, dass trotz eines durch ex ante bestimmte Prämissen geleiteten und aufmerksam durchgeführten Samplingprozesses die Gefahr einer möglichen Verzerrung des Untersuchungssamples bestehen bleibt. Anstelle – wie so häufig – dieser Problematik lediglich im Rahmen der Beschreibung der Studieneinschränkungen bzw. Limitationen zu begegnen, ermöglicht die – im Rahmen dieser Arbeit – neu entwickelte 5. Analysestufe ein aktives Adressieren der skizzierten Problematik. Durch das Beibehalten bzw. die explizite Analyse der empirisch leer gebliebenen aber theoretisch relevanten Merkmale bzw. Merkmalskombinationen wird der/die Forscher*in dazu angehalten, sich kritisch mit dem eigenen Untersuchungssample auseinanderzusetzen. Dazu gehört, das Sample mit Blick auf eine mögliche Verzerrung zu reflektieren bzw. zumindest die Möglichkeit mitzudenken, dass – neben den empirisch aufgetretenen Fällen – noch weitere im Feld existieren könnten. Dieses Vorgehen leistet im Ergebnis einen innovativen Beitrag im Sinne einer weiteren Validierungsebene der nach der empirischen Typenbildung nach Kelle und Kluge identifizierten Typen.

9.2.2 Beiträge konzeptionell-theoretischer Art

Auch mit Blick auf die konzeptionell-theoretische Ebene leistet die hier vorgelegte Arbeit einen Beitrag zum Forschungsfeld, welcher – in gebührender Kürze – im Folgenden andiskutiert werden soll.

Bezogen auf die konzeptionelle Ausrichtung der Arbeit ist auf die für das Handwerk sehr fruchtbare betriebssoziologische bzw. –gerontologische Perspektive hinzuweisen. So zeigt sich im Rahmen der Arbeit, dass insbesondere die auf den (Handwerks-)Betrieb als Ganzes bezogene Perspektive fruchtbare Analyseansätze eröffnete. Herausgearbeitet werden konnte, dass die Frage, ob und inwieweit ältere Mitarbeiter*innen günstige bzw. ungünstige Bedingungen für ihre individuelle Kompetenzentwicklung vorfinden, auch von einer Reihe betrieblicher Faktoren und Logiken abhängt. Die häufig in der Weiterbildungs- und Kompetenzdebatte vorzufindende Differenzierung zwischen Arbeitnehmer*innen- und Arbeitgeber*innenperspektive vernachlässigt – so hier die These – an dieser Stelle häufig betriebsbezogene Komponenten wie z. B. existierende und betrieblich gelebte Altersbilder, Betriebs- und Kompetenzentwicklungskulturen sowie das kontextuelle Setting von Betrieben bzw. die betriebliche Arbeitsmarktpositionierung. Der über die Analyse von Betriebsfällen gewählte Zugang ermöglichte an dieser Stelle eine stärkere Verknüpfung und ganzheitliche Betrachtung der Handlungsweisen von Betrieben im Handwerkssektor. Anzumerken wäre hier, da im Rahmen dieser Arbeit nur implizit verhandelt, dass für zukünftige Forschungsvorhaben insbesondere eine noch explizitere Betrachtung des „sozialen Gefüges Betrieb" von hohem Interesse sein könnte. So ist beispielsweise davon auszugehen, dass neben den im

9.2 Reflexion der Arbeit

Betrieb und damit auch unter den Beschäftigten gelebten Altersbildern, auch die individuelle Vernetzung älterer Arbeitnehmer*innen zu Kollegen*innen und Vorgesetzen einen Einfluss auf das altersspezifische Angebot an Maßnahmen des Kompetenzmanagements haben könnte.

Weiterhin ist die erstmalige Anwendung dreier distinkter – jedoch im Rahmen dieser Arbeit sinnhaft verknüpfter – theoretischer Zugänge auf den Handwerksektor bzw. die Personengruppe der älteren Beschäftigten zu nennen. Es zeigte sich, dass, obwohl in diesem Kontext auch keinesfalls als nicht relevant zu bezeichnen, der im Weiterbildungs- und Kompetenzdiskurs oftmals dominierende Humankapitalansatz nicht alleinig für die Erklärung von betrieblichem Handeln herangezogen werden sollte. Vielmehr zeigte die Analyse, dass ein differenzierter – insbesondere die betriebsindividuelle segmentationstheoretische Teilarbeitsmarktpositionierung berücksichtigender – theoretischer Analyserahmen eine ganzheitlichere Erklärungskraft ermöglichte. Dabei sollten Forscher*innen die ganze Bandbreite von Teilarbeitsmärkten in ihrer Analyse berücksichtigen, da sich das Handwerk und die in ihm agierenden Betriebe mit Blick auf die Teilarbeitsmarktpositionierung in der Praxis deutlich differenzierter darstellen, als ursprünglich von Sengenberger angenommen. Verknüpft mit einer – durch die Verwendung des Promotorenmodells antizipierten – Berücksichtigung der besonderen Organisations- und Führungskulturen im Handwerk konnte so ein tragfähiger heuristisch-analytischer Theorierahmen herausgearbeitet werden, der auch für weitere Untersuchungen betrieblicher Handlungsweisen – nicht nur in Bezug auf das BKM – fruchtbar sein könnte. Abschließend ist an dieser Stelle noch einmal kurz auf die im Rahmen dieser Arbeit vorgeschlagene Erweiterung des Promotorenmodells nach Witte hinzuweisen. So könnte die Berücksichtigung einer dritten Akteur*innenebene, den sog. „externen Promotoren*innen bzw. „Promotorenstrukturen", nicht nur für zukünftige Forschungen wertvolle Analyseperspektiven bieten. Vielmehr – wie in Kapitel 9.4 dieser Arbeit noch detaillierter diskutiert wird – bietet insbesondere diese Perspektive fruchtbare Anknüpfungspunkte für etwaige Handlungsempfehlungen an die Praxis.

9.2.3 Beiträge zum gerontologischen Forschungsfeld

Richet man an dieser Stelle den Blick noch einmal explizit auf die Beiträge der Arbeit zum gerontologischen Forschungsfeld, sei zunächst darauf hingewiesen, dass der Handwerkssektor, seine Betriebe und mit ihm die älteren Beschäftigten bis dato relativ wenig Berücksichtigung in der gerontologischen Forschung gefunden haben. So finden sich nur vereinzelt Studien, die sich aus einer gerontologischen Perspektive mit dem Handwerk und seinen älteren Beschäftigten auseinandersetzen. Diese fokussieren dabei meist auf einzelne Teilaspekte, z. B. Kompetenzentwicklung im Rahmen betrieblicher Laufbahngestaltung, der Qualifizierung älterer Beschäftigter im Kontext der Sicherung von Arbeitsverhältnissen sowie mögliche Chancen alternder Gesellschaften für das Handwerk, um hier nur einige ausgewählte Studien zu nennen (vgl. Behrens 2001, 122ff.; Pütz 2008, 1ff.; Ax et al. 2000, 11ff.). Diese zum Teil bereits etwas länger zurückliegenden Studien werden ergänzt durch neuere Arbeiten, die insbesondere im Kontext von geförderten Forschungsprojekten zu finden sind. Hier wäre insbesondere das im Rahmen dieser Arbeit bereits mehrfach angesprochene vom Bundesministerium für Bildung und Forschung geförderte *„In-K-Ha"-Projekt (Integrierte Kompetenzentwicklung im Handwerk)* (Laufzeit 2014-2017) zu nennen, oder um ein noch aktuelleres Beispiel zu erwähnen, das im Rahmen der Forschungsförderung der Hans-Böckler-Stiftung im Januar 2019 abgeschlossene Forschungsprojekt *„Neue Allianzen für gute Arbeit bei bedingter Gesundheit"*. Während sich das „In-K-Ha"-Projekt vor allem auf die Potentiale integrierter Kompetenzentwicklung u. a. auch für alternde Belegschaften fokussierte (vgl. unter anderem: Naegele et al. 2015, 1ff.; Kortsch et al. 2016, 16ff.; Naegele 2016, 209ff.; Naegele und Frerichs 2018, 209ff. sowie Naegele et al. 2018, 155ff.), beschäftigte sich das von der Hans-Böckler-Stiftung geförderte Projekt mit Aspekten der Kompetenzentwicklung im Umgang mit älteren gesundheitlich eingeschränkten Personen (vgl. Blasczyk 2018, 4ff.). Diese, vorsichtig als „neu erwachtes Forschungsinteresse am Handwerk" zu bezeichnenden, Entwicklungen spiegeln an dieser Stelle auch noch einmal den Stellenwert, den das Handwerk als Wirtschaftsfaktor für Deutschland hat wieder. Und auch die hier vorgelegte Arbeit leistet einen wertvollen Beitrag auf dem Weg zu einem besseren Verständnis der Handlungsbedingungen und -weisen des Handwerkssektors mit seinen ca. 1 Million Betrieben und ca. 5 Millionen Beschäftigten. Dabei schließt die hier vorgelegte Forschungsarbeit aus gerontologischer Perspektive

9.2 Reflexion der Arbeit

wichtige Forschungslücken im Feld. Zum einen dadurch, dass sie erstmalig das betriebliche Kompetenzmanagement von Handwerksbetrieben mit besonderem Fokus auf die Personengruppe der älteren Beschäftigten untersucht. Zum anderen thematisiert sie grundlegende Beschäftigungs- und Kompetenzentwicklungsbedingungen von älteren Mitarbeiter*innen im Handwerk und ergänzt das gerontologische Forschungsfeld diesbezüglich um neue Erkenntnisse. Im Folgenden werden diese Beiträge zum gerontologischen Feld kurz skizziert.

Zunächst zeigt sich im Rahmen der vorgelegten Arbeit, dass die Personengruppe der älteren Beschäftigten auch im Handwerk zunehmend an Bedeutung gewinnt und damit ein potentielles und ausbaufähiges Forschungs- und Aufgabenfeld für die Gerontologie darstellt. Diese Feststellung ist dabei nicht alleine darin begründet, dass ihre Zahlen faktisch zunehmen bzw. das Fachkräftepotential aus anderen jüngeren Arbeitnehmer*innengenerationen ausbleibt, sondern auch durch die besonderen Kompetenzanforderungen, die das Handwerk an seine Mitarbeiter*innen stellt. So zeigt sich, dass die besonderen Kompetenzstrukturen, die ältere Mitarbeiter*innen auf sich vereinen (können), oftmals den betrieblichen Bedarfen im Handwerk entsprechen. Letzteres kann dann in einem guten „job-fit" und einer hohen betrieblichen Bereitschaft resultieren, diese Mitarbeiter*innen langfristig an sich zu binden. Jedoch – so hat die Studie auch gezeigt – gilt es, die Bedeutung dieses „Erfahrungswissens" bzw. der „besonderen Kompetenzstrukturen" von älteren Beschäftigten auch differenziert zu betrachten. So zeigt sich, dass dieser Befund zum einen nur für Teile der Handwerksbetriebe zutrifft, zum anderen auch von betriebsweiten Generalisierungen abgesehen werden muss. So finden sich im Handwerk immer auch Betriebe, die im Rahmen der Wahrnehmung Älterer verstärkt die sog. „Defizite des Alterns" und weniger deren vorhandenes Erfahrungswissen bzw. Kompetenzen betonen. Diese Erkenntnis knüpft dabei unmittelbar an den zentralen gerontologischen Diskurs um das sog. defizit- vs. kompetenzorientierte Altern an und erweitert den Diskurs um den Hinweis, dass auch das oftmals gepriesene „Erfahrungswissen Älterer" einer differenzierten Betrachtung bedarf.

Auch zeigt sich im Weiteren, dass Beschäftigungs- und insbesondere auch die Kompetenzentwicklungsbedingungen für ältere Mitarbeiter*innen im Handwerk differenziert zu betrachten sind. Bezogen auf ersteres finden sich beispielsweise bei Teilen der Betriebe personalpolitische Einstellungen, die den Einsatz von gesundheitspräventiven Maßnahmen zwar nicht direkt ausschließen, jedoch auch nicht forcieren. Dies resultiert in Arbeitsbedingungen, die nicht den langfristigen Erhalt der Beschäftigungsfähigkeit Älterer zum Ziel haben. Letzteres gilt dabei nicht nur bezogen auf physische und psychische Belastungen, sondern auch in Bezug auf den Ausbau und die Entwicklung der Kompetenzen von älteren Mitarbeiter*innen. Ausgehend von den identifizierten „förderlichen" bzw. „weniger förderlichen" Bedingungen auf Betriebsebene sehen sich ältere Mitarbeiter*innen – deren Arbeitgeber*innen kein Interesse an einer Entwicklung der Kompetenzen dieser haben – einem potentiell höheren Beschäftigungsrisiko ausgesetzt, was die Chancen auf ein erfolgreiches „Durchaltern" in den Betrieben des Handwerks nachhaltig schmälert.

Konträr hierzu finden sich jedoch auch eine Reihe positiver Beispiele, wie Handwerksbetriebe bereits heute alter(n)sgerechte und kompetenzentwicklungsförderliche Arbeitswelten für ihre älteren Beschäftigten gestalten. Insbesondere die mehrfach im Rahmen dieser Arbeit diskutierten Potentiale einer arbeitsintegrieren Kompetenzentwicklung und die Ansätze der im Feld vorgefundenen Maßnahmen der Laufbahngestaltung weisen hier auf ein enormes Entwicklungspotential hin, welches seitens der anwendungsbezogenen gerontologischen Forschung zu entwickeln sein wird. So wird es zum einen darum gehen zu eruieren, wie Kompetenzentwicklungsmaßnahmen nicht nur (noch) stärker alterssensibel bzw. alter(n)sgerecht ausgerichtet werden können, sondern wie eine solche Entwicklung auch in diesen Betrieben angestoßen werden kann, die geprägt sind von einer wenig positiven Wahrnehmung älterer Beschäftigter. Idealerweise muss diese Herausforderung seitens der Gerontologie insbesondere mit Blick auf die Kleinst- und Kleinbetriebe im Handwerk in Angriff genommen werden bzw. mit Bezug auf diejenigen Betriebe, deren Kompetenzanforderungen und Tätigkeitsbereiche möglicherweise weniger stark einhergehen mit potentiellen altersspezifischen Kompetenzfacetten. Auch, wenn die Arbeit, bezogen auf die Betriebsebene, hier förderliche Aspekte herausarbeiten konnte, gehört die Frage, wie Altersbilder bzw. der Stellenwert Älterer gewerkübergreifend, d. h. für den gesamten Handwerkssektor, „zum Positiven" verbessert werden können, ebenfalls auf die Agenda zukünftiger gerontologischer Forschung.

Neben einem insgesamt besseren Verständnis der Situation älterer Beschäftigter im Handwerk hebt die vorliegende Arbeit auch die Bedeutung eines betriebssoziologischen Zugangs für Forschungsanliegen in der arbeitsmarktbezogenen Gerontologie hervor. So zeigt sich, dass die Konzeptualisierung der Beschäftigtengruppe der Älteren als Teil eines Betriebsgefüges – mit all seinen sozialen und tradierten Handlungslogiken und –praktiken – eine fruchtbare Analysegrundlage bzw. -einheit bietet. Es zeigt sich, dass sich innerhalb eines einzelnen Gewerks bereits so große Differenzen in Bezug auf die Ausgestaltung und Determinanten von betrieblichem Kompetenzmanagement ausmachen lassen, dass eine kleinere bzw. differenzierte Analyseeinheit notwendig erscheint. Dies trifft insbesondere deswegen zu, da – wie bereits mehrfach angesprochen – die Frage, ob und inwieweit Ältere bereits als Zielgruppe betrieblichen Handelns gesehen werden, stark von betriebsstrukturellen Aspekten beeinflusst wird. Im Zuge dessen verknüpft die Arbeit – auf interdisziplinäre Weise – gerontologische, arbeits- und organisationspsychologische sowie betriebssoziologische Aspekte und ermöglicht so, insbesondere mit Blick auf die Personengruppe der älteren Beschäftigten, eine ganzheitliche und differenzierte Erfassung bzw. Analyse des betrieblichen Kompetenzmanagements im Handwerk.

Zentral im Rahmen dieser Arbeit ist es auch, auf die verschiedenen Einschränkungen bzw. Limitationen der durchgeführten Analyse(n) hinzuweisen. Diese wurden – wenn möglich – bereits im Rahmen der Arbeit adressiert, sollen jedoch im folgenden Kapitel noch einmal explizit Erwähnung finden.

9.3 Limitationen und Einschränkungen der vorliegenden Arbeit

Bereits mehrfach andiskutiert im Rahmen dieser Arbeit, ist an dieser Stelle auch auf die Problematik einer möglicherweise „verzerrten Datengrundlage" hinzuweisen. Dies gilt zum einen für die fehlende Repräsentativität der quantitativen Daten, welche – auf Grund einer spezifischen Fokussierung im „In-K-Ha"-Projekt auf vier Gewerke (SHK, Elektro, Metall und Kfz) – als nicht repräsentativ für den ganzen Handwerkssektor angesehen werden müssen. Dazu kommt, bedingt durch die Datenerhebungsstrategie im Rahmen von Weiterbildungsangebot in drei Einrichtungen von Projektpartner*innen (1) der Handwerkskammer Braunschweig-Lüneburg-Stade sowie (2) dem Berufsbildungs- und Servicezentrum des Osnabrücker Handwerks (BUS GmbH), ein männlich dominiertes und relativ junges (Durchschnittsalter: 38, 6 Jahre) Sample. Dies begründet sich aller Wahrscheinlichkeit durch das Vorgehen einer Erhebung im Rahmen von formalisierten Schulungen und Weiterbildungen. So ist davon auszugehen, dass die Fokussierung auf stark männerdominierte Gewerke innerhalb des „In-K-Ha"-Projektes und der Fakt, dass die im Rahmen der Erhebung ausgewählten Schulungen insbesondere von Personen in den ersten Berufsjahren besucht werden, hier Auswirkungen auf das Sample gehabt haben. Auch zu kritisieren wäre die selektive Auswahl der in die Kurzstudie eingeflossenen Maßnahmen des Kompetenzmanagements. Hier sei jedoch darauf hingewiesen, dass dieser Problematik durch die Basierung der Variablenauswahl auf dem – vorab im Rahmen dieser Arbeit entwickelten Modell zur „Erfassung des betrieblichen Kompetenzmanagements im Handwerk" – versucht wurde, entgegen zu wirken.

Auch mit Blick auf die qualitative Studie stellte sich die Problematik einer möglicherweise verzerrten Stichprobe. So stütze sich das Sampling zwar auf festgelegte Kriterien, z. B. (1) ausreichende Repräsentanz aller vier Fokusgewerke bzw. (2) verschiedene Betriebsgrößengruppen sowie (3) regionale Verortung in den zwei ausgewählten Forschungsgebieten in Niedersachsen. Jedoch wurde der Erstkontakt zu möglichen Betrieben erneut über die bereits angesprochenen Praxisprojektpartner*innen des „In-K-Ha"-Projektes hergestellt. Es lässt sich vermuten, dass diese vor allem jene Betriebe angesprochen haben, die (a) zum einen in der Vergangenheit bereits Interesse an der Thematik „betriebliches Kompetenzmanagement und ältere Arbeitnehmer*innen" gezeigt hatten (z. B. durch den Besuch einer themenspezifischen Veranstaltung) oder die (b) den Praxispartnern schon einmal positiv mit Blick auf die betrieblichen Handlungsweisen aufgefallen waren. Vor diesem Hintergrund ist für die hier vorliegende Analyse von einer möglichen „Positivverzerrung" des qualitativen Samples ausgegangen worden. Um dieser Problematik explizit zu begegnen, wurde – wie schon angemerkt – ein zweigleisiges Vorgehen gewählt. Als erstes wurden durch den entwickelten „heuristisch-analytische Theorierahmen" *ex ante* alle (theoretisch) möglichen Merkmale bzw. deren Merkmalsausprägungen im Feld abgeleitet. Durch diese „breite theoretische Brille" war es dann im Weiteren möglich, das Untersuchungssample entsprechend in Relation zu weiteren theoretisch möglichen im Feld auftretenden Fällen zu setzen. Es zeigte sich hier, dass sich in der Tendenz die vermutete „Positivverzerrung" bestätigte, insofern als mit Blick auf das BKM lediglich zwei „Negativbeispiele" innerhalb des Betriebsfallsamples identifiziert werden konn-

9.3 Limitationen und Einschränkungen der vorliegenden Arbeit

ten. Der zweite Schritt stellte die Analyse der „empirisch leer gebliebenen" Merkmale bzw. Merkmalskombinationen dar, ein Schritt, der gleichermaßen eine innovative Erweiterung des Verfahrens der empirischen Typenbildung nach Kelle und Kluge darstellt. Im Rahmen dieses neu eingeführten 5. Analyseschritts wurde als Teil eines theoretischen Gedankenspiels erörtert, ob gewisse weitere in der eigenen Analyse empirisch leer gebliebenen Merkmalskombinationen und damit verbunden u. U. weitere Typen im Feld (theoretisch) möglich werden. Diese Erweiterung des Analysemodells nach Kelle und Kluge ermöglichte somit eine konkrete Adressierung des vorab skizzierten möglichen Verzerrungsproblems und damit eine innovative weitere Validierungsebene der hier präsentierten Ergebnisse.

Bezüglich des konzeptionellen Aufbaus der Untersuchung könnte die fehlende Verknüpfung zwischen den beiden bereits diskutierten Datensätzen kritisiert werden. So hätte man beispielsweise, Kuckartz (2014) folgend, im Rahmen eines *sequentiellen Mixed-Method Designs* (quant → qual) eine engere Verknüpfung der quantitativen Inhaberbefragung mit den erhobenen Betriebsfallstudien anstreben können (vgl. Kuckartz 2014, 59 bzw. 69). Ein solches Vorgehen hätte jedoch, soll es den Gütekriterien eines Mixed-Method-Vorgehens genügen, verschiedene Ausgangsbedingungen notwendig gemacht, die diese Studie jedoch nicht zu leisten vermag. Zum einen sollten sich die im Rahmen einer Methodentriangulation zusammengeführten Forschungsarbeiten auf den gleichen Gegenstand bzw. Gegenstandsbereich beziehen (vgl. Kelle 2014, S. 157). Des Weiteren sollte die angestrebte Verknüpfung der Teilstudien bereits in der Phase der Vorbereitung bzw. im Gesamtdesign der Studie berücksichtigt werden, sodass ein sinnhaftes aufeinander beziehen der Ergebnisse möglich wird (vgl. Kuckartz 2014, S. 63). Letzteres führen beispielsweise Larzarsfeld und Barton bereits Mitte der 1960er Jahre im Kontext von Pilotstudien zur Generierung von Forschungshypothesen für nachfolgende quantitative Erhebungen an (vgl. Jana-Tröller 2009, S. 74 sowie Kelle 2014, S. 161).

Nimmt man diese – seitens der Vertreter*innen der Mixed-Method formulierten – Handlungshinweise ernst, musste mit Blick auf die hier vorliegende Studie von einer Methoden- bzw. Ergebnisintegration bzw. einem Mixed-Method-Verfahren abgesehen werden. So untersuchen die Studien zwar einen ähnlichen Untersuchungsgegenstand (BKM im Handwerk), tun dies jedoch mit divergierenden Samples und unter unterschiedlichen Prämissen. So interessiert sich die quantitative Befragung vor allem dafür, ein deskriptives Bild des im Feld vorgefundenen Ausmaßes des betrieblichen Kompetenzmanagements zu ermöglichen, während die qualitative Studie konträr dazu vor allem Motivlagen bzw. Determinanten betrieblichen Verhaltens im Blick hatte. Darüber hinaus handelt es sich bei den quantitativen Befragungsdaten um eine Sekundärdatenauswertung, die in ihrem ursprünglichen Design und der erfolgten Datenerhebung nicht als Teil eines größeren Mixed-Method-Forschungsdesigns *ex ante* angelegt war. Insbesondere letzterer Hinweis bietet daher valide Gründe, warum eine tiefere und systematischere Verknüpfung beider Studien an dieser Stelle problematisch gewesen wäre. Die Ergebnisse beider Teilstudien wurden daher lediglich im Rahmen einer sehr vorsichtigen Interpretation, der im Feld vorgefundenen Systematiken des BKMs (siehe Kapitel 8 in dieser Arbeit), aufeinander bezogen.

Unabhängig von den hier skizzierten Einschränkungen lässt die hier vorgelegte Arbeit, basierend auf den Beiträgen zum Forschungsfeld, die Formulierung grundlegender Handlungsorientierungen an das Feld zu. Diese sollen im Folgenden – in angemessener Kürze und ohne den Anspruch auf Vollständigkeit zu erheben – diskutiert werden.

9.4 Grundlegende Handlungsorientierungen für das Feld

Obgleich die Befunde aus dem Feld im Ganzen in Richtung einer, die Kompetenzentwicklung förderlichen, Kultur weisen, lassen sich auf der konzeptionellen Ebene hier ein paar Überlegungen anstellen, wie – insbesondere mit Blick auf ältere Beschäftigte – dieser Prozess noch weiter unterstützt werden kann. Dabei geht es an dieser Stelle primär darum, Denkanstöße zu geben, ein Anspruch auf Vollständigkeit wird daher nicht verfolgt.

Zunächst ist festzuhalten, dass mit Blick auf die Kompetenzentwicklung Älterer die im Rahmen dieser Arbeit als begünstigend herausgearbeiteten Aspekte nachhaltiger und konsequenter gefördert werden könnten. Dies könnte beispielsweise im Rahmen eines Ausbaus von betriebsexternen Promotoren*innen bzw. Promotorenstrukturen im Feld erfolgen. Bei entsprechender Unterstützung und struktureller Verankerung könnten diese – wenn sensibilisiert für die Belange alternder Belegschaften – einen aktiven Beitrag für bessere Kompetenzentwick-

9.4 Grundlegende Handlungsorientierungen für das Feld

lungsbedingungen für ältere Beschäftige im Handwerk leisten. Gleichzeitig adressieren solche betriebsexternen Promotoren*innen die infrastrukturellen Problemlagen von Kleinst- bzw. Kleinbetrieben im Handwerk und könnten helfen, diese entsprechend abzuschwächen. Im Sinne einer Externalisierung müsste so nicht mehr jeder Betrieb interne Strukturen des BKMs aufbauen, entsprechende Ressourcen dafür im Alleingang bereitstellen und/oder Expertise um den Alterungsprozess aufbauen, sondern könnte sich von externen Promotoren*innen unterstützen lassen. Im Falle eines solchen Vorhabens sollte im Idealfall im Weiteren darauf geachtet werden, dass etwaige Bemühungen die ganze Bandbreite der Kompetenzentwicklungsbedarfe von Handwerksbetrieben berücksichtigen. So ist beispielsweise davon auszugehen, dass Hersteller*innen – als privatwirtschaftlich agierende Akteur*innen – die Etablierung bestimmter (eigener) Technologien im Markt forcieren und weniger am Anstoß anderweitiger Maßnahmen des betrieblichen Kompetenzmanagements interessiert sind (z. B. im Bereich der überfachlichen Kompetenzen). Hier gilt es, detailliert auf die Bedarfe auch der weniger technologiegetriebenen Betriebe und ihrer Beschäftigten zu achten, möchte man nachhaltig die Kompetenzentwicklung im Handwerk fördern. Darüber hinaus müsste geprüft werden, inwieweit Handwerksbetriebe bereits heute alle möglichen finanziellen und strukturellen Hilfestellungen in Anspruch nehmen und – wenn nicht – was hier die Hürden darstellen.

Mit Blick auf die Personengruppe der älteren Beschäftigten im Handwerk zeigte sich darüber hinaus, dass selbst bei den Betrieben in der Untersuchung, welche vergleichsweise am „besten aufgestellt" waren (hinsichtlich des BKMs), oftmals die spezifischen Lern- und Kompetenzentwicklungsbedarfe von älteren Mitarbeiter*innen noch nicht in Gänze gesehen werden. So werden Ältere von diesen Betrieben zwar nicht von Maßnahmen der Kompetenzentwicklung ausgeschlossen, auch finden sich Maßnahmen mit konkretem Altersbezug, jedoch sind diese nur in Teilen wirklich auch auf die (Weiter-)Entwicklung der Kompetenzen Älterer ausgerichtet. Meist finden sich Maßnahmen des generationsübergreifenden Wissenstransfers, die nur in Teilen zum Ziel haben, auch die Kompetenzen der älteren Mitarbeiter*innen zu entwickeln. Darüber hinaus lässt sich beobachten, dass, obwohl so stark in den Traditionen des Handwerks verankert, die Möglichkeit der arbeitsintegrierten Kompetenzentwicklung für Ältere von Handwerksbetrieben noch nicht in vollem Maße erschlossen wurde. Es ist davon auszugehen, dass diese Formate nicht nur den Lernbedürfnissen und -gewohnheiten älterer

Mitarbeiter*innen deutlich mehr entsprechen, als dies beispielsweise stärker formalisierte Angebote tun, sondern gleichzeitig auch besser betriebliche Kompetenzentwicklungsbedarfe adressieren. Betriebe und hier insbesondere die Kleinst- und Kleinbetriebe im Handwerk benötigen Strukturen, die sie befähigen, entsprechende arbeitsintegrierte Maßnahmen des BKMs in ihren Betrieben zu etablieren. Dazu kommt die Notwendigkeit eines Umdenkens bezüglich der „Wertigkeit" von arbeitsintegrierten betrieblichen (ohne qualifizierenden Abschluss abschließenden) Maßnahmen des BKMs.

Mit Blick auf den Handwerkssektor und seine älteren Beschäftigten bleibt abschließend auch anzumerken, dass sich diese oftmals noch mit einer primär auf die Defizite des Alterns orientierten Sichtweise konfrontiert sehen. Es fehlt bei vielen Betrieben an Wissen über eine sich wandelnde, jedoch im Sinne einer Produktivitätsanalyse, nicht verringernde Leistungsfähigkeit älterer Mitarbeiter*innen. Darauf aufbauend wird Aspekten der alter(n)sgerechten und gesundheitspräventiven Arbeitsgestaltung nur unzureichend Beachtung geschenkt und entsprechende Potentiale werden von den Betrieben im Handwerk noch nicht ausreichend ausgeschöpft. Zwar ist davon auszugehen, dass eine solche Entwicklung der „Wahrnehmungsveränderung" schwer von „heute auf morgen" möglich ist, jedoch könnte man über das Implementieren etwaiger Wissensinhalte in der handwerklichen Aus- und Weiterbildung nachdenken. Auch zu diskutieren wäre in diesem Kontext die mögliche Rolle anderer handwerklicher Akteur*innen auf der überbetrieblichen Ebene. So hat beispielsweise der Zentralverband des Handwerks (ZDH) mit Blick auf die Bemühungen, den eigenen „Ruf des Handwerks" zu verbessern, bereits eine Reihe von imageförderlichen Kampagnen gestartet. Diese fokussieren, vor dem Hintergrund eines zunehmenden Fachkräftemangels, jedoch bis dato meist darauf, die Attraktivität des Handwerks für junge Menschen zu erhöhen. Weniger ausgiebig wurden jedoch bis dato die Potentiale und Kompetenzen älterer Mitarbeiter*innen thematisiert bzw. aktiv versucht, negativen Altersbildern in den „betrieblichen Köpfen" entgegenzuwirken. Auch wenn verschiedene Forscher*innen in der Vergangenheit hier mehrfach auf die Schwierigkeit hingewiesen haben, welche das Vorhaben, bestehende Altersbilder bzw. die Wahrnehmung von älteren Mitarbeiter*innen zu verändern, mit sich bringt, sei an dieser Stelle die Wichtigkeit eines diesbezüglichen Diskursanstoßes hervorgehoben. Dies gilt insbesondere mit Blick auf die positiven Befunde aus dem Feld, die da-

9.4 Grundlegende Handlungsorientierungen für das Feld

rauf hinweisen, dass ältere Beschäftigte für einen Teil der Handwerksbetriebe bereits heute einen hohen Stellenwert als wertvolle und zu haltende Mitarbeiter*innen genießen. Hierauf könnten die verschiedenen Akteur*innen des Handwerks (z. B. ZDH, Handwerkskammern, gewerkspezifische Verbände etc.) aufbauen und zu einer Sensibilisierung im Feld beitragen.

Literaturverzeichnis

Adolf Würth GmbH & CO KG (Hrsg.) (2011): *Manufactum. Die Reinhold-Würth-Handwerks-Studie 2011*. Künzelsau: Swiridoff.

Alfes, Kerstin (2009): *Einfluss der Kompetenzen von Personalverantwortlichen auf die strategische Rolle der Personalabteilung*. 1. Auflage. Mering: Rainer Hampp Verlag.

Arbeitsgemeinschaft Medienwerbung im Zentralverband der Deutschen Elektro- und Informationstechnischen Handwerke GbR (ArGe Medien im ZVEH gbR) (Hrsg.) (2017): *Ausbildung zum Elektroniker. Ein Handwerk. 7 Berufe*. Frankfurt a.M.. Online verfügbar unter https://www.e-zubis.de/ausbildungsberufe/, zuletzt geprüft am 25.02.2019.

Arnold, Rolf; Lipsmeier, Antonius (Hrsg.) (2006): *Handbuch der Berufsbildung*. Wiesbaden: Springer VS.

Astor, Michael; Gerres, Sebastian; Münch, Claudia; Offermann, Ruth; Pfirrmann, Oliver; Riesenberg, Daniel (2013): *Zukunft kommt von Können. Zukunftstrends im deutschen Handwerk – eine Studie der Prognos AG*. Albstadt-Tailfingen: Richard Conzelmann Grafik+Druck e.K.

Ax, Christine; Mendius, Gerhard Hans; Packebusch, Lutz; Weber, Birgit; Weimer, Stefanie (Hrsg.) (2000): *Die alternde Gesellschaft. Herausforderung und Chance für das Handwerk*. Hannover: Schlüter.

Bäcker, Gerhard; Heinze, Rolf G. (Hrsg.) (2013): *Soziale Gerontologie in gesellschaftlicher Verantwortung*. Wiesbaden: Springer VS.

Backhaus, Klaus; Erichson, Bernd; Plinke, Wulff; Weiber, Rolf (2016): *Multivariate Analysemethoden. Eine anwendungsorientierte Einführung*. 14., überarbeitete und aktualisierte Auflage. Berlin, Heidelberg: Springer Gabler.

Bader, Thomas; Wember, Dirk (2011): Ein Anwenderbericht – Vom Handwerksbetrieb zum global agierenden Mittelständler. In: Frank Keuper und Henrik A. Schunk (Hrsg.): *Internationalisierung deutscher Unternehmen. Strategien, Instrumente und Konzepte für den Mittelstand*. 2., überarbeitete und erweiterte Auflage. Wiesbaden: Gabler Verlag, S. 583–592.

Baltes; Paul B; Margret M. (1989): Optimierung durch Selektion und Kompensation. Ein psychologisches Modell erfolgreichen Alterns. In: *Zeitschrift für Pädagogik* 35 (1), S. 85–105.

Baltes, Paul B.; Mittelstrass, Jürgen (Hrsg.) (1992): *Zukunft des Alterns und gesellschaftliche Entwicklung*. Akademie der Wissenschaft. Reihe: Forschungsbericht, 5. Berlin, New York: W. de Gruyter.

Baltes, Paul B.; Lindenberg, Ulman; Staudinger, Ursula M. (1998): Die zwei Gesichter der Intelligenz im Alter. In: Onur Güntürkün (Hrsg.): *Biopsychologie*. Heidelberg, Berlin: Spektrum, Akademischer Verlag, S. 156–165.

Barkholdt, Corinna; Frerichs, Frerich; Naegele, Gerhard (1995): Altersübergreifende Qualifizierung – eine Strategie zur betrieblichen Integration älterer Arbeitnehmer. In: *Mitteilungen aus der Arbeitsmarkt- und Berufsforschung (MittAB)* 3, S. 425–436.

Barre, Kirsten (2012): "Bildung" und "Wiederstand" im Kompetenzparadigma. In: Kirsten Barre und Carmen Hahn (Hrsg.): *Kompetenz – Fragen an eine (berufs-)pädagogische Kategorie*. Reihe: Berufsbildung, 2. Hamburg: Universitätsbibliothek der Helmut-Schmidt-Universität, S. 93–129.

Bauer, Maxi Julia; Ihm, Andreas; Ritter, Albert (2015): *Proaktive Betriebsberatung im Handwerk: Eine erfolgversprechende Strategie der Unterstützung von Kleinbetrieben bei der Arbeitsgestaltung und Organisationsentwicklung*. Bericht zum 61. Frühjahrskongress der Gesellschaft für Arbeitswissenschaft "VerANTWORTung für die Arbeit der Zukunft". 25.-27. Februar, Karlsruhe Gesellschaft für Arbeitswissenschaft (GfA) (Hrsg.), Dortmund, Beitrag A.1.2, S. 1-6.

Becker, Gary Stanley (1993): *Der ökonomische Ansatz zur Erklärung menschlichen Verhaltens*. 2. Auflage, Bd. 32, Tübingen: Mohr.

Becker, Rolf; Hecken, Anna (2005): Berufliche Weiterbildung — arbeitsmarktsoziologische Perspektiven und empirische Befunde. In: Martin Abraham und Thomas Hinz (Hrsg.): *Arbeitsmarktsoziologie*. Wiesbaden: Springer VS, S. 357-394.

Becker, Mathias; Spöttl, Georg (2006): Berufswissenschaftliche Forschung und deren empirische Relevanz für die Curriculumentwicklung. In: *Berufs- und Wirtschaftspädagogik – online (bpw@)* (11), S. 1-21. Online verfügbar unter http://www.bwpat.de/ausgabe11/becker_spoettl_bwpat11.pdf, zuletzt geprüft am 10.04.2019.

Becker, Matthias; Spöttl, Georg (2008): *Berufswissenschaftliche Forschung. Ein Arbeitsbuch für Studium und Praxis.* Bd. 2., Frankfurt a.M., Berlin, Bern, Bruxelles, New York, Oxford, Wien: Lang.

Becker, Rolf; Hecken, Anna E. (2011): Berufliche Weiterbildung – theoretische Perspektiven und empirische Befunde. In: Rolf Becker (Hrsg.): *Lehrbuch der Bildungssoziologie.* Wiesbaden: Springer VS, S. 367–410.

Behrens, Johann (2001): Handwerkstätigkeiten in kleinen Betrieben: bestandener Härtetest für betriebliche und individuelle Laufbahngestaltung. In: Handwerkskammer Hamburg (Hrsg.): *Zukunftsfähige Konzepte für das Handwerk zur Bewältigung des demografischen Wandels.* Reihe: Demographie und Erwerbsarbeit. Stuttgart: Frauenhofer IRB, S. 122–141.

Behringer, Friederike (1999): *Beteiligung an beruflicher Weiterbildung. Humankapitaltheoretische und handlungstheoretische Erklärung und empirische Evidenz.* Opladen: Leske + Budrich.

Bellmann, Lutz; Hilpert, Markus; Kistler, Ernst; Wahse, Jürgen (2003): Herausforderungen des demografischen Wandels für den Arbeitsmarkt und die Betriebe. In: *Mitteilungen aus der Arbeitsmarkt- und Berufsforschung (MittAB)* 36 (2), S. 133–149.

Bellmann, Lutz; Gewiese, Tilo; Leber, Ute (2006): Betriebliche Altersstrukturen in Deutschland. In: *WSI Mitteilungen* (8), S. 427–432.

Bergs, Siegfried (1981): *Optimalität bei Clusteranalysen: Experimente zur Bewertung numerischer Klassifikationsverfahren.* Dissertation. Universität Münster, Fachbereich Wirtschafts- und Sozialwissenschaften. Münster.

Bertram, Bärbel (2016): *Kraftfahrzeugmechatroniker/Kraftfahrzeugmechatronikerin. Online-Berufsinformationen zur Ausbildungsordnung.* Bonn. Online verfügbar unter https://www.bibb.de/tools/berufesuche/index.php/regulation/original-bibb_kfz-mechatroniker_onlineversion_BARRIEREFREI.PDF, zuletzt geprüft am 25.02.2019.

Bethscheider, Monika; Höhns, Gabriela; Münchhausen, Gesa (Hrsg.) (2010): *Kompetenzorientierung in der beruflichen Bildung.* 1., Auflage. Bielefeld: W. Bertelsmann Verlag

Bierich, Andreas (2009): *Ausnahmen im Berufszulassungsrecht der Handwerksordnung.* Dissertation. Universität Osnabrück, Osnabruck. Fachbereich Rechtswissenschaft. Online verfügbar unter https://d-nb.info/995853592/34, zuletzt geprüft am 13.04.2019.

Bizer, Kilian; Müller, Klaus (2010): Strukturwandel und Nachfragetrend im Handwerk. In: Deutsches Handwerksinstitut e.V. (Hrsg.): *"Zukunftsperspektiven für das Handwerk"*. Dokumentation der Wissenschaftlichen Tagung des Deutschen Handwerksinstituts 04.12.2009, Halle. Berlin, S. 41–65.

Blackburn, Robert A.; Hart, Mark; Wainwright, Thomas (2013): Small business performance: business, strategy and owner-manager characteristics. In: *Journal of Small Business Enterprise Development* 20 (1), S. 8–27.

Blasczyk; Sascha A. (2018): *Nachhaltige Beschäftigungssicherung für ältere und gesundheitlich beeinträchtigte Beschäftigte im Handwerk. Von der Sorge zur guten Lösung?* Hans-Böckler-Stiftung (Hrsg.), Reihe: Working Paper – Forschungsförderung 103, S. 1-49. Online verfügbar unter https://www.boeckler.de/pdf/p_fofoe_WP_103_2018.pdf, zuletzt geprüft am 30.03.2019.

Blasius, Jörg; Georg, Werner (1992): Clusteranalyse und Korrespondenzanalyse in der Lebensstilforschung. Ein Vergleich am Beispiel der Wohnungseinrichtung. In: *ZA-Information / Zentralarchiv für Empirische Sozialforschung* (30), S. 112–133.

Blasius, Jörg; Bauer, Hans G. (2014): Multivariate Datenanalyse. In: Nina Baur und Jörg Blasius (Hrsg.): *Handbuch Methoden der empirischen Sozialforschung*. Wiesbaden: Springer VS, S. 997–1017.

Blumer, Herbert (1954): What is wrong with Social Theory? In: *American Sociological Review* 19 (1), 3-10.

Boer, Heike de (2014): Bildung sozialer, emotionaler und kommunikativer Kompetenzen – ein komplexer Prozess. In: Carsten Rohlfs, Marius Harring und Christian Palentien (Hrsg.): *Kompetenz-Bildung*. Wiesbaden: Springer VS, S. 23–38.

Bögel, Jan; Frerichs, Frerich (2011): *Betriebliches Alters- und Alternsmanagement. Handlungsfelder, Maßnahmen und Gestaltungsanforderungen.* 1., neue Ausgabe. Norderstedt: Books on Demand.

Bögel, Jan (2013): *Die Einführung von betrieblichem Alters- und Alternsmanagement als mikropolitischer Prozess.* Bd. 42. Hamburg: Kovač.

Bonazzi, Giuseppe (2014): *Geschichte des organisatorischen Denkens.* Herausgeben von Veronika Tacke. 2. Auflage. Wiesbaden: Springer VS.

Bonin, Holger; Zierahn, Ulrich (2012): *Machbarkeitsstudie zur Erfassung der Verbreitung und Problemlagen der Nutzung von Werkverträgen*. Bundesministerium für Arbeit und Soziales (BMAS) (Hrsg.). Reihe: Forschungsbericht Arbeitsrecht, 432. Berlin. Online verfügbar unter https://www.bmas.de/SharedDocs/Downloads/DE/PDF-Publikationen/Forschungsberichte/fb432-machbarkeitsbericht-nutzung-werkvertraege.pdf?__blob=publicationFile , zuletzt geprüft am 04.05.2017.

Borbély, Emese (2008): J. A. Schumpeter und die Innovationsforschung. In: Óbuda University (Hrsg.). *Proceedings of th eMEB 2008 – 6th International Conference on Management, Enterprise and Benchmarking*. 6th International Conference on Management, Enterprise and Benchmarking, 30.-31. Mai 2008, Budapest, S. 401–410. Online verfügbar unter https://kgk.uni-obuda.hu/sites/default/files/33_BorbelyEmese.pdf, zuletzt geprüft am 10.04.2018.

Borchardt, Andreas; Göthlich, Stephan E. (2007): Erkenntnisgewinnung durch Fallstudien. In: Sönke Albers, Daniel Klapper, Udo Konradt, Achim Walter und Joachim Wolf (Hrsg.): *Methodik der empirischen Forschung*. Wiesbaden: Gabler, S. 33–48.

Borner, Joachim (2008): *Die Entwicklung und Strukturierung des Kompetenzbegriffes. Von der Qualifikation zur Kompetenz*. Kolleg für Management und Gestaltung nachhaltiger Entwicklung gGmbH (Hrsg.), S. 1-8. Online verfügbar unter http://kmgne.de/wp-content/uploads/2013/05/Kompetenzen JB_2.pdf, zuletzt geprüft am 10.04.2019.

Borowiec, Thomas; Martin, Gisela, Zöller, Maria (2013): *Checkliste Qualität beruflicher Weiterbildung. Wegweiser für Weiterbildungsinteressierte*. 2. überarbeitete Auflage. Bielefeld: W. Bertelsmann Verlag.

Börsch-Supan, Axel; Düzgün, Ismail; Weiss, Mathias (2006): *Altern und Produktivität: Zum Stand der Forschung*. Mannheim Institute for the Economics of Ageing (Hrsg.). Reihe: Discussion Paper, 73. Mannheim, S. 1–22. Online verfügbar unter https://ub-madoc.bib.uni-mannheim.de/1262/1/073_05.pdf, zuletzt geprüft am 01.12.2016

Börsch-Supan, Axel; Wilke, Christina B. (2007): Szenarien zur mittel- und langfristigen Entwicklung der Anzahl der Erwerbspersonen und der Erwerbstätigen in Deutschland. Mannheim Institute for the Economics of Ageing (Hrsg.). Reihe: Discussion Paper, 153. Mannheim, S. 1–36. Online verfügbar unter http://www.mea.mpisoc.mpg.de/uploads/user_mea_discussionpapers/9sxm4sikmg9aheoc_153_07_2.pdf, zuletzt geprüft am 10.04.2019.

Bortz, Jürgen; Schuster, Christof (2010): *Statistik für Human- und Sozialwissenschaftler. Mit ... 163 Tabellen. 7., vollständig überarbeitete und erweiterte Auflage.* Berlin: Springer VS.

Bröckling, Ulrich (2003): *Menschenökonomie, Humankapital. Eine Kritik der biopolitischen Ökonomie.* eurozine.com (Hrsg.). Online verfügbar unter http://www.eurozine.com/pdf/2003-03-28-broeckling-de.pdf, zuletzt geprüft am 18.01.2017.

Brussig, Martin (2000): *Kleinbetriebliche Arbeitssysteme in den neuen Bundesländern. Théorie, Funktionsweise, Entwicklung.* Berlin: Berliner Debatte Wissenschaftsverlag.

Bundesinstitut für Berufsbildung (BIBB) (Hrsg.) (2009): *Vorschlag für ein Konzept zur Gestaltung kompetenzbasierter Ausbildungsordnungen. Anlage zum Abschlussbericht des BIBB-Forschungsprojektes „Kompetenzstandards in der Berufsausbildung".* Bonn. Online verfügbar unter https://www.bibb.de/tools/dapro/data/documents/verweise/so_43201%20 Vorschlag%20Gestaltungskonzept.pdf, zuletzt geprüft am 10.04.2019.

Bundesministerium für Bildung und Forschung (BMBF) (Hrsg.) (2015): *Bekanntmachung zur Änderung der Gemeinsamen Richtlinien für die Förderung überbetrieblicher Berufsbildungsstätten (ÜBS) und ihrer Weiterentwicklung zu Kompetenzzentren.* Berlin. Online verfügbar unter https://www.bibb.de/dokumente/pdf/a34_gemeinsame__richtlinien_fuer _die_foerderung_ueberbetrieblicher_berufsbildungsstaetten_und_ihrer_weiterentwicklung_zu_kompetenzzentren(1).pdf, zuletzt geprüft am 10.04.2019.

Bundesministerium für Bildung und Forschung (BMBF) (Hrsg.) (2013): Deutscher EQR-Referenzierungsbericht. Berlin. Online verfügbar unter http://www.dqr.de/media/content/Deutscher_EQR_Referenzierungsbericht.pdf, zuletzt geprüft am 12.01.2015.

Bundesministerium der Justiz und des Verbraucherschutzes (BMJV) (Hrsg.) (1997): *Sozialgesetzbuch (SGB) Drittes Buch (III) – Arbeitsförderung. SBG III.* Berlin. Online verfügbar unter https://www.gesetze-im-internet.de/sgb_3/BJNR059500997.html, zuletzt geprüft am 12.07.2017.

Bundesministerium für Wirtschaft und Technologie (BMWi) (Hrsg.) (2012): *Fachkräfte sichern – Weiterbildung in kleinen und mittleren Unternehmen*

(KMU). Berlin. Online verfügbar unter https://www.fachkraefte-offensive.de/SharedDocs/Downloads/fko/PDF/fachkraefte-sichern-broschuere-kmu.pdf?__blob=publicationFile, zuletzt geprüft am 26.01.2017.

Bundesverband Metall – Vereinigung Deutscher Metallhandwerke (Hrsg.) (2016): *Ausbildung. Berufsfelder im Metallhandwerk*. Essen. Online verfügbar unter https://www.metallhandwerk.de/bildung-karriere/ausbildung/, zuletzt geprüft am 25.02.2019.

Bundeszentrale für politische Bildung (Hrsg.) (2010): *Die duale Ausbildung*. Online verfügbar unter http://www.bpb.de/politik/innenpolitik/arbeitsmarktpolitik/55198/die-duale-ausbildung, zuletzt geprüft am 25.02.2019.

Buschfeld, Detlef; Dilger, Bernadette; Heß, Sabine; Schmid, Kurt; Eckhard Voss (2011): *Ermittlung des in Kleinstunternehmen und Handwerksbetrieben (sowie ähnlichen Unternehmen) bis 2020 zu erwartenden Qualifikationsbedarfs*. Abschlussbericht. Forschungsinstitut für Berufsbildung im Handwerk an der Universität zu Köln (Hrsg.). Köln. Online verfügbar unter http://www.fbh.uni-koeln.de/sites/default/files/Qualifikationsbedarf_Abschlussbericht.pdf, zuletzt geprüft am 10.04.2019.

Cleff, Thomas (2015): *Deskriptive Statistik und Explorative Datenanalyse. Eine computergestutzte Einführung mit Excel, SPSS und STATA*. 3. überarbeitete und erweiterte Auflage. Wiesbaden: Springer Gabler.

Conrad, Christian A. (2017): *Angewandte Makroökonomie. Eine praxisbezogene Einführung*. Wiesbaden: Springer Gabler.

Davidsson, Per (1989): Entrepreneurship and after? A study of growth willingness in small firms. In: *Journal of Business Venturing* (4), S. 211–226.

Dehnbostel, Peter (2012): Berufliche Kompetenzentwicklung im Kontext informeller und reflexiven Lernens. Stärkung der Persönlichkeits- und Bildungsentwicklung. In: Kirsten Barre und Carmen Hahn (Hrsg.): *Kompetenz – Fragen an eine (berufs-)pädagogische Kategorie*. Hamburg: Universitätsbibliothek der Helmut-Schmidt-Universität, S. 9–30.

Deimel, Klaus; Kraus, Sascha (2007): Strategisches Management in kleinen und mittleren Unternehmen – Eine empirische Bestandsaufnahme. In: Peter Letmathe, Joachim Eigner, Friederike Welter, Daniel Kathan und Thomas Heupel (Hrsg.): *Management kleiner und mittlerer Unternehmen. Stand und Perspektiven der KMU-Forschung*. 1. Auflage. Wiesbaden: Deutscher Universitätsverlag, S. 155–171.

Deimel, Klaus (2008): Stand der strategischen Planung in kleinen und mittleren Unternehmen (KMU) in der BRD. In: *Zeitschrift für Planung & Unternehmenssteuerung* 19 (3), S. 281–298.

Deutsche Rentenversicherung (Hrsg) (2014): *Rente mit 45 Beitragsjahren. Unser Rententipp.* Online verfügbar unter https://www.deutsche-rentenversicherung.de/Allgemein/de/Inhalt/5_Services/rententipp/rente_mit_45_beitrags jahren.html, zuletzt geprüft am 15.04.2019.

Deutscher Bildungsrat (1972): *Strukturplan für das Bildungswesen.* 4. Auflage. Stuttgart: Ernst Klett Verlag.

Diettrich, Andreas (2001): Handwerksbetriebe als Lernende Organisation. In: Holger Reinisch und Bader, Reinhard, Straka, Gerald A. (Hrsg.): *Modernisierung der Berufsbildung in Europa. Neue Befunde wirtschafts- und berufspädagogischer Forschung.* Opladen: Leske + Budrich, S. 215–227.

Dimitrova, Diana (2009): *Das Konzept der Metakompetenz. Theoretische und empirische Untersuchung am Beispiel der Automobilindustrie.* Wiesbaden: Springer Gabler.

Dobischat, Rolf (2013): Betriebliche Weiterbildung in Klein- und Mittelbetrieben (KMU). Forschungsstand, Problemlagen und Handlungserfordernisse. Eine Bilanz. In: *WSI Mitteilungen* (4), S. 247–254.

Doeringer, P. B.; Piore, M. J. (1985): *Internal Labor Markets and Manpower Analysis.* Revisited ed. London: Taylor & Francis Inc.

Düll, Herbert; Bellmann, Lutz (1998): Betriebliche Weiterbildungsaktivitäten in West- und Ostdeutschland. Eine theoretische und empirische Analyse mit den Daten des IAB-Betriebspanels 1997. In: *Mitteilungen aus der Arbeitsmarkt- und Berufsforschung (MittAB)* 31, S. 205–225.

Dürig, Wolfgang; Eckl, Verena; Grundert, Paul; Lagemann, Bernhard; Peistrup, Matthias; Trettin, Lutz (2012): *Entwicklung der Märkte des Handwerks und betriebliche Anpassungserfordernisse – Teil I: Analyse. Endbericht – November 2012.* Reihe: RWI Projektberichte. Leibniz-Informationszentrum Wirtschaft (ZBW) (Hrsg.). Essen. Online verfügbar unter http://www.rwi-essen.de/media/content/pages/publikationen/rwi-projektberichte/PB_Maerkte-des-Handwerks_I.pdf, zuletzt geprüft am 10.04.2019.

Ebner, Christian (2013): *Erfolgreich in den Arbeitsmarkt? Die duale Berufsausbildung im internationalen Vergleich.* Frankfurt a.M.: Campus.

Eichhorst, Werner; Tobsch, Verena (2013): *Has atypical work become typical in Germany? Country case study on labour market segmentation.* International Labour Office (ILO). Employment Analysis and Research Unit (Hrsg.). Reihe: Employment Working Paper, 145. Genf. Online verfügbar unter http://www.ilo.org/wcmsp5/groups/public/---ed_emp/---ifp_skills/documents/publication/wcms_218972.pdf, zuletzt geprüft am 13.06.2017.

Ergenzinger, Rudolf; Krulis-Randa, Jan S. (2006): Unternehmertum als Erfolgsfaktor von KMU – Was kann das Management davon lernen? In: Ralph Berndt (Hrsg.): *Management-Konzepte für Kleine und Mittlere Unternehmen.* Berlin: Springer VS, S. 65–85.

Erpenbeck, John; Heyse, Volker (1996): Berufliche Weiterbildung und berufliche Kompetenzentwicklung. In: Bärbel Bergmann (Hrsg.): *Kompetenzentwicklung '96. Strukturwandel und Trends in der betrieblichen Weiterbildung.* Bd. 1. Münster, New York: Waxmann, S. 15–125.

Ester, Birgit; Marek, Andreas (2010): Strategien des Handwerks zum technologischen und gesellschaftlichen Wandel. In: Deutsches Handwerksinstitut e.V. (Hrsg.): *"Zukunftsperspektiven für das Handwerk".* Dokumentation der Wissenschaftlichen Tagung des Deutschen Handwerksinstituts 04.12.2009, Halle. Berlin, S. 65–77.

Euler, Dieter (2004): Gestaltung von Kompetenzentwicklung von E-Learning Promotoren. In: Dieter Euler und Sabine Seufert (Hrsg.): *E-Learning in Hochschulen und Bildungszentren.* Berlin, Boston: De Gruyter, S. 169-187.

European Commission (2016): *What is an SME? European Commission.* Online verfügbar unter http://ec.europa.eu/growth/smes/business-friendly-environment/sme-definition/index_en.htm, zuletzt geprüft am 25.02.2016.

European Commission (2003): *Empfehlungen der Kommission vom 6. Mai 2003 betreffend die Definition der Kleinstunternehmen sowie der kleinen und mittleren Unternehmen.* Aktenzeichen: K (2003) 1422. Amtsblatt der Europäischen Union. Online verfügbar unter https://eur-lex.europa.eu/legal-content/DE/TXT/PDF/?uri=CELEX:32003H0361&from=DE, zuletzt geprüft am 10.04.2019.

Expertenkommission Finanzierung lebenslangen Lernens (Hrsg.) (2002): *Auf dem Weg zur Finanzierung lebenslangen Lernens.* Zwischenbericht. Bielefeld: W. Bertelsmann Verlag.

Fillis, Ian (2010): Creating a typology for the arts and crafts microenterprise. In: J. Mark Muñoz (Hrsg.): *Contemporary Microenterprise. Concepts and Cases.* Cheltenham: Edward Elgar, S. 61–73.

Fischer, Gabriele; Gundert, Stefanie; Kawalec, Sandra; Sowa, Frank; Stegmaier, Jens; Tescher, Karin; Theuser, Stefan (2015): *Situation atypisch Beschäftigter und Arbeitszeitwünsche von Teilzeitbeschäftigten. Quantitative und qualitative Erhebung sowie begleitende Forschung.* Reihe: Forschungsbericht. Institut für Arbeitsmarkt- und Berufsforschung der Bundesagentur für Arbeit (IAB) (Hrsg.). Nürnberg. Online verfügbar unter http://doku.iab.de/grauepap/2015/Forschungsprojekt_Atypik_V2_35.pdf, zuletzt geprüft am 04.05.2017.

Franke, Daniela (2014): *Überbetriebliche Unterweisung im Handwerk im Jahr 2013. Zahlen – Fakten – Analysen.* Heinz-Piest-Institut für Handwerkstechnik an der Leibniz Universität Hannover (HPI) (Hrsg.). Hannover. Online verfügbar unter https://hpi-hannover.de/dateien/Schulungsquoten/Inanspruchnahme_UELU_2013.pdf, zuletzt geprüft am 10.04.2019.

Frerichs, Frerich; Michel, Manuela; Naegele, Gerhard; Peter, Gerd (Hrsg.) (1997): *Bewältigung des Demographischen Wandels in Nordrhein-Westfalen. Entwicklung in der Arbeitswelt und Handlungsperspektiven für die nachberufliche Lebenswelt.* Reihe: Dortmunder Beiträge zur Sozial- und Gesellschaftspolitik, 14. Berlin, Münster, Wien, Zürich, London: Lit Verlag.

Frerichs, Frerich (1998): *Älterwerden im Betrieb. Beschäftigungschancen und -risiken im demographischen Wandel.* Opladen [u.a.]: Westdeutscher Verlag.

Frerichs, Frerich (2007): Weiterbildung und Personalentwicklung 40plus: eine praxisorientierte Strukturanalyse. In: Theo W. Länge und Barbara Menke (Hrsg.): *Generation 40plus. Demografischer Wandel und Anforderungen an die Arbeitswelt.* Bielefeld: W. Bertelsmann Verlag, S. 67–104.

Frerichs, Frerich (2009): Demografischer Wandel und Altersgrenzenanhebung: Anforderungen an ein betriebliches Alternsmanagement. In: Götz Richter (Hrsg.): *Generationen gemeinsam im Betrieb. Individuelle Flexibilität durch anspruchsvolle Regulierungen.* Bielefeld: W. Bertelsmann Verlag, S. 57–77.

Frerichs, Frerich (2010): Alternsgerechte Qualifizierung und Lernen im Erwerbsverlauf. Themenschwerpunkt. In: *Berufsbildung in Wissenschaft und Praxis* (5), S. 36–39.

Frerichs, Frerich (2014): Alternsgerechte Qualifizierung und Lernen im Erwerbsverlauf. In: *Informationsdienst Altersfragen (IDA)* 41 (02), S. 10–16.

Fülbier, Manfred; Pirk Walter (2013): *Förderung des Technologie-Transfers für das Handwerk. Projektbericht 2012/2013.* Heinz-Piest-Institut für Handwerkstechnik an der Leibniz Universität Hannover (HPI) (Hrsg.). Reihe: Projektberichte. Hannover.

Garengo, Patrizia; Bernardi, Giovanni (2007): Organizational capability in SMEs. Performance measurement as a key system in supporting company development. In: *International Journal of Productivity and Performance Management* 56 (5/6), S. 518–532.

Gary, Andreas (2012): *Ökonomische Analyse der Personalentwicklung.* Dissertation. Universität Leipzig, Leipzig. Wirtschaftswissenschaftliche Fakultät. Leipzig. Online verfügbar unter http://www.qucosa.de/fileadmin/data/qucosa/documents/8495/120311_Endversion.pdf, zuletzt geprüft am 24.11.2016.

Gelzer, Anja; Kornhardt, Ullrich (2012): *Handwerksrelevante Zukunftsmärkte. Potenziale und Herausforderungen des Ausbaus der erneuerbaren Energien und der Elektromobilität.* Reihe: Göttinger handwerkswirtschaftliche Studien, Bd. 89. Duderstadt: Mecke.

Gemünden, Hans Georg; Walter, Achim (1999): Beziehungspromotoren – Schlüsselpersonen für zwischenbetriebliche Innovationsprozesse. In: Jürgen Hauschildt und Hans Georg Gemünden (Hrsg.): *Promotoren. Champions der Innovation.* 2., erweiterte. Auflage. Wiesbaden: Gabler, S. 111–133.

Gerhards, Jürgen; Hans, Silke; Carlson, Sören (2016): *Klassenlage und transnationales Humankapital: Wie Eltern der mittleren und oberen Klassen ihre Kinder auf die Globalisierung vorbereiten.* Wiesbaden: Springer VS.

Gess, Christopher (2003): Kritik der Humankapitaltheorie. unter spezieller Berücksichtigung des soziologischen Ansatzes von Pierre Bordieu. In: *Zeitschrift für Kritische Theorie der Gesellschaft*, ohne Seitenangabe. Online verfügbar unter https://d-nb.info/1066417180/34, zuletzt geprüft am 10.04.2019.

Geyer, Johannes (2014): *Zukünftige Altersarmut.* Deutsches Institut für Wirtschaftsforschung (DIW) (Hrsg.). Reihe: DIW Roundup – Politik im Fokus, 25. Berlin. Online verfügbar unter https://www.diw.de/documents/publikationen/73/diw_01.c.467398.de/diw_roundup_25_de.pdf, zuletzt geprüft am 19.02.2018.

Gillen, Julia; Elsholz, Uwe; Meyer, Rita (2010): *Soziale Ungleichheit in der beruflichen und betrieblichen Weiterbildung. Stand der Forschung und Forschungsbedarf.* Hans-Böckler-Stiftung (Hrsg.). Reihe: Arbeitspapier, 191. Düsseldorf. Online verfügbar unter http://www.boeckler.de/pdf/p_arbp _191.pdf, zuletzt geprüft am 25.01.2017.

Glaser, Barney G.; Strauss, Anselm L. (1999, c1967): The discovery of grounded theory. Strategies for qualitative research. New Brunswick: Aldine Publishing.

Glaser, Barney G.; Strauss, Anselm L. (2009): *The Discovery of Grounded Theory. Strategies for Qualitative Research.* London: Taylor & Francis Inc.

Glasl, Markus (2002): *Auswirkungen der EU-Osterweiterung auf das Handwerk in Sachsen. Ergebnisse einer empirischen Untersuchung.* Institut für Handwerkswirtschaft (Hrsg.). Reihe: Handwerkswirtschaftliche Reihe des Instituts für Handwerkswirtschaft München, Nr. 115. München: LFI.

Glasl, Markus; Maiwald, Beate; Wolf, Maximilian (2008): *Das Handwerk. Bedeutung, Definition, Abgrenzung.* Ludwig-Fröhler-Institut, Abteilung für Handwerkswissenschaften (Hrsg.) Online verfügbar unter https://lfi-muenchen.de/wp-content/uploads/2017/08/2009_gesamtes_Dokument_Handwerk-%E2%80%93-Bedeutung-Definition-Abgrenzung.pdf, zuletzt geprüft am 10.04.2019.

Glasl, Markus; Greilinger, Andrea (2011): *Rahmenlehrplan für die Vorbereitung auf Teil III der Meisterprüfung im Handwerk.* München: LFI. Online verfügbar unter https://www.autoberufe.de/fileadmin/user_upload/downloads/ausbilder-informationen/Ausbilder_Betriebe/Kfz-Meister_Rahmenlehrplan_Teil_3.pdf, zuletzt geprüft am 10.04.2019.

Goebel, Jan; Grabka, Markus M. (2011): Entwicklung der Altersarmut in Deutschland. In: *Vierteljahrshefte zur Wirtschaftsforschung* 80 (2), S. 101–118.

Goedicke, Anne (2006): Organisationsmodelle in der Sozialstrukturanalyse: Der Einfluss von Betrieben auf Erwerbsverläufe. In: *Berliner Journal für Soziologie* 16 (4), S. 503–523.

Greilinger, Andrea; Schempp, Andreas Conrad (2012): *Wie gelingt es Ihnen, Fachkräfte langfristig an Ihren Handwerksbetrieb zu binden? Ideen, Hilfestellungen und Lösungsvorschläge.* Ludwig-Fröhler-Institut für Handwerkswissenschaften (Hrsg.). Online verfügbar unter http://starkes-handwerk-berlin.de/wp-content/uploads/2016/07/Leitfaden-Mitarbeiterbindung_DHI.pdf, zuletzt geprüft am 10.04.2019.

Greinert, Wolf-Dietrich (2006): Geschichte der Berufsausbildung in Deutschland. In: Rolf Arnold und Antonius Lipsmeier (Hrsg.): *Handbuch der Berufsbildung*. Wiesbaden: Springer VS, S. 499–508.

Greinert, Wolf-Dietrich (2013): Erwerbsqualifizierung als Berufsausbildung – bleibt dies die ultimative Lösung? In: *BWP – Berufsbildung in Wissenschaft und Praxis* (3), S. 11–15.

Greinert, Wolf-Dietrich; Wolf, Stefan (2013*): Die Berufsschule – radikale Neuorientierung oder Abstieg zur Restschule?*. 2., unveränderte Auflage. Berlin: Universitätsverlag der Technischen Universität Berlin.

Grob, Urs; Merki, Katharina Maag (2001): *Überfachliche Kompetenzen. Theoretische Grundlegung und empirische Erprobung eines Indikatorensystems.* Bern: P. Lang.

Grote, Sven; Kauffeld, Simone; Billich-Knapp, Melanie; Lauer, Laurens; Frieling, Ekkehart (2012): Kompetenzen und deren Management. In: Sven Grote, Simone Kauffeld und Ekkehart Frieling (Hrsg.): *Kompetenzmanagement. Grundlagen und Praxisbeispiele.* 2., überarbeitete Auflage. Stuttgart: Schäffer-Poeschel, S. 15–35.

Grupp, Hariolf; Fornahl, Dirk (2010): Ökonomische Innovationsforschung. In: Dagmar Simon, Andreas Knie und Stefan Hornbostel (Hrsg.): *Handbuch Wissenschaftspolitik.* 1. Auflage. Wiesbaden: VS Verlag für Sozialwissenschaften, S. 130–147.

Günterberg, Brigitte (2012): *Unternehmensgrößenstatistik. – Unternehmen, Umsatz und sozialversicherungspflichtig Beschäftigte 2004 bis 2009 in Deutschland, Ergebnisse des Unternehmensregisters (URS 95).* Institut für Mittelstandsforschung Bonn (Hrsg.). Reihe: Daten und Fakten, 2. Bonn. Online verfügbar unter https://www.ifm-bonn.org/uploads/tx_ifmstudies/Daten-und-Fakten-2_2012.pdf, zuletzt geprüft am 10.04.2019.

Hahmann, Julia (2013): *Freundschaftstypen älterer Menschen. Von der individuellen Konstruktion der Freundschaftsrolle zum Unterstützungsnetzwerk.* Wiesbaden: Springer VS.

Hahne, Klaus (2000): Darf das auftragsorientierte Lernen im Handwerk durch berufs- pädagogische Maßnahmen geformt werden? In: *BWP – Berufsbildung in Wissenschaft und Praxis* (5), S. 32–36.

Hahne, Klaus (2003): Zur Bedeutung der Arbeit in Lernkonzepten der beruflichen Bildung. Ein vergleichender Blick auf die Entwicklungen in Industrie und

Handwerk. In: *BWP – Berufsbildung in Wissenschaft und Praxis* (1), S. 29–34.

Handwerkskammer Kassel (2015*): Zertifikat "Barrierefrei Bauen und Wohnen" – Handwerkskammer Kassel.* Kassel. Online verfügbar unter http://www.hwk-kassel.de/beratung/barrierefrei-bauen/zertifikat-barrierefrei-bauen-und-wohnen.html, zuletzt geprüft am 30.01.2015.

Heinze, Rolf G.; Naegele, Gerhard; Schneiders, Katrin (2011): *Wirtschaftliche Potentiale des Alters*. 1. Auflage, Grundriss Gerontologie, 11. Stuttgart: Kohlhammer.

Hensge, Kathrin; Lorig, Barbara; Schreiber, Daniel (2009a): *Kompetenzstandards in der Berufsbildung. Abschlussbericht. Forschungsprojekt 4.3.201.* Bundesinstitut für Berufsbildung (BIBB) (Hrsg.). Bonn. Online verfügbar unter https://www.bibb.de/tools/dapro/data/documents/pdf/eb_43201.pdf, zuletzt geprüft am 10.04.2019.

Hensge, Kathrin; Lorig; Barbara (2009b): Kompetenzorientierung in der Berufsausbildung – Wege zur Gestaltung kompetenzbasierter Ausbildungsordnungen. In: *BWP – Berufsbildung in Wissenschaft und Praxis* (3), 18-22.

Herkner, Volkmar (2008): 100 Jahre Ordnung in der Berufsbildung – Vom Deutschen Ausschuss für Technisches Schulwesen (DATSCH) zum Bundesinstitut für Berufsbildung (BIBB). In: Bundesinstitut für Berufsbildung (BIBB) (Hrsg.): *100 Jahre Ordnung in der Berufsbildung*. Reihe: Schriftenreihe des Bundesinstituts für Berufsbildung. Bielefeld: W. Bertelsmann Verlag, S. 71–98.

Hess, Moritz (2013): Age-Stereotypes and their Effect on Retirement Intensions. Paper präsentiert bei der *11th Annual ESPAnet Conference* in der Session "New perspectives on pensions and retirement". 5.-7. September 2013, Poznan (unveröffentlichtes Manuskript).

Heuer, Ulrike (2010): *Betriebliche Weiterbildungsentscheidungen: Aushandlungsprozesse und Bildungscontrolling*. Reihe: Wissenschaftliche Diskussionspapiere, 115. Bonn: W. Bertelsmann Verlag.

Hilzenbecher, Uwe (2006): Wachstumsstrategien für KMUs. In: Ralph Berndt (Hrsg*.): Management-Konzepte für Kleine und Mittlere Unternehmen*. Berlin: Springer VS, S. 85–111.

Hirn, Roland (2009): *Unternehmensnachfolge im Handwerk. Probleme des Generationenwechsels*. 1. Auflage. Hamburg: Igel-Verlag.

Hoffschroer, Michael (2005): Die historische Entwicklung der überbetrieblichen Berufsausbildung bis zum Beginn des 21. Jahrhunderts – Erkenntnisse für die Weiterentwicklung überbetrieblicher Berufsausbildung aus regierungspolitischer, parteipolitischer, wissenschaftlicher und gesellschaftspolitischer Perspektive. In: Karin Büchter und Martin Kipp (Hrsg.): *Der Betrieb als Lernort*. Reihe: Berufs- und Wirtschaftspädagogik online (bwp@) 9, S. 1–20. Online verfügbar unter https://www.bwpat.de/archiv/bwpat_ausgabe9.pdf, zuletzt geprüft am 10.04.2019.

Holz, Melanie (2007): Leistungs- und Erwerbsfähigkeit älterer Mitarbeiter. In: Melanie Holz (Hrsg.): *Demografischer Wandel in Unternehmen. Herausforderung für die strategische Personalplanung*. 1. Auflage. Wiesbaden: Springer Gabler, S. 37–51.

Hoppe, Manfred (2001): Analyse und Strukturierung von Kundenaufträgen im Handwerk. In: Uwe Ebeling, Detlef Gronwald und Franz Stuber (Hrsg.): *Lern- und Arbeitsaufgaben als didaktisch-methodisches Konzept. Arbeitsbezogene Lernprozesse in der gewerblich-technischen Ausbildung*. Reihe: Berufsbildung, Arbeit und Innovation, 7. Bielefeld: W. Bertelsmann Verlag, S. 95–108.

Huber, Thomas (2004): Die Zukunft des Handwerks. In: Seminar für Handwerkswesen an der Universität Göttingen (Hrsg.): *Demografischer Wandel – Auswirkungen auf das Handwerk*. 1. Auflage. Göttingen: Mecke Druck, S. 53–93.

Huttner, Jörg (2005): *Kompetenzfeststellung. Verfahren zur Kompetenzfeststellung junger Menschen. Expertise inklusive eines Handlungsleitfaden*. Bundesinstitut für Berufsbildung (BIBB) (Hrsg.). Bonn. Online verfügbar unter http://www.good-practice.de/expertise_kompetenzfeststellungen.pdf, zuletzt geprüft am 08.01.2015.

Industrie- und Handelskammer Hannover (Hrsg) (ohne Jahr): *Allgemeine Informationen zum Handwerksrecht (FAQ). Ein Merkblatt der Industrie- und Handelskammer Hannover*. Hannover. Online verfügbar unter https://www.hannover.ihk.de/rechtsteuern/recht8/themengebiete-recht/handwerksrecht/abgrenzung0.html, zuletzt geprüft am 10.04.2019.

Institut für Mittelstandsforschung Bonn (Hrsg) (2016): *KMU-Definition des IfM Bonn*. Bonn. Online verfügbar unter http://www.ifm-bonn.org/definitionen/kmu-definition-des-ifm-bonn/, zuletzt geprüft am 10.04.2019.

Institut für Mittelstandsforschung Bonn (Hrsg) (ohne Jahr): *Statistiken Unternehmensbestand*. Bonn. Online verfügbar unter https://www.ifm-bonn.org/statistiken/unternehmensbestand/#accordion=0&tab=3, zuletzt geprüft am 20.10.2018.

Jana-Tröller, Melanie (2009): *Arbeitsübergreifende Kompetenzen älterer Arbeitnehmer. Eine qualitative Studie in einem Telekommunikationsunternehmen*. Wiesbaden: Springer VS.

Jaouen, Annabelle; Lasch, Frank (2015): A new typology of micro-firm owner-managers. In: *International Small Business Journal* 33 (4), S. 397–421.

Jerrentrup, Rudolf; Terhorst, Stefan (2008): *Bewertung des Humankapitals als Herausforderung an das* Personalcontrolling. Reihe: Wissenschaft & Praxis, 11. Essen: MA Akademieverlag.

Käpplinger, Bernd (2006): *Welche Betriebe in Deutschland sind weiterbildungsaktiv? Nutzung des CVTS-Datensatzes zur Analyse der betrieblichen Weiterbildung (Kurztitel: Ratsexpertise). Abschlussbericht Vorhaben Nr. 2.0.537*. Bundesinstitut für Berufsbildung (BIBB) (Hrsg.). Bonn. Online verfügbar unter https://www2.bibb.de/bibbtools/tools/dapro/data/documents/pdf/eb_20537.pdf, zuletzt geprüft am 25.04.2017.

Käpplinger, Bernd (2009): *Betriebliche Weiterbildungsentscheidungen: Aushandlungsprozesse und Bildungscontrolling*. Projektbeschreibung. *Forschungsprojekt 2.2.203 (JFP 2007)*. Bundesinstitut für Berufsbildung (BIBB) (Hrsg.). Bonn. Online verfügbar unter https://www.bibb.de/tools/dapro/data/documents/pdf/at_22203.pdf, zuletzt geprüft am 23.10.2018.

Kaschny, Martin; Nolden, Matthias; Schreuder, Siegfried (2015): *Innovationsmanagement im Mittelstand. Strategien, Implementierung, Praxisbeispiele*. Wiesbaden: Springer Gabler.

Kauffeld, Simone (2002): *Kompetenzmessung: Auf welche Facetten kommt es an?*. Dokumentation des 4. BIBB-Fachkongress „Berufsbildung für eine globale Gesellschaft. Perspektiven im 21. Jahrhundert". 23.-25. Oktober 2002, Berlin. Bundesinstitut für Berufsbildung (Hrsg.). Bonn.

Kauffeld, Simone (2006): *Kompetenzen messen, bewerten, entwickeln. Ein prozessanalytischer Ansatz für Gruppen*. Reihe: Betriebswirtschaftliche Abhandlungen, 128. Stuttgart: Schäffer-Poeschel.

Kauffeld, Simone (2011): *Arbeits-, Organisations- und Personalpsychologie. Für Bachelor*. Heidelberg: Springer.

Kauffeld, Simone (2014): *Das act4teams®-Kompetenzmodell. Web-Exkurs zum Lehrbuch Arbeits- Orgnaisations- und Personalpsychologie.* Online verfügbar unter https://lehrbuch-psychologie.springer.com/sites/default/files/atoms/files/web-exkurs.007.04.pdf, zuletzt geprüft am 10.04.2019.

Kaufmann, Katrin (2012): *Informelles Lernen im Spiegel des Weiterbildungsmonitorings.* Wiesbaden: Springer VS.

Kelle, Udo; Kluge, Susanne (1999): *Vom Einzelfall zum Typus. Fallvergleich und Fallkontrastierung in der qualitativen Sozialforschung.* Qualitative Sozialforschung, Bd. 4. Opladen: Leske + Budrich.

Kelle, Udo; Kluge, Susann (2010): *Vom Einzelfall zum Typus.* Wiesbaden: Springer VS.

Kelle, Udo (2014): Mixed Methods. In: Nina Baur und Jörg Blasius (Hrsg.): *Handbuch Methoden der empirischen Sozialforschung.* Wiesbaden: Springer Fachmedien, S. 153–166.

Kloas, Peter-Werner (2000): Aus- und Weiterbildung nach Maß – das Konzept des Handwerks. In: *BWP – Berufsbildung in Wissenschaft und Praxis* (1), S. 33–37.

Kloas, Peter-Werner (2001): Qualifizierungsoffensive des Handwerks, S. 1-12. Online verfügbar unter https://www.zdh.de/fileadmin/user_upload/themen/Strukturierte_Weiterbildung_im_Handwerk__Artikel_.pdf, zuletzt geprüft am 10.04.2019.

Kluge, Susann (1999): *Empirisch begründete Typenbildung. Zur Konstruktion von Typen und Typologien in der qualitativen Sozialforschung.* Opladen: Leske und Budrich.

Kluge, Susann (2000a): Empirically Grounded Construction of Types and Typologies in Qualitative Social Research. In: *Forum: Qualitative Sozialforschung (FQS)* 1. Online verfügbar unter http://www.qualitative-research.net/index.php/fqs/article/view/1124, zuletzt geprüft am 19.04.2019.

Kluge, Susanne (2000b): Empirisch begründete Typenbildung in der qualitativen Sozialforschung. In: *Forum: Qualitative Sozialforschung (FQS)* 1 (1). Online verfügbar unter http://www.qualitative-research.net/index.php/fqs/article/viewFile/1124/2498, zuletzt geprüft am 19.04.2019.

Knutzen, Sönke (2002): *Steigerung der Innovationskompetenz des Handwerks. Eine Studie am Beispiel des Installationshandwerks in Hamburg.* Bielefeld: W. Bertelsmann Verlag.

Koch, Johannes (2008): Change Management für die Entwicklung von ÜBS zu Kompetenzzentren. In: Falk Howe, Jürgen Jarosch und Gerd Zinke (Hrsg.): *Ausbildungskonzepte und neue Medien in der überbetrieblichen Ausbildung.* Bielefeld: W. Bertelsmann Verlag, S. 87–109.

Koch, Johannes (2011): Die Rolle von Kompetenzzentren für die Aktualisierung von Qualifikationen für die Aus- und Weiterbildung im Handwerk. In: *Berufs- und Wirtschaftspädagogik – online (bwp@),* 5. Online verfügbar unter http://www.bwpat.de/ht2011/ws26/koch_ws26-ht2011.pdf, zuletzt geprüft am 04.10.2019.

Kortsch, Timo; Paulsen, Hilko; Naegele, Laura; Frerichs, Frerich (2016): Branchentrends und Betriebskultur als Basis strategischer Kompetenzentwicklung. In: *PERSONALquarterly* (02), 16-21.

Kriependorf, Maike (2010): *Ausbildung als personalwirtschaftliche Strategie. Eine empirische Studie zum Ausbildungserfolg im Banksektor.* 1. Auflage. München, Mering: Hampp.

Kuckartz, Udo (2014): *Mixed Methods. Methodologie, Forschungsdesigns und Analyseverfahren.* 1., neue Ausgabe. Wiesbaden: Springer VS

Lane, Christel; Probert, Jocelyn (2006): Globalization and labour market segmentation: the impact of global production networks on employment patterns of German and UK clothing firms. In: Anthony Ferner, Javier Quintanilla und Carlos Sánchez-Runde (Hrsg.): *Multinationals, institutions and the construction of transnational practices. Convergence and diversity in the global economy.* Basingstoke, New York: Palgrave Macmillan, S. 184-212.

Lanhoff, Thomas (2015): Die Bedeutung von Innovationskompetenz im demografischen Wandel als Voraussetzung zur Innovationsfähigkeit von Unternehmen. In: Thomas Langhoff, Manfred Bornewasser, Eckhard Heidling, Bernd Kriegesmann und Michael Falkenstein (Hrsg.): *Innovationskompetenz im demografischen Wandel. Konzepte und Lösungen für die unternehmerische Praxis.* Wiesbaden: Springer Gabler, S. 13–41.

Lechler, Thomas (1999): Was leistet das Promotoren-Modell für das Projektmanagement. In: Jürgen Hauschildt und Hans Georg Gemünden (Hrsg.): *Promotoren. Champions der Innovation.* 2., erweiterte Auflage. Wiesbaden: Springer Gabler, S. 179–211.

Lee, Gloria L. (1995): Strategic Management and the smaller Firm. In: *Journal of Small Business and Enterprise Development* 2 (3), S. 158–164.

Lee-Ross, Darren; Lashley, Conrad (2009): *Entrepreneurship & Small Business Management in the Hospitality Industry.* Amsterdam, London: Butterworth-Heinemann.

Lehmann, Jürgen (1999): *Befunde empirischer Forschung zu Umweltbildung und Umweltbewusstsein.* Opladen: Leske + Budrich.

Lehner, Franz; Neumann, Svenja; Rolff, Katharina (2009): Nachwuchsprobleme im Handwerk: Eine Studie im nördlichen Ruhrgebiet. In: *Forschung Aktuell* (01), S. 1–9.

Lehr, Ursula; Kruse, Andreas (2006): Verlängerung der Lebensarbeitszeit – eine realistische Perspektive? In: *Zeitschrift für Arbeits- und Organisationspsychologie (A&O)* 50 (4), S. 240–247.

Lemmer, Julia (2009): *Entwicklung eines Kompetenzmodells für bildungsbenachteiligt Arbeitnehmergruppen.* Diplomarbeit. Humboldt Universität zu Berlin, Institut für Psychologie. Berlin. Online verfügbar unter https://edoc.hu-berlin.de/bitstream/handle/18452/14759/lemmer.pdf?sequence=1&isAllowed=y, zuletzt geprüft am 10.04.2019.

Lenske, Werner; Werner, Dirk (2009): *Umfang, Kosten und Trends der betrieblichen Weiterbildung – Ergebnisse der IW-Weiterbildungserhebung 2008.* Institut der deutschen Wirtschaft Köln (IW) (Hrsg.). Reihe: IW-Trends, 1. Online verfügbar unter http://www.iwkoeln.de/studien/iw-trends/beitrag/53533, zuletzt geprüft am 19.01.2017.

Lorig, Barbara; Schreiber, Daniel (2007): Ausgestaltung kompetenzbasierter Ausbildungsordnungen. Grundlage für Kompetenzmessung und Kompetenzbewertung. In: *BWP – Berufsbildung in Wissenschaft und Praxis* (6), S. 5–9.

Lorig, Barbara; Bretschneider, Markus; Görmar; Gunda; Mpangara; Miriam (2012): Kompetenzbasierte Prüfungen im dualen System – Bestandsaufnahme und Gestaltungsperspektiven. Zwischenbericht. Bundesinstitut für Berufsbildung (BIBB) (Hrsg.). Bonn. Online verfügbar unter https:

//www.bibb.de/tools/dapro/data/documents/pdf/eb_42333.pdf, zuletzt geprüft am 10.04.2019.

Marcketti, Sara B.; Niehm, Linda S.; Fuloria, Ruchita (2006): An Exploratory Study of Lifestyle Entrepreneurship and Its Relationship to Life Quality. In: *Family and Consumer Sciences Research Journal* 34 (3), S. 241–259.

Martin, Albert; Beherends, Thomas (1999): *Die Empirische Erforschung des Weiterbildungsverhaltens von Unternehmen*. Institut für Mittelstandsforschung Bonn (Hrsg.). Reihe: Schriften aus dem Institut für Mittelstandsforschung, 11. Lüneburg. Online verfügbar unter https://www.econstor.eu/bitstream/10419/60444/1/344846776.pdf, zuletzt geprüft am 10.04.2019.

Mayer, Franz C. (2001): Die drei Dimensionen der Europäischen Kompetenzdebatte. In: *Zeitschrift für ausländisches öffentliches Recht und Völkerrecht* 61 (2/3), S. 577–640.

May-Strobl, Eva; Welter, Frederike (2015): *Das Zukunftspanel Mittelstand Herausforderungen aus Unternehmersicht*. Institut für Mittelstandsforschung Bonn (Hrsg.). Reihe: IfM-Materialien, 239. Bonn. Online verfügbar unter https://www.econstor.eu/bitstream/10419/111914/1/828837570.pdf, zuletzt geprüft am 10.04.2019.

McClelland, David C. (1973): Testing for Competence Rather Than for "Intelligence". In: *Amercian Psychologist* 12, S. 134–156.

McKiernan, Peter; Morris, Clare (1994): Strategic Planning and Financial Performance in UK SMEs: Does Formality Matter? In: *British Journal of Management* 5 (Special Issue), S. S31-S41.

Mendius, Gerhard Hans; Schütt, Petra (2002): *Handwerk vor großen Herausforderungen: Innovative Arbeitsgestaltung und umfassende Qualifizierung als Instrumente zur Bewältigung der demographischen Herausforderung: eine Expertenbefragung im Handwerk*. Institut für Sozialwissenschaftliche Forschung e.V. (ISF München) (Hrsg.). Online verfügbar unter https://www.ssoar.info/ssoar/bitstream/handle/document/11889/ssoar-2002-mendius_et_al-handwerk_vor_groen_herausforderungen_innovative.pdf?sequence=1&isAllowed=y&lnkname=ssoar-2002-mendius_et_al-handwerk_vor_groen_herausforderungen_innovative.pdf, zuletzt geprüft am 10.04.2019.

Mertens, Dieter (1974): Schlüsselqualifikationen. Thesen zur Schulung für eine moderne Gesellschaft. In: *Mitteilungen aus der Arbeitsmarkt- und Berufsforschung (MittAB)* 7 (1), S. 36–43.

Miles, David H. (2003): *The 30-second Encyclopedia of Learning and Performance: A Trainer's Guide to Theory, Terminology, and Practice.* 1. Auflage. New York: Amacom.

Müller, Axel (2004): *Zur Strukturgenese von Kommunikation in Innovationsnetzwerken.* Dissertation. Martin-Luther-Universität Halle-Wittenberg, Philosophische Fakultät; Fachbereich Geschichte, Philosophie und Sozialwissenschaften. Online verfügbar https://sundoc.bibliothek.uni-halle.de/dissonline/04/04H201/prom.pdf, zuletzt geprüft am 10.04.2019.

Müller, Klaus; Reißig, Steffen (2007): *Struktur- und Potenzialanalyse des Handwerks in der Metropolregion Hannover-Braunschweig-Göttingen. Kurzfassung.* Volkswirtschaftliches Institut für Mittelstand und Handwerk an der Universität Göttingen e.V. (Hrsg.). Göttingen.

Müller, Klaus (2013): Strukturentwicklungen im Handwerk. In: *Wirtschaftsdienst* 93 (9), S. 636–642.

Müller, Klaus (2015): *Strukturentwicklung im Handwerk.* Volkswirtschaftliche Institut für Mittelstand und Handwerk (Hrsg.). Göttinger Beiträge zur Handwerksforschung, 3. Göttingen.

Naegele, Gerhard (2004): *Zwischen Arbeit und Rente: Gesellschaftlich Chancen und Risiken älterer Arbeitnehmer.* 2. Auflage. Reihe: Beiträge zur Sozialpolitikforschung. Augsburg: Maro.

Naegele, Laura; Frerichs, Frerich (2015): *Kompetenzentwicklung und Laufbahngestaltung im Handwerk. Die Situation älterer Mitarbeiterinnen und Mitarbeiter.* Institut für Gerontologie an der Universität Vechta (Hrsg.), Reihe: Newsletter Gerontologie, 6. Vechta. Online verfügbar unter https://www.uni-vechta.de/fileadmin/user_upload/IfG/Publikationen/Newsletter/Gerontologie_6.pdf, zuletzt geprüft am 10.04.2019.

Naegele, Laura; Kortsch, Timo; Wiemers, Daniela (2015): *Zukunft im Blick: Trends erkennen, Kompetenzen entwickeln, Chancen nutzen. Drei Perspektiven auf die Zukunft des Handwerks: Eine Befragung von Experten, Führungskräften und Beschäftigten. Ergebnisse aus dem Projekt "Integrierte Kompetenzentwicklung im Handwerk" (In-K-Ha).* Technische Universität Braunschweig. Abteilung für Arbeits-, Organisations- und Sozialpsychologie (Hrsg.). Braunschweig. Online verfügbar unter http://www.in-k-ha.de/wp-content/uploads/2015/10/Trendbericht_In-K-Ha_2015_final_barrierefrei.pdf, zuletzt geprüft am 10.04.2019.

Naegele, Laura (2016): Kompetenzbasierte Laufbahngestaltung im Handwerk – Die Situation älterer Mitarbeiter vor dem Hintergrund einer sich wandelnden Arbeitswelt. In: Frerich Frerichs (Hrsg.): *Altern in der Erwerbsarbeit.* Wiesbaden: Springer VS, S. 209–232.

Naegele, Laura und Frerichs, Frerichs (2018): Laufbahngestaltung als Maßnahme der Kompetenznutzung und -entwicklung – ein Beispiel aus dem Handwerk. In: Simone Kauffeld und Frerich Frerichs (Hrsg.): *Kompetenzmanagement in kleinen und mittelständischen Unternehmen. Eine Frage der Betriebskultur?* Berlin: Springer VS, S. 209–222.

Naegele, Laura; Brümmer, Gabriele; Frerichs, Frerich (2018a): Betriebskultur und Wissenstransfer. Arbeitsintegrierte Kompetenzentwicklung durch „Kompetenz-Tandems" bei der ebm GmbH & Co. KG. In: Simone Kauffeld und Frerich Frerichs (Hrsg.): *Kompetenzmanagement in kleinen und mittelständischen Unternehmen. Eine Frage der Betriebskultur?* Berlin: Springer VS, S. 145–166.

Naegele, Laura; Tavernier, Wouter de; Hess, Moritz (2018b): Work Environment and the Origin of Ageism. In: Liat Ayalon und Clemens Tesch-Römer (Hrsg.): *Contemporary Perspectives on Ageism.* Reihe: International Perspectives of Ageing, 19. Cham: Springer Open, S. 73–90.

Neubäumer, Renate; Kohaut, Susanne; Seidenspinner, Margarete (2006): Determinanten betrieblicher Weiterbildung ± ein ganzheitlicher Ansatz zur Erklärung des betrieblichen Weiterbildungsverhaltens und eine empirische Analyse für Westdeutschland. In: *Schmollers Jahrbuch* 126, S. 437–471.

Neubert, Andreas (2009): *Leitkategorie: Soziale Kompetenz. Konsequenzen einer Analyse beruflicher Komplexität aus systemtheoretischer Perspektive.* Reihe: Europäische Hochschulschriften Reihe 11, Pädagogik, 989. Frankfurt a.M. [u.a.]: Lang.

Ng, Thomas W. H.; Feldman, Daniel C. (2012): Evaluating Six Common Stereotypes About Older Workers with Meta-Analytical Data. In: *Personnel Psychology* 65 (4), S. 821–858.

Nickolaus, Reinhold (2013): Wissen, Kompetenzen, Handeln. Editorial. In: *Zeitschrift für Berufs- und Wirtschaftspädagogik* (1), S. 1–17.

Nickolaus, Reinhold; Gschwendtner, Tobias; Geißel Bern (2009): Modellierung beruflicher Fachkompetenz und ihre empirische Überprüfung. In: Dieter Münk (Hrsg.): *Theorie und Praxis der Kompetenzfeststellung im Betrieb –*

Status quo und Entwicklungsbedarf. Reihe: Schriften zur Berufsbildungsforschung der Arbeitsgemeinschaft Berufsbildungsforschungsnetz (AG BFN), 7. Bielefeld: W. Bertelsmann Verlag, S. 59–71.

OECD (Hrsg.) (2005): *Definitionen und Auswahl von Schlüsselkompetenzen. Zusammenfassung.* Paris. Online verfügbar unter https://www.oecd.org/pisa/35693281.pdf, zuletzt geprüft am 10.04.2019.

OECD (2014): *Bildung auf einen Blick 2014. OECD-Indikatoren.* Bielefeld: W. Bertelsmann Verlag.

Osterman, Paul (1975): An Empirical Study of Labor Market Segmentation. In: *Industrial and Labor Relations Review* 28 (4), S. 508–523.

Oswick, Cliff; Rosenthal, Patrice (2001): Towards a Relevant Theory of Age Discrimination in Employment. In: Mike Noon und Emmanuel Ogbonna (Hrsg.): *Equality, diversity and disadvantage in employment.* Houndmills, Basingstoke, England, New York: Palgrave, S. 156–171.

Pack, Jochen; Buck, Hartmut; Kistler, Ernst; Mendius, Gerhard Hans; Morschhäuser, Martina; Wolff, Heimfried (2000): *Zukunftsreport demographischer Wandel. Innovationsfähigkeit in einer alternden Gesellschaft.* Bundesministerium für Bildung und Forschung (Hrsg.). Bonn. Online verfügbar unter http://www.demotrans.de/documents/Zukunft-dt.pdf, zuletzt geprüft am 10.04.2019.

Patterson, Ben; Amati, Simona (1998): *Absorption Asymmetrischer Schocks.* Europäisches Parlament, Generaldirektion Wissenschaft (Hrsg.). Reihe Wirtschaft, ECON 104 DE. Online verfügbar unter http://www.europarl.europa.eu/workingpapers/econ/pdf/104_de.pdf, zuletzt geprüft am 13.02.2019.

Pätzold, Günter (2013): Betriebliches Bildungspersonal. Anforderungen, Selbstverständnis und Qualifizierungsnotwendigkeiten im Rückblick auf das vergangene Jahrhundert. In: *BWP – Berufsbildung in Wissenschaft und Praxis* (30), S. 44–47.

Pavone, Maria (2014): *Migration als Herausforderung für schulische Bildung in Deutschland und Italien. Kulturvergleichende Alltagsdiskurse von Jugendlichen (11 bis 19 Jahre) mit Migrationshintergrund.* Dissertation. Pädagogische Hochschule Weingarten, Fakultät Erziehungswissenschaft. Weingarten. Online verfügbar unter https://hsbwgt.bsz-bw.de/files/185/Diss_Pavone_PDF7(2)bis.pdf, zuletzt geprüft am 10.04.2019.

Pfarr, Irina (2016): *Unternehmensregisterauswertung für das Handwerk. Zentralverband des Deutschen Handwerks (ZDH)* (Hrsg.). Berlin. Online verfügbar unter http://www.zdh-statistik.de/application/index.php?mID=3&cID =623 , zuletzt geprüft am 10.04.2019.

Preuß, Maren (2014): *Vereinbarkeit von Pflege und Erwerbstätigkeit. Vermittlungshandeln in einem komplexen Spannungsfeld.* Wiesbaden: Springer VS.

Prezewowsky, Michel (2007): *Demografischer Wandel und Personalmanagement. Herausforderungen und Handlungsalternativen vor dem Hintergrund der Bevölkerungsentwicklung.* 1. Auflage. Wiesbaden: Deutscher Universitätsverlag.

Pütz, Mark Sebastian (2008): Gestaltungsoffenheit und Kompetenzentwicklung – Ansätze zur Kompetenzentwicklung von Beschäftigten im Handwerk – ein Überblick. In: *Berufs- und Wirtschaftspädagogik – online (bwp@)* (4), S. 1–7.

Rabe-Hesketh, Sophia; Everitt, Brian Sidney (2004): *A Handbook of Statistical Analyses using Stata.* 3. Auflage. Boca Raton: Chapman & Hall/CRC.

Rehbold; Rolf R.; Hollmann, Christian (2014): Handlungs- und Kompetenzorientierung in der Meisterbildung. Konsequenzen für die didaktische Umsetzung. In: *BWP – Berufsbildung in Wissenschaft und Praxis* (4), S. 34-37.

Ristau-Winkler, Malte (2015): Fachkräfte dringend gesucht – von der Engpassanalyse zur erfolgreichen Sicherung. In: Werner Widuckel, Karl de. Molina, Max J. Ringlstetter und Dieter Frey (Hrsg.): *Arbeitskultur 2020. Herausforderungen und Best Practices der Arbeitswelt der Zukunft.* Wiesbaden: Springer Gabler, S. 13–27.

Robert Bosch Stiftung (Hrsg.) (2013): *Die Zukunft der Arbeitswelt. Auf dem Weg ins Jahr 2030.* Bericht der Kommission "Zukunft der Arbeitswelt" der Robert Bosch Stiftung. Stuttgart. Online verfügbar unter https://www.bosch-stiftung.de/sites/default/files/publications/pdf_import/Studie_Zukunft_der _Arbeitswelt_Einzelseiten.pdf , zuletzt geprüft am 10.04.2019.

Roßnagel, Christian Stamov (2010): Was Hänschen nicht lernt...? Von (falschen) Altersstereotypen zum (echten) Lernkompetenzmangel. In: Kai Brauer und Wolfgang Clemens (Hrsg.): *Zu alt? "Ageism" und Altersdiskriminierung auf Arbeitsmärkten.* 1. Auflage. Reihe: Alter(n) und Gesellschaft, Bd. 20. Wiesbaden: Springer VS, 187-204.

Rostam-Afschar, Davud (2014): Entry regulation and entrepreneurship: a natural experiment in German craftsmanship. In: *Empirical Economics* 47 (3), S. 1067–1101.

Sadler-Smith, Eugene; Hampson, Yve; Chaston, Ian; Badger, Beryl (2003): Managerial Behavior, Entrepreneurial Style, and Small Firm Performance. In: *J Small Business Management* 41 (1), S. 47–67.

Schiener, Jürgen; Wolter, Felix; Rudolphi, Ulrike (2013): Weiterbildung im betrieblichen Kontext. In: Rolf Becker (Hrsg.): *Bildungskontexte. Strukturelle Voraussetzungen und Ursachen ungleicher Bildungschancen.* Wiesbaden: Springer VS, S. 555–594.

Schmeisser, Wilhelm (2010): Humankapital verstehen, definieren und erfassen. In: *Personalführung* (4), S. 16–25.

Schmidt; Bernhard (2006): Weiterbildungsverhalten und -interessen älterer Arbeitnehmer. In: *Bildungsforschung* 3 (2), S. 1–18.

Schmidt, Bernhard; Tippelt, Rudolf (2009): Bildung Älterer und intergeneratives Lernen. In: *Zeitschrift für Pädagogik* 55 (1), S. 73–90.

Scholz-Reiter, Bernd (2013): Vierte industrielle Revolution. Auf dem Weg zur Fabrik der Zukunft. In: *Industrie Management* 29 (1), S. 15-18.

Schorn, Nicola K.; Buchholz, Karin (2016): Selbst- und Fremdbewertung beruflicher Kompetenzen in der Altenpflege. In: Frerich Frerichs (Hrsg.): *Fachlaufbahnen in der Altenpflege. Grundlagen, Konzepte, Praxiserfahrungen.* Reihe: Vechtaer Beiträge zur Gerontologie, Wiesbaden: Springer VS, S. 99-143.

Schreier, Margit (2014): Varianten qualitativer Inhaltsanalyse: Ein Wegweiser im Dickicht der Begrifflichkeiten. In: *Forum: Qualitative Sozialforschung (FQS)* 15 (1), S. 18.

Sekretariat der Kultusministerkonferenz (Hrsg.) (2011): *Handreichung. für die Erarbeitung von Rahmenlehrplänen der Kultusministerkonferenz für den berufsbezogenen Unterricht in der Berufsschule und ihre Abstimmung mit Ausbildungsordnungen des Bundes für anerkannte Ausbildungsberuf.* Berlin. Online verfügbar unter https://www.kmk.org/fileadmin/Dateien/veroeffentlichungen_beschluesse/2011/2011_09_23-GEP-Handreichung.pdf, zuletzt geprüft am 10.04.2019.

Sengenberger, Werner (1987): *Struktur und Funktionsweise von Arbeitsmärkten. Die Bundesrepublik Deutschland im internationalen Vergleich.* Frankfurt, New York: Campus Verlag.

Seyda, Susanne; Werner, Dirk (2014): IW-Weiterbildungserhebung 2014 – Höheres Engagement und mehr Investitionen in betriebliche Weiterbildung. In: *IW-Trends – aus dem Institut der deutschen Wirtschaft Köln* (4), S. 1-15.

Siegfried; Patrick (2015): *Strategische Unternehmensplanung in jungen KMU.* Berlin, Boston: De Gruyter Oldenbourg.

Snobel, Alec (1976): The plight of small firms. In: *Industrial Management* 76, 1976 (5), S. 17–23.

Statistisches Bundesamt (Hrsg.) (2013): *Berufliche Weiterbildung in Unternehmen. Vierte europäische Erhebung über die berufliche Weiterbildung in Unternehmen (CVTS4).* Wiesbaden. Online verfügbar unter https://www.destatis.de/DE/Publikationen/Thematisch/BildungForschungKultur/Weiterbildung/WeiterbildungUnternehmen5215201109004.pdf?__blob=publicationFile, zuletzt geprüft am 12.07.2017.

Statistisches Bundesamt (Hrsg.) (2015): *Beschäftigte und Umsatz im Handwerk. Beschäftigte und Umsatz im Handwerk – Messzahlen und Veränderungsraten (vorläufige Ergebnisse). 4. Vierteljahr 2014.* Reihe: Fachserie 4 Reihe 7.2. Wiesbaden.

Statistisches Bundesamt (Hrsg.) (2018a): *Anteile kleiner und mittlerer Unternehmen an ausgewählten Merkmalen* 2013. Online verfügbar unter https://www.destatis.de/DE/ZahlenFakten/GesamtwirtschaftUmwelt/UnternehmenHandwerk/KleineMittlereUnternehmenMittelstand/Tabellen/Insgesamt.html, zuletzt geprüft am 10.04.2019.

Statistisches Bundesamt (Hrsg.) (2018b): *Produzierendes Gewerbe. Unternehmen, tätige Personen und Umsatz im Handwerk – Jahresergebnisse. 2016.* Reihe: Fachserie 4 Reihe 7.2. Wiesbaden. Online verfügbar unter https://www.destatis.de/DE/Publikationen/Thematisch/Unternehmen-Handwerk/Handwerkszaehlung/UnternehmenPersonenUmsatz2040720167004.pdf?__blob=publicationFile, zuletzt geprüft am 24.10.2018.

Statistisches Bundesamt (Hrsg.) (2018c): Strukturdaten Handwerk 2016. Online verfügbar unter https://www.destatis.de/DE/ZahlenFakten/GesamtwirtschaftUmwelt/UnternehmenHandwerk/Handwerk/Handwerk.html, zuletzt geprüft am 20.10.2018.

Staudt, Erich (1993): *Personalentwicklung für die neue Fabrik*. Wiesbaden: Springer VS.

Steffens, Paul; Davidsson, Per; Fitzsimmons, Jason (2009): Performance Configurations Over Time: Implications for Growth- and Profit-Oriented Strategies. In: *Entrepreneurship Theory and Practice* 33 (1), S. 125–148.

Stegmaier, Ralf (2000*): Kompetenzentwicklung durch arbeitsintegriertes Lernen in der Berufsbildung*. Dissertation. Universität Heidelberg, Fakultät für Sozial und Verhaltenswissenschaften. Heidelberg. Online verfügbar unter http://archiv.ub.uni-heidelberg.de/volltextserver/1091/1/dissertation.pdf, zuletzt geprüft am 10.04.2019.

Stein, Petra; Vollnhals, Sven (2011): *Grundlagen clusteranalytischer Verfahren*. Institut für Soziologie – Universität Duisburg Essen (Hrsg.). unveröffentlichtes Skript. Online verfügbar unter https://www.uni-due.de/imperia/md/content/soziologie/stein/skript_clusteranalyse_sose2011.pdf, zuletzt geprüft am 10.04.2019.

Steinmayr, Ricarda (2005): *Kompetenz- und eigenschaftsbasierte Anforderungsanalysen an Stichproben von Führungskräften und Mitarbeitern*. Dissertation. Ruprecht-Karls-Universität Heidelberg, Fakultät für Verhaltens- und Empirische Kulturwissenschaften. Heidelberg. Online verfügbar unter http://archiv.ub.uni-heidelberg .de/volltextserver/5974/1/Dissertation_Ricarda_Steinmayr.pdf, zuletzt geprüft am 10.04.2019.

Storey, D. J. (2002): Education, training and development policies and practices in medium-sized companies in the UK: do they really influence firm performance? In: *Omega* 30 (4), S. 249–264.

Thelen, Kathleen (2006): Institutionen und sozialer Wandel: Die Entwicklung der beruflichen Bildung in Deutschland1. In: Jens Beckert, Bernhard Ebbinghaus und Hassel, Anke, Phillip, Manow (Hrsg.): *Transformationen des Kapitalismus. Festschrift für Wolfang Streeck zum sechzigsten Geburtstag*. Frankfurt: Campus Verlag, S. 399–425.

Tippelt, Rudolf; Schmidt-Hertha, Bernhard; Friebe, Jens (2014): Kompetenzen und Kompetenzentwicklung im höheren Lebensalter. In: Jens Friebe, Bernhard Schmidt-Hertha und Rudolf Tippelt (Hrsg.): *Kompetenzen im höheren Lebensalter. Ergebnisse der Studie "Competencies in Later Life" (CiLL)*. Bielefeld: W. Bertelsmann Verlag, S. 11–23.

Trettin, Lutz (2010): Einfluss der EU-Osterweiterung auf den Wettbewerb auf Handwerksmärkten. In: *Wirtschaftsdienst* 90 (S1), S. 35–42.

van Dalen, Hendrik P; Henkens, Kène; Wang, Mo (2015): Recharging or Retiring Older Workers? Uncovering the Age-Based Strategies of European Employers. In: *The Gerontologist* 55 (5), S. 814-824.

von Behr, Marhild (1981): Die Entstehung der Industriellen Lehrwerkstatt // Die Entstehung der industriellen Lehrwerkstatt. Materialien und Analysen zur beruflichen Bildung im 19. Jahrhundert. Frankfurt a.M., New York: Campus. Online verfügbar unter https://www.isf-muenchen.de/pdf/isf-archiv/1981-von-behr-entstehung-lehrwerkstatt.pdf, zuletzt geprüft am 10.04.2019.

Weber, Max (1980): *Wirtschaft und Gesellschaft. Grundriss der verstehenden Soziologie.* 5., revidierte. Auflage. Tübingen: J.C.B. Mohr.

Weinert, Franz E. (2002): Vergleichende Leistungsmessung in Schulen – eine umstrittene Selbstverständlichkeit. In: Franz E. Weinert (Hrsg.): *Leistungsmessungen in Schulen.* 2., unveränderte Auflage. Weinheim [u.a.]: Beltz-Verlag, S. 17–33.

weiterbildungs-ratgeber. De (Hrsg): *Förderprogramme der Bundesländer für Aus- und Weiterbildung.* Online verfügbar unter http://www.weiterbildung-ratgeber.de/foerderprogramme-der-bundeslaender.html, zuletzt geprüft am 10.04.2019.

Weller, Manuela (2010): *Die soziale Positionierung der Ehefrau im Familienunternehmen.* Wiesbaden: Springer Gabler.

Werner, Christian (2005): *Kompetenzentwicklung und Weiterbildung bei Mitarbeitern in der zweiten Berufslebenshälfte.* Dissertation. Ludwig-Maximilians-Universität München, Fakultät für Psychologie und Pädagogik. München. Online verfügbar unter https://edoc.ub.uni-muenchen.de/3839/1/Werner_Christian.pdf, zuletzt geprüft am 10.04.2019.

Wetzstein, Thomas (ohne Jahr): T.A.L.ENT. – Tools für die arbeits- und lebensweltbezogene Kompetenzreflexion und -entwicklung im Bereich der schulischen Berufsorientierung: Kompetenzbegriff und Kompetenzkategorien. AG sozialwissenschaftliche Forschung und Weiterbildung an der Universität Trier e.V. (Hrsg.) Online verfügbar unter http://talent.asw-trier.de/index.php?id=69, zuletzt geprüft am 17.12.2014.

Widany, Sarah (2009): *Lernen Erwachsener im Bildungsmonitoring. Operationalisierung der Weiterbildungsbeteiligung in empirischen Studien.* 1. Auflage. Wiesbaden: Springer VS.

Wiedenbeck, Michael; Züll, Cornelia (2001): Klassifikationen mit Clusteranalyse: Grundlegende Techniken hierarchischer und K-means-Verfahren. Zentrum für Umfragen, Methoden und Analysen (Hrsg.). Reihe: ZUMA How-to-Reihe, 10. Mannheim. Online verfügbar unter http://www.gesis.org/fileadmin/upload/forschung/publikationen/gesis_reihen/howto/howto10mwcz.pdf, zuletzt geprüft am 10.04.2019.

Wiemers, Daniela (2018): Entwicklung von Führungskompetenzen durch Coaching-Prozesse – ein Beispiel eines Sanitär-Heizung-Klima-Betriebes. In: Simone Kauffeld und Frerich Frerichs (Hrsg.): *Kompetenzmanagement in kleinen und mittelständischen Unternehmen. Eine Frage der Betriebskultur?*. Berlin: Springer VS, S. 167–178.

Wienzek, T. (2014): *Boundary Spanner und Promotoren in Innovationskooperationen nichtforschungsintensiver KMU.* Mering: Rainer Hampp Verlag.

Wild-Wall, Nele; Gajewski, Patrick; Falkenstein, Michael (2009): Kognitive Leistungsfähigkeit älterer Arbeitnehmer. In: *Zeitschrift für Gerontologie und Geriatrie* 42 (4), S. 299–304.

Willke, Gerhard (1999): *Die Zukunft unserer Arbeit.* Frankfurt: Campus.

Witte, Eberhard (1973): *Organisation für Innovationsentscheidungen. Das Promotoren-Modell.* Band 2. Göttingen: O. Schwartz

Wittich, Anke (2012): *Messen von Kompetenzen im Persönlichen Wissensmanagement.* Dissertation. Humboldt-Universität zu Berlin, Institut für Bibliotheks- und Informationswissenschaften. Berlin. Online verfügbar unter http://edoc.hu-berlin.de/dissertationen/wittich-anke-2012-05-02/PDF/wittich.pdf, zuletzt geprüft am 10.04.2019.

Wittwer, Wolfgang (2013): Lernen ohne Orientierung? Paradoxien informellen Lernens. In: Sabine Seufert und Christoph Metzger (Hrsg.): *Kompetenzentwicklung in unterschiedlichen Lernkulturen. Festschrift für Dieter Euler zum 60. Geburtstag.* 1. Auflage. Paderborn: Eusl Verlag, S. 508–520.

Yin, Robert K. (2003): *Case study research. Design and methods.* 2. Auflage. Reihe: Applied social research methods series, 5. Thousand Oaks: Sage Publications

Zentralverband des Deutschen Handwerks (ZDH) (Hrsg.) (2011): *Fachkräftesicherung im Handwerk. Ergebnisse einer Umfrage bei Handwerksunternehmen im 1. Quartal 2011*. Berlin.

Zentralverband des Deutschen Handwerks (ZDH) (Hrsg.) (2014a): *Strukturumfrage im Handwerk. Ergebnisse einer Umfrage unter Handwerksbetrieben im dritten Quartal 2013*. Berlin.

Zentralverband des Deutschen Handwerks (ZDH) (2014b): *Daten und Fakten – Betriebszahlen – Beschäftigte / Umsätze*. Berlin. Online verfügbar unter https://www.zdh.de/daten-fakten/betriebszahlen/beschaeftigte-umsaetze/, zuletzt geprüft am 10.04.2019.

Zentralverband des Deutschen Handwerks (ZDH) (Hrsg.) (2015*): Kurzbericht zur wirtschaftlichen Lage des Handwerks im IV. Quartal 2015*. Berlin.

Zentralverband des Deutschen Handwerks (ZDH) (Hrsg.) (2018a*): Betriebszahlen 2017*. Berlin. Online verfügbar unter http://www.zdh-statistik.de/application/index.php?mID=3&cID=4https://www.zdh-statistik.de/application/index.php?mID=3&cID=47, zuletzt geprüft am 20.10.2018.

Zentralverband des Deutschen Handwerks (ZDH) (Hrsg.) (2018b): *Top 10 der Betriebsbestände nach Gewerken. Berichtzeitraum 2018 (Halbjahresdaten)*. Berlin. Online verfügbar unterhttps://www.zdh-statistik.de/application/stat_det.php?LID=1&ID=MDQ0NTI=&cID=00762, zuletzt geprüft am 24.10.2018.

Zentralverband Sanitär Heizung Klima (ZVSHK) (Hrsg.): *SHK_Ausbildungsberufe: Berufe mit Zukunft*. Sankt Augustin. Online verfügbar unter https://www.zvshk.de/fachbereiche/berufliche-bildung/ausbildung/, zuletzt geprüft am 25.02.2019.

Zoch, Bernhard (2011): *Wichtige Trends und daraus resultierende Marktpotenziale für das Handwerk*. Online verfügbar unter https://lfi-muenchen.de/wp-content/uploads/2017/08/2011_gesamtes_Dokument_Trends-und-Marktpotenziale.pdf, zuletzt geprüft am 10.04.2019.

Zoch, Bernhard (Hrsg.) (2008): *Beschäftigungssituation von älteren Arbeitnehmern im Handwerk. Eine empirische Untersuchung von Handwerksbetrieben aus dem Bundesgebiet*. Berlin. Online verfügbar unter https://lfi-muenchen.de/wp-content/uploads/2017/08/2008_gesamtes_Dokument_Beschäftigungssituation-%C3%A4lterer-Arbeitnehmer.pdf, zuletzt geprüft am 10.04.2019.

Zukunftswerkstatt Handwerk NRW (Hrsg.) (2007): *In Zukunft? Handwerk! Ergebnisse der Zukunftswerkstatt Handwerk NRW.* Online verfügbar unter https://handwerk-owl.de/media/1395837296_zukunftswerkstatt.pdf, zuletzt geprüft am 10.04.2019.

The manufacturer's authorised representative in the EU is Springer Nature Customer Service Centre GmbH, Europaplatz 3, 69115 Heidelberg, Germany. If you have any concerns regarding our products, please contact ProductSafety@springernature.com

Printed and bound by CPI Group (UK) Ltd, Croydon, CR0 4YY

25/03/2026

02078225-0004